"十三五"国家重点出版物出版规划项目

名校名家基础学科系列
Textbooks of Base Disciplines from Top Universities and Experts

概率论与数理统计

第 4 版

主　编　臧鸿雁　李　娜

副主编　范玉妹　张志刚

参　编　汪飞星　王　萍

机械工业出版社

本书是根据高等院校工科各专业的《概率论与数理统计课程基本要求》编写的,入选"十三五"国家重点出版物出版规划项目.本书共十章,主要包括随机事件与概率、一维随机变量及其分布、多维随机变量及其分布、随机变量的数字特征、极限定理、数理统计基本概念、参数估计、假设检验、回归分析及方差分析简介、MATLAB 在概率统计中的应用.根据学生学习的认知规律,本书每章采用以知识结构图引入,以综合例题选讲结尾的结构,注重提高学生的学习兴趣和应用能力.

　　本书内容丰富,阐述简明易懂,注重理论联系实际,可作为高等院校工科各专业概率论与数理统计课程的教材,建议学时数为 36~54 学时.本书同时也可作为教学参考书.

图书在版编目(CIP)数据

概率论与数理统计/臧鸿雁,李娜主编.—4 版.—北京:机械工业出版社,2022.8

(名校名家基础学科系列)

"十三五"国家重点出版物出版规划项目

ISBN 978-7-111-71043-1

Ⅰ.①概…　Ⅱ.①臧…②李…　Ⅲ.①概率论-高等学校-教材②数理统计-高等学校-教材　Ⅳ.①O21

中国版本图书馆 CIP 数据核字(2022)第 108540 号

机械工业出版社(北京市百万庄大街 22 号　邮政编码 100037)

策划编辑:汤　嘉　　　　　责任编辑:汤　嘉
责任校对:李　杉　李　婷　封面设计:鞠　杨
责任印制:张　博
中教科(保定)印刷股份有限公司印刷
2022 年 10 月第 4 版第 1 次印刷
184mm×260mm・19 印张・482 千字
标准书号:ISBN 978-7-111-71043-1
定价:55.00 元

电话服务　　　　　　　　　网络服务

客服电话:010-88361066　　机 工 官 网:www.cmpbook.com
　　　　　010-88379833　　机 工 官 博:weibo.com/cmp1952
　　　　　010-68326294　　金 书 网:www.golden-book.com

封底无防伪标均为盗版　机工教育服务网:www.cmpedu.com

第 4 版前言

第 3 版于 2017 年 8 月出版后,已经在教学中使用了 5 年.根据同行和读者提出的宝贵意见,也为了适应信息化时代教与学的需求,实现线上、线下教育资源的衔接,我们对第 3 版的内容做了如下修正和补充:

(1) 追根溯源 注重对知识发现过程的追根溯源(如概率的公理化定义),有助于培养学生的创新能力.

(2) 数学实验 通过介绍数学实验的方法,让学生了解若干实验数值模拟过程,并嵌入二维码展示动画,有效弥补纸质教材不便展现的内容.

(3) 应用案例 增加应用案例,在应用案例中,我们既能挖掘课程思政元素,又能提升学生用数学知识解决实际问题的意识和能力.

(4) 拓展阅读 拓展阅读二维码嵌入教材中(如贝特朗悖论),体现教材的梯度和挑战度.

(5) 启发思考 在讲述知识点的过程中,增加若干思考问题,有助于增强以问题为导向的知识学习,强化对学生数学思维、能力的培养.

(6) 每章一测 每章以二维码形式增加若干选择题,这些题目作为每章的小测题目,有助于学生进行阶段性自我测试.

在本书出版之际,向对本书提出过宝贵意见的同仁及列入和未列入的参考文献的作者们深表谢意.

本书的编写得到了北京科技大学 2022 年度规划教材重点项目(JC2022ZD005)和高等学校大学数学教学研究与发展中心项目(编号:CMC20200214)的资助.

由于编者水平有限,不妥之处敬请读者批评、指正.

编 者

2022 年 3 月

第 3 版前言

第 2 版于 2012 年 4 月出版后,已经在教学中使用了 5 年.根据教学改革的需要、使用本书的读者和同行们所提出的宝贵意见,特别是各行各业对统计知识日益增长的需求,我们对第 2 版的部分内容做了适当的修订.

在这次修订与调整的过程中,我们修正了第 2 版中不当之处和印刷错误,并致力于教材质量的提高.考虑到各行各业对统计知识的需求有所不同,本书主要在第 2 版的第九章中增加了单因素方差分析的教学内容,并补充和增加了第九章的习题.对第十章也做了部分扩充.

在本书出版之际,谨向关心本书并提出过宝贵意见的同仁深表谢意.本书最后所附的参考文献仅是主要参考文献,在此要向列入和未列入的参考文献的作者们深表谢意.

由于编者水平有限,书中不妥之处敬请读者批评、指正.

编 者
2017 年 1 月

第 2 版前言

第 1 版于 2007 年 8 月出版后,经过 5 年的教学实践,我们再次根据在教学中积累的经验,并汲取使用本书的读者、同行们所提出的宝贵意见,对第 1 版的内容做了适当的修订与调整.

我们对本书主要做了如下五方面的修订与调整:

第一,调整、补充各章中体现课程内容的例题,调整其难易程度;

第二,调整、补充各章中的习题,将其按教学内容及难易程度分为 A、B 两类;

第三,修订、补充统计学中的部分教学内容;

第四,增加了泊松分布表;

第五,修正了第 1 版中的所有印刷错误.

在本书第 2 版出版之际,谨向关心本书和对本书第 1 版提出过宝贵意见的同志深表谢意. 本书最后所附的参考文献仅是主要参考文献,在此也要向列入和未列入的参考文献的作者们表示感谢.

由于编者水平有限,书中不妥之处敬请读者批评、指正.

编　者

第 1 版前言

随机现象的普遍性使得概率论与数理统计具有极其广泛的应用,从而使概率论与数理统计课程成为高等院校理科、工科和经管专业学生的一门重要的、必修的基础数学课程.该课程不仅是学习后续课程及在各个学科领域中进行理论研究和实践工作的必要基础,而且对培养学生的综合能力,提高学生的数学素养以及整体的素质,并且为在未来的学习工作中提高科研能力和创新能力都具有重要的作用.

概率论与数理统计课程的主要内容包括概率论和数理统计两大部分,概率论是数理统计的基础,数理统计是概率论的应用.本书是以这两大部分为主体编写的.

在概率论部分内容的阐述中侧重以下三个方面:

(1)从集合入手引入随机试验、样本空间、随机事件等概念及其运算;完整介绍概率的三个定义(统计定义、公理化定义和古典定义).

(2)以古典概型为核心引出条件概型、全概率公式与贝叶斯公式;阐述无条件概率、条件概率及乘法定理之间的关系.

(3)从函数概念入手引出随机变量的概念;完整阐述离散型随机变量、连续型随机变量的概念、分布及相关的数字特征.

在数理统计部分内容的阐述中侧重如下三个方面:

(1)简单介绍抽样分布,引出几个重要的统计量,为介绍统计推断做铺垫.

(2)完整阐述参数估计的基本思想、基本理论与基本方法,一维随机变量的参数估计;简略阐述二维随机变量的参数估计.

(3)完整阐述假设检验的基本思想、基本理论与基本方法,一维随机变量的假设检验;简略阐述二维随机变量的假设检验.

学习数学的目的之一是应用数学方法和思想去解决其他学科以及生产、科研、生活实际中的问题.结合概率论与数理统计的内容,本书还介绍了数学软件 MATLAB 及 SPSS 软件的使用方法,使学生在掌握知识的同时,学会使用数学技术及现代计算工具,让计算机走进教学.

在对上述内容的阐述中始终围绕"加强基础,强调应用"八个字,着重培养学生分析问题与解决问题的能力、熟练运用基本概型进行计算的能力,适当训练逻辑思维与推理能力.本书的每章内容以知识结构图引出,以例题选讲结束,符合学生学习的认知规律,使学生在学习的过程中能迅速地构建出自身的学习心理结构.本书对于较复杂的定理及公式的推导则予以省略.

本书由范玉妹编写绪论和第一、二、三、六章,王萍编写第四、五章,汪飞星编写第七、

八、九章,李娜编写第十章,范玉妹负责全书的统稿工作.

在本书的编写过程中,北京航空航天大学李心灿教授给予了热情的关心和真诚的帮助,北京理工大学杨德保教授认真审阅了书稿,提出了许多中肯的修改意见,在此一并表示衷心的感谢.

由于水平所限,错漏之处在所难免,望读者不吝指正.

编　者

目　　录

绪　论

数学既和几乎所有的人类活动有关,又对每一个真正感兴趣的人有益.

——R. C. 巴克

第一节　概率论与数理统计发展史简介

概率论最早的萌芽之作应属 1563 年意大利数学怪杰卡尔丹(G.Cardano,1501—1576)撰写的《游戏机遇的学说》,在这本书中卡尔丹讨论了关于两人赌博中断后如何分赌本的问题,且提出了"大数定律"等基本概率理论的原始的模型.如何分赌本问题不仅引起了有着 20 多年骰子赌博经验的卡尔丹的兴趣,也引起了 16 世纪意大利数学家帕乔利(L.Pacioli,1445—1517)、塔塔利亚 (N.Tartaglia,1499—1557)等学者的兴趣,他们也曾讨论过这类问题.到 17 世纪,法国著名的数学家帕斯卡 (B. Pascal, 1623—1662) 和费马(P. Fermat,1601—1665)也曾多次通信讨论这一概率论的原始问题,并且在通信讨论中首次给出了这类问题的正确答案.帕斯卡与费马通信讨论的问题被数学家惠更斯(C.Huygens,1629—1695)发现后,他对这种问题进行了深入研究,1657 年惠更斯的名著《论赌博中的计算》一书出版,此书是概率论的第一部成型的著作,在书中出现了数学期望、概率的加法原理与概率的乘法原理等基本概念.

概率论与数理统计宣讲片

使概率论成为一个独立的数学分支是瑞士数学家雅各布·伯努利(Jakob Bernoulli,1655—1705),他证明了掷 n 颗骰子所得总数为 m 这种情况的次数正好为

$$(x+x^2+x^3+x^4+x^5+x^6)^n$$

展开式中 x^m 这一项的系数,这不仅是概率论中的一个妙解,而且还开创了母函数的先河.1713 年出版了雅各布·伯努利的遗作《猜度术》,建立了概率论中的第一个极限定理,现称之为伯努利大数定律.这一大数定律指出,概率是相对频率的数学抽象,伯努利的这一定理在概率论的发展史上起到了理论奠基的作用.1812 年,拉普拉斯的名著《概率的分析理论》出版,书中系统地总结了前人关于概率的研究成果,明确了概率的古典定义,在概率论中引入分析方法,

把此前各数学家关于概率的零星结果系统化,概率论发展到一个新的阶段.1814 年,本书第 2 版的书名换成《概率的哲学导论》,在该书中,关于概率的定义,拉普拉斯给出了非常精辟的论述,还给出了概率的加法与乘法等运算定律.

1777 年,法国数学家蒲丰(Buffon Georges Louis Leclerc,1707—1788)提出几何概率的概念,其典型模型是:长 l 的同质均匀针随机地投向画有许多平行线的平面,最近两平行线相距为 $a>l$,求针与直线相交的概率.这里"随机"是指针的中心的各种落点与针的各种方向都是等概率的,而且中心落点与针的方向无关.其解得的结果为:针与直线相交的概率 P 为 $P=2l/(\pi a)$.这是数学史上古典概率中几何概率的一个精彩实例.由于 $\pi=2l/(Pa)$,只要求得 P,则可求出 π 的值.1901 年意大利的拉泽里尼(Lazzerrini)投针 3408 次,他统计出针与平行线相交的次数 m,$P\approx m/3408$,于是求得 π 的近似值,他求出的 π 精确到 6 位小数.1812 年,在《概率的分析理论》中拉普拉斯推广了蒲丰的模型:两组正交等距平行线,一组距离为 a,另一组距离为 b,针长为 $l<\min\{a,b\}$,则针与任一直线相交的概率为 $P=2l(a+b)/(\pi ab)$,当 $b\to+\infty$(或 $a\to+\infty$)时,即为蒲丰的结果.

1733 年棣莫弗,1809 年高斯分别独立地引入正态分布.1837 年,法国数学家泊松(Simeon-Denis Poisson,1781—1840)给出泊松大数定律.泊松是巴黎综合工程学校教授,他在 1837 年发表的著名论文《关于判断的概率之研究》中还提出了泊松分布,他的主要工作领域是数学物理.

19 世纪后期,概率论的主要成就是证明了中心极限定理,主要人物是俄国的切比雪夫,他于 1866 年建立的独立随机变量的大数定律,使伯努利和泊松大数定律成为其特例,他还把棣莫弗与拉普拉斯的极限定理推广成一般的中心极限定理.

1899 年,法国科学家贝特朗(J. Bertrand)提出了针对古典概率中的含糊与矛盾的所谓"贝特朗悖论":在半径为 r 的圆内随机地选择弦,求弦长超过圆内接正三角形的边长之概率.在求解的过程中由于对"任意选择"的不同理解,会造成"一题多解",从而出现了不唯一的答案.拉普拉斯在《概率的分析理论》与《概率的哲学导论》中提及古典概率因含糊的概念陷入严重危机之中.为了克服古典概率的缺点,人们开始从创建概率的公理系统入手来改造古典概率,例如,俄国数学家伯恩斯坦(1880—1968),奥地利数学家冯·米西斯(1883—1953)等提出了一些公理作为概率论的源头命题,但都不够完善.1905 年法国数学家波莱尔(1871—1956)用他创立的测度论语言来表达概率论,为克服古典概率的弱点打开了大门.波莱尔是法国数学家班勒卫的学生,他把康托尔的集合论与古典分析相结合,对实变函数论有重要的贡献.

从 20 世纪 20 年代起,苏联的著名数学家柯尔莫哥洛夫开始通过测度论的途径来改造概率论.1933 年,他以德文出版了经典名著《概率论基础》,在这本名著中建立了柯尔莫哥洛夫公理化概率论.他作为莫斯科函数论学派领袖鲁金(1883—1950)的学生,拥有雄厚的数学实力,运用测度来研究概率.1934 年,柯尔莫哥洛夫的学生辛钦(1894—1959)提出"平稳过程"理论,所谓"平稳过程"理论是指随机现象的统计性质不随时间变化的随机过程.1942 年,日本数学家伊藤清引进了随机积分与随机微分方程,为随机分析的建立奠定了基础.特别值得一提的是,柯尔莫哥洛夫是 20 世纪最伟大的数学家之一,也是 20 世纪少数几个最有影响力的数学家之一.他所建立的概率论的公理化体系,奠定了概率论的严格的理论基础,也建立了概率论与现代数学中其他分支之间的联系.他的思想使概率论成为分析数学中一门广阔且高度发展的分支.

近代统计学的发展起源于 20 世纪初,它是在概率论的基础上发展起来的,但具有统计性质的工作可以追溯到远古的"结绳记事",在《二十四史》中已经出现大量的关于我国人口、钱粮、水文、天文、地震等资料的记录.西方把收集和整理国情资料的活动称为统计,统计一词(Statistics)正是由国家(State)一词演化而来.

1662 年,英国统计学家 J.格兰特组织调查伦敦的人口死亡率,并发表专著《从自然和政治方面观察死亡统计表》,格兰特还对保险统计、经济统计进行了数学研究,称其学问为"政治算术".他发现人口出生率与死亡率相对稳定,提出了"大数恒静定律",之后统计学的数学性质逐渐加强.

1763 年,英国统计学家贝叶斯(T.Bayes)发表了《论机会学说问题的求解》,给出了"贝叶斯定理".该定理从结果去对原因进行后验概率的计算,可视为最早的数学化的统计推断.

19 世纪初,高斯和勒让德建立"最小二乘法",且用其分析天文观测的误差,这种方法成为数理统计之中的重要方法.19 世纪中叶,比利时统计学家 A.凯特勒和英国生物学家 B.高尔顿在数理统计方面的工作对现代数理统计的发展影响甚大.凯特勒把统计方法应用于天文、数学、气象、物理、生物和社会学,且强调了正态分布的用途.他曾长期进行比利时国力调查,且组织国际统计工作,使数理统计方法被方方面面的科学技术领域所接受和重视.高尔顿于 1889 年出版数理统计著作《自然的遗传》,引入回归分析方法,他给出回归直线和相关系数的重要概念.在同一时期,爱尔兰经济学家 E.Y.埃奇沃思引入方差的概念.

从 19 世纪末到 20 世纪 50 年代,数理统计得到蓬勃发展并日臻成熟.这一时期,英国数学家 K.皮尔逊用数理统计的方法得出生物统计学和社会统计学的基本法则,进一步发展了回归分析和相关的理论,他于 1900 年提出检验拟合程度的 χ^2 统计量和 χ^2 分布,建立了 χ^2 检验法.1908 年,英国科学家 W.S.戈塞特导出大统计量及其精确的分布,建立了 t 检验法.戈塞特是皮尔逊的学生,所以戈塞特发表 t 分布时以"学生"为笔名,故 t 分布也称为"学生分布" χ^2 分布讨论的是总体概念与群体现象, t 分布则讨论小样本理论与随机现象.

作为一门独立的学科,现代数理统计的奠基人是英国数学家和生物学家费希尔(Fisher Ronald Aylmer,1890—1962),他生于伦敦,卒于澳大利亚,毕业于剑桥大学,教过中学,长期在农业试验站搞生物实验,先后任伦敦大学和剑桥大学教授,1929 年,当选皇家学会会员.1922 年,他出版了现代统计的基础性著作《理论统计的数学基础》,对统计中的多元分析、相关系数、样本分布及其在生物遗传与优生方面的应用进行了系统深入的阐述.他的主要贡献在估计理论、假设检验、实验设计和方差分析等方面.他所领导的伦敦大学数理统计学派在20 世纪 30~40 年代在世界数理统计界占主导地位.

1940 年,瑞典数学家克拉默(H.Cramer)发表了《统计学的数学方法》,运用测度论方法总结数理统计的成果,使现代数理统计趋于成熟.

第二次世界大战期间,美籍罗马尼亚数学家瓦尔德(A.Wald,1902—1950)为解决军方提出的军需验收的实际问题提出"序贯抽样"方法.1947 年,他的专著《序贯分析》出版,使序贯分析成为数理统计的一个新的分支.瓦尔德还用博弈的观点看待数理统计,定义统计推断的风险函数,并于 1950 年出版了他的名著《统计决策函数》一书,同年他因飞机失事身亡.

与现代数理统计有密切关系的一门重要学科是"博弈论",或称"对策论".瓦尔德用大自然对策观点研究数理统计,使各种统计问题统一起来,促进了数理统计的发展.

第二节　概率论与数理统计知识结构图与研究对象

一、知识结构图

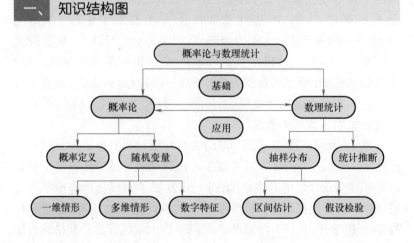

二、研究对象

概率论与数理统计的研究对象是什么？

在我们所生活的世界中充满了不确定性.从扔硬币、掷骰子和玩扑克等简单的机会游戏,到复杂的社会现象;从婴儿的诞生,到世间万物的繁衍生息;从流星坠落,到大自然的千变万化,我们无时无刻不面临着不确定性和随机性.如同物理学中基本粒子的运动、生物学中遗传因子和染色体的游动、以及处于紧张社会中的人们的行为一样,自然界中的不确定性是固有的.这与其说是基于决定论的法则,不如说是基于随机论法则的不定性现象,已经成为自然科学、生物科学和社会科学理论发展的必要基础.

从亚里士多德时代开始,哲学家们就已经认识到随机性在生活中的作用,他们把随机性看作破坏生活规律、超越人们理解能力范围的东西.他们没有认识到研究随机性,或者是测量不确定性的可能性.将不确定性量化,来尝试回答这些问题是到 20 世纪初期才开始的.现在人们还不能说这项工作已经十分成功了,但就那些已得到的成果,已经给一切人类活动的领域带来了一场革命.这场革命为研究新的设想、发展自然科学知识、繁荣人类生活开拓了道路,而且也改变了我们的思维方式,使我们能大胆探索自然的奥秘.

概率论与数理统计是一门研究随机现象统计规律的数学学科,那么什么是随机现象? 事实上,在自然界存在着两类现象,一类是确定性现象,另一类是随机现象.确定性现象是在一定的条件下必然发生某种结果的现象.例如:

(1) 重物在高处,除重力外不受其他力的作用,必然下落;

(2) 在标准大气压下,纯水加热到 $100℃$ 时必然会沸腾;

(3) 异性电荷必相互吸引.

随机现象(偶然性现象)是在一定的条件下,有多种可能结果发生,事前人们不能预言将有哪个结果会出现的现象.例如:

(1) 从一大批产品中任取一个产品,它可能是合格品,也可能是不合格品;

(2) 一门炮向一个目标射击,每次射击的炮弹落点一般是不同的,事前无法预料.

随机现象的特征:

(1) 具有随机性(偶然性);

(2) 在大量试验的条件下其结果的发生又具有规律性.

随机现象具有偶然性的一面,也具有必然性的一面,这种必然性表现在大量重复试验或观察中呈现出的固有规律性,即随机现象的统计规律性.

概率论与数理统计是研究随机现象的统计规律性的数学学科,是近代数学的重要组成部分.通俗地讲,概率论与数理统计的任务就是从大量的随机现象中去找出它的一定的规律性,它的研究对象就是随机现象的统计规律性.

随机现象的普遍性使概率论与数理统计具有极其广泛的应用.近年来,一方面它为社会科学、科学技术、工农业生产等的现代化领域作出了重要的贡献;另一方面,广泛的应用也促进概率论与数理统计有了极大的发展.

第 一 章
随机事件与概率

亲量圭尺,躬察仪漏,目尽毫厘,心穷筹策.

——祖冲之

由于概率论是建立在集合论的基础上的,所以本章利用集合及其运算对概率论所涉及的概念,如样本空间、随机事件、和事件、积事件等作出描述;在频率的基础上定义出集合函数——概率,用概率来表示事件的可能性;然后根据基本事件的概率特征对随机试验分类,并介绍一类最简单的概型——古典概型;最后给出几个求解古典概型的有力的工具:条件概率公式、乘法原理、全概率公式和贝叶斯公式等.

知识结构图

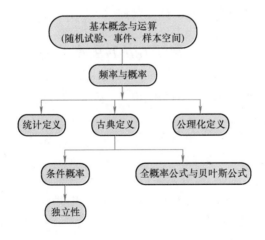

第一节　随机试验与随机事件

一、 **样本空间**

我们接触或遇到过各种各样的试验,在这里,我们把试验作为一个含义广泛的术语,科学试验、对自然现象的观察或对某一事物

的某一特征的观察统称为试验.一个试验若满足条件:

(1)试验可以在相同的条件下重复进行;

(2)试验的所有结果是明确可知的,并且不止一个;

(3)进行一次试验之前无法预料哪个结果会出现;

则称这样的试验为随机试验,记为 E,为方便起见也简称为试验.本教材中以后提到的试验都是指随机试验.

随机试验所有结果的集合,称为样本空间,记为 S 或 Ω.随机试验的每一个可能结果,即 S 中的每一个元素称为样本点,用 e 或 ω 表示.

【例1】 E_1:一个盒子中有 10 个完全相同的球,分别标上号码 $1,2,\cdots,10$,从中任取一球.

令 $i=\{$取得球的标号为 $i\}$,则样本空间为 $S=\{1,2,\cdots,10\}$.

E_2:将一枚硬币抛掷 3 次,观察出现正面的次数.

则这随机试验的样本空间为 $S=\{0,1,2,3\}$.

E_3:记录某电话交换台在单位时间内收到的呼叫次数.

若令 $i=\{$收到的呼叫次数为 $i\}$,则这试验的样本空间为 $S=\{0,1,2,3,\cdots\}$.

E_4:观测某地一昼夜的最高温度和最低温度.若假设这一地区的温度一般不会小于 T_1,也不会大于 T_2.

则其样本空间为 $S=\{(x,y)\mid T_1\leqslant x\leqslant y\leqslant T_2\}$,这里 x,y 分别表示这一地区的最低温度和最高温度.

E_5:将一枚硬币抛掷 3 次,观察其正反情况.

用 H 代表正面,T 代表反面,其样本空间为

$$S=\{HHH,HHT,HTH,THH,TTH,THT,TTT,TTT\}.$$

值得一提的是,样本空间的元素是由试验的目的所确定的,一般试验的目的不同,其样本空间也不一样,例如例 1 中的 E_2 和 E_5.

二、 随机事件

在随机试验中,人们常常关心的是那些满足某种条件的样本点所组成的集合.例如,若规定某电话交换台在单位时间内收到的呼叫次数大于 1000 次时为忙期,则在这试验中我们关注的即是否有 $i\geqslant1000$.满足这一条件的样本点组成的集合是 $S=\{0,1,2,3,\cdots\}$ 的一个子集,称这样的一个子集为该随机试验的一个随机事件.

一般地,称随机试验 E 的样本空间 S 的子集为 E 的随机事件,简称为事件,用大写英文字母 $A,B,C,\cdots$ 表示.随机事件在随机试验中可能发生,也可能不发生.在每次试验中,当且仅当它所包含的某个样本点出现时,称这一事件发生.

特别地,只包含一个样本点的事件称为基本事件.一个样本点都不包含的事件称为不可能事件,记为 $\varnothing$.不可能事件在试验中一定不会发生.包含所有样本点的事件称为必然事件,必然事件在试验中一定会发生,故记为 S.

必然事件和不可能事件的发生与否,已经失去了"不确定性",因而本质上它们不是随机事件,但为了方便起见,还是把它们视为随机事件,它们不过是随机事件的两个极端情形而已.

【例2】 对于例1中的随机试验我们有,

在 E_1 中,事件 A:"任取一球,其标号不超过5",则事件 A 可表示为

$$A = \{0,1,2,3,4,5\}.$$

在 E_4 中,事件 C:"某地一昼夜的最高温度与最低温度相差8℃",则事件 C 可表示为

$$C = \{(x,y) \mid y-x=8, T_1 \leqslant x \leqslant y \leqslant T_2\}.$$

三、 事件的关系与事件的运算

在一个样本空间 S 中可以有很多的随机事件.概率论的任务之一是研究随机事件的规律,通过对较简单事件规律的研究去掌握更复杂事件的规律.为此,需要研究事件之间的关系和事件之间的一些运算.再需注意的是,事件是一个集合,因而事件之间的关系和事件之间的运算就自然可以按照集合论中集合之间的关系和集合运算来处理.下面给出这些关系和运算在概率论中的提法,并根据"事件发生"的含义,给出它们在概率论中的含义.

设试验 E 的样本空间为 $S.A,B,A_k(k=1,2,\cdots)$ 是 S 的子集.

(1)事件的包含($A \subset B$)

A 发生必然导致 B 发生,则称事件 B 包含事件 A,或称事件 A 是 B 的子事件,显然有 $\varnothing \subset A \subset S$.

(2)事件的相等($A=B$)

若 $A \subset B$ 且 $B \subset A$,则称事件 A 与事件 B 相等.

(3)事件的和($A \cup B$)

事件 A 与事件 B 至少有一个发生的事件称为事件 A 与事件 B 的和或并,记作 $A \cup B = \{x \mid x \in A$ 或 $x \in B\}$.

(4)事件的积(交)($A \cap B, AB$)

事件 A 与事件 B 同时发生的事件称为事件 A 与事件 B 的积或交,记作 $A \cap B$ 或 $AB = \{x \mid x \in A$ 且 $x \in B\}$.

(5)事件的差($A-B$)

若事件 A 发生而事件 B 不发生,这一事件称为事件 A 与事件 B 的差,记作 $A-B = \{x \mid x \in A$ 且 $x \notin B\}$.

(6)事件的互不相容(互斥)

若事件 A 与事件 B 不能同时发生,则称事件 A 与事件 B 为互不相容事件,此时有 $AB = \varnothing$.

显然,基本事件是两两互不相容的.

(7)对立事件($\overline{A}$)

若事件 A 与事件 B 中必有一个发生且仅有一个发生,即 $A \cup B = S$

且 $A\cap B=\varnothing$,则称事件 A 与事件 B 互为对立事件,或称它们互为逆事件. A 的对立事件记为 $\bar{A}$.

显然, $A\cup\bar{A}=S$, $A\cap\bar{A}=\varnothing$.

事件的交、并运算可以推广到任意有限多个或可列无穷多个事件的情况.即

$$\bigcup_{i=1}^{n} A_i=A_1\bigcup\cdots\bigcup A_n, \qquad \bigcap_{i=1}^{n} A_i=A_1\bigcap\cdots\bigcap A_n,$$

$$\bigcup_{i=1}^{\infty} A_i=\lim_{n\to\infty}\bigcup_{i=1}^{n} A_i, \qquad \bigcap_{i=1}^{\infty} A_i=\lim_{n\to\infty}\bigcap_{i=1}^{n} A_i.$$

事件的关系与运算可以用集合中的文氏图形象地表示出来.如图 1.1 所示,用平面上的矩形表示样本空间,其中的点表示样本点,其内的圆表示事件,则有

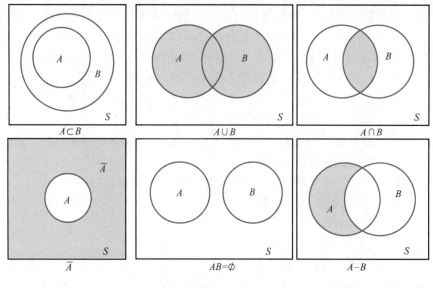

图　1.1

设 A,B,C 为事件,事件的关系与运算满足下列规律:

(1) 交换律　$A\cup B=B\cup A$, $AB=BA$.

(2) 结合律　$(A\cup B)\cup C=A\cup(B\cup C)$, $(AB)C=A(BC)$.

(3) 分配律　$(A\cup B)\cap C=(A\cap C)\cup(B\cap C)$.
$\qquad\qquad\quad (A\cap B)\cup C=(A\cup C)\cap(B\cup C)$.

(4) 差化积　$A-B=A\bar{B}$.

(5) 吸收律　若 $A\subset B$ 则 $A\cup B=B$, $AB=A$.

(6) 德摩根(De Morgan)公式　$\overline{A\cup B}=\bar{A}\cap\bar{B}$, $\overline{A\cap B}=\bar{A}\cup\bar{B}$.

一般地,对 n 个事件 $A_1,A_2,\cdots,A_n$,有

$$\overline{\bigcup_{i=1}^{n} A_i}=\bigcap_{i=1}^{n}\bar{A}_i, \qquad \overline{\bigcap_{i=1}^{n} A_i}=\bigcup_{i=1}^{n}\bar{A}_i.$$

【例3】　现生产加工 3 个零件, $A_i(i=1,2,3)$ 表示第 i 个零件

是正品.试用事件间的关系和运算表示下列各事件:

(1) 没有一个零件是次品;

(2) 只有第一个是次品;

(3) 恰有一个是次品;

(4) 至少有一个是次品.

解:(1) 没有一个零件是次品,即全是正品:$A_1 A_2 A_3$;

(2) 只有第一个是次品:$\overline{A}_1 A_2 A_3$;

(3) 恰有一个是次品,则次品可能会出现在第一个、第二个或第三个零件上:$\overline{A}_1 A_2 A_3 \cup A_1 \overline{A}_2 A_3 \cup A_1 A_2 \overline{A}_3$;

(4) 至少有一个是次品:$\overline{A}_1 \cup \overline{A}_2 \cup \overline{A}_3$ 或 $\overline{A}_1 A_2 A_3 \cup A_1 \overline{A}_2 A_3 \cup A_1 A_2 \overline{A}_3 \cup \overline{A}_1 \overline{A}_2 A_3 \cup \overline{A}_1 A_2 \overline{A}_3 \cup A_1 \overline{A}_2 \overline{A}_3 \cup \overline{A}_1 \overline{A}_2 \overline{A}_3$.

第二节　随机事件的概率

当我们重复多次做某一试验时,常常会观察到,某些事件发生的次数相对多些,即发生的可能性要大些,而另一些事件发生的可能性要小些.例如,抛掷一颗骰子,"出现偶数点"发生的可能性大于"出现两点"发生的可能性,因为前一事件包含后一事件.既然各事件发生的可能性有大有小,自然使人们想到去寻找一个合适的数来表示事件在一次试验中发生的可能性大小.为此,在本节,我们首先引入频率,它描述了事件发生的频繁程度,进而引出表示事件在一次试验中发生的可能性大小的数,即事件的概率.

以下介绍关于概率的几个定义.

一、古典概率定义

设样本空间 S 是有限集合,S 的每个样本点发生的可能性相同,对于 $A \subset S$,则称

$$P(A) = \frac{^{\#}A}{^{\#}S}$$

为事件 A 发生的概率. $^{\#}A$ 表示集合 A 中的样本点个数.

古典概率针对样本空间元素有限的情形,只是某种条件下的概率.作为概率的定义,它较为片面,但作为这类问题的有效解决方法,它一直沿用至今,本章第四节专门介绍古典概率的计算.

若样本空间中的元素无穷多,古典概率的定义并不适用.对样本空间中的元素无穷多的情况,可将古典概率的定义加以推广,得到几何概率定义.

二、几何概率的定义

首先,设实验具有以下特性:

（1）样本空间 S 是一个几何区域，这个区域的大小可以度量（如长度、面积、体积等），并把 S 的度量结果记为 $m(S)$.

（2）向区域 S 内任意投掷一个点，落在区域内任一个点处都是"等可能"的，或者设落在 S 中的区域 A 的可能性与 A 的度量结果 $m(A)$ 成正比，与 A 的位置和形状无关.

不妨用 A 表示点落在区域 A 内，则称

$$P(A) = \frac{m(A)}{m(S)}$$

为事件 A 发生的概率.

【例1】 在 $[0,1]$ 上任取三个实数 x, y, z，事件 $A = \{(x, y, z) \mid x^2 + y^2 + z^2 < 1\}$，求事件 A 发生的概率.

解：如图 1.2 所示，构造边长为 1 的单位立方体，即为样本空间 S，以 O 为圆心，以 1 为半径，在第一卦限的 1/8 球即为事件 A，则

$$P(A) = \frac{m(A)}{m(S)} = \frac{\frac{1}{8} \times \frac{4}{3}\pi \cdot 1^3}{1^3} = \frac{\pi}{6}.$$

扩展阅读
"贝特朗悖论"

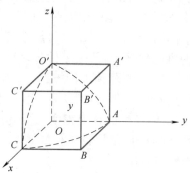

图 1.2

几何概率在 19 世纪被人们广泛接受，直到 1899 年，法国数学家提出"贝特朗悖论"，使得该定义出现了逻辑上的自相矛盾.

三、 概率的统计定义

1. 频率

在相同的条件下，进行了 n 次试验，在这 n 次试验中，事件 A 发生了 n_A 次，则称 $\dfrac{n_A}{n}$ 为事件在 n 次试验中发生的频率，记为

$$f_n(A) = \frac{n_A}{n}.$$

由定义易见频率具有下述基本性质：

（1）（非负性）对任意事件 A 有 $0 \leqslant f_n(A) \leqslant 1$；

（2）（规范性）$f_n(S) = 1$；

(3)（有限可加性）若 $A_1,A_2,\cdots,A_k$ 是两两互不相容事件,则
$$f_n(A_1\cup A_2\cup\cdots\cup A_k)=f_n(A_1)+f_n(A_2)+\cdots+f_n(A_k).$$

由事件 A 发生的频率的定义可知,频率大,事件 A 发生就频繁,这就意味着事件 A 在一次试验中发生的可能性就大,反之亦然.人们经过长期的实践发现,随着试验次数 n 的增大,$f_n(A)$ 会逐渐稳定于一常数.

【例2】　我们来做个"抛硬币"实验,将一枚硬币掷 n 次,观察正面出现的次数,从而得到正面出现的频率 $f_n(H)$,对每个固定的 n,我们也可以做多次试验(如表 1.1 所示做 7 次),得到的结果如表 1.1 所示.

表 1.1　掷硬币实验正面频率 $f_n(H)$

正面频率 掷硬币次数 n	实验序号						
	1	2	3	4	5	6	7
2	0	0.50	0.50	1.00	1.00	0	0.50
20	0.60	0.70	0.40	0.60	0.55	0.35	0.60
2048	0.5073	0.4883	0.4946	0.4971	0.4956	0.4961	0.5181
12000	0.5048	0.4971	0.5014	0.4983	0.5092	0.5022	0.4986
24000	0.5012	0.5032	0.4993	0.4978	0.4968	0.4988	0.4998

从实验结果可以看出,对每个确定的 n,频率 $f_n(H)$ 在 0 和 1 之间波动,且 n 越小,波动的幅度越大,n 越大,波动的幅度越小.随着 n 逐渐增大,频率 $f_n(H)$ 在 0.5 附近波动,波动的幅度非常小,逐渐稳定于 0.5,频率 $f_n(H)$ 呈现出稳定性.所以,用频率的稳定值来刻画事件发生可能性的大小是合适的.

另一个验证频率稳定性的著名试验是由英国生物统计学家高尔顿(Galton)设计的高尔顿板试验.它的试验模型如图 1.3 所示.

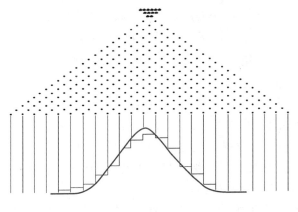

图　1.3

自上端放入一小球,任其自由下落,在下落的过程中当小球碰

到钉子时,从左边落下与从右边落下的机会相等.碰到下一排钉子时又是如此.最后落入底板的某一格.因此,任意放入一球,则此球落入哪一格子,预先难以确定.但是试验证明,若放入大量小球,则其最后呈现的曲线几乎总是一样的.这条优美的曲线就是图 1.3 中的曲线,这条曲线近似于第二章要介绍的随机变量中一类非常重要的分布——正态分布的密度函数曲线.

该试验表明,小球落入各个格子的频率十分稳定.这个试验呈现出来的规律性在学习第五章极限定理之后,我们就会有更深刻的理解.

同样,如果多次测量同一事件,其结果虽略有差异,但当测量次数增加时,就会越来越清晰地呈现出一些规律.这样的实例在现实生活中是非常多的.这些事实表明随机现象有其偶然的一面,也有其必然的一面,这种必然性表现为大量试验中随机事件出现的频率的稳定性,即一个随机事件出现的频率在一个固定的常数附近摆动.这种规律性被称为统计规律性.频率的稳定性说明随机事件发生的可能性大小是随机事件本身固有的、不随人们意志而改变的一种客观属性,因此我们可以对它进行度量.

2. 概率的统计定义

在相同条件下,重复 n 次试验,事件 A 发生的频率稳定地在某一常数 P 附近摆动,且一般来说,n 越大,摆动幅度越小,称常数 P 为事件 A 发生的概率,记为 $P(A)$.

统计定义只是描述性的,它刻画了概率的存在性,但是有些试验是不能大量重复做的,即使可以大量重复地做,我们也不可能用试验的方式获得那个频率的稳定值.

概率是否可以用频率的极限来定义呢? 即 $P(A)$ 是否等于 $\lim\limits_{n\to\infty} f_n(A)$? 如何保证 $f_n(A)$ 一定会收敛到一个固定的常数,而且如果进行另一次重复试验,它也会收敛到这个相同的常数? 这个显然很难让人信服,实际上,频率稳定于概率的数学描述为

$$\lim_{n\to\infty} P(\ |f_n(A) - p\ | > \varepsilon) = 0.$$

(见本书第五章第一节大数定律)该式作为概率的定义是行不通的,用概率定义概率在逻辑上是不合理的.

所以统计概率虽然给出了一种确定概率的方法,但只是一个频率的极限关系,无法对概率进行理论性的推断;而古典概率和几何概率虽然有推断的条件,但适用范围非常有限,没有广泛意义上的代表性.数学讲究的是归纳性与抽象性,需要一个概率的普适性定义,作为其推断的良好起点.

基于上述原因,概率论需要完善自身的理论基础.19 世纪末,数学的其他分支,比如代数、几何,公理化热潮广泛流行.公理化是把基本概念、性质假定成公理,其他结论由它们演绎导出.数学的公理

化,在系统性描述方面已经获得了巨大的成功,但数学的公理化在提高了数学严谨性的同时也丧失了数学的直觉性.

　　1900年,希尔伯特在巴黎国际数学家大会上的呼吁,把概率论公理化.由此,概率论公理化成为当时数学及整个自然科学的最迫切的问题之一.1933年,受到频率性质的启发,苏联数学家柯尔莫哥洛夫给出了公理化概率论的一系列基本概念.

四、概率的公理化定义

　　设E是随机试验,S是它的样本空间,对于E的每一个事件A赋予一个实数,记为$P(A)$,称为事件A的概率,如果集合函数$P(\cdot)$满足下列条件:

　　(1)(非负性)对任意事件A,有$P(A) \geqslant 0$;

　　(2)(规范性)对必然事件S,有$P(S) = 1$;

　　(3)(可列可加性)若$A_1, A_2, \cdots, A_n, \cdots$是两两互不相容的事件,即对于$i \neq j, A_i A_j = \varnothing, i, j = 1, 2, 3, \cdots$则有
$$P(A_1 \cup A_2 \cup \cdots \cup A_n \cup \cdots) = P(A_1) + P(A_2) + \cdots + P(A_n) + \cdots.$$

> 思考:概率为什么要公理化? 概率的公理化对概率论这门学科的发展起到了什么作用?

　　这一公理化结构规定了事件及概率的最基本的性质和关系,并可推演概率的运算法则.这些概念都是从实际中抽象出来的,既概括了古典概率、几何概率和统计概率这三种定义的基本特性,又避免了三种定义的局限性和不明确性,为复杂的随机事件概率的分析以及深入的理论推演奠定了基础.因此,这一公理化结构的提出,很快得到举世公认,才使得概率论成为一门真正严谨的数学分支学科.公理化结构的提出,为近代概率论的蓬勃发展打下坚实基础,可以认为是概率论发展史上的一个重要的里程碑.

　　由概率的非负性、规范性和可列可加性出发,可以证明它的一些重要的性质.

　　性质1　$P(\varnothing) = 0.$

　　证明:令$A_n = \varnothing (n = 1, 2, \cdots)$,则$\bigcup\limits_{n=1}^{\infty} A_n = \varnothing$且$A_i A_j = \varnothing, i, j = 1, 2, \cdots$,由概率的可列可加性可得
$$P(\varnothing) = P\left(\bigcup\limits_{n=1}^{\infty} A_n\right) = \sum\limits_{n=1}^{\infty} P(A_n) = \sum\limits_{n=1}^{\infty} P(\varnothing).$$

　　又由概率的非负性知,$P(\varnothing) \geqslant 0$,所以由上式得$P(\varnothing) = 0.$

　　性质2　(有限可加性)若$A_1, A_2, \cdots, A_n$是两两互不相容的事件,则有
$$P\left(\bigcup\limits_{i=1}^{n} A_i\right) = \sum\limits_{i=1}^{n} P(A_i).$$

　　证明:令$A_{n+1} = A_{n+2} = \cdots = \varnothing$,即有$A_i A_j = \varnothing, i \neq j, i, j = 1, 2, \cdots$,由概率的可列可加性可得

$$P\left(\bigcup_{i=1}^{n} A_i\right) = P\left(\bigcup_{i=1}^{\infty} A_i\right) = \sum_{i=1}^{n} P(A_i) + 0 = \sum_{i=1}^{n} P(A_i).$$

性质3 （逆事件概率）对任一事件 A，有

$$P(\bar{A}) = 1 - P(A).$$

证明：因为 $A \cup \bar{A} = S, A \cap \bar{A} = \varnothing$，所以由性质2可得

$$1 = P(S) = P(A \cup \bar{A}) = P(A) + P(\bar{A}).$$

性质4 设 A, B 是两个事件，若 $B \subset A$，则有

$$P(A-B) = P(A) - P(B), P(A) \geqslant P(B).$$

证明：因为当 $B \subset A$ 时有 $A = B \cup (A-B)$，且 $B \cap (A-B) = \varnothing$，故由性质2（有限可加性）可得 $P(A) = P(B) + P(A-B)$，移项即得欲证等式.又由概率的非负性知 $P(A-B) \geqslant 0$，可得 $P(A) \geqslant P(B)$

性质5 对任意事件 A，有

$$P(A) \leqslant 1.$$

证明：由 $A \subset S$，有

$$P(A) \leqslant P(S) = 1.$$

性质6 （加法公式）对于任意的两个事件 A, B，有

$$P(A+B) = P(A) + P(B) - P(AB)$$

证明：因为 $A \cup B = A \cup (B-AB), A \cap (B-AB) = \varnothing$，所以由性质2可得 $P(A \cup B) = P(A) + P(B-AB)$，又因为 $AB \subset B$，从而由性质4即得

$$P(A+B) = P(A) + P(B) - P(AB).$$

性质6还可以用归纳法推广到任意有限个事件的情形.若 A, B, C 是三个任意事件，则有

$$P(A \cup B \cup C) = P(A) + P(B) + P(C) - P(AB) - P(AC) - P(BC) + P(ABC).$$

一般地，对于任意 n 个事件 $A_1, A_2, \cdots, A_n$，则有

$$P\left(\bigcup_{i=1}^{n} A_i\right) = \sum_{i=1}^{n} P(A_i) - \sum_{1 \leqslant i < j \leqslant n} P(A_i A_j) + \sum_{1 \leqslant i < j < k \leqslant n} P(A_i A_j A_k) + \cdots +$$

$$(-1)^{n-1} P\left(\bigcap_{i=1}^{n} A_i\right).$$

这个公式也称为概率的一般加法公式.从性质2可知，由可列可加性可以推出有限可加性，而由有限可加性一般并不能推出可列可加性.

第三节　古典概型（等可能概型）

在这一节我们将讨论一类最简单的随机试验，这类随机试验具有两个特征：

（1）有限性：它的样本空间的元素只有有限个；

（2）等可能性：在每次试验中，每个基本事件发生的可能性相同.

具有以上两个特征的随机试验在实际中是大量存在的，这类概率模型称为等可能概型，它在概率论发展初期即被注意，许多最初的概率论结果也是由它得出的，所以也称之为古典概型.古典概型在概率论中占有重要的地位，一方面，由于模型简单，对于它的讨论有助于我们直观地理解许多概率论的基本概念，因此，我们常从讨论古典概型开始引入新的概念；另一方面，古典概型概率的计算在许多实际问题如理论物理的研究中都有重要的应用.

一、　古典概型中概率的计算

显然，古典概型是有限样本空间的一种特例.可以选样本空间为 $S=\{e_1,e_2,\cdots,e_n\}$，而且此时应有 $P(e_1)=P(e_2)=\cdots=P(e_n)=\frac{1}{n}$，对于任何事件 A，它总可以表示为样本点（基本事件）之和，例如 $A=\{e_{i_1},e_{i_2},\cdots,e_{i_k}\}$，因此由事件概率的定义可得

$$P(A)=P(e_{i_1})+P(e_{i_2})+\cdots+P(e_{i_k})=\frac{1}{n}+\frac{1}{n}+\cdots+\frac{1}{n}=\frac{k}{n},$$

所以在古典概型中，事件 A 的概率是一个分数，其分母是样本点的总数 n，而分子是事件 A 所包含的样本点的个数 k.由于 $e_{i_1},e_{i_2},\cdots,e_{i_k}$ 的出现导致 A 的出现，即它的出现对 A 的出现"有利"，因此习惯上常称 $\{e_{i_1}\},\{e_{i_2}\},\cdots,\{e_{i_k}\}$ 是 A 的"有利事件".从而得到事件 A 发生的概率如下：

$$P(A)=\frac{k}{n}=\frac{A\text{ 包含的基本事件总数}}{S\text{ 包含的基本事件总数}}$$

法国数学家拉普拉斯（Laplace）在 1812 年曾把上式作为概率的一般定义.

古典概型的概率计算形式看起来简单，而事实上，相当困难且富有技巧.计算的要点是先给定样本点，并计算它的总数，即 S 包含的基本事件总数；而后再计算有利事件的总数，即 A 包含的基本事件数.

思考：① 在古典概型中，每个基本事件的发生是等可能的，那么这个可能性是多少？

② 我们想求的事件 A 发生的概率如何计算？

二、　概率计算的例子

【例 1】　一部含有 4 本书的文集按任意次序放到书架上.问：各册自右向左或自左向右恰成 1,2,3,4 的顺序的概率是多少？

解：设事件 A：各册自右向左或自左向右恰成 1,2,3,4 的顺序.

若以 a,b,c,d 分别表示自左向右排列的书的卷号，则上述文集放置的方式与向量 (a,b,c,d) 建立一一对应的关系，因为 a,b,c,d 取值于 1,2,3,4，因此这种向量的总数相当于这 4 个元素的全排列，即为 $4!=24$. 由于文集按"任意次序"放到书架上，因此这 24 种

古典概型（1）

排列中出现任意一种的可能性都相同,故属于古典概型.其中,有利于事件 A 发生的情况只有 2 种:自右向左或自左向右恰成 1,2,3,4 的顺序.因此所求事件的概率为

$$P(A) = \frac{k}{n} = \frac{2}{24} = \frac{1}{12}.$$

思考:在例 2 中,若从袋中一次性取出两个球,相应的概率又该如何计算?

【例 2】 一个口袋装有 6 个球,其中 4 个白球、2 个红球.从袋中取球两次,每次取一个,采用有放回的抽取和不放回的抽取两种取球方式.

有放回的抽取:第一次取一个球,观察其颜色后放回袋中,搅匀后再取一球.

不放回的抽取:第一次取一个球后不放回袋中,第二次从剩余的球中再取一球.

试分别就这两种取球方式求:

(1) 取到的两个球都是白球的概率;

(2) 取到的两个球颜色相同的概率;

(3) 取到的两个球中至少有一个是白球的概率.

解:设事件 A:取到的两个球都是白球.

事件 B:取到的两个球颜色相同.

事件 C:取到的两个球中至少有一个是白球.

有放回抽样的情形

在袋中依次取两个球,每一种取法为一个基本事件,显然此时样本空间仅含有限个元素,且由对称性知每个基本事件发生的可能性相同,故属于古典概型.

第一次从袋中取球,有 6 个球可供抽取,第二次也有 6 个球可供抽取,由乘法原理,共有 6×6 种取法,即样本空间中的元素总数为 6×6.

(1) 对于事件 A,由于第一次在袋中有 4 个白球可供抽取,第二次也有 4 个白球可供抽取,由乘法原理,共有 4×4 种取法,即 A 包含的元素总数为 4×4.于是得

$$P(A) = \frac{k}{n} = \frac{4\times4}{6\times6} = \frac{4}{9}.$$

(2) 对于事件 B,它包含两种情况:取到的两个都是白球,取到的两个都是红球.类似(1)可得 B 包含的元素总数为 4×4+2×2,于是得

$$P(B) = \frac{k}{n} = \frac{4\times4+2\times2}{6\times6} = \frac{5}{9}.$$

(3) 对于事件 C,易知它是"取到的两个球都是红球"的对立事件,故 C 包含的元素总数为 6×6−2×2,于是得

$$P(C) = \frac{k}{n} = \frac{6\times6-2\times2}{6\times6} = \frac{8}{9}.$$

不放回抽样的情形

第一次从袋中取球,有 6 个球可供抽取,但由于第一次取后不放回袋中,所以第二次只有 5 个球可供抽取,即样本空间中元素总数为 6×5.

(1) 对于事件 A,由于第一次从袋中有 4 个白球可供抽取,第二次只有 3 个白球可供抽取,由乘法原理,共有 4×3 种取法,即 A 包含的元素总数为 4×3,于是得

$$P(A)=\frac{k}{n}=\frac{4\times3}{6\times5}=\frac{2}{5}.$$

(2) 对于事件 B,类似可得 $P(B)=\frac{k}{n}=\frac{4\times3+2\times1}{6\times5}=\frac{7}{15}$.

(3) 对于事件 C,类似可得 $P(C)=\frac{k}{n}=\frac{6\times5-2\times1}{6\times5}=\frac{14}{15}$.

【例3】　将 15 名战士随机地平均分配到 3 个小分队中,这 15 名战士中有 3 名是爆破能手.试求:

(1) 每个小分队各分配到 1 名爆破能手的概率;

(2) 3 名爆破能手分配到同一个小分队的概率.

解:设事件 A:每个小分队各分配到 1 名爆破能手.

　　事件 B:3 名爆破能手分配到同一小分队.

将 15 名战士平均分配到 3 个小分队中的分法有:$C_{15}^5 C_{10}^5 C_5^5=\frac{15!}{5!5!5!}$,即为样本空间中的元素总数.每一分法为一个基本事件,且由对称性知每个基本事件发生的可能性相同,故该概率模型属于古典概型.

(1) 对于事件 A,将 3 名爆破能手分配到 3 个小分队使每个小分队都有 1 名爆破能手的分法有 3!种,而对于每一种分法,其余 12 名战士平均分配到 3 个小分队中的分法共有 $\frac{12!}{4!4!4!}$ 种.因此,每个小分队各分配到 1 名爆破能手的分法共有 $\frac{3!\times12!}{4!4!4!}$ 种,即 A 包含的元素总数.于是得

$$P(A)=\frac{k}{n}=\frac{3!\times12!}{4!4!4!}\bigg/\frac{15!}{5!5!5!}=\frac{25}{91}\approx0.2747.$$

(2)对于事件 B,将 3 名爆破能手分配到同一小分队的分法有 3 种,而对于这每一种分法,其余 12 名战士的分法(一个小分队 2 名,另两个小分队各 5 名)共有 $\frac{12!}{2!5!5!}$ 种,因此,3 名爆破能手分配到同一小分队的分法共有 $\frac{3\times12!}{2!5!5!}$ 种,即 B 包含的元素总数.于是得

$$P(B)=\frac{k}{n}=\frac{3\times12!}{2!5!5!}\bigg/\frac{15!}{5!5!5!}=\frac{6}{91}\approx0.0659.$$

思考:抽奖的时候,是先抽有优势还是后抽有优势? 即先抽和后抽哪一个中奖的概率大呢?

【例 4】　设在 10 张奖券中有 2 张中奖奖券,有 10 人依次逐个抽取 1 张奖券(取后不放回),求第 k 个人抽到中奖奖券的概率?

解:设事件 A_k:第 k 个人抽到中奖奖券.

考虑 10 个人每人抽到 1 张奖券,则样本空间中元素总数是 A_{10}^{10},第 k 个人翻开自己的奖券发现中奖了,则其拿到的一定是 2 张中奖奖券中的 1 张,而除了第 k 个人之外的 9 个人拿到另外的 9 张奖券,所有的可能性是 A_9^9,从而第 k 个人抽到中奖奖券的概率为

$$P(A_k) = \frac{2 \cdot A_9^9}{A_{10}^{10}} = \frac{2}{10} = 0.2.$$

【例 5】　设有 n 个球,每个都能以同样的概率 $\frac{1}{N}$ 落到 N 个格子($N \geq n$)的某一个格子中,试求:

(1) 指定的 n 个格子中各有一个球的概率;

(2) 任意 n 个格子中各有一个球的概率.

解:显然,这是一个古典概型问题.

设事件 A:指定的 n 个格子中各有一个球.

事件 B:任意 n 个格子中各有一个球.

由于每个球落入 N 个格子中的任一个,所以 n 个球在 N 个格子中的分布相当于从 N 个元素中选取 n 个进行有重复的排列,故有 N^n 种分布,即为样本空间中的元素总数.

(1) 对于事件 A,每个球等可能地放入 N 个格子中,有 N 种不同的放法,n 个球放入指定的 n 个格子相当于 n 个球在指定的 n 个格子的全排列,共有 $n!$ 种放法,即 A 包含的元素总数.于是得

$$P(A) = \frac{k}{n} = \frac{n!}{N^n}.$$

(2) 将"任意 n 个格子中各有一球"分为两个步骤来完成.

第一步:从 N 个格子取出 n 个格子,共有 C_N^n 种不同的取法;

第二步:将 n 个球放入 n 个格子中,有 $n!$ 种不同的放法.利用乘法原理,有利于事件 B 发生的基本事件总数为 $C_N^n \cdot n!$,故所求概率为

$$P(B) = \frac{k}{n} = \frac{C_N^n \cdot n!}{N^n} = \frac{N!}{N^n (N-n)!}.$$

这是古典概型中一个很典型的例子,不少实际问题可以归结为它.例如,若把球替换为粒子,把格子替换为相空间中的小区域,则这个问题便等同于统计物理学中的麦克斯韦-玻耳兹曼(Maxwell-Boltzmann)统计;如果 n 个球(即"粒子")是不可分辨的,那么上述模型即对应于玻色-爱因斯坦(Bose-Einstein)统计;如果"粒子"是不可分辨的,并且每一个"格子"中最多只能放一个"粒子",这时就得到费米-狄拉克(Fermi-Dirac)统计.这三种统计在物理学中有各自的适用范围.

概率论历史上有一个颇为有名的"生日"问题:要求参加某次集会的 n 个人中没有两个人生日相同的概率.若把 n 个人看作例 5 中的 n 个球,而把一年的 365 天作为格子,则 $N = 365$,这时 $\dfrac{N!}{N^n(N-n)!}$ 就是对问题所求出的概率,即 $P(B)$.例如,当 $n = 40$ 时,其所求的概率为 $P(B) = 0.109$,这个概率是相当小的.对不同的 n 值,计算相应的概率 $P(\overline{B})$(即至少有两人生日相同的概率)得下表:

n	10	20	23	30	40	50
$P(\overline{B})$	0.12	0.41	0.51	0.71	0.89	0.97

上表所列的答案足以引起许多读者惊奇,因为"参加某次集会的 n 个人中至少两个人生日相同"的概率,并不如大多数人直觉中想象的那么小,而是相当大.由上表可以看出当集会的人数为 23 时,就有半数以上的机会发生这样的事件,而当集会的人数达到 50 时,竟有 97% 的机会发生上述事件.当然这里讲的"半数以上"或"有 97%"都是就概率而言的.只是在大数次重复下(即要求集会的次数相当多),这些数据才可以理解为频率.这个例子也告诉我们,"直觉"并不可靠,这也同时有力地说明了研究随机现象统计规律的重要性.

生日问题
数值模拟

第四节　条件概率及事件的独立性

一、条件概率

前面讨论了事件和概率这两个概念,在讨论概率 $P(A)$ 时,只是单纯地考虑事件 A 本身,不涉及事件 A 以外的其他信息,但在许多情况下,事件 A 的发生并不是孤立的,往往另一事件 B 的发生会对事件 A 发生的可能性产生影响,这就需要考虑在"事件 B 已经发生"的条件下事件 A 发生的概率,即本节要讨论的条件概率.

条件概率是概率论中一个重要而实用的概念,现代概率论中有许多概念是建立在条件概率的基础上的.

【引例】 某个班级有学生 40 人,其中有共青团员 15 人.现全班分成 4 个小组,第一小组有学生 10 人,其中共青团员 4 人.如果要在班内任选一人当学生代表,那么这个代表恰好在第一小组的概率为 $\dfrac{1}{4}$,现在要在班级任选一个共青团员当学生代表,问这个代表恰好在第一小组的概率是多少?

解:显然,这个代表恰好在第一小组的概率是 $\dfrac{4}{15}$.

在班内任选一人当学生代表,那么这个代表恰好在第一小组的概率为 $\dfrac{1}{4}$,在班内任选一个共青团员当学生代表,则这个代表恰好在第一小组的概率是 $\dfrac{4}{15}$.这两个概率不相同是容易理解的,因为在第二个问题中,任选一个学生必须是团员,这就比第一个问题多了一个"附加的"条件,若记

$A=\{$在班内任选一个学生,该学生属于第一小组$\}$;

$B=\{$在班内任选一个学生,该学生是共青团员$\}$;

可以看到,在第一个问题里求得的是 $P(A)$,而在第二个问题里求得的是在"已知事件 B 发生"的条件下,求事件 A 发生的概率.这个概率称作是在事件 B 发生的条件下,事件 A 发生的条件概率,并且记作 $P(A\mid B)$.于是有

$$P(A\mid B)=\frac{4}{15}=\frac{\dfrac{4}{40}}{\dfrac{15}{40}}=\frac{P(AB)}{P(B)}.$$

这虽然是一个特殊的例子,但容易验证对一般的古典概型,只要 $P(B)>0$,上述等式总是成立的.

思考:① 请画图理解条件概率和无条件概率,二者的区别是什么?
　　② 请证明条件概率的性质.

> **定义1**　设 A,B 是两个事件,且 $P(B)>0$,则称 $P(A\mid B)=\dfrac{P(AB)}{P(B)}$ 为在事件 B 发生的条件下事件 A 发生的条件概率.
>
> 不难验证,条件概率 $P(\cdot\mid B)$ 符合概率定义中的三个条件,即
>
> (1)(非负性)对任意的事件 A,有 $P(A\mid B)\geqslant0$;
>
> (2)(规范性)对于必然事件 S,有 $P(S\mid B)=1$;
>
> (3)(可列可加性)设 $A_1,A_2,\cdots$ 是两两互不相容的事件,则有
>
> $$P\Big(\bigcup_{i=1}^{\infty}A_i\mid B\Big)=\sum_{i=1}^{\infty}P(A_i\mid B).$$

因此,类似于概率,对于条件概率也可以由上述的三个基本性质导出其他一些性质,例如:

$$P(\varnothing\mid B)=0;$$
$$P(A\mid B)=1-P(\overline{A}\mid B);$$
$$P(A_1\cup A_2\mid B)=P(A_1\mid B)+P(A_2\mid B)-P(A_1A_2\mid B).$$

特别当 $B=S$ 时,条件概率就化为无条件概率,所以不妨把一般的概率看成是条件概率的极端情形.

【例1】　一个家庭中有两个孩子,已知其中有一个是女孩,现假定另一个小孩是男孩还是女孩是等可能的.问:这时另一个孩子

也是女孩的概率为多大?

解:根据题意,其样本空间为 $S=\{($男,男$),($男,女$),($女,男$),($女,女$)\}$.

设　$A=\{$已知有一个是女孩$\}=\{($男,女$),($女,男$),($女,女$)\}$;

$B=\{$另一个也是女孩$\}=\{($女,女$)\}$.

于是所求的概率为

$$P(B\mid A)=\frac{P(AB)}{P(A)}=\frac{1/4}{3/4}=\frac{1}{3}.$$

二、乘法定理

由条件概率的定义立即可得下述的定理.

乘法定理　设 $P(B)>0$ 或 $P(A)>0$,则有

$$P(AB)=P(B)P(A\mid B) \text{ 或 } P(AB)=P(A)P(B\mid A).$$

乘法定理可以推广到多个事件的积事件的情形.例如,设 $A,B,$ C 为三个事件,且 $P(AB)>0$,则有

$$P(ABC)=P(A)P(B\mid A)P(C\mid AB).$$

注意,这里由假设 $P(AB)>0$ 可推出 $P(A)\geqslant P(AB)>0$.

一般地,设 $A_1,A_2,\cdots,A_n$ 为 n 个事件,$n\geqslant 2$,且 $P(A_1A_2\cdots A_{n-1})>0$,则有

$$P(A_1A_2\cdots A_n)=P(A_1)P(A_2\mid A_1)P(A_3\mid A_1A_2)\cdots P(A_n\mid A_1A_2\cdots A_{n-1}).$$

【例2】　一批零件共有 100 个,其中有 10 个不合格品,从中一个一个取出.求:第三次才取得不合格品的概率是多少?

解:设 $A_i=\{$第 i 次取出的是不合格品$\}$,$i=1,2,3$,则所求的概率为 $P(\overline{A_1}\,\overline{A_2}A_3)$,由乘法公式得

$$P(\overline{A_1}\,\overline{A_2}A_3)=P(\overline{A_1})P(\overline{A_2}\mid\overline{A_1})P(A_3\mid\overline{A_1}\,\overline{A_2})=\frac{90}{100}\cdot\frac{89}{99}\cdot\frac{10}{98}=0.0826.$$

【例3】　将 30 个外形相同的球分装在 3 个盒子中,每个盒子装 10 个.其中,第一个盒子中有 7 个球标有字母 C,3 个球标有字母 D;第二个盒子中有红球、白球各 5 个;第三个盒子中则有红球 8 个,白球 2 个.试验按如下规则进行:先在第一个盒子中任取一球,若取得标有字母 C 的球,则在第二个盒子中任取一球;若第一次取得标有字母 D,则在第三个盒子中任取一球.如果第二次取出的是红球,则称试验为成功.求:试验成功的概率.

解:设　$A=\{$从第一个盒子中取得标有字母 C 的球$\}$;

$B=\{$从第一个盒子中取得标有字母 D 的球$\}$;

$R=\{$第二次取出的球是红球$\}$;

$W=\{$第二次取出的球是白球$\}$;

则容易求得　　　$P(A)=\dfrac{7}{10},P(B)=\dfrac{3}{10},$

思考:① 例2 是否可以不用乘法公式而用古典概率直接求解?

② 例2 中在所求中去掉"才"即求"第三次取得不合格品"的概率如何计算?

$$P(R \mid A) = \frac{1}{2}, P(W \mid A) = \frac{1}{2},$$

$$P(R \mid B) = \frac{4}{5}, P(W \mid B) = \frac{1}{5}.$$

于是,所求的试验成功的概率为

$$P(R) = P(R \cap S) = P[R \cap (A \cup B)] = P(RA \cup RB) = P(RA) + P(RB)$$
$$= P(R \mid A) \cdot P(A) + P(R \mid B) \cdot P(B)$$
$$= \frac{1}{2} \cdot \frac{7}{10} + \frac{4}{5} \cdot \frac{3}{10}$$
$$= 0.59.$$

这一计算过程可由图 1.4 来表示.

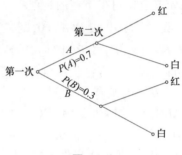

图   1.4

这种树枝状的图称作概率树,它在实际问题中(若试验结果为有限个)有广泛的应用.值得一提的是,在例 3 中所采用的方法是概率论中一种颇为有用的方法,即为了求得比较复杂事件 R 的概率,往往可以先把它分解成两个(或若干个)互不相容的较简单事件之和,求出这些较简单事件的概率,再利用加法公式即得所要求的复杂事件的概率.把这个方法一般化,就得到下面所要介绍的全概率公式.

三、 全概率公式与贝叶斯公式

1. 全概率公式

全概率公式是概率论中一个重要的公式,它提供了计算复杂事件概率的一条有效途径,把一个复杂事件的概率计算问题化繁为简.

定义 2 设 S 是试验 E 的样本空间,$B_1, B_2, \cdots, B_n$ 为 E 的一组事件,若

(1) $B_i B_j = \varnothing, i \neq j, i, j = 1, 2, \cdots, n$;

(2) $B_1 \cup B_2 \cup \cdots \cup B_n = S$;

则称 $B_1, B_2, \cdots, B_n$ 为样本空间 S 的一个划分,或称 $B_1, B_2, \cdots, B_n$ 为互斥事件完备组.

若 $B_1, B_2, \cdots, B_n$ 为样本空间 S 的一个划分,那么,对每次试验,事件 $B_1, B_2, \cdots, B_n$ 中必有一个且仅有一个发生.

定理1 设试验 E 的样本空间为 S,A 为 E 的事件,$B_1,B_2,\cdots,B_n$ 为 S 的一个划分,且 $P(B_i)>0,i=1,2,\cdots,n,$ 则

$$P(A)=P(B_1)P(A\mid B_1)+P(B_2)P(A\mid B_2)+\cdots+P(B_n)P(A\mid B_n)$$

$$=\sum_{i=1}^{n}P(B_i)P(A\mid B_i).$$

证明:因为 $A=AS=A\left(\bigcup_{i=1}^{n}B_i\right)=\bigcup_{i=1}^{n}AB_i$,且 $AB_1,AB_2,\cdots,AB_n$ 互不相容,所以由可加性得

$$P(A)=P\left(\bigcup_{i=1}^{n}AB_i\right)=\sum_{i=1}^{n}P(AB_i).$$

再将 $P(AB_i)=P(B_i)P(A\mid B_i),i=1,2,\cdots,n$ 代入上式即得

$$P(A)=\sum_{i=1}^{n}P(B_i)P(A\mid B_i).$$

这个公式通常称为全概率公式,它是概率论中最基本而且最重要的公式之一.

【例4】 设有 20 名射手,其中优、上、中等射手分别为 3,5,12 名,优等射手中靶的概率为 0.9,上等射手中靶的概率为 0.8,中等射手中靶的概率为 0.7,现从中任抽一名射手射击.求:该射手中靶的概率.

解:设 A:该射手中靶;

$\qquad$ B_1:抽出的是一名优等射手;

$\qquad$ B_2:抽出的是一名上等射手;

$\qquad$ B_3:抽出的是一名中等射手.

易知 B_1,B_2,B_3 是样本空间 S 的一个划分,故由全概率公式得

$$P(A)=P(B_1)P(A\mid B_1)+P(B_2)P(A\mid B_2)+P(B_3)P(A\mid B_3)$$

$$=\frac{3}{20}\times0.9+\frac{5}{20}\times0.8+\frac{12}{20}\times0.7=0.755.$$

【例5】 某工厂有四条流水线生产同一种产品,这四条流水线的产量分别占总产量的 15%,20%,30%,35%,另外,这四条流水线的不合格率依次为:0.05,0.04,0.03,0.02,现从出厂产品中任取一件.问:恰好抽到不合格品的概率为多少?

解:设 A:任取一件,恰好抽到不合格品;

$\qquad$ B_i:任取一件,恰好抽到第 i 条流水线,$i=1,2,3,4.$

显然,B_1,B_2,B_3,B_4 是样本空间 S 的一个划分,故由全概率公式得

$$P(A)=\sum_{i=1}^{4}P(B_i)P(A\mid B_i)$$

$$=0.15\times0.05+0.20\times0.04+0.30\times0.03+0.35\times0.02=0.0315.$$

【例6】 (Polya 模型)从有 r 个红球、b 个黑球的袋子中随机取一球,记下颜色后放回袋中,并加进 c 个同色球.如此共取 n 次.求第

n 次取出红球的概率 p_n.

解:记 A_k 为第 k 次取出红球,B_k 为第 k 次取出黑球,$k = 1$,$2,\cdots,n$,易知

$$P(A_1) = \frac{r}{r+b}, P(B_1) = \frac{b}{r+b}.$$

由全概率公式

$$P(A_2) = P(A_1)P(A_2 \mid A_1) + P(B_1)P(A_2 \mid B_1)$$

$$= \frac{r}{r+b} \cdot \frac{r+c}{r+b+c} + \frac{b}{r+b} \cdot \frac{r}{r+b+c}$$

$$= \frac{r}{r+b}.$$

即 $P(A_2) = P(A_1)$,类似地可得出 $P(B_2) = P(B_1)$.

从如上计算结果中,我们惊奇地发现,第二次取得红球的概率和第一次取得的概率完全一样!尽管第二次在袋中抽取时,我们面临的情形与第一次的完全不同,但抽到红球的概率不变,也就是说,对后来新加进去的 c 个球,我们完全可以视而不见.这样用上面的方法归纳证明出:

$$P(A_k) = P(A_1), P(B_k) = P(B_1), k = 1, 2, \cdots, n.$$

故所求概率为

$$p_n = P(A_n) = \frac{r}{r+b}.$$

Polya 模型给我们一个惊喜,它使看似复杂的问题变得大为简化了,因此有着广泛应用.请注意,从 p_n 的计算结果上看,它与数值 c 没有关系.若取 $c = 0$,模型描述的就是有放回取球;若取 $c = -1$,模型描述的就是无放回取球.这个模型说明,在无放回取球模式下,无论是第几次取球.取得红球的概率都是一样的.

2. 贝叶斯公式

贝叶斯公式的应用

【例7】 在例5中,若该厂规定,出了不合格品要追究有关流水线的经济责任.现在在出厂产品中任取一件,结果为不合格品,但该产品是哪条流水线生产的标志已经脱落.问:此时第四条流水线应承担多大责任?

解:从概率论的角度考虑,可以按 $P(B_i \mid A)$ 的大小来追究第 i 条流水线的经济责任.对于第四条流水线,由条件概率的定义可知

$$P(B_4 \mid A) = \frac{P(B_4)P(A \mid B_4)}{P(A)}.$$

由例5的计算已经得到 $P(A) = \sum_{i=1}^{4} P(B_i)P(A \mid B_i) = 0.0315$,而

$$P(AB_4) = P(B_4)P(A \mid B_4) = 0.35 \times 0.02 = 0.007.$$

于是得

$$P(B_4 \mid A) = \frac{P(B_4)P(A \mid B_4)}{P(A)} = \frac{0.007}{0.0315} \approx 0.22.$$

由此可见,第四条流水线应承担 22% 的责任.这个结果是容易理解的,虽然第四条流水线的产量占总产量的 35%,但它的不合格率却比较低,它生产的不合格品只占总不合格品的 22%.当然,读者不妨计算一下其他三条流水线应承担的责任,然后再作一下比较.

在上面的计算中,事实上已经建立了一个极为有用的公式,常常称之为贝叶斯(Bayes)公式.

定理 2　若 $B_1,B_2,\cdots,B_n$ 为 S 的一个划分,且 $\bigcup_{i=1}^{n} B_i=S,P(B_i)>0$, $i=1,2,\cdots,n$,则对任一事件 A,有

$$P(B_i \mid A) = \frac{P(B_i)P(A \mid B_i)}{\sum\limits_{j=1}^{n} P(B_j)P(A \mid B_j)},i = 1,2,\cdots,n.$$

证明:由条件概率的定义有 $P(B_i \mid A) = \dfrac{P(AB_i)}{P(A)}$.

对上式的分子用乘法公式,对分母用全概率公式

$$P(AB_i) = P(B_i)P(A \mid B_i).$$

$$P(A) = \sum_{j=1}^{n} P(B_j)P(A \mid B_j).$$

即得　　$P(B_i \mid A) = \dfrac{P(B_i)P(A \mid B_i)}{\sum\limits_{j=1}^{n} P(B_j)P(A \mid B_j)},i = 1,2,\cdots,n.$

从形式上看,贝叶斯公式只不过是条件概率定义、乘法公式及全概率公式的简单推论,但其之所以著名,是因为其在现实中的应用以及哲理上的解释.先看 $P(B_i),i=1,2,\cdots,n$,它是在没有进一步的信息(不知道事件 A 是否发生)的情况下,人们对事件 $B_1,B_2,\cdots,$ B_n 发生的可能性大小的认识,习惯上称它们为先验概率,实际上它是对过去已经掌握的信息的反映.而 $P(B_i \mid A)$ 是在人们得到新的信息(事件 A 已经发生)的情况下,对事件 $B_1,B_2,\cdots,B_n$ 发生的可能性的重新认识,习惯上称它们为后验概率.贝叶斯公式是专门用于计算后验概率的,也就是通过事件 A 发生这个新信息,来对 B_i 的概率作出修正.人们很早就认识到贝叶斯公式的意义,也正因为如此,这类方法在过去和现在都受到人们的普遍重视,人们称之为贝叶斯方法.比如在军事上,在炮兵射击理论中,后验概率是研究交叉法试射理论的重点之一,人们将它用于摧毁目标的试射上时,有了后验概率就能对发射情况有进一步的了解,这对于校正试验误差有着重要的作用.下面的例子也很好地说明了贝叶斯公式的意义.

【例 8】　在某刑事调查过程中,调查员 60% 的把握认为嫌疑人确犯有此罪.假定现在得到了一份新的证据,表明罪犯有某个身体特征,如果有 20% 的人有此特征,那么在嫌疑人具有这种特征的条件下,检察官认为他确犯此罪的把握有多大?

解:记 A 为嫌疑人具有与罪犯相同的身体特征,记 B 为嫌疑人确犯有此罪.

由题意知

$$P(B)=0.6, P(\bar{B})=0.4; P(A\mid B)=1, P(A\mid \bar{B})=0.2,$$

根据贝叶斯公式,有

$$P(B\mid A)=\frac{P(AB)}{P(A)}=\frac{P(B)P(A\mid B)}{P(B)P(A\mid B)+P(\bar{B})P(A\mid \bar{B})}$$

$$=\frac{0.6\times1}{0.6\times1+0.4\times0.2}\approx0.882.$$

本例中,调查员开始时估计出的嫌疑人的犯罪概率 $P(B)=0.6$,这个概率称为"先验概率".而 $P(B\mid A)$ 是根据新证据 A(嫌疑人具有某个与罪犯相同的身体特征)重新评估出来的,称为"后验概率".由于新证据的获得,通过贝叶斯公式,对初始的先验概率进行了修正,由 0.6 提高到了 0.882. 由于后验概率的计算是以先验概率为基础的,所以两者有一定的联系.一般说来,有利于 A 发生的概率会增大,而不利于 A 发生的概率会减少.贝叶斯公式给出了一种处理直观概率的方法.

【例 9】 根据以往的临床记录,得到某种诊断癌症的试验的试验结果.若以 A 表示事件"试验反应为阳性",以 C 表示事件"被诊断者为癌症",则有 $P(A\mid C)=0.95, P(A\mid \bar{C})=0.04$,现在对自然人群进行普查,设被试验的人患有癌症的概率为 0.005,即 $P(C)=0.005$,试求: $P(C\mid A)$.

解:已知 $P(A\mid C)=0.95, P(A\mid \bar{C})=0.04$,

$$P(C)=0.005, P(\bar{C})=0.995,$$

由贝叶斯公式得所求概率为

$$P(C\mid A)=\frac{P(A\mid C)P(C)}{P(A\mid C)P(C)+P(A\mid \bar{C})P(\bar{C})}=0.1066.$$

癌症诊断问
题数值模拟

本例的结果表明,虽然 $P(A\mid C)=0.95$,这个概率比较高,但若将此试验用于普查,则有 $P(C\mid A)=0.1066$,即其正确性只有 10.66%.如果不注意到这一点,将会得出错误的诊断.

四、事件的独立性

1. 两个事件的独立性

事件的独立性是概率论中又一个重要的概念,利用独立性可以简化概率的计算.在条件概率的定义中我们已经知道,在已知事件 A 发生的条件下,事件 B 发生的概率为 $P(B\mid A)=\dfrac{P(AB)}{P(A)}$,并且得到了一般的概率乘法公式 $P(AB)=P(A)P(B\mid A)$.现在可以提出一个问题,如果事件 B 发生与否不受事件 A 是否发生的影响,那么会出现什么样的情况? 为此,需要把"事件 B 发生与否不受事件 A 是否发生的影响"这句话表达成数学的语言.事实上,事件 B 发生与否不受事件 A 是否发生的影响,也就是意味着有 $P(B)=P(B \mid A)$,这时乘法公式就有了更自然的形式 $P(AB)=P(A)P(B)$,由此启示我们引入下述关于两个事件相互独立的定义.

> **定义 3**　设 A,B 是两事件,如果满足等式 $P(AB)=P(A)P(B)$,则称事件 A,B 相互独立,简称 A,B 独立.
>
> 根据定义 3,容易验证必然事件 S、不可能事件 $\varnothing$ 与任何事件是相互独立的.对这一结论,读者不会感到意外,因为必然事件 S 与不可能事件 $\varnothing$ 发生与否,的确是不受任何事件的影响的,也不影响其他事件是否发生.可以证明,若事件 A,B 相互独立,则 A 与 $\bar{B}$ 独立,$\bar{A}$ 与 B 独立,$\bar{A}$ 与 $\bar{B}$ 独立.

思考:两个事件 A、B 相互独立和互不相容有什么关系? 为什么?

值得注意的是,若 $P(A)>0,P(B)>0$,则 A,B 相互独立与 A,B 互不相容不能同时成立.

定理 3　设 A,B 是两事件,且 $P(A)>0$,若 A,B 相互独立,则 $P(B \mid A)=P(B)$,反之亦然.

定理 3 的证明是显然的.

【例 10】　一个家庭中有若干个小孩,假定生男孩和生女孩是等可能的.令

$$A=\{一个家庭中有男孩,又有女孩\},$$
$$B=\{一个家庭中最多有一个女孩\},$$

对下述两种情况,讨论 A 与 B 的独立性:

(1)家庭中有两个小孩;(2)家庭中有三个小孩.

解:(1)家庭中有两个小孩

此时,样本空间为 $S=\{(男,男),(男,女),(女,男),(女,女)\}$,有 4 个基本事件,由等可能性知各基本事件的概率均为 $\dfrac{1}{4}$,这时,

$$A=\{(男,女),(女,男)\},$$
$$B=\{(男,男),(男,女),(女,男)\},$$
$$AB=\{(男,女),(女,男)\},$$

于是　　　　$P(A)=\dfrac{1}{2},P(B)=\dfrac{3}{4},P(AB)=\dfrac{1}{2},$

由此可知 $P(AB) \neq P(A)P(B)$,所以事件 A 与 B 不相互独立.

(2)家庭中有三个小孩

此时,样本空间为

$S=\{(男,男,男),(男,男,女),(男,女,男),(女,男,男),$
　　$(男,女,女),(女,男,女),(女,女,男),(女,女,女)\}.$

由等可能性知各基本事件的概率均为 $\dfrac{1}{8}$,这时,A 中含有 6 个

基本事件,B 中含有 4 个基本事件,AB 中含有 3 个基本事件,于是

$$P(A)=\frac{6}{8}=\frac{3}{4},P(B)=\frac{4}{8}=\frac{1}{2},P(AB)=\frac{3}{8},$$

显然有 $P(AB)=P(A)P(B)$ 成立,从而事件 A 与 B 是相互独立的.

这个例子的结果是否与你的直觉判断相吻合? 事实上,在许多实际问题中,两个事件是否相互独立大多是根据经验(相互有无影响)来判断的,但在有些问题中,有时候也必须用相互独立的定义来判断,而不能停留在"直觉判断"上.

2. 多个事件的独立性

首先研究三个事件的相互独立性,对此我们给出以下的定义:

> **定义 4** 设 A,B,C 是三个事件,如果有
> $$\begin{cases} P(AB)=P(A)P(B), \\ P(AC)=P(A)P(C), \\ P(BC)=P(B)P(C), \end{cases}$$
> 则称 A,B,C 两两独立.若还有 $P(ABC)=P(A)P(B)P(C)$,则称 A,B,C 相互独立.

读者自然会提出这样一个问题:三个事件 A,B,C 两两独立能否保证它们相互独立呢? 回答是否定的,这从下面简单的例子就可看出.

【例 11】 一个均匀的正四面体,第一面染成红色,第二面染成白色,第三面染成黑色,而第四面同时染上红、白、黑三种颜色.现在以 A,B,C 分别记投一次正四面体出现红、白、黑颜色的事件,则由于在四面体中有两面有红色,因此得 $P(A)=\frac{1}{2}$,同理得:$P(B)=P(C)=\frac{1}{2}$,容易计算出

$$P(AB)=P(BC)=P(AC)=\frac{1}{4},$$

所以 A,B,C 两两独立.但是

$$P(ABC)=\frac{1}{4}\neq\frac{1}{8}=P(A)P(B)P(C),$$

从而 A,B,C 不相互独立.

下面再提供一个例子来说明仅由等式 $P(ABC)=P(A)P(B)P(C)$ 也不能推出 A,B,C 两两独立,从而进一步说明 A,B,C 相互独立必须同时要求定义 4 中的四个等式均成立.

【例 12】 若有一个均匀的正八面体,其第一、二、三、四面染红色,第一、二、三、五面染白色,第一、六、七、八面染上黑色,现在以 A,B,C 分别记投一次正八面体出现红、白、黑颜色的事件,则

$$P(A)=P(B)=P(C)=\frac{4}{8}=\frac{1}{2},$$

$$P(ABC)=\frac{1}{8}=P(A)P(B)P(C),$$

但是　　　　　$$P(AB)=\frac{3}{8}\neq\frac{1}{4}=P(A)P(B).$$

现在我们可以定义三个以上事件的相互独立性.

> **定义 5**　设有 n 个事件 $A_1,A_2,\cdots,A_n$,对任意的 $1\leqslant i<j<k<\cdots\leqslant n$,如果以下等式均成立
> $$P(A_iA_j)=P(A_i)P(A_j),$$
> $$P(A_iA_jA_k)=P(A_i)P(A_j)P(A_k),$$
> $$\vdots$$
> $$P(A_1A_2\cdots A_n)=P(A_1)P(A_2)\cdots P(A_n),$$
> 则称 $A_1,A_2,\cdots,A_n$ 相互独立.

从上述定义可以看出,n 个事件的相互独立性需要有 $\sum\limits_{k=2}^{n}C_n^k=2^n-n-1$ 个等式来保证.同时也可以看出,n 个相互独立的事件中的任意一部分仍是相互独立的,而且任意一部分与另一部分也是相互独立的.同两个事件的情形类似,可以证明:将相互独立事件中的任一部分换为对立事件,所得的各事件仍为相互独立的.

【例 13】　某零件用两种工艺加工,第一种工艺有三道工序,各道工序出现不合格品的概率分别为 0.3,0.2,0.1;第二种工艺有两道工序,各道工序出现不合格品的概率分别为 0.3,0.2.

（1）试问:用哪种工艺加工得到合格品的概率较大?

（2）若第二种工艺的两道工序出现不合格品的概率都是 0.3 时,情况又如何?

解:记 A_i:用第 i 种工艺加工得到合格品,$i=1,2$.

（1）由于各道工序可看作是独立工作的,所以
$$P(A_1)=0.7\times0.8\times0.9=0.504,$$
$$P(A_2)=0.7\times0.8=0.56.$$

即第二种工艺得到合格品的概率较大.这个结果也是可以理解的,因为第二种工艺的两道工序出现不合格品的概率与第一种工艺相同,但少了一道工序,所以减少了出现不合格品的机会.

（2）当第二种工艺两道工序出现不合格品的概率都是 0.3 时,则
$$P(A_2)=0.7\times0.7=0.49,$$
即此时第一种工艺得到合格品的概率较大.

【例 14】　一个元件在某时间区间内正常工作的概率称为元件的可靠性.由很多元件组成的整体称为系统.系统在某一时间区间内正常工作的概率称为系统的可靠性.现设构成系统的每个元件的可靠性均为 $r(0<r<1)$,且各元件能否正常工作是相互独立的.求:

下面两种附加备份系统(见图1.5)的可靠性.

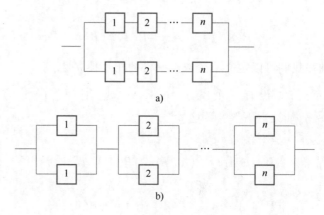

图　1.5

解:设　$A_i=\{$第i个元件正常工作$\}$, $i=1,2,\cdots,n$;

$B_i=\{$图1.5a的系统中第i条道路工作正常$\}$, $i=1,2$.

则　　　$P(B_i)=P(A_1A_2\cdots A_n)=P(A_1)P(A_2)\cdots P(A_n)=r^n$.

所求图1.5a的系统的可靠性为

$$P_1=P(B_1\cup B_2)=1-P(\overline{B}_1)P(\overline{B}_2)$$
$$=1-(1-r^n)^2=r^n(2-r^n),$$

又设$C_i=\{$图1.5b的系统中第i对元件正常工作$\}$, $i=1,2,\cdots,n$,

$$P(C_i)=1-P(\overline{C}_i)=1-(1-r)^2=r(2-r),$$

图1.5b的系统的可靠性为

$$P_2=P(C_1C_2\cdots C_n)=P(C_1)P(C_2)\cdots P(C_n)=r^n(2-r)^n.$$

用数学归纳法可以证明:当$n\geqslant 2$时, $(2-r)^n>2-r^n$,故$P_2>P_1$.由此可见,两个系统同样用$2n$个元件构成,作用也相同,但第二种构成方式比第一种构成方式的可靠性更大.寻找可靠性比较大的构成方式是可靠性理论研究的重要课题之一.

【例15】　"近防炮"是一种在舰艇、车辆上使用的防空、反导系统.它可以在短时间内发射大量的炮弹对目标进行射击. 假设每发炮弹是否命中是互不影响的,且命中概率均为0.004.

(1) 若系统发射100发炮弹,求至少命中一发的概率.

(2) 为确保以0.99的概率击中目标,至少要发射多少发炮弹?

解:记A:目标被击中.

(1) 记A_i:第i发炮弹击中目标, $i=1,2,\cdots,100$.

有$A=A_1\cup A_2\cup\cdots\cup A_{100}$, A_1, A_2, $\cdots$, A_{100}相互独立,且$P(A_i)=0.004$, $i=1,2,\cdots,100$,

则$P(A)=P(A_1\cup\cdots\cup A_{100})=1-(1-p)^{100}=1-(1-0.004)^{100}\approx 0.33$.

(2) 记A_i:第i发炮弹击中目标, $i=1,2,\cdots,n$.

由题意知,要求使$P(A)\geqslant 0.99$的最小的n.

近防炮射击
问题数值模拟

$$P(A) = 1 - (1-p)^n = 1 - (1-0.004)^n = 1 - 0.996^n \geq 0.99,$$

从而解得 $n \geq \dfrac{\lg 0.01}{\lg 0.996} \approx 1149$，即至少需要 1149 发炮弹.

第五节　综合例题选讲

【例 1】　某城市共发行 3 种报纸甲、乙、丙，在这个城市的居民中有 45% 订阅甲报，35% 订阅乙报，30% 订阅丙报，10% 同时订阅甲报和乙报，8% 同时订阅甲报和丙报，5% 同时订阅乙报和丙报，3% 同时订阅甲、乙、丙报.试求：

（1）只订阅甲报的概率；

（2）只订阅一种报纸的概率；

（3）至少订阅一种报纸的概率；

（4）不订阅任何一种报纸的概率.

解：设 A 为订阅甲报，B 为订阅乙报，C 为订阅丙报，则由题意得

$$P(A) = 0.45, P(B) = 0.35, P(C) = 0.3, P(AB) = 0.1,$$
$$P(AC) = 0.08, P(BC) = 0.05, P(ABC) = 0.03.$$

（1）$\begin{aligned}P(\text{只订阅甲报}) &= P(A\overline{B}\,\overline{C}) = P[A - (B \cup C)]\\ &= P(A) - P[A(B \cup C)]\\ &= P(A) - P(AB) - P(AC) + P(ABC) = 0.3.\end{aligned}$

（2）$P(\text{只订阅一种报纸}) = P(A\overline{B}\,\overline{C}) + P(\overline{A}B\,\overline{C}) + P(\overline{A}\,\overline{B}C)$，

其中：$P(\overline{A}B\,\overline{C}) = P(B) - P(AB) - P(BC) + P(ABC) = 0.23$，

$\qquad P(\overline{A}\,\overline{B}C) = P(C) - P(AC) - P(BC) + P(ABC) = 0.2$，

所以，$P(\text{只订阅一种报纸}) = P(A\overline{B}\,\overline{C}) + P(\overline{A}B\,\overline{C}) + P(\overline{A}\,\overline{B}C) = 0.73.$

（3）$\begin{aligned}P(\text{至少订阅一种报纸}) &= P(A \cup B \cup C) = P(A) + P(B) + P(C) -\\ &\quad P(AB) - P(AC) - P(BC) + P(ABC)\\ &= 0.9.\end{aligned}$

（4）$P(\text{不订阅任何一种报纸}) = P(\overline{A}\,\overline{B}\,\overline{C}) = 1 - P(A \cup B \cup C) = 0.1.$

【例 2】　证明：$\left| P(AB) - P(A)P(B) \right| \leq \dfrac{1}{4}.$

证明：不妨设 $P(A) \geq P(B)$，则

$$P(AB) - P(A)P(B) \leq P(B) - P(B)P(B) = P(B)[1 - P(B)] \leq \dfrac{1}{4},$$

又有，

$$P(A)P(B) - P(AB) = P(A)[P(AB) + P(A\overline{B})] - P(AB)$$

$$= P(A)P(\overline{A}B) + P(AB)[P(A)-1]$$

$$\leqslant P(A)P(\overline{A}B) \leqslant P(A)P(\overline{A})$$

$$= P(A)[1-P(A)] \leqslant \frac{1}{4}.$$

综合上述两方面,可得 $|P(AB)-P(A)P(B)| \leqslant \frac{1}{4}$.

【例3】　考虑一元二次方程 $x^2+Bx+C=0$,其中 B,C 分别是将一颗骰子接连掷两次先后出现的点数.求:该方程有实根的概率 p 和有重根的概率 q.

解:按题意可知,样本空间 $S=\{(B,C) \mid B,C=1,2,\cdots,6\}$,它含有36个等可能的样本点,所求的概率为

$$p=P(B^2-4C \geqslant 0) = P(B^2 \geqslant 4C),而$$

$$\{B^2 \geqslant 4C\}=\{(2,1),(3,1),(4,1),(5,1),(6,1),(3,2),(4,2),$$
$$(5,2),(6,2),(4,3),(5,3),(6,3),(4,4),(5,4),$$
$$(6,4),(5,5),(6,5),(5,6),(6,6)\}.$$

它含有 19 个样本点.

所以得 $p=\dfrac{19}{36}$,同理得 $q=\dfrac{2}{36}=\dfrac{1}{18}$.

【例4】　甲盒中有 4 个红球和 2 个白球,乙盒中有 2 个红球和 4 个白球,掷一枚均匀硬币,若出现正面,则从甲盒中任取一球;若出现反面,则从乙盒中任取一球.设每次取出球观察颜色后都放回原盒中,试求:

(1) 如果前两次都取到红球,求第三次也取到红球的概率;

(2) 如果前两次都取到红球,求红球都来自甲盒的概率.

解:记 A_k 为第 k 次取到红球,B_k 为第 k 次硬币掷出正面,$k=1,2,3$,事件 B_k 发生时从甲盒中取球.由于每次取出的球又都放回去了,故每次取球的试验是独立重复的,所以 A_1,A_2,A_3 是相互独立的,故

$$P(A_1)=P(A_2)=P(A_3),P(A_3 \mid A_1A_2)=P(A_3).$$

(1) 由全概率公式

$$P(A_1)=P(B_1)P(A_1 \mid B_1)+P(\overline{B}_1)P(A_1 \mid \overline{B}_1)=\frac{1}{2} \cdot \frac{4}{6}+\frac{1}{2} \cdot \frac{2}{6}=\frac{1}{2}.$$

$$P(A_3 \mid A_1A_2)=P(A_3)=P(A_1)=\frac{1}{2}.$$

(2) 题意即求概率 $P(B_1B_2 \mid A_1A_2)$,由于两次试验是独立重复的,所以 A_1B_1,A_2B_2 是相互独立的,故

$$P(A_1B_1)=P(A_2B_2)=P(B_1)P(A_1 \mid B_1)=\frac{1}{2} \cdot \frac{4}{6}=\frac{1}{3}.$$

$$P(B_1B_2 \mid A_1A_2)=\frac{P(A_1B_1A_2B_2)}{P(A_1A_2)}=\frac{P(A_1B_1)P(A_2B_2)}{P(A_1)P(A_2)}=\frac{\left(\dfrac{1}{3}\right)^2}{\left(\dfrac{1}{2}\right)^2} \approx 0.444.$$

【例 5】　若 $P(A\mid B)>P(A\mid\overline{B})$,试证:$P(B\mid A)>P(B\mid\overline{A})$.

证明:由 $P(A\mid B)>P(A\mid\overline{B})$ 得

$$P(A\mid B)=\frac{P(AB)}{P(B)}>P(A\mid\overline{B})=\frac{P(A)-P(AB)}{1-P(B)},$$

所以得

$$P(AB)-P(B)P(AB)>P(A)P(B)-P(B)P(AB),$$

即

$$P(AB)>P(A)P(B),$$

所以得

$$P(AB)-P(A)P(AB)>P(A)P(B)-P(A)P(AB),$$

即

$$P(AB)P(\overline{A})>P(A)P(B\overline{A}),$$

由此得　$\dfrac{P(AB)}{P(A)}>\dfrac{P(B\overline{A})}{P(\overline{A})}$,即 $P(B\mid A)>P(B\mid\overline{A})$.

【例 6】　甲、乙两个赌徒在每一局获胜的概率都是 $\dfrac{1}{2}$,两人约定谁先赢得一定的局数就获得全部赌本.但赌博在中途被打断了.请问在以下各种情况下,应如何合理分配赌本:

(1)甲、乙两个赌徒都各需赢 k 局才能获胜;

(2)甲赌徒还需赢 2 局才能获胜,乙赌徒还需赢 3 局才能获胜;

(3)甲赌徒还需赢 n 局才能获胜,乙赌徒还需赢 m 局才能获胜.

解:按题意,应该依据甲、乙两个赌徒最终获胜的概率大小来分赌本.

(1)在这种情况下,甲、乙两人所处的地位是对称的,因此甲、乙两个赌徒最终获胜的概率都是 $\dfrac{1}{2}$,所以甲得全部赌本的 $\dfrac{1}{2}$,乙得全部赌本的 $\dfrac{1}{2}$.

(2)在这种情况下,最多再赌 4 局必分胜负,若设 A_i:再赌下去的第 i 局中甲赌徒赢,$i=1,2,3,4$,则有

$$P(甲最终获胜)=P(A_1A_2\cup A_1\overline{A}_2A_3\cup\overline{A}_1A_2A_3\cup A_1\overline{A}_2\,\overline{A}_3A_4\cup$$
$$\overline{A}_1A_2\overline{A}_3A_4\cup\overline{A}_1\,\overline{A}_2A_3A_4)$$
$$=\left(\frac{1}{2}\right)^2+2\times\left(\frac{1}{2}\right)^3+3\times\left(\frac{1}{2}\right)^4=\frac{11}{16},$$

所以甲得全部赌本的 $\dfrac{11}{16}$,乙得全部赌本的 $\dfrac{5}{16}$.

(3)在这种情况下,再赌 $(n+m-1)$ 局必分胜负,共有 2^{n+m-1} 种等可能的情况,而"甲最终获胜"意味着乙在此 $(n+m-1)$ 局中最多赢 $(m-1)$ 局,这共有 $C_{n+m-1}^0+C_{n+m-1}^1+\cdots+C_{n+m-1}^{m-1}$ 种等可能的情况,若记

$$\begin{cases} a = C_{n+m-1}^0 + C_{n+m-1}^1 + \cdots + C_{n+m-1}^{m-1}, \\ b = C_{n+m-1}^m + C_{n+m-1}^{m+1} + \cdots + C_{n+m-1}^{n+m-1}, \end{cases} \quad (a+b = 2^{n+m-1})$$

则 $P($甲最终获胜$) = \dfrac{a}{2^{n+m-1}}, P($乙最终获胜$) = \dfrac{b}{2^{n+m-1}}$,

所以甲得全部赌本的 $\dfrac{a}{2^{n+m-1}}$, 乙得全部赌本的 $\dfrac{b}{2^{n+m-1}}$.

【例7】《伊索寓言》中有一则"孩子与狼"的故事,讲的是一个小孩每天到山上放羊,山里有狼出没.第一天,他在山上喊:"狼来了!狼来了!"山下的村民闻声便去打狼,可到了山上,发现狼没有来,第二天仍是如此.第三天,狼真的来了,可无论小孩怎么喊叫,也没有人来救他,因为前两天他说了谎,人们不再相信他了.试用贝叶斯公式来分析此寓言中村民对这个小孩的可信程度是如何下降的.

分析:记 A:小孩说谎.B:小孩可信.

不妨设过去村民对这个小孩的印象是:$P(B) = 0.8, P(\bar{B}) = 0.2$,用贝叶斯公式计算村民对这个小孩可信程度的改变时要用到 $P(A|B), P(A|\bar{B})$,即"可信的孩子说谎"的概率与"不可信的孩子说谎"的概率,在此不妨设 $P(A|B) = 0.1, P(A|\bar{B}) = 0.5$.

第一次村民上山打狼,发现狼没有来,即小孩说了谎,村民根据这个信息,将这个小孩的可信程度改变为

$$P(B|A) = \frac{P(B)P(A|B)}{P(B)P(A|B) + P(\bar{B})P(A|\bar{B})}$$

$$= \frac{0.8 \times 0.1}{0.8 \times 0.1 + 0.2 \times 0.5} = 0.444.$$

这表明村民上了一次当后,这个小孩可信程度由原来的 0.8 变为 0.444,也就是将村民对这个小孩的最初印象 $P(B) = 0.8, P(\bar{B}) = 0.2$ 调整为

$$P(B) = 0.444, P(\bar{B}) = 0.556.$$

在这个基础上,我们再用贝叶斯公式计算 $P(B|A)$,亦即这个小孩第二次说谎后,村民把他的可信程度改变为

$$P(B|A) = \frac{0.444 \times 0.1}{0.444 \times 0.1 + 0.556 \times 0.5} = 0.138.$$

这表明村民经过两次上当后,这个小孩的可信程度已经由原来的 0.8 下降到了 0.138,如此低的可信程度,村民听到第三次呼叫时怎么会再上山去打狼呢?

这个例子启发人们:若某人向银行贷款,连续两次未还,银行还会第三次贷款给他吗?可见,在生活中诚信有多么重要.

习题一

A

1. 写出下列随机试验的样本空间：

（1）将一枚硬币抛两次，观察出现正面、反面的情况；

（2）连续抛一枚硬币，直至出现正面为止；

（3）在某十字路口，一小时内通过的机动车辆数；

（4）在单位圆内任意取一点，记录它的坐标；

（5）某城市一天内的用电量.

2. 设 A,B,C 为 3 个事件，试用 A,B,C 表示下列事件：

（1）A,B,C 中至多一个发生；

（2）A,B,C 中至多两个发生；

（3）A,B,C 中至少有两个发生；

（4）A,B,C 中恰有两个发生；

（5）A,B,C 中至少有一个发生，但 C 不发生.

3. 试判断下列命题是否成立？

（1）$A-(B-C)=(A-B)\cup C$；

（2）若 $AB\neq\varnothing$ 且 $A\subset C$，则 $BC\neq\varnothing$；

（3）$(A\cup B)-B=A$；

（4）$(A-B)\cup B=A$.

4. 设事件 A,B,C 同时发生时，事件 D 一定发生.

试证：$P(D)\geqslant P(A)+P(B)+P(C)-2$.

5. 100 件产品中有 10 件次品，现从中任取 5 件进行检验，试求所取的 5 件产品中至多有 1 件次品的概率.

6. 从 $0,1,2,\cdots,9$ 这 10 个数中任意取出 3 个不同的数，试求下列事件的概率：

（1）$A_1=\{3$ 个数中不含 0 和 5$\}$；

（2）$A_2=\{3$ 个数中不含 0 或 5$\}$；

（3）$A_3=\{3$ 个数中含 0 但不含 5$\}$.

7. 在房间里有 10 个人，分别佩戴从 1 到 10 号的纪念章，现任取 3 人记录其纪念章的号码.求：

（1）最小号码为 5 的概率；

（2）最大号码为 5 的概率.

8. 5 个人在第一层进入十一层楼的电梯，假如每个人以相同的概率走出任一层（从第二层开始），试求此 5 个人在不同层走出电梯的概率.

9. 将 3 个球随机地放入 4 个盒子中，试求盒子中球的最大个数分别为 1,2,3 的概率.

10. 设 10 件产品中有 2 件不合格品,现从中取两次,每次任取一件,取后不放回.试求下列事件的概率:

(1) 两次均取到合格品;

(2) 在第一次取到合格品的条件下,第二次取到合格品;

(3) 第二次取到合格品;

(4) 两次中恰有一次取到合格品;

(5) 两次中至少有一次取到合格品.

11. 某人忘记了电话号码的最后一个数字,因而他随机地拨号,假设拨过了的数字不再重复.试求下列事件的概率:

(1) 拨号不超过三次而拨通电话;

(2) 若已知最后一个数字是奇数,则拨号不超过三次而拨通电话;

(3) 第三次拨号才接通电话.

12. 口袋中有 1 个白球,1 个黑球.现从中任取 1 个,若取出白球,则试验停止;若取出黑球,则在把取出的黑球放回口袋的同时,再加入 1 个黑球.如此下去,直到取出的是白球为止.试求下列事件的概率:

(1) 取到第 n 次,试验没有结束;

(2) 取到第 n 次,试验恰好结束.

13. 某人掉了一串钥匙,此串钥匙掉在宿舍里、掉在教室里、掉在路上的概率分别为 40%,35% 和 25%,而掉在上述三处被找到的概率分别为 0.8,0.3 和 0.1. 试求:找到此串钥匙的概率.

14. 已知男性中有 5% 是色盲患者,女性中有 0.25% 是色盲患者.现从男、女人数相等的人群中随机地挑选一人,恰好是色盲患者,试问此人是男性的概率有多大?

15. 某学生在做一道有 4 个选项的单项选择题时,他不知道问题的正确答案,作随机猜测.现从卷面上看此题是答对了.试在以下情况下求学生确实知道正确答案的概率:

(1) 学生知道正确答案和胡乱猜测的概率都是 0.5;

(2) 学生知道正确答案的概率是 0.2;

16. 有两箱同种类的零件,第一箱装 50 件,其中 10 件是一等品;第二箱装 30 件,其中 18 件是一等品.现从两箱中随意挑出一箱,然后从该箱中取零件两次,每次任取一件,作不放回抽样.试求:

(1) 第一次取到的零件是一等品的概率;

(2) 在第一次取到的零件是一等品的条件下,第二次取到的也是一等品的概率.

17. 将两信息分别编码为 A 和 B 传递出去,接收站收到信息时,A 被误收作 B 的概率为 0.02,而 B 被误收作 A 的概率为 0.01. 信息 A 与信息 B 传送的频繁程度为 2∶1.现若接收站收到的信息是 A,试求原发信息是 A 的概率.

18. 甲、乙两个文具盒内都装有 2 支蓝色笔和 3 支红色笔. 现从甲文具盒中任取 2 支笔放入乙文具盒, 然后再从乙文具盒中任取 2 支笔. 试求最后取出的 2 支笔都是红色笔的概率.

19. 设电路由 A, B, C 3 个元件组成, 若元件 A, B, C 发生故障的概率分别为 $0.3, 0.2, 0.2$, 且各元件独立工作, 试在以下情况下求此电路发生故障的概率:

（1）A, B, C 3 个元件串联;

（2）A, B, C 3 个元件并联;

（3）元件 A 与两个并联的元件 B 及 C 串联而成.

20. 一射手对同一目标独立地进行四次射击, 若至少命中一次的概率为 80/81. 试求该射手进行一次射击的命中率.

B

21. 将分别写有字母 p, r, o, b, a, b, i, l, i, t, y 的卡片任意取出. 试求按抽出的顺序恰好组成单词 probability 的概率. 又任意抽出 7 张, 恰好组成单词 ability 的概率.

22. 将 n 个男孩, m 个女孩 $(m \leqslant n+1)$ 随机地排成一排, 试求: 任意两个女孩都不相邻的概率.

23. 50 个铆钉随机地取来用在 10 个部件上, 其中有 3 个铆钉强度太弱, 每个部件用 3 个铆钉. 现若将 3 个强度太弱的铆钉都钉在一个部件上, 则这个部件的强度就太弱. 试求: 出现一个部件强度太弱的概率.

24. 甲、乙两人进行射击比赛, 每回射击胜者得 1 分, 且每回射击中甲胜的概率为 α, 乙胜的概率为 $\beta, \alpha+\beta=1$, 比赛进行到有一人比对方多 2 分时则结束, 多 2 分者最终为获胜者. 试求: 甲最终获胜的概率.

25. 已知一个人的血型为 A, B, AB, O 型的概率分别为 $0.37, 0.21, 0.08, 0.34$, 现任意挑选四人, 试求:

（1）此四人的血型全不相同的概率;

（2）此四人的血型全部相同的概率.

26. 设甲、乙、丙三人在同一办公室工作, 办公室里设有三部电话. 据统计知, 打给甲、乙、丙的电话的概率分别为 2/5, 2/5, 1/5. 他们三人常因工作外出, 甲、乙、丙三人外出的概率分别为 1/2, 1/4, 1/4. 设三人的行动相互独立. 试求:

（1）无人接电话的概率;

（2）被呼叫, 人在办公室的概率;

（3）若某一时间段打进 3 个电话, 这 3 个电话是打给不同人的概率.

27. 甲、乙两选手进行乒乓球单打比赛, 已知在每局中甲胜的概率为 0.6, 乙胜的概率为 0.4. 比赛可采用三局二胜制或五局三胜制.

试问:哪一种比赛制对甲更有利?

28. 设1枚深水炸弹击沉一潜水艇的概率为1/3,击伤一潜水艇的概率为1/2,击不中的概率为1/6,并假设击伤两次也会导致潜水艇下沉.

试求:释放4枚深水炸弹能击沉潜水艇的概率.

(提示:先求出击不沉潜水艇的概率)

29. 将 A, B, C 三个字母之一输入信道,输出为原字母的概率为 α,而输出为其他任一字母的概率都为 $(1-\alpha)/2$,设信道传输各个字母的工作是相互独立的.今将字母串 AAAA,BBBB,CCCC 之一输入信道,现已知输出为 ABCA,输入字母串 AAAA,BBBB,CCCC 的概率分别为 $p_1, p_2, p_3 (p_1+p_2+p_3=1)$.

试问:此时输入的是 AAAA 的概率是多少?

30. 设某猎人在距猎物100m 处对猎物打第一枪,命中猎物的概率为0.5.若第一枪未命中,则猎人继续打第二枪,此时猎物与猎人已相距150m.若第二枪仍未命中,则猎人继续打第三枪,此时猎物与猎人已相距200m.若第三枪还未命中,则猎物逃脱.假如该猎人命中猎物的概率与距离成反比.试求该猎物被击中的概率.

测 试 题 一

第一章小测

2

第 二 章
一维随机变量及其分布

> 人的思想是了不起的,只要专注于某一项事业,就一定会做出使自己感到吃惊的成绩来.
>
> ————马克·吐温

为了全面地研究随机试验的结果,对其进行定量的数学处理,从而更好地揭示随机现象的统计规律性,就需要将随机试验的结果与实数对应起来,这样便于利用函数这一工具研究概率规律,将随机试验的结果量化.这就是引入随机变量的原因.随机变量的引入使概率论的研究由个别随机事件扩大为随机变量所表征的随机现象的研究,使得对随机现象的处理更简单与直接,也更统一而有力;使我们有可能利用数学分析的方法对试验的结果进行深入而广泛的研究与讨论.本章将讨论一维随机变量及其分布.

> 思考:为什么要引入随机变量的概念以及引入随机变量,为研究随机现象的统计规律性带来了什么样的帮助?

知识结构图

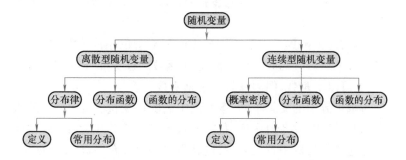

第一节　随 机 变 量

一、 随机变量的定义

在随机现象中,有很大一部分问题可以用数值表示,亦即在随机现象中有很多样本点本身就是用数值表示的.例如,在产品检验问题中,抽样出现的废品数 X,掷一颗骰子出现的点数 Y,每天进入某超市的顾客数 U,顾客购买商品的件数 V,顾客排队等候付款的

时间 W 等.诸如此类的随机现象中的样本点本身就是用数量表示的.

在随机现象中,还有一部分问题看起来与数值无关,亦即在随机现象中有些样本点本身不是用数值表示的,但这时可以根据研究需要设计变量,使其能用数值来表示.例如,在扔硬币问题中,每次出现的结果为正面或反面,与数值没有关系;又如,在产品检验问题中,抽样出现的正品与次品,也与数值没有关系,但是我们能设计如下的变量 X 使它们与数值联系起来:

$$X=X(e)=\begin{cases} 1, & e=\text{"正面"或"正品"}, \\ 0, & e=\text{"反面"或"次品"}. \end{cases}$$

这样一来,为了计算 n 次扔硬币中出现的正面数,可以只计算其中"1"出现的次数;或为了计算 n 次产品抽样中出现的次品数,则只要计算其中"0"出现的次数即可.

在这些例子中,试验的结果能用一个数 X 来表示,而这个数 X 是随着试验结果的不同而变化的,即它是样本点的一个函数.由于样本点出现的随机性,其数量也呈现出随机性,从而变量 X 的取值是随机的.这种量以后就称为随机变量.

下面给出随机变量的一般定义.

> **定义** 设随机试验的样本空间为 $S=\{e\}$,$X=X(e)$ 是定义在样本空间 S 上的实值单值函数,若对任何实数 x,$\{e\in S\mid X(e)\leqslant x\}$ 是随机事件,则称 $X=X(e)$ 为**随机变量**.

一般来说,随机变量常用大写字母 X,Y,Z 等来表示,其取值用小写字母 x,y,z 等来表示.这个定义表明:随机变量 X 是样本点 e 的一个函数,这个函数可以是不同样本点所对应的不同实数,也可以是多个样本点对应的同一个实数.这个函数的自变量(样本点)可以是数,也可以不是数,但因变量一定是实数.

与微积分中的变量不同,概率论中的随机变量 X 是一种"随机取值的变量".以后将会看到,我们不仅要知道 X 取哪些值,而且还要知道这些值的概率各是多少,这就需要知道分布的概念.应该说,有没有分布是区别一般变量与随机变量的主要标志.

【例1】 掷一颗均匀的骰子,其样本空间为 $S=\{1,2,3,4,5,6\}$,在这个样本空间上,可以定义如下几个不同的随机变量.比如可以定义 X 为掷骰子出现的点数,也可以如下定义随机变量 Y 和 Z

$$Y=\begin{cases} 1, & \text{出现偶数点}, \\ 0, & \text{出现奇数点}; \end{cases} \qquad Z=\begin{cases} 1, & \text{点数为6}, \\ 0 & \text{点数不为6}. \end{cases}$$

可见,在同一个样本空间上,可以根据研究问题的需要定义不同的随机变量.而事件的描述方式,就可以用随机变量的取值来描述.如点数不超过 4,就可以描述为 $\{X\leqslant 4\}$,出现偶数点可以描述为 $\{Y=1\}$.

随机事件的描述方式可以用随机变量的取值来描述,为进一步使用微积分的方法研究概率规律提供了可能.

随机变量概念的引入,是概率论发展史上的重大事件.引入随机变量的概念之后,概率论的研究对象由事件及其概率转变为随机变量及其取值规律,研究对象的内涵得以扩大和提升,这是该学科研究的一次飞跃.

二、随机变量的分类

1. 离散型随机变量

若随机变量 X 的所有可能取的值是有限个的或可列个的,则称 X 为离散型随机变量.

例如,"取到次品的个数""收到的呼叫数"等.

2. 非离散型随机变量

若随机变量 X 的所有可能取的值可以是整个数轴或至少有一部分取值是某些区间,则称 X 是非离散型随机变量.

例如,"电视机的寿命",实际中常遇到的"测量误差"等.

第二节　离散型随机变量及其分布

一、离散型随机变量的分布律

对于离散型随机变量 X,要掌握其统计规律则必须且只需知道 X 的所有可能的取值,以及取每一个可能值的概率.

> **定义**　设离散型随机变量 X 所有可能取的值为 $x_k(k=1,2,\cdots)$,X 取各个可能值的概率,即事件 $\{X=x_k\}$ 为 $P\{X=x_k\}=p_k$,$k=1,2,\cdots$,则称 $P\{X=x_k\}=p_k$ 为离散型随机变量 X 的概率分布律或简称为分布律.

离散型随机变量的分布律可以用如下列表的方式来表示:

X	x_1	x_2	x_3	$\cdots$	x_n	$\cdots$
p_k	p_1	p_2	p_3	$\cdots$	p_n	$\cdots$

或者记成:$\begin{pmatrix} x_1 & x_2 & \cdots & x_n & \cdots \\ p_1 & p_2 & \cdots & p_n & \cdots \end{pmatrix}$.

由概率的定义可知,离散型随机变量的分布律满足如下两条性质:

性质 1(非负性)　$p_k \geq 0, k=1,2,\cdots$.

性质 **2**(完备性) $\sum\limits_{k=1}^{\infty} p_k = 1$.

一般地,求分布律时需验证这两条性质.若成立则称所求的数列为离散型随机变量的分布律,否则不能表明它是离散型随机变量分布律.值得一提的是,只有离散型随机变量才具有分布律.

由上述的列表方式可以一目了然地看出离散型随机变量 X 取各个值的概率的规律,X 取各个值各占一些概率,这些概率的和为 1. 这就是说,概率 1 以一定的规律分布在各个可能值上.这也就是上述的列表称为分布律的缘故.

【例 1】 设一汽车在开往目的地的路上需经过四组信号灯,每组信号灯以 $\dfrac{1}{2}$ 的概率允许或禁止汽车通过,现以 X 表示汽车首次停下时它已通过的信号灯的组数,设各组信号灯的工作是相互独立的.求:X 的分布律.

解:若以 p 表示每组信号灯禁止汽车通过的概率,则由古典概率的方法易得 X 的分布律为

X	0	1	2	3	4
p_k	p	$(1-p)p$	$(1-p)^2 p$	$(1-p)^3 p$	$(1-p)^4$

或写成 $P(X=k)=(1-p)^k p, k=0,1,2,3, P(X=4)=(1-p)^4$.

现将 $p=\dfrac{1}{2}$ 代入上表得

X	0	1	2	3	4
p_k	0.5	0.25	0.125	0.0625	0.0625

显然,所求的结论满足分布律的两条性质.

二、 几种常见的离散型随机变量的分布

1. (0-1) 分布

若随机变量 X 只可能取 0 与 1 两个值,它的分布律为

$$P(X=k)=p^k (1-p)^{1-k}, k=0,1, 0<p<1,$$

则称随机变量 X 服从 (0-1) 分布或两点分布,记为 $X \sim (0,1)$.

(0-1) 分布的分布律也可列表表示:

X	0	1
p_k	$1-p$	p

思考:是否只有在样本空间中包含两个元素时,才能在样本空间上定义服从 (0-1) 分布的随机变量呢?

一般地,对于一个随机试验,如果它的样本空间只包含两个元素,即 $S=\{e_1, e_2\}$,则我们总能在 S 上定义一个服从 (0-1) 分布的随机变量

$$X = X(e) = \begin{cases} 0, & e = e_1, \\ 1, & e = e_2, \end{cases}$$

来描述这个随机试验的结果.

(0-1)分布是一种经常遇到的分布,也是一类应用很广的分布,比如,检查产品的质量(正品与次品),彩票是否中奖(中与不中),对婴儿性别进行登记(男与女),高射炮射击敌机(击中与未击中)等.

【例2】 设袋中装 6 个白球和 4 个红球,现任取一个,X 为"取得白球数",求 X 的分布律.

解:由题意可知,X 服从(0-1)分布.X 的取值为 0,1,相应的概率为 $P(X=1) = 0.6$,故所求的 X 分布律为

X	0	1
p_k	0.4	0.6

2. 二项分布

为了介绍二项分布,我们先介绍伯努利概型.

(1) 伯努利概型

重复进行 n 次试验,若各次试验的结果互不影响,即每次试验结果出现的概率都不受其他各次试验结果的影响,则称这 n 次试验是相互独立的.若在 n 次重复独立试验中,试验的结果只有两种可能的结果 A 与 $\bar{A}$,$P(A) = p$,$P(\bar{A}) = 1-p$,则称这样的 n 次重复独立试验为伯努利试验,这样的 n 次重复独立试验概型为 n 重伯努利概型.

n 重伯努利概型是一种很重要的数学模型,它有广泛的应用,也是被研究最多的模型之一.

【例3】 已知某批产品的次品率为 0.2,现有放回地抽取 5 次,求出现 2 次次品的概率.

解:由题意可知,该随机试验属于伯努利试验,原题即求 $P_5(2)$.

设 A:出现次品,则 5 次抽样情况为 $AAA\bar{A}\bar{A}$,$A\bar{A}AA\bar{A}$,$AA\bar{A}\bar{A}A$,$A\bar{A}A\bar{A}A$,$\cdots$,这样的情况共有 C_5^2 种,且它们是互不相容的,其概率都是 $0.2^2 \times 0.8^3$,所以出现 2 次次品的概率为 $P_5(2) = C_5^2 \times 0.2^2 \times 0.8^3 = 0.2048$.

一般地,就有如下的伯努利定理.

伯努利定理 设一次试验中事件 A 发生的概率为 $p(0<p<1)$,则在 n 次伯努利试验中事件 A 恰好发生 k 次的概率为

$$P_n(k) = C_n^k p^k (1-p)^{n-k} \quad (k=0,1,2,\cdots,n).$$

证明:按独立事件的概率计算公式可知:n 次试验中事件 A 在

某 k 次(例如前 k 次)发生而其余 $n-k$ 次不发生的概率应为

$$\underbrace{pp\cdots p}_{k}\cdot\underbrace{(1-p)(1-p)\cdots(1-p)}_{n-k}=p^k(1-p)^{n-k}.$$

由于现在只考虑事件 A 在 n 次试验中发生 k 次而不论在哪 k 次发生,所以它应有 C_n^k 种不同的发生方式.而且它们是相互独立的,故在 n 次试验中 A 发生 k 次的概率为

$$P_n(k)=C_n^k p^k(1-p)^k \quad (k=0,1,2,\cdots,n).$$

显然它满足 $\quad P(X=k)\geqslant 0,\ \sum_{k=0}^{n}C_n^k p^k(1-p)^{n-k}=(p+q)^n=1.$

(2) 二项分布

若用 X 表示 n 重伯努利概型中事件 A 发生的次数,它的分布律为

$$P_n(k)=C_n^k p^k(1-p)^{n-k},k=0,1,2,\cdots,n,$$

则称 X 服从参数为 $n,p(0<p<1)$ 的二项分布.记为 $X\sim B(n,p)$.

二项分布的分布律也可列表表示:

X	0	1	2	$\cdots$	n
$p_n(k)$	$p_n(0)$	$p_n(1)$	$p_n(2)$	$\cdots$	$p_n(n)$

特别当 $n=1$ 时,二项分布退化为 $P(X=k)=p^k(1-p)^{1-k}$,也就是 (0-1)分布, 故二项分布是(0-1)分布的推广.

二项分布的图形(见图2.1)有如下特点:对于固定的 n 及 p,当 k 增加时,概率 $P(X=k)$ 先是随之增加直至达到最大值,随后单调减少.当 $(n+1)p$ 为整数时,概率 $P(X=k)$ 在 $k=(n+1)p$ 和 $k=(n+1)p-1$ 处达到最大值;当 $(n+1)p$ 不为整数时,概率 $P(X=k)$ 在 $k=(n+1)p$ 处达到最大值.

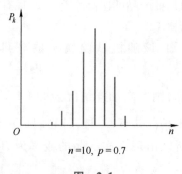

$n=10,\ p=0.7$

图　2.1

【例4】　若某种特效药的临床有效率为 0.95,今有 10 人服用,问至少有 8 人治愈的概率是多少?

解:设 X:10 人中被治愈的人数,则 $X\sim B(10,0.95)$,而所求的概率为

$$P(X \geqslant 8) = P(X=8) + P(X=9) + P(X=10)$$
$$= C_{10}^8 \times 0.95^8 \times 0.05^2 + C_{10}^9 \times 0.95^9 \times 0.05^1 + C_{10}^{10} \times 0.95^{10} \times 0.05^0$$
$$= 0.9885,$$

即 10 人中至少有 8 人治愈的概率为 0.9885.

【例 5】 在甲、乙二人的比赛中,甲在一局比赛中赢乙的概率为 0.46,假设每局比赛的结果相互独立,三局两胜,五局三胜,七局四胜的赛制哪一个对甲更有利?

解: 先考虑三局两胜的情况.

令 X:三局比赛中甲胜的局数.

则 $X \sim B(3, 0.46)$

$$P(X=k) = C_3^k \times 0.46^k \times (1-0.46)^{3-k}, \quad k=0,1,2,3.$$

甲获胜即求 $P(X \geqslant 2) = P(X=2) + P(X=3) \approx 0.34 + 0.1 = 0.44.$

同理可得,在五局三胜中,令 X:五局比赛中甲胜的局数.

$$P(X \geqslant 3) = P(X=3) + P(X=4) + P(X=5) = 0.43.$$

在七局四胜中,令 X:七局比赛中甲胜的局数.

$$P(X \geqslant 4) = P(X=4) + P(X=5) + P(X=6) + P(X=7) = 0.41.$$

可见,三局两胜对甲更有利.

在例 4 中当 n 较大时,显然计算是比较麻烦的,那么是否有一个当 n 很大、p 很小时的近似计算公式呢? 另外,如图 2.1 所示,$B(n,p)$ 随着 n 增大而趋于对称,这也使我们想到 n 的变化可能会引起二项分布趋于某种极限分布.下面的泊松定理就是二项分布的一种极限分布.

泊松(Poisson)定理 设 $\lambda > 0$ 是一个常数,且 $\lambda = n \cdot p_n$,则对任一固定的非负整数 k,有 $\lim\limits_{n \to \infty} P_n(k) = \dfrac{\lambda^k e^{-\lambda}}{k!}$.

证明: 当 $k \geqslant 1$ 时,因为

$$P_n(k) = C_n^k p_n^k (1-p_n)^{n-k} = \frac{n(n-1)\cdots(n-k+1)}{k!} \cdot \left(\frac{\lambda}{n}\right)^k \cdot \left(1-\frac{\lambda}{n}\right)^{n-k}$$

$$= \frac{\lambda^k}{k!}\left[1 \cdot \left(1-\frac{1}{n}\right) \cdot \left(1-\frac{2}{n}\right) \cdot \cdots \cdot \left(1-\frac{k-1}{n}\right)\right] \frac{\left(1-\dfrac{\lambda}{n}\right)^n}{\left(1-\dfrac{\lambda}{n}\right)^k}$$

$$= \frac{\lambda^k}{k!}\left[1 \cdot \left(1-\frac{1}{n}\right) \cdot \left(1-\frac{2}{n}\right) \cdot \cdots \cdot \left(1-\frac{k-1}{n}\right)\right] \frac{\left[\left(1-\dfrac{\lambda}{n}\right)^{-\frac{n}{\lambda}}\right]^{-\lambda}}{\left(1-\dfrac{\lambda}{n}\right)^k},$$

所以 $\lim\limits_{n \to \infty} P_n(k) = \dfrac{\lambda^k e^{-\lambda}}{k!}.$

当 $k=0$ 时,显然 $\lim\limits_{n \to \infty} P_n(k) = \lim\limits_{n \to \infty} \left(1-\dfrac{\lambda}{n}\right)^n \to e^{-\lambda} (\lambda = n \cdot p_n).$

关于比赛赛制
对比数值模拟

思考: ① 在实际比赛中,如果甲先赢两局,就不再比第三局.这样考虑计算甲获胜的概率与例 5 中用二项分布计算的结果是否一致?

② 例 5 中,甲在一局比赛中获胜的概率为 0.46,可比赛局数越大,甲最终获胜的概率越小.那如果在一局比赛中,甲获胜的概率大于 0.5,情况会如何?

二项分布的泊松近似常常被用于研究当伯努利试验的次数 n 很大时,稀有事件(即每次试验中事件出现的概率 p 很小)发生的频数的分布.实际表明,在一般情况下,当 $p<0.1$ 时,这种近似是很好的,甚至 n 不必很大也可以使用(这点从比较二项分布与泊松近似的概率分布表就可以看出).例如,当 $p=0.01$ 时,甚至 $n=2$ 时,这种近似就已经很好了.左表说明了这一情况.

k	$B(k;2,0.01)$	$P(k;0.02)$
0	0.9801	0.9802
1	0.0198	0.0196
2	0.0001	0.0002

其中泊松定理中的 $\dfrac{\lambda^k}{k!}e^{-\lambda}$ 的值可以通过查附表 9 得到.

【例 6】　设某一纺织厂的女工在工作期间要照管 800 个纱锭,若每一纱锭的纱线单位时间内被扯断的概率为 0.005.试求:

(1) 最可能的扯断次数及概率;

(2) 单位时间内扯断次数不大于 10 的概率.

解:(1) 由题意,$n=800$,$p=0.005$,$np=4$,$(n+1)p=4.005$,所以,最可能的扯断次数为 4;其概率为

$$P_{800}(4)=C_{800}^4\times0.005^4\times0.995^{796}=0.1945.$$

用泊松定理计算得　$P(4,4)=0.1954$.

(2) 单位时间内扯断次数不大于 10 的概率为

$$P_{800}(k)=\sum_{k=0}^{10}C_{800}^k\times0.005^k\times0.995^{800-k}$$

$$=1-\sum_{k=11}^{800}C_{800}^k\times0.005^k\times0.995^{800-k}$$

$$\approx1-\sum_{k=11}^{800}P(k;4)=1-0.00284=0.99716.$$

此例说明,利用泊松定理近似计算二项分布的概率是很方便的,否则要用对数直接计算二项分布的概率,这将带来很大的计算量.

3. 泊松分布

设若随机变量 X 可能取值为 $0,1,2,\cdots$,它的分布律为

$$P(X=k)=\frac{\lambda^k}{k!}e^{-\lambda},k=0,1,2,\cdots,\text{其中 }\lambda>0\text{ 是常数},$$

则称 X 为服从参数为 λ 的泊松分布,记为 $X\sim P(\lambda)$.

易知,泊松分布满足分布律的两个条件:$P(X=k)\geqslant0$,$\sum_{k=0}^{\infty}P(x=k)=1$.

二项分布逼近泊松分布数值模拟

泊松分布的图形如图 2.2 所示.

泊松分布是概率论中一种重要的分布,在实际问题中得到广泛的应用.例如,一本书某一页中的印刷错误数,某一医院在一天内的急诊病人数,某一地区一段时间间隔内发生交通事故的次数等都服从泊松分布.泊松分布中参数 λ 的含义将在第四章中说明.

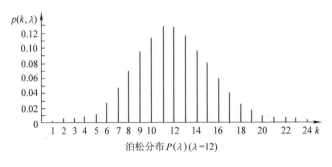

图　2.2

值得一提的是,在例 6 中由于 np 不太大(即 p 较小),我们利用泊松定理作近似计算,比较方便地解决了该问题.细心的读者也许会问,如果 np 很大,是否还能利用泊松定理作近似计算呢? 如果不能,又该怎么解决呢? 这个问题我们将在第五章中进行讨论与解决.

【例 7】　一家商店拟采用科学管理,由该商店过去的销售记录可知,某种商品每月的销售数可以用参数 $\lambda = 5$ 的泊松分布来描述,现为了以 95% 以上的把握保证不脱销,问:商店在月底至少应进该种商品多少件?

解:设 X:该商品每月的销售数,由已知 X 服从参数 $\lambda = 5$ 的泊松分布 $X \sim P(5)$. 又设商店在月底应进该种商品 m 件,则问题为求满足 $P(X \le m) > 0.95$ 的最小的 m,也即求

$$P(X > m) \le 0.05 \text{ 或 } \sum_{k=m+1}^{\infty} \frac{e^{-5} 5^k}{k!} \le 0.05.$$

查泊松分布表得

$$\sum_{k=10}^{\infty} \frac{e^{-5} 5^k}{k!} \approx 0.032, \sum_{k=9}^{\infty} \frac{e^{-5} 5^k}{k!} \approx 0.068,$$

于是得 $m+1 = 10$,即 $m = 9$.这家商店在月底至少应进该种商品 9 件(假定上个月没有存货),就可以有 95% 以上的把握保证这种商品在下个月内不会脱销.

第三节　随机变量的分布函数

从第二节中我们已经知道,对于离散型随机变量可以用分布律全面地描述它,但对于非离散型随机变量,由于其取值不能一一列出,因而就不能像离散型随机变量那样用分布律来描述它了.另外,我们通常遇到的非离散型随机变量取任一指定的实数的概率都等于零(这将在下节中给予介绍),而且,在实际问题中我们并不单一地关注随机变量取某一值的概率,相反,我们更多地是关注随机变量落在某个区间内的概率,即 $P(x_1 < X \le x_2)$.但注意到,$P(x_1 < X \le x_2) = P(X \le$

$x_2)-P(X\leqslant x_1)$，所以我们只需要知道 $P(X\leqslant x_2)$ 和 $P(X\leqslant x_1)$ 就可以了，这就是本节所引入的分布函数的概念.

分布函数的引入可以对离散型的和非离散型的随机变量给出一种统一的描述方法，从而对它们进行统一的研究.

思考：分布函数是研究随机变量取值规律的工具，其定义方式是否可采用其他形式？比如 $P(X<x)$ 等？

一、随机变量分布函数的定义

定义　设 X 是一个随机变量，x 是任意实数，称函数 $F(x)=P(X\leqslant x)$ 为 X 的分布函数.

分布函数是个普通函数，它是实数 x 的函数，有时也可用记号 $F_X(x)$ 来表示 X 的分布函数.正是通过分布函数，我们才能将数学分析的方法引入来研究随机变量.

如果将 X 看作数轴上随机点的坐标，则分布函数 $F(x)$ 的值就表示 X 落在区间 $(-\infty,x]$ 上的概率.对任意的实数 $x_1,x_2(x_1<x_2)$，有

$$P(x_1<X\leqslant x_2)=P(X\leqslant x_2)-P(X\leqslant x_1).$$

从分布函数的定义可见，任一随机变量（离散的或连续的）都有一个分布函数，有了分布函数就可据此算得与随机变量 X 有关事件的概率.下面先介绍分布函数的三个基本性质.

二、随机变量分布函数的性质

性质 1　（单调性）$F(x)$ 是定义在整个实数轴 $(-\infty,+\infty)$ 上的单调非减的函数，即对任意的 $x_1<x_2$，有 $F(x_1)\leqslant F(x_2)$.

性质 2　（有界性）对任意的 x，有 $0\leqslant F(x)\leqslant 1$，且

$$\lim_{x\to-\infty}F(x)=0,\ \lim_{x\to+\infty}F(x)=1.$$

证明：因为 $0\leqslant F(x)\leqslant 1$，且由 $F(x)$ 单调性可知，对任意整数 m,n，有

$$\lim_{x\to-\infty}F(x)=\lim_{m\to-\infty}F(m)，\quad \lim_{x\to+\infty}F(x)=\lim_{n\to+\infty}F(n).$$

又由概率的可列可加性得

$$1=P(-\infty<x<+\infty)=P\left(\bigcup_{i=-\infty}^{+\infty}\{i-1<X\leqslant i\}\right)$$

$$=\sum_{i=-\infty}^{+\infty}P(i-1<X\leqslant i)=\lim_{\substack{m\to-\infty\\n\to+\infty}}\sum_{i=m}^{n}P(i-1<X\leqslant i)$$

$$=\lim_{n\to+\infty}F(n)-\lim_{m\to-\infty}F(m)，$$

由此可得　$\lim_{x\to-\infty}F(x)=0,\ \lim_{x\to+\infty}F(x)=1.$

性质 3　（右连续性）$F(x)$ 是 x 的右连续函数，即对任意的 x_0，有

$$\lim_{x\to x_0^+}F(x)=F(x_0)，即 F(x_0+0)=F(x_0).$$

证明：因为 $F(x)$ 是单调有界非减函数，所以其任一点 x_0 的右极限 $F(x_0+0)$ 必存在.

为证明右连续,只要对单调递减的数列 $x_1 > x_2 > \cdots > x_n \cdots > x_0$ 证明,当 $x \to x_0 (n \to \infty)$ 时,$\lim\limits_{n \to \infty} F(x_n) = F(x_0)$ 成立即可.因为

$$F(x_1) - F(x_0) = P(x_0 < X \leqslant x_1) = P\left(\bigcup_{i=1}^{+\infty} \{x_{i+1} < X \leqslant x_i\}\right)$$

$$= \sum_{i=1}^{+\infty} P(x_{i+1} < X \leqslant x_i) = \sum_{i=1}^{+\infty} [F(x_i) - F(x_{i+1})]$$

$$= \lim_{n \to \infty} [F(x_1) - F(x_n)] = F(x_1) - \lim_{n \to \infty} F(x_n),$$

所以得 $\qquad F(x_0) = \lim\limits_{n \to \infty} F(x_n) = F(x_0 + 0).$

性质 1 至性质 3 是分布函数必须具有的性质.反过来还可以证明:任一满足这三个性质的函数,一定可以成为某个随机变量的分布函数.因此,满足这三个性质的函数通常都称为分布函数.

有了随机变量 X 的分布函数,那么关于 X 的各种事件的概率就都能方便地用分布函数来表示了.例如,对任意的实数 a,b,有

$$P(a < X \leqslant b) = F(b) - F(a), \quad P(X = a) = F(a) - F(a-0),$$

$$P(X \geqslant b) = 1 - F(b-0), \quad P(X > b) = 1 - F(b),$$

$$P(a < X < b) = F(b-0) - F(a), \quad P(a \leqslant X \leqslant b) = F(b) - F(a-0),$$

$$P(a \leqslant X < b) = F(b-0) - F(a-0).$$

特别地,当 $F(x)$ 在 a 与 b 点连续时,有

$$F(a-0) = F(a), \quad F(b-0) = F(b).$$

这些公式将会在今后的概率计算中经常遇到.

【例 1】　设函数 $F(x) = \dfrac{1}{\pi}\left(\arctan x + \dfrac{\pi}{2}\right)$,$-\infty < x < +\infty$.它在整个数轴上是连续、单调、严格递增的函数,且 $F(-\infty) = 0$,$F(+\infty) = 1$,所以此函数满足分布函数的三条基本性质,故 $F(x)$ 是随机变量 X 的一个分布函数,称这个分布函数为柯西分布函数.

若随机变量 X 服从柯西分布,则

$$P(-1 < X \leqslant 1) = F(1) - F(-1) = \frac{1}{\pi}[\arctan(1) - \arctan(-1)] = \frac{1}{2}.$$

【例 2】　设分布函数 $F(x) = \begin{cases} A + Be^{-\frac{x^2}{2}}, & x > 0, \\ 0, & x \leqslant 0. \end{cases}$ 求 A,B.

解:由分布函数的性质 $F(+\infty) = 1$,得到 $A = 1$.

由 $F(x)$ 在 0 点右连续可知,$F(0+0) = F(0)$,从而有 $A + B = 0$,得到 $B = -A = -1$.

三、离散型随机变量的分布函数

若离散型随机变量 X 的分布律为 $P\{X = x_k\} = p_k$,$k = 1, 2, \cdots$,则

其分布函数为 $F(x) = P(X \leqslant x) = \sum\limits_{x_k \leqslant x} P\{X = x_k\}.$

这里,和式是对于所有满足 $x_k \leq x$ 的 k 求和.分布函数 $F(x)$ 在 $x = x_k(k = 1, 2, \cdots)$ 处有跳跃,其跳跃值为 $p_k = P\{X = x_k\}$.如图 2.3 所示,其图形是个阶梯形图形.

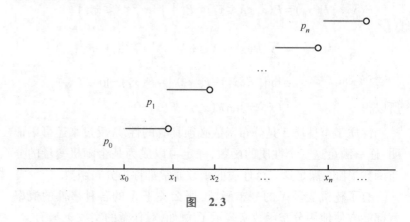

图 2.3

思考:在例3中,若已知离散型随机变量的分布函数 $F(x)$ 如何求分布律?

【例3】 设离散型随机变量 X 的分布律为

X	-1	2	3
P	0.25	0.5	0.25

试求:(1) X 的分布函数 $F(x)$;

(2) $P(X \leq 0.5), P(2 < X \leq 3.5), P(2 \leq X \leq 3.5)$.

解:(1) 由题意可知 X 的取值有三个:$-1, 2, 3$.

当 $x < -1$ 时,$\{X \leq x\}$ 是不可能事件,于是 $F(x) = P(X \leq x) = 0$.

当 $-1 \leq x < 2$ 时,由题意得 $F(x) = P(X \leq x) = P(X = -1) = 0.25$.

当 $2 \leq x < 3$ 时,由题意得

$$F(x) = P(X = -1) + P(X = 2) = 0.25 + 0.5 = 0.75.$$

当 $x \geq 3$ 时,由题意得

$$F(x) = P(X = -1) + P(X = 2) + P(X = 3) = 0.25 + 0.5 + 0.25 = 1.$$

所以,所求的分布函数 $F(x)$ 为

$$F(x) = \begin{cases} 0, & x < -1, \\ 0.25, & -1 \leq x < 2, \\ 0.75, & 2 \leq x < 3, \\ 1, & x \geq 3. \end{cases}$$

(2) $P(X \leq 0.5) = F(0.5) = 0.25$,

$P(2 < X \leq 3.5) = F(3.5) - F(2) = 1 - 0.75 = 0.25$,

$P(2 \leq X \leq 3.5) = F(3.5) - F(2) + P(X = 2) = 1 - 0.75 + 0.5 = 0.75$.

$F(x)$ 的图形是一条阶梯形的曲线,在 X 的可能取值 $-1, 2, 3$ 处有跳跃点,其跳跃度分别为 $0.25, 0.5, 0.25$. 另外,在离散型随机变量中要特别注意端点的计算,即 $p_k = P\{X = x_k\} > 0$,这也是离散型随机变量与连续型随机变量的一个区别之处.

值得一提的是,离散型随机变量的分布函数一般为阶梯跳跃函

数,且在每个间断点处仅右连续.但也有分布函数不是阶梯函数的离散型随机变量.例如,记$(0,1)$区间中的全体有理数为$x_1,x_2,\cdots,$且$P(X=x_i)=\dfrac{1}{2^i},i=1,2,\cdots,$则$X$为离散型随机变量,而此时$X$的分布函数非阶梯形.

第四节　连续型随机变量及其分布

非离散型随机变量的取值不再是有限个或者可列个,所以不能用分布列来描述,下面我们介绍非离散型随机变量中的一种——连续型随机变量.

一、连续型随机变量的概率密度

1. 连续型随机变量和概率密度函数的定义

> **定义**　若对于随机变量X的分布函数,存在非负函数$f(x)$,使得对于任意实数x有$F(x)=\displaystyle\int_{-\infty}^{x}f(t)\,\mathrm{d}t$,则称$X$为连续型随机变量,其中$f(x)$称为$X$的概率密度函数.

思考:连续型随机变量的分布函数是否必为连续函数?

2. 概率密度函数的基本性质

由分布函数的性质即可验证任一连续型随机变量的概率密度$f(x)$必具有下列基本性质:

(1)(非负性)　$f(x)\geqslant0$;

(2)(正则性)　$\displaystyle\int_{-\infty}^{+\infty}f(x)\,\mathrm{d}x=1$;

(3)若$f(x)$在点x处连续,则有$F'(x)=f(x)$;

(4)对任意实数$x_1,x_2(x_1\leqslant x_2)$有

$$P(x_1<X\leqslant x_2)=F(x_2)-F(x_1)=\int_{x_1}^{x_2}f(x)\,\mathrm{d}x.$$

性质(1)与(2)是概率密度函数必须具有的性质,也是确定或判别某个函数是否成为随机变量X的概率密度函数的充要条件.例如,已知某个函数$f(x)$为X的概率密度函数,若$f(x)$中含有待定常数,则该常数就可以利用正则性来确定.

【例1】　已知随机变量X的概率密度函数为

$$f(x)=\begin{cases}2c,&-1\leqslant x\leqslant1,\\0,&\text{其他},\end{cases}$$

试求常数c.

解:由概率密度函数的正则性知

$$1=\int_{-\infty}^{+\infty}f(x)\,\mathrm{d}x=\int_{-1}^{+1}2c\,\mathrm{d}x=4c,$$

所以得 $4c=1$,即得 $c=\dfrac{1}{4}$.

由性质(3),则在 $f(x)$ 的连续点处有

$$f(x)=\lim_{\Delta x\to 0^+}\frac{F(x+\Delta x)-F(x)}{\Delta x}=\lim_{\Delta x\to 0^+}\frac{P(x<X\le x+\Delta x)}{\Delta x},$$

而这恰与物理学中的线密度的定义相类似,这也就是为什么称 $f(x)$ 为概率密度的来由. 由此还可以得到:若不计高阶无穷小,有 $P(x<X\le x+\Delta x)\approx f(x)\Delta x$.这表示随机变量 X 落在小区间 $(x,x+\Delta x]$ 上的概率近似地等于 $f(x)\Delta x$,也称 $f(x)\Delta x$ 为概率微分.$f(x)$ 的值的大小直接关系到概率的大小,所以 $f(x)$ 的确描述了连续型随机变量的概率分布的情况.

性质(4)具有明显的几何意义:随机变量 X 落在小区间 $(x_1,x_2]$ 上的概率,恰好等于在区间 $(x_1,x_2]$ 上由曲线 $y=f(x)$ 形成的曲边梯形的面积,如图2.4 中的阴影部分所示.

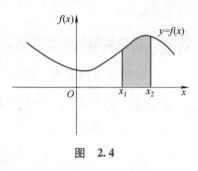

图 2.4

从而概率密度函数的正则性表明,整个曲线 $y=f(x)$ 以下(x 轴以上)的面积为1.

【例2】 已知随机变量 X 的概率密度函数为

$$f(x)=\begin{cases} kx, & 0\le x<3,\\ 2-\dfrac{x}{2}, & 3\le x<4,\\ 0, & \text{其他}, \end{cases}$$

(1)确定常数 k;(2)求 X 的分布函数;(3)求 $P\left(1<X\le\dfrac{7}{2}\right)$.

解:(1)由概率密度函数的正则性知

$$1=\int_{-\infty}^{+\infty}f(x)\mathrm{d}x=\int_0^3 kx\mathrm{d}x+\int_3^4\left(2-\frac{x}{2}\right)\mathrm{d}x,$$

所以得 $k=\dfrac{1}{6}$.于是 X 的概率密度为

$$f(x)=\begin{cases} \dfrac{x}{6}, & 0\le x<3,\\ 2-\dfrac{x}{2}, & 3\le x<4,\\ 0, & \text{其他}. \end{cases}$$

(2)由分布函数的定义知:

当 $x<0$ 时,$F(x)=\displaystyle\int_{-\infty}^x f(x)\mathrm{d}x=0$;

当 $0 \leqslant x < 3$ 时，$F(x) = \int_0^x \dfrac{x}{6} \mathrm{d}x = \dfrac{x^2}{12}$；

当 $3 \leqslant x < 4$ 时，$F(x) = \int_0^3 \dfrac{x}{6} \mathrm{d}x + \int_3^x \left(2 - \dfrac{x}{2}\right) \mathrm{d}x = -3 + 2x - \dfrac{x^2}{4}$；

当 $x \geqslant 4$ 时，$F(x) = \int_0^3 \dfrac{x}{6} \mathrm{d}x + \int_3^4 \left(2 - \dfrac{x}{2}\right) \mathrm{d}x = 1$.

综上所述，得 X 的分布函数为

$$F(x) = \begin{cases} 0, & x < 0, \\ \dfrac{x^2}{12}, & 0 \leqslant x < 3, \\ -3 + 2x - \dfrac{x^2}{4}, & 3 \leqslant x < 4, \\ 1, & x \geqslant 4. \end{cases}$$

（3）$P\left(1 < X \leqslant \dfrac{7}{2}\right) = F\left(\dfrac{7}{2}\right) - F(1) = \dfrac{41}{48}$.

由密度函数求分布函数的关键是：分布函数是一种"累积"概率，所以在计算积分时要注意积分限的合理运用.

需要指出的是：虽然连续型随机变量的概率密度函数与离散型随机变量的分布律所起的作用是类似的，但它们之间还是存在着明显的差别的，具体有：

1）离散型随机变量 X 在其可能取值的点 $x_1, x_2, \cdots, x_n, \cdots$ 上的概率不为 0，而连续型随机变量 X 在 $(-\infty, +\infty)$ 上任一点 a 的概率恒为 0，即 $P(X = a) = 0$.

事实上，设 X 的分布函数为 $F(x)$，$\Delta x > 0$，因为 $\{X = a\} \subset \{a - \Delta x < X \leqslant a\}$，从而 $0 \leqslant P\{X = a\} \leqslant P\{a - \Delta x < X \leqslant a\} = F(a) - F(a - \Delta x)$，令 $\Delta x \to 0$，由 $F(x)$ 是连续函数，有 $\lim\limits_{\Delta x \to 0} F(a - \Delta x) = F(a)$，所以有 $0 \leqslant P\{X = a\} \leqslant 0$，即 $P\{X = a\} = 0$.

这表明不可能事件的概率为 0，但概率为 0 的事件不一定是不可能事件；类似地，必然事件的概率为 1，但概率为 1 的事件不一定是必然事件. 据此，在计算连续型随机变量落在某一区间的概率时，可以不必区分该区间是开区间或闭区间或半闭区间.

例如有 $P(a < X \leqslant b) = P(a \leqslant X \leqslant b) = P(a < X < b)$.

2）离散型随机变量的分布函数 $F(x)$ 是右连续的阶梯函数，而连续型随机变量 $F(x)$ 一定是整个数轴上的连续函数. 因为对任意点 x 的增量 Δx，相应分布函数的增量总有

$$F(x + \Delta x) - F(x) = \int_x^{x + \Delta x} f(x) \mathrm{d}x \to 0 \quad (\Delta x \to 0).$$

特别要指出的是一个随机变量除了离散型与连续型外，还有其他的类型. 但本书中只讨论两类重要的随机变量，即离散型与连续型随机变量.

二、几种常见的连续型随机变量的分布

1. 均匀分布

若连续型随机变量 X 具有概率密度 $f(x)$ 为

$$f(x) = \begin{cases} \dfrac{1}{b-a}, & a < x < b, \\ 0, & \text{其他}. \end{cases}$$

则称 X 在区间 (a,b) 上服从均匀分布(或等概率分布),记为 $X \sim U(a,b)$.

显然,$f(x)$ 满足 $f(x) \geqslant 0$ 且 $\displaystyle\int_{-\infty}^{+\infty} f(x)\,\mathrm{d}x = 1$.

服从均匀分布的随机变量具有性质:X 落在区间 (a,b) 内任意等长度的子区间的可能性是相同的,即它落在子区间的概率只依赖于子区间的长度而与子区间的位置无关.

事实上,设 $(c,d) \subset (a,b)$,则 $P(c<X<d) = \displaystyle\int_c^d f(x)\,\mathrm{d}x = \int_c^d \dfrac{1}{b-a}\,\mathrm{d}x = \dfrac{d-c}{b-a}$,即 X 落在 (c,d) 内的概率只与 (c,d) 的长度有关,而与 (c,d) 在 (a,b) 中的位置无关.

由分布函数定义可得:若 X 服从均匀分布,则 X 的分布函数为

$$F(x) = \begin{cases} 0, & x < a, \\ \dfrac{x-a}{b-a}, & a \leqslant x < b, \\ 1, & x \geqslant b. \end{cases}$$

均匀分布的密度函数与分布函数的图形分别如图 2.5a、b 所示.

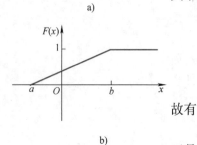

【例 3】　设随机变量 X 服从 $(0,10)$ 上的均匀分布,现对 X 进行 4 次独立观测,试求至少有 3 次观测值大于 5 的概率.

解:设 Y:4 次独立观测中观测值大于 5 的次数,则 $Y \sim B(4,p)$,其中 $p = P(X>5)$.

由题意,$X \sim U(0,10)$,所以 X 的概率密度为

$$f(x) = \begin{cases} \dfrac{1}{10}, & 0 < x < 10, \\ 0, & \text{其他}. \end{cases}$$

故有　　　　　$p = P(X>5) = \displaystyle\int_5^{10} \dfrac{1}{10}\,\mathrm{d}x = 0.5$,

于是得　　　　$P(Y \geqslant 3) = \mathrm{C}_4^3 p^3 (1-p) + \mathrm{C}_4^4 p^4 = \dfrac{5}{16}$.

图　2.5

2. 指数分布

若连续型随机变量 X 具有概率密度 $f(x)$ 为

$$f(x) = \begin{cases} \dfrac{1}{\theta} e^{-\frac{x}{\theta}}, & x>0, \\ 0, & \text{其他}, \end{cases} \quad \text{其中 } \theta>0 \text{ 为常数},$$

则称 X 服从参数为 θ 的指数分布,记为 $X \sim \mathrm{Exp}(\theta)$.

显然,$f(x)$ 满足 $f(x) \geqslant 0$ 且 $\displaystyle\int_{-\infty}^{+\infty} f(x)\,\mathrm{d}x = 1$.

服从指数分布的随机变量具有如下性质:对任意 $s,t>0$,有

$$P(X>s+t \mid X>s) = P(X>t).$$

事实上,

$$P(X>s+t \mid X>s) = \frac{P[(X>s+t) \cap (X>s)]}{P(X>s)}$$

$$= \frac{P(X>s+t)}{P(X>s)} = \frac{1-F(s+t)}{1-F(s)} = \frac{e^{-\frac{s+t}{\theta}}}{e^{-\frac{s}{\theta}}}$$

$$= e^{-\frac{t}{\theta}} = P(X>t).$$

指数分布的这种性质称为无记忆性.若设 X 是某一元件的寿命,则上式表明:元件对它已使用过 s 小时没有记忆.指数分布的这种无记忆性是指数分布能得以广泛应用的重要原因.

由分布函数定义可得:若 X 服从指数分布,则 X 的分布函数为

$$F(x) = \begin{cases} 1-e^{-\frac{x}{\theta}}, & x>0, \\ 0, & \text{其他}. \end{cases}$$

指数分布的密度函数与分布函数的图形读者自行完成.

3. 正态分布

正态分布是概率论与数理统计中最重要的一个分布,高斯(Gauss)在研究误差理论时,首先用正态分布来刻画误差的分布,所以正态分布又称为高斯分布.本书的第五章的中心极限定理表明:一个变量如果是大量微小的、独立的随机因素的叠加结果,那么这个变量一定是正态变量.因此很多随机变量可以用正态分布描述或近似描述,比如测量误差、产品质量、人的身高等都可以用正态分布描述.

> 思考:正态分布概率密度 $f(x)$ 的表达式是如何推导出来的?

(1)正态分布的密度函数和分布函数

若连续型随机变量 X 具有概率密度 $f(x)$ 为

$$f(x) = \frac{1}{\sqrt{2\pi}\,\sigma} e^{-\frac{(x-\mu)^2}{2\sigma^2}}, \quad -\infty < x < +\infty, \text{其中 } \mu, \sigma(\sigma>0) \text{ 为常数,则称 } X$$

服从参数为 μ, σ^2 的正态分布,记为 $X \sim N(\mu, \sigma^2)$.

显然,$f(x)$ 满足 $f(x) \geqslant 0$,下面证明 $\displaystyle\int_{-\infty}^{+\infty} f(x)\,\mathrm{d}x = 1$.

令 $\dfrac{x-\mu}{\sigma} = t$,得到 $\displaystyle\int_{-\infty}^{+\infty} \frac{1}{\sqrt{2\pi}\,\sigma} e^{-\frac{(x-\mu)^2}{2\sigma^2}}\,\mathrm{d}x = \int_{-\infty}^{+\infty} \frac{1}{\sqrt{2\pi}} e^{-\frac{t^2}{2}}\,\mathrm{d}t.$

记 $I=\int_{-\infty}^{+\infty}\mathrm{e}^{-\frac{t^2}{2}}\mathrm{d}t$，则有 $I^2=\int_{-\infty}^{+\infty}\mathrm{e}^{-\frac{t^2}{2}}\mathrm{d}t\cdot\int_{-\infty}^{+\infty}\mathrm{e}^{-\frac{t^2}{2}}\mathrm{d}t=\int_{-\infty}^{+\infty}\int_{-\infty}^{+\infty}\mathrm{e}^{-\frac{t^2+u^2}{2}}\mathrm{d}t\mathrm{d}u$，

利用极坐标可以得到 $I^2=\int_0^{2\pi}\int_0^{+\infty}r\mathrm{e}^{-\frac{r^2}{2}}\mathrm{d}r\mathrm{d}\theta=2\pi$，从而得到 $I=\sqrt{2\pi}$，从而验证了

$$\int_{-\infty}^{+\infty}\frac{1}{\sqrt{2\pi}\,\sigma}\mathrm{e}^{-\frac{(x-\mu)^2}{2\sigma^2}}\mathrm{d}x=\int_{-\infty}^{+\infty}\frac{1}{\sqrt{2\pi}}\mathrm{e}^{-\frac{t^2}{2}}\mathrm{d}t=1.$$

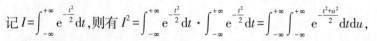

正态分布的密度函数图形如图 2.6 所示.

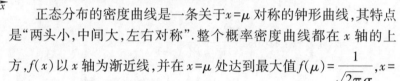

图 2.6

正态分布的密度曲线是一条关于 $x=\mu$ 对称的钟形曲线，其特点是"两头小，中间大，左右对称".整个概率密度曲线都在 x 轴的上方，$f(x)$ 以 x 轴为渐近线，并在 $x=\mu$ 处达到最大值 $f(\mu)=\dfrac{1}{\sqrt{2\pi}\,\sigma}$，$x=\mu\pm\sigma$ 为 $f(x)$ 的两个拐点的横坐标.

由图 2.7 可以看出 μ 决定了图形的中心位置，σ 决定了图形中峰的陡峭程度.从图 2.7a 可以看出，如果固定 σ，改变 μ 的值，则图形沿 x 轴平移，而不改变其形状.也就是说，正态分布的密度函数的位置由参数 μ 所决定，因此亦称 μ 为位置参数.

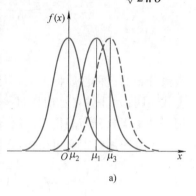

a)

从图 2.7b 可以看出，如果固定 μ，改变 σ 的值，则 σ 愈小，曲线呈高而瘦；σ 愈大，曲线呈矮而胖.也就是说，正态分布的密度函数的尺度由参数 σ 所决定，因此亦称 σ 为尺度参数.

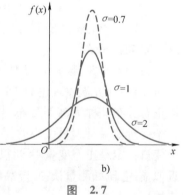

b)

图 2.7

由分布函数定义可得，若 $X\sim N(\mu,\sigma^2)$，则 X 的分布函数为

$$F(x)=\frac{1}{\sqrt{2\pi}\,\sigma}\int_{-\infty}^{x}\mathrm{e}^{-\frac{(t-\mu)^2}{2\sigma^2}}\mathrm{d}t,\ -\infty<x<+\infty,$$

它是一条光滑上升的 S 形的曲线（见图 2.8）.

（2）标准正态分布

称 $\mu=0,\sigma=1$ 时的正态分布为标准正态分布，记为 $X\sim N(0,1)$，其概率密度函数和分布函数分别用 $\varphi(x),\Phi(x)$ 表示，即有

$$\varphi(x)=\frac{1}{\sqrt{2\pi}}\mathrm{e}^{-\frac{x^2}{2}},\ -\infty<x<+\infty,$$

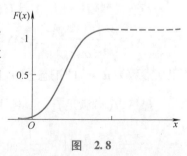

图 2.8

$$\Phi(x)=\frac{1}{\sqrt{2\pi}}\int_{-\infty}^{x}\mathrm{e}^{-\frac{t^2}{2}}\mathrm{d}t,\ -\infty<x<+\infty,$$

其图形如图 2.9 所示.

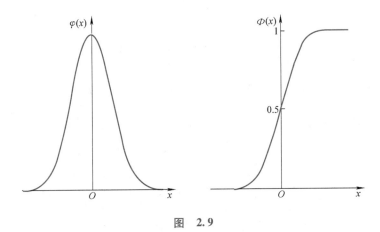

图　2.9

由于标准正态分布的分布函数中不含任何未知参数,故其值 $\Phi(x)=P(X\leqslant x)$ 可以通过计算得出.现人们对 $x\geqslant0$ 已经编制了 $\Phi(x)$ 的函数表(见附表 2),可供查用,利用这张表可以算得

$$\Phi(-x)=1-\Phi(x),P(X>x)=1-\Phi(x);$$
$$P(a<X<b)=\Phi(b)-\Phi(a),P(\,|\,X\,|\,<c)=2\Phi(c)-1.$$

【例 4】　设 $X\sim N(0,1)$,利用附表 2 可求得下列事件的概率:

1) $P(X<1.52)=\Phi(1.52)=0.9357$;

2) $P(X>1.52)=1-\Phi(1.52)=1-0.9357=0.0643$;

3) $P(X<-1.52)=1-\Phi(1.52)=1-0.9357=0.0643$;

4) $P(-0.75\leqslant X\leqslant1.52)=\Phi(1.52)-\Phi(-0.75)$
$$=\Phi(1.52)-[1-\Phi(0.75)]=0.7091;$$

5) $P(\,|\,X\,|\,\leqslant1.52)=2\Phi(1.52)-1=0.8714.$

(3) 一般正态分布的标准化

一般地,若 $X\sim N(\mu,\sigma^2)$,则只要通过一个线性变换就能将其化为标准正态分布.

思考:我们为什么要研究正态分布的标准化问题呢?

定理　若 $X\sim N(\mu,\sigma^2)$,则 $Z=\dfrac{X-\mu}{\sigma}\sim N(0,1)$.

证明:由分布函数定义可知 $Z=\dfrac{X-\mu}{\sigma}$ 的分布函数为

$$P(Z\leqslant x)=P\left(\frac{X-\mu}{\sigma}\leqslant x\right)=P(X\leqslant\mu+\sigma x)$$

$$=\frac{1}{\sqrt{2\pi}\,\sigma}\int_{-\infty}^{\mu+\sigma x}\mathrm{e}^{-\frac{(t-\mu)^2}{2\sigma^2}}\mathrm{d}t,令\ u=\frac{t-\mu}{\sigma},则得$$

$$P(Z\leqslant x)=\frac{1}{\sqrt{2\pi}}\int_{-\infty}^{x}\mathrm{e}^{-\frac{u^2}{2}}\mathrm{d}u=\Phi(x),易知\ Z=\frac{X-\mu}{\sigma}\sim N(0,1).$$

正态分布
标准化模拟实验

由以上的定理,我们可以得到一些在实际中有用的计算公式,即若 $X \sim N(\mu, \sigma^2)$,则有

$$P(X \leqslant c) = \Phi\left(\frac{c-\mu}{\sigma}\right),$$

$$P(a < X \leqslant b) = \Phi\left(\frac{b-\mu}{\sigma}\right) - \Phi\left(\frac{a-\mu}{\sigma}\right).$$

【例5】 设随机变量 $X \sim N(108, 3^2)$,试求:

(1) $P(102 < X \leqslant 117)$;(2) 常数 a,使得 $P(X < a) = 0.95$.

解:利用公式 $P(a < X \leqslant b) = \Phi\left(\frac{b-\mu}{\sigma}\right) - \Phi\left(\frac{a-\mu}{\sigma}\right)$ 及查附表 2 得

(1) $P(102 < X \leqslant 117) = \Phi\left(\frac{117-108}{3}\right) - \Phi\left(\frac{102-108}{3}\right)$

$$= \Phi(3) - \Phi(-2) = \Phi(3) + \Phi(2) - 1 = 0.9759.$$

(2) $P(X < a) = \Phi\left(\frac{a-108}{3}\right) = 0.95$,或 $\Phi^{-1}(0.95) = \frac{a-108}{3}$,

其中 Φ^{-1} 为 Φ 的反函数,从附表 2 反查得

$$\Phi(1.64) = 0.9495, \Phi(1.65) = 0.9505,$$

再用线性内插法可得 $\Phi(1.645) = 0.95$,即 $\Phi^{-1}(0.95) = 1.645$,故有 $\frac{a-108}{3} = 1.645$,从中解得 $a = 112.935$.

【例6】 恒温箱是靠温度调节器根据箱内温度的变化不断进行调整的,所以恒温箱内的实际温度 X(单位为℃)是一个随机变量.如果将温度调节器设定在 d℃,且 $X \sim N(d, \sigma^2)$,其中 σ 反映的是温度调节器的精度.

(1) 当 $d = 90, \sigma = 0.5$ 时,试求箱内温度在 89℃ 到 91℃ 的概率;

(2) 当 $d = 90, \sigma = 2$ 时,试求箱内温度在 89℃ 到 91℃ 的概率;

(3) 当 $\sigma = 0.5$ 时,要有 95% 的可能性保证箱内温度不低于 90℃,问应将温度调节器设定为多少摄氏度为宜?

解:(1) 当 $d = 90, \sigma = 0.5$ 时,箱内温度在 89℃ 到 91℃ 的概率为

$$P(89 \leqslant X < 91) = \Phi\left(\frac{91-90}{0.5}\right) - \Phi\left(\frac{89-90}{0.5}\right) = 2\Phi(2) - 1 = 0.9544,$$

这说明如果温度调节器的精度 $\sigma = 0.5$ 时,箱内温度在 89℃ 到 91℃ 的可能性是很大的.

(2) 当 $d = 90, \sigma = 2$ 时,箱内温度在 89℃ 到 91℃ 的概率为

$$P(89 \leqslant X < 91) = \Phi\left(\frac{91-90}{2}\right) - \Phi\left(\frac{89-90}{2}\right) = 2\Phi(0.5) - 1 = 0.3830,$$

这说明如果温度调节器的精度 $\sigma = 2$ 时,要将箱内温度控制在 89℃

到 91℃ 之间还是较困难的.

（3）$P(X \geqslant 90) \geqslant 0.95$，即 $1-\Phi\left(\dfrac{90-d}{0.5}\right) \geqslant 0.95$，所以应该有

$$\Phi\left(\frac{90-d}{0.5}\right) \leqslant 0.05,$$

查附表 2 得 $\dfrac{90-d}{0.5} \leqslant -1.645$，所以有 $d \geqslant 1.645 \times 0.5 + 90 = 90.8225$，故取 $d=91$ 可满足要求.

从上例中我们可以看出，有些场合下给定 $\Phi(x)$ 的值，可以从附表 2 中由里往外反向查表来得未知常数 a 的值，这种手段在数理统计中被大量使用.这也是下面引出关于 α 分位点的背景.

（4）正态分布的 3σ 原则

由标准正态分布的分布函数表，查表计算可以求得：

当 $X \sim N(0,1)$ 时，有

$$P(|X| \leqslant 1) = 2\Phi(1) - 1 = 0.6826,$$
$$P(|X| \leqslant 2) = 2\Phi(2) - 1 = 0.9544,$$
$$P(|X| \leqslant 3) = 2\Phi(3) - 1 = 0.9974.$$

这说明 X 的取值几乎全部集中在 $[-3,3]$ 区间内，超出这个范围的可能性仅占不到 0.3%.

将上述结论推广到一般的正态分布，有如下结论：

当 $Y \sim N(\mu, \sigma^2)$ 时，有

$$P(|Y-\mu| \leqslant \sigma) = 0.6826,$$
$$P(|Y-\mu| \leqslant 2\sigma) = 0.9544,$$
$$P(|Y-\mu| \leqslant 3\sigma) = 0.9974.$$

这也说明尽管正态变量 Y 的取值范围是 $(-\infty, +\infty)$，但它的值几乎全部集中在区间 $[\mu-3\sigma, \mu+3\sigma]$ 内，换言之，它的值落在 $[\mu-3\sigma, \mu+3\sigma]$ 内几乎是肯定的事.这在统计学上称作"3σ 准则"或三倍标准差原则.

（5）正态分布的上 α 分位点

为了便于在后续的数理统计中的应用，对于标准正态随机变量，我们引入上 α 分位点的概念.

设 $X \sim N(0,1)$，若 z_α 满足条件：$P(X > z_\alpha) = \alpha$，$0 < \alpha < 1$，则称点 z_α 为标准正态分布的上 α 分位点，如图 2.10 所示.由上 α 分位点的定义可知 $\Phi(z_\alpha) = \displaystyle\int_{-\infty}^{z_\alpha} f(x)\,\mathrm{d}x = 1-\alpha$，

由标准正态分布概率密度关于 y 轴的对称性可知 $z_{1-\alpha} = -z_\alpha$.

从正态分布的函数表求上 α 分位点的方法是：对于给定的 α，点 z_α 的值等于概率 $1-\alpha$ 所对应的 z

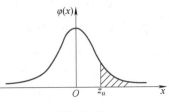

图 2.10

值.比如,$z_{0.05} = \Phi^{-1}(1-0.05) = \Phi^{-1}(0.95) = 1.645$,反过来可以验证

$$\Phi(1.645) = 1-\alpha = 1-0.05 = 0.95.$$

设 $X \sim N(0,1)$,若 z_α 满足条件 $P(\,|X|\,>z_{\frac{\alpha}{2}}) = \alpha, 0<\alpha<1$,则称点 $z_{\frac{\alpha}{2}}$ 为标准正态分布的双侧 α 分位点,如图 2.11 所示.

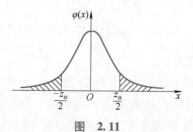

图 2.11

例如, $\quad z_{\frac{0.05}{2}} = \Phi^{-1}\left(1-\dfrac{0.05}{2}\right) = \Phi^{-1}(0.975) = 1.96.$

在后续的统计学中还将介绍 χ^2 分布、t 分布及 F 分布的上 α 分位点的概念.

第五节　随机变量函数的分布

在许多实际问题中,我们需要计算随机变量函数的分布.例如,在无线电接收中,某时刻收到的信号是一个随机变量 X,若我们把这个信号输入平方检波器,则输出的信号为 $Y=X^2$,这时我们需要求 Y 的分布律.在本节中,我们将讨论如何由已知的随机变量 X 的概率分布去求得它的函数 $Y=g(X)$ 的概率分布.

一、离散型随机变量函数的分布

离散型随机变量函数的分布是比较容易求得的.若设 X 是离散型随机变量,则 $Y=g(X)$ 也是一个离散型随机变量,且 $g(X)$ 的分布可由 X 的分布直接求出.

【例1】 已知 X 的概率分布为

X	-2	-1	0	1	2
P	0.2	0.1	0.1	0.3	0.3

求:$Y=X^2+X$ 的概率分布.

解:因为 X 的取值为 $x_1=-2, x_2=-1, x_3=0, x_4=1, x_5=2$,所以 Y 的取值为 $y_1=2, y_2=0, y_3=0, y_4=2, y_5=6$,且

$$P(Y=2) = P(X^2+X=2) = P(X^2+X-2=0)$$
$$= P(X=-2 \ \text{或} \ X=1) = 0.2+0.3 = 0.5;$$
$$P(Y=0) = P(X^2+X=0) = P(X=-1 \ \text{或} \ X=0) = 0.1+0.1 = 0.2;$$

$$P(Y=6)=P(X^2+X=6)=P(X^2+X-6=0)=0.3.$$

$y_i=x_i^2+x_i$ 中对应着两个概率,根据概率的加法定理可将其对应的概率相加,从而得到 $Y=X^2+X$ 的概率分布为

Y	0	2	6
P	0.2	0.5	0.3

二、 连续型随机变量函数的分布

求连续型随机变量函数的分布则要比求离散型随机变量函数的分布复杂,我们将分两种情况分别进行讨论.

1. 当 $y=g(x)$ 为严格单调函数时

在这种情况下有如下的一般结论:

定理1 设 X 是连续型随机变量,其概率密度为 $f_X(x)$,$-\infty<x<+\infty$,又设函数 $g(x)$ 处处可导且有 $g'(x)>0$(或恒有 $g'(x)<0$),则 $Y=g(X)$ 是连续型随机变量,其概率密度为

$$f_Y(y)=\begin{cases}f_X(h(y))\,|\,h'(y)\,|, & \alpha<y<\beta,\\0, & \text{其他},\end{cases}$$

▶ 随机变量函数的
分布_连续型

其中 $\alpha=\min\{g(-\infty),g(+\infty)\}$,$\beta=\max\{g(-\infty),g(+\infty)\}$,$h(y)$ 是 $g(x)$ 的反函数.

证明: 不妨设 $g'(x)>0$,$-\infty<x<+\infty$,这时它的反函数 $h(y)$ 存在,且在 (α,β) 上也是严格单调增加的函数,而且有 $h'(y)>0$.分别记 X,Y 的分布函数为 $F_X(x),F_Y(y)$,则

当 $y\leqslant\alpha$ 时,$F_Y(y)=P(Y\leqslant y)=0$;

当 $y\geqslant\beta$ 时,$F_Y(y)=P(Y\leqslant y)=1$;

当 $\alpha<y<\beta$ 时,$F_Y(y)=P(Y\leqslant y)=P(g(X)\leqslant y)$

$$=P(X\leqslant h(y))=F_X(h(y))=\int_{-\infty}^{h(y)}f(x)\,\mathrm{d}x.$$

将 $F_Y(y)$ 关于 y 求导数,即得 Y 的概率密度为

$$f_Y(y)=\begin{cases}f_X(h(y))h'(y), & \alpha<y<\beta,\\0, & \text{其他}.\end{cases}$$

同理可证当 $g'(x)<0$,$-\infty<x<+\infty$ 时有

$$f_Y(y)=\begin{cases}f_X(h(y))(-h'(y)), & \alpha<y<\beta,\\0, & \text{其他}.\end{cases}$$

综合以上两式即得 Y 的概率密度为

$$f_Y(y)=\begin{cases}f_X(h(y))\,|\,h'(y)\,|, & \alpha<y<\beta,\\0, & \text{其他}.\end{cases}$$

若 $f(x)$ 在有限区间 $[a,b]$ 以外等于零,则只需假设在 $[a,b]$ 上恒有 $g'(x)>0$ 或恒有 $g'(x)<0$,此时 $\alpha=\min\{g(a),g(b)\}$,$\beta=\max\{g(a),g(b)\}$.

【例2】 设随机变量 $X\sim N(\mu,\sigma^2)$,则当 $a\neq 0$ 时,有 $Y=aX+b\sim$

$N(a\mu+b,a^2\sigma^2)$.

证明:当 $a>0$ 时,$Y=aX+b$ 是严格单调的增函数,仍在 $(-\infty,+\infty)$ 上取值,其反函数为 $x=\dfrac{y-b}{a}$,由定理可得

$$f_Y(y)=f_X\left(\frac{y-b}{a}\right)\cdot\frac{1}{a}=\frac{1}{\sqrt{2\pi}\,\sigma}\exp\left[-\frac{1}{2\sigma^2}\left(\frac{y-b}{a}-\mu\right)^2\right]\cdot\frac{1}{a}$$

$$=\frac{1}{\sqrt{2\pi}(a\sigma)}\exp\left[-\frac{(y-a\mu-b)^2}{2a^2\sigma^2}\right].$$

这就是正态分布 $N(a\mu+b,a^2\sigma^2)$ 的密度函数.

当 $a<0$ 时,$Y=aX+b$ 是严格单调的减函数,仍在 $(-\infty,+\infty)$ 上取值,其反函数为 $x=\dfrac{y-b}{a}$,由定理可得

$$f_Y(y)=\frac{1}{\sqrt{2\pi}\,|a|\,\sigma}\exp\left[-\frac{(y-a\mu-b)^2}{2a^2\sigma^2}\right],$$

这也是正态分布 $N(a\mu+b,a^2\sigma^2)$ 的密度函数.

例2表明,正态分布的线性函数仍服从正态分布.特别当 $a=\dfrac{1}{\sigma}$,$b=\dfrac{-\mu}{\sigma}$ 时,则有 $Y=aX+b=\dfrac{X-\mu}{\sigma}\sim N(0,1)$,这即为第四节中一般正态分布的标准化.

【例3】 设随机变量 $X\sim N(\mu,\sigma^2)$,证明 $Y=\mathrm{e}^X$ 的概率密度函数为

$$f_Y(y)=\begin{cases}\dfrac{1}{\sqrt{2\pi}\,y\sigma}\exp\left[-\dfrac{(\ln y-\mu)^2}{2\sigma^2}\right], & y>0,\\[2mm]0, & y\leqslant 0.\end{cases}$$

证明:因为 $Y=\mathrm{e}^X$ 是严格单调的增函数,它仅在 $(0,+\infty)$ 上取值,其反函数为 $x=\ln y$,由定理可得:

当 $y\leqslant 0$ 时,$F_Y(y)=0$,从而 $f_Y(y)=0$;

当 $y>0$ 时,Y 的密度度函数为

$$f_Y(y)=\frac{1}{\sqrt{2\pi}\,\sigma}\exp\left[-\frac{(\ln y-\mu)^2}{2\sigma^2}\right]\cdot\frac{1}{y}=\frac{1}{\sqrt{2\pi}\,y\sigma}\exp\left[-\frac{(\ln y-\mu)^2}{2\sigma^2}\right].$$

综合即得 $Y=\mathrm{e}^X$ 的概率密度函数为

$$f_Y(y)=\begin{cases}\dfrac{1}{\sqrt{2\pi}\,y\sigma}\exp\left[-\dfrac{(\ln y-\mu)^2}{2\sigma^2}\right], & y>0,\\[2mm]0, & y\leqslant 0.\end{cases}$$

例3的分布为对数正态分布,其中 μ 称为对数均值,σ^2 称为对数方差.对数正态分布也是一个常用的分布,在实际问题中有不少随机变量服从对数正态分布,例如,绝缘材料的寿命、设备故障的维修时间、家庭中两个孩子的年龄差等都服从对数正态分布.

2. 当 $y=g(x)$ 为非严格单调函数时

使用上述的定理求连续型随机变量函数的分布时,必须满足条

件"$g(x)$严格单调,反函数连续可微",若不满足这个条件,就不能使用该定理去求得连续型随机变量函数的分布.此时可采用分布函数法,其求解的过程如下:

(1) 计算 $Y=g(X)$ 的分布函数,使其用 X 的分布函数表示;

(2) 利用对分布函数求导的方法得 $Y=g(X)$ 的概率密度函数.

【例4】　设随机变量 $X \sim N(0,1)$,试求 $Y=X^2$ 的分布.

解: (1) 计算 $Y=X^2$ 的分布函数.

由于 $Y=X^2 \geq 0$,故当 $y \leq 0$ 时,有 $F_Y(y)=0$,从而 $f_Y(y)=0$.

当 $y>0$ 时,有

$$F_Y(y)=P(Y \leq y)=P(X^2 \leq y)=P(-\sqrt{y} \leq X \leq \sqrt{y})=2\Phi(\sqrt{y})-1.$$

因此 $Y=X^2$ 的分布函数为

$$F_Y(y)=\begin{cases} 2\Phi(\sqrt{y})-1, & y>0, \\ 0, & y \leq 0. \end{cases}$$

(2) 利用对分布函数求导的方法求 $Y=X^2$ 的概率密度函数为

$$f_Y(y)=\begin{cases} \varphi(\sqrt{y}) \cdot y^{-\frac{1}{2}}, & y>0, \\ 0, & y \leq 0 \end{cases}=\begin{cases} \dfrac{1}{\sqrt{2\pi}}y^{-\frac{1}{2}}\mathrm{e}^{-\frac{y}{2}}, & y>0, \\ 0, & y \leq 0. \end{cases}$$

【例5】　设随机变量 X 的概率密度函数为

$$f_X(x)=\begin{cases} \dfrac{2x}{\pi^2}, & 0<x<\pi, \\ 0, & 其他, \end{cases} 求 Y=\sin X 的概率密度函数.$$

解: 因为 X 在 $(0,\pi)$ 内取值,所以 $Y=\sin X$ 的可能取值区间为 $(0,1)$.在 Y 的可能取值区间外有 $f_X(x)=0$.

当 $0<y<1$ 时,使 $\{Y \leq y\}$ 的 x 的取值范围(见图2.12)为两个互不相交的区间

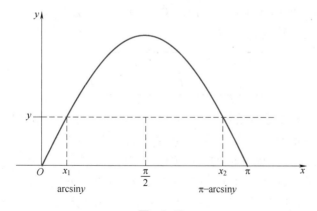

图　2.12

$$\Delta_1(y)=[0,x_1]=[0,\arcsin y],\quad \Delta_2(y)=[x_2,\pi]=[\pi-\arcsin y,\pi].$$

于是　　　$\{Y \leq y\}=\{X \in \Delta_1(y)\} \cup \{X \in \Delta_2(y)\}$

$$=\{0 \leq X \leq \arcsin y\} \cup \{\pi-\arcsin y \leq X \leq \pi\},$$

故
$$F_Y(y) = P(Y \le y) = \int_0^{\arcsin y} f_X(x)\,\mathrm{d}x + \int_{\pi-\arcsin y}^{\pi} f_X(x)\,\mathrm{d}x$$

$$= \int_0^{\arcsin y} \frac{2x}{\pi^2}\,\mathrm{d}x + \int_{\pi-\arcsin y}^{\pi} \frac{2x}{\pi^2}\,\mathrm{d}x$$

$$= \frac{2}{\pi}\arcsin y.$$

对上式两端对 y 求导,得 $Y = \sin X$ 的概率密度函数

$$f_Y(y) = \begin{cases} \dfrac{2}{\pi\sqrt{1-y^2}}, & 0 < y < 1, \\ 0, & \text{其他.} \end{cases}$$

随机数生成
数值模拟

在例 4 与例 5 的计算中并没有套用任何现成的定理和公式,而是采用分布函数法从分布函数的定义出发进行计算.这种方法比套用任何定理和公式都更为灵活,能解决更多的实际问题.

第六节 综合例题选讲

【例 1】 设随机变量 X 的分布函数为 $F(x) = \begin{cases} 0, & x < -1, \\ 0.4, & -1 \le x < 1, \\ 0.8, & 1 \le x < 3, \\ 1, & x \ge 3, \end{cases}$

试求 X 的分布律.

解:在 $F(x)$ 的连续点 x 处,显然有 $P(X=x) = F(x) - F(x-0) = F(x) - F(x) = 0$;而在间断点处有

$$P(X=-1) = F(-1) - F(-1-0) = 0.4 - 0 = 0.4,$$
$$P(X=1) = F(1) - F(1-0) = 0.8 - 0.4 = 0.4,$$
$$P(X=3) = F(3) - F(3-0) = 1 - 0.8 = 0.2.$$

故 X 的分布律为

X	-1	1	3
P	0.4	0.4	0.2

若分布函数为阶梯函数,则对应的随机变量一定是离散型的,且随机变量的所有概率不为零的取值就是全部分段点.

【例 2】(下赌注问题) 17 世纪中叶,法国有一位热衷于掷骰子游戏的贵族德·梅耳,他发现了这样的事实:在赌博中一对骰子抛 25 次,把赌注押在"至少出现一次双六"比把赌注押在"完全不出现双六"有利.但他本人找不出原因,后来请当时著名的法国数学家帕斯卡才解决了这一问题,这个问题是如何解决的呢?

解:记 B 为至少出现一次两个点 6,则易知 $\bar{B}$ 表示完全不出现两个点 6.

于是问题归结为是否有 $P(B)>\dfrac{1}{2}$.

若将一对骰子抛 1 次视为一次试验,则试验共有 36 种可能结果,按照是否出现两个点 6 可分为两大类,记 A 为出现两个点 6,容易算得

$$P(A)=\frac{1}{36}.$$

将一对骰子抛 25 次可视为 25 重伯努利试验,用随机变量 X 表示一对骰子抛 25 次时出现两个 6 点的次数,则有 $X\sim B\left(25,\dfrac{1}{36}\right)$.所以

$$P(B)=1-P(X=0)=1-C_{25}^{0}\left(\frac{1}{36}\right)^{0}\left(1-\frac{1}{36}\right)^{25}$$

$$=1-\left(\frac{35}{36}\right)^{25}=0.5055>\frac{1}{2}.$$

此例说明把赌注押在"至少出现一次双六"比把赌注押在"完全不出现双六"有利.

注:这里无形中产生一个问题,为什么是抛 25 次? 不是 25 次又会怎样呢? 这个问题不难回答.在上述分析中把 25 换成 n,令

$$P(B)=1-\left(\frac{35}{36}\right)^{n}>\frac{1}{2},$$

可解出

$$n>\frac{\ln 2}{\ln 36-\ln 35}\approx 24.61.$$

即至少抛 25 次,才能保证 $P(B)>\dfrac{1}{2}$.当然抛掷的次数大于 25 次且越来越多,对事件"至少出现一次双六"越有利.

诸如此类的赌博问题还有不少,这些问题成了是数学家们思考概率论问题的源泉.将此类问题的解法向更一般的情况推广,从而建立了概率论的一个基本概念——数学期望.惠更斯经过多年的潜心研究,解决了一些掷骰子中的数学问题.1657 年,他将自己的研究成果写成了专著《论掷骰子游戏中的计算》.这本书迄今为止仍被认为是最早概率论的论著.

【例 3】　假设某一厂家生产的仪器,可以直接出厂的概率为 0.70,需进一步调试的概率为 0.30,经调试后可以出厂的概率为 0.80,定为不合格品不能出厂的概率为 0.20.现该厂新生产了 $n(n\geqslant 2)$ 台仪器,假设各台仪器的生产过程是相互独立的.试求:

(1) 全部能出厂概率 α;

(2) 其中恰好有两件不能出厂概率 β;

(3) 其中至少有两件不能出厂概率 γ.

思路:利用二项分布,其关键是求出二项分布中的参数 p,即每台仪器能出厂的概率.

解:设 A 为一台仪器能出厂,B 为一台仪器能直接出厂,C 为一台仪器经调试能直接出厂.则 $A=B+\bar{B}C$,且 B 与 $\bar{B}C$ 互不相容,于是有

$$P(A)=P(B)+P(\bar{B}C)=P(B)+P(\bar{B})P(C\mid\bar{B})=0.7+0.3\times0.8=0.94.$$

令 X 为 n 台仪器中能出厂的台数,则有 $X\sim B(n,0.94)$,故有

(1) 全部能出厂概率 $\alpha=P(X=n)=0.94^n$;

(2) 其中恰好有两件不能出厂概率

$$\beta=P(X=n-2)=C_n^{n-2}(0.94)^{n-2}(0.06)^2;$$

(3) 由于至少有两件不能出厂等价于至多有 $(n-2)$ 件能出厂,所以其中至少有两件不能出厂的概率

$$\gamma=P(X\leqslant n-2)=1-P(X=n-1)-P(X=n)$$
$$=1-n\times0.06\times0.94^{n-1}-0.94^n.$$

这是一类利用随机变量的常见分布求相关事件的概率问题.求解这类问题的关键是要熟练掌握随机变量的常见分布的定义、性质,以及产生这些分布的直接背景.此例中的分布是二项分布,二项分布是应用最广泛的分布之一.若一个试验可以看成或分解成独立重复进行的试验,则此试验为伯努利试验,且试验"成功"的次数服从二项分布 $B(n,p)$,其中 n 为试验总次数,p 为每次试验"成功"发生的概率.在这类问题中,试验次数 n 较为容易确定,而 p 则比较隐蔽,它可能由另一个随机变量取值的概率来确定.

【例4】 为保证设备正常工作,需要配备一些维修工.如果各台设备发生故障是相互独立的,且每台设备发生故障的概率都是 0.01.试在以下各种情况下,求设备发生故障而不能及时修理的概率:

(1) 一名维修工负责 20 台设备;

(2) 3 名维修工负责 90 台设备;

(3) 10 名维修工负责 500 台设备.

解:(1) 设 X_1 为 20 台设备中同时发生故障的台数,则 $X_1\sim B(20,0.01)$,用参数为 $\lambda=np=20\times0.01=0.2$ 的泊松分布作近似计算,得所求概率为

$$P(X_1>1)\approx1-\sum_{k=0}^{1}\frac{0.2^k}{k!}e^{-0.2}=1-0.982=0.018.$$

(2) 设 X_2 为 90 台设备中同时发生故障的台数,则 $X_2\sim B(90,0.01)$,用参数为 $\lambda=np=90\times0.01=0.9$ 的泊松分布作近似计算,得所求概率为

$$P(X_1>3)\approx1-\sum_{k=0}^{3}\frac{0.9^k}{k!}e^{-0.9}=1-0.987=0.013.$$

注意:在此种情况下,不但所求概率比(1)中有所降低,而且 3 名维修工负责 90 台设备相当于每个维修工负责 30 台设备,工作效

率是(1)中的 1.5 倍.

(3) 设 X_3 为 500 台设备中同时发生故障的台数,则 $X_3 \sim B$ (500,0.01),用参数为 $\lambda = np = 500 \times 0.01 = 5$ 的泊松分布作近似计算,得所求概率为

$$P(X_1 > 10) \approx 1 - \sum_{k=0}^{10} \frac{5^k}{k!} e^{-5} = 1 - 0.986 = 0.014.$$

注意:在此种情况下,所求概率与(2)中基本上一样,而 10 个维修工负责 500 台设备相当于每个维修工负责 50 台设备,工作效率是(2)中的 1.67 倍,是(1)中的 2.5 倍.由此可见,若干维修工共同负责大量设备的维修,将提高工作效率.

【例 5】　假设有一大型设备,在任何长为 t 的时间间隔内发生故障的次数 $N(t)$ 服从参数为 λt 的泊松分布.

(1) 求相继两次故障之间时间间隔 T 的分布函数 $F(t)$;

(2) 求设备已经无故障工作 8 小时的情形下,再无故障工作 8 小时的概率 β.

解:(1) 由题意

$$P(N(t) = k) = \frac{(\lambda t)^k}{k!} e^{-\lambda t}, k = 0, 1, 2, \cdots.$$

注意到随机变量 T 只取非零值,所以当 $t < 0$ 时, $F(t) = 0$;当 $t \geqslant 0$ 时,事件 $(T > t)$ 与 $(N(t) = 0)$ 等价,于是

$$F(t) = P(T \leqslant t) = 1 - P(T > t) = 1 - P(N(t) = 0) = 1 - e^{-\lambda t}.$$

故 T 的分布函数为

$$F(t) = \begin{cases} 1 - e^{-\lambda t}, & t \geqslant 0, \\ 0, & t < 0, \end{cases}$$

即 T 服从参数为 λ 的指数分布.

(2) 所求概率为

$$\beta = P(T \geqslant 16 \mid T \geqslant 8) = \frac{P(T \geqslant 16, T \geqslant 8)}{P(T \geqslant 8)} = \frac{P(T \geqslant 16)}{P(T \geqslant 8)} = \frac{e^{-16\lambda}}{e^{-8\lambda}} = e^{-8\lambda}.$$

注:从本例计算结果可见,设备无故障工作 8 小时的概率,与设备已经工作了若干小时后再无故障工作 8 小时的概率完全一样.这正说明了指数分布的重要特性:指数分布的无记忆性.

【例 6】　设随机变量 X 在区间 $(1,2)$ 上服从均匀分布,试求 $Y = e^{2X}$ 概率密度 $f_Y(y)$.

解法一:(用分布函数法)

由已知可得, X 的概率密度为 $f_X(x) = \begin{cases} 1, & 1 < x < 2, \\ 0, & 其他, \end{cases}$ 所以

当 $y \leqslant 0$ 时, $F_Y(y) = P(Y \leqslant y) = 0$;

当 $y > 0$ 时, $F_Y(y) = P(e^{2X} \leqslant y) = P\left(X \leqslant \frac{1}{2}\ln y\right) = \int_{-\infty}^{\frac{1}{2}\ln y} f_X(x) \, dx$

$$= \begin{cases} 0, & y < e^2, \\ \int_1^{\frac{1}{2}\ln y} 1 \mathrm{d}x, & e^2 \leqslant y < e^4, \\ 1, & y \geqslant e^4, \end{cases}$$

$$= \begin{cases} 0, & y < e^2, \\ \frac{1}{2}\ln y - 1, & e^2 \leqslant y < e^4, \\ 1, & y \geqslant e^4. \end{cases}$$

所以随机变量 Y 的分布函数为

$$F_Y(y) = \begin{cases} 0, & y < e^2, \\ \frac{1}{2}\ln y - 1, & e^2 \leqslant y < e^4, \\ 1, & y \geqslant e^4. \end{cases}$$

故 Y 的概率密度函数为

$$f_Y(y) = \begin{cases} \dfrac{1}{2y}, & e^2 < y < e^4, \\ 0, & 其他. \end{cases}$$

解法二：（直接套用公式）

由于 $y = e^{2x}$ 严格单调增，而且其反函数 $x = \dfrac{1}{2}\ln y$ 有一阶连续导数，故 Y 的概率密度函数为

$$f_Y(y) = \begin{cases} f_X\left(\dfrac{1}{2}\ln y\right)\left(\dfrac{1}{2}\ln y\right)', & e^2 < y < e^4, \\ 0, & 其他 \end{cases}$$

$$= \begin{cases} \dfrac{1}{2y}, & e^2 < y < e^4, \\ 0, & 其他. \end{cases}$$

习题二

A

1. 口袋中有 5 个球，编号为 1,2,3,4,5. 现从中任取 3 个，以随机变量 X 表示取出的 3 个球中的最大号码.

（1）写出 X 的分布律；（2）画出分布律的图形.

2. 某射手参加射击比赛，共有 4 发子弹，设该射手的命中率为 p，各次射击是相互独立的.

试求：该射手直至命中目标为止时的射击次数的分布律.

3. 一盒子中有 7 个白球，3 个黄球.

（1）每次从中任取 1 个不放回，求首次取出白球的取球次数 X

的分布律；

（2）如果取出的是黄球则不放回，而另外放入 1 个白球，求此时 X 的分布律.

4. 一批产品共有 100 件，其中 10 件是不合格品.根据验收规则，从中任取 5 件产品进行质量检验，假如 5 件中无不合格品，则这批产品被接收，否则就要对这批产品进行逐个检验.

（1）试求 5 件中不合格品数 X 的分布律；

（2）试问需要对这批产品进行逐个检验的概率是多少？

5. 一大楼装有 5 个同类型的供电设备.调查表明，在任一时刻 t 每个设备被使用的概率为 0.1，试求在同一时刻，

（1）恰有 2 个设备被使用的概率；

（2）至少有 3 个设备被使用的概率；

（3）至多有 3 个设备被使用的概率.

6. 据经验表明，预订餐厅座位而不来就餐的顾客比例为 20%.现某餐厅有 50 个座位，但预订给了 52 个顾客.试求：预订座位的顾客来到餐厅时没有座位的概率.

7. 设随机变量 X 的密度函数为 $f(x)=\begin{cases} 1-|x|, & -1\leqslant x\leqslant 1, \\ 0, & 其他, \end{cases}$

试求X 的分布函数.

8. 设随机变量 X 的分布函数为：$F(x)=\begin{cases} a, & x\leqslant 1, \\ bx\ln x+cx+d, & 1<x\leqslant e, \\ d, & x>e. \end{cases}$

试求：

（1）常数 a,b,c,d；

（2）X 的密度函数.

9. 设连续型随机变量 X 的密度函数为

$$f(x)=\begin{cases} 2x, & 0\leqslant x<1/2, \\ 1, & 1/2<x\leqslant 1, \\ 3-2x, & 1<x\leqslant 3/2, \\ 0, & 其他, \end{cases}$$

试求：X 的分布函数 $F(x)$，并画出 $f(x)$，$F(x)$ 的图形.

10. 设某一学生完成一个试验的时间 X 是一个随机变量，单位为 h，它的密度函数

$$f(x)=\begin{cases} cx^2+x, & 0\leqslant x\leqslant 0.5, \\ 0, & 其他. \end{cases}$$

试求：

（1）常数 c；

（2）X 的分布函数；

（3）在 20min 内完成一个试验的概率；

（4）在 10min 内完成一个试验的概率.

11. 设随机变量 Y 服从参数为 $\theta=2$ 的指数分布.

试求:x 的方程 $x^2+Yx+2Y-3=0$ 没有实根的概率.

12. 设 $X \sim N(3,2^2)$,试求:

(1) $P(2<X\leqslant 5)$,$P(-4<X\leqslant 10)$,$P(|X|\geqslant 2)$,$P(X>3)$;

(2) 确定 c,使得 $P(X>c)=P(X\leqslant c)$;

(3) 设 d 满足 $P(X>d)\geqslant 0.9$,求 d 的值.

13. 已知 X 的分布律为

X	-1	0	1	2
P	0.1	0.2	0.3	0.4

试求:$Y=2X^2+1$ 的分布律.

14. 设随机变量 X 服从 $(0,1)$ 上的均匀分布,试求以下随机变量 Y 的概率密度函数:

(1) $Y=-2\ln X$;　　　　　　(2) $Y=3X+1$;

(3) $Y=e^X$;　　　　　　　　(4) $Y=|\ln X|$.

15. 设随机变量 X 的密度函数为 $f_X(x)=\begin{cases} \dfrac{3}{2}x^2, & -1<x<1, \\ 0, & \text{其他}, \end{cases}$

试求以下随机变量 Y 的概率密度函数:

(1) $Y=3X$;(2) $Y=3-X$;(3) $Y=X^2$.

16. 设随机变量 X 的分布函数为:$F_X(x)=\begin{cases} 0, & x<0, \\ 1-e^{-\frac{1}{5}x}, & 0\leqslant x<2, \\ 1, & x\geqslant 2, \end{cases}$

试求随机变量 $Y=e^X$ 的分布函数,并判断 Y 是否为连续型随机变量.

B

17. 在装有红、白、黑三个球的口袋中随机地取球,每次取一个,取后放回,直到各色球均取到为止.试求:

(1) 取球次数的分布律;

(2) 取球次数至少为 5 次的概率.

18. 甲、乙两人进行射击比赛,已知两人的命中率分别为 0.6 与 0.7,现各射击 3 次.试求:

(1) 两人命中次数相等的概率;

(2) 甲比乙命中次数多的概率.

19. 从 1,2,3,4,5 五个数中任取三个,按大小排列记为 $x_1<x_2<x_3$,令 $X=x_2$.试求:

(1) X 的分布函数;

(2) $P(X<2)$ 及 $P(X>4)$.

20. 已知随机变量 X 的密度函数为 $f(x)=\begin{cases}1/3, & 0\leqslant x\leqslant 1,\\ 2/9, & 3\leqslant x\leqslant 6,\\ 0, & \text{其他},\end{cases}$ 若 $P(X\geqslant k)=2/3$，试求 k 的范围．

21. 设随机变量 X 服从区间 $(2,5)$ 上的均匀分布，求对 X 进行 3 次独立观测中，至少有 2 次的观测值大于 3 的概率．

22. 某急救中心在长度为 t 的时间间隔内收到紧急呼救的次数 X 服从参数为 $\dfrac{t}{2}$ 的泊松分布，而与时间间隔的起点无关（时间以小时计）．试求：

（1）某一天中午 12 时至下午 3 时没有收到紧急呼救的概率；

（2）某一天中午 12 时至下午 5 时至少收到 1 次紧急呼救的概率．

23. 设随机变量 X 服从参数为 $(2,p)$ 的二项分布，随机变量 Y 服从参数为 $(3,p)$ 的二项分布，若 $P(X\geqslant 1)=5/9$．试求：$P(Y\geqslant 1)$．

24. 某地区成年男子的体重 $X(\mathrm{kg})$ 服从正态分布 $N(\mu,\sigma^2)$，若已知 $P(X\leqslant 70)=0.5$，$P(X\leqslant 60)=0.25$．

（1）求 μ 与 σ；

（2）若在这个地区随机地选出 5 名成年男子，问其中至少有两人体重超过 $65\mathrm{kg}$ 的概率是多少？

25. 设顾客在某银行的窗口等待服务的时间 X（以分钟计）服从指数分布，其概率密度为

$$f_X(x)=\begin{cases}\dfrac{1}{5}\mathrm{e}^{-\frac{x}{5}}, & x>0,\\ 0, & \text{其他},\end{cases}$$

设顾客在窗口等待服务，若超过 10min，他就离开．该顾客一个月要到银行 5 次．现以 Y 表示一个月内他未等到服务而离开窗口的次数．

试写出 Y 的分布律并求 $P(Y\geqslant 1)$．

26. 已知某商场一天内来 k 个顾客的概率为 $\lambda^k\mathrm{e}^{-\lambda}/k!$，$k=0,1,\cdots$，其中 $\lambda>0$．又设每个到达商场的顾客购买商品是相互独立的，其概率为 p，试证：这个商场一天内有 r 个顾客购买商品的概率为 $(\lambda p)^r\mathrm{e}^{-\lambda p}/r!$．

测 试 题 二

第二章小测

第三章

多维随机变量及其分布

对自然界的深刻研究,是数学最富饶的源泉.

——J.傅里叶

思考:为什么要研究二维随机变量?

在许多实际问题中,随机试验的结果仅用一个随机变量来描述是不够的.例如,炮弹在地面的命中点的位置是由一对随机变数(两个坐标)来确定;飞机(的重心)在空中的位置由三个随机变数(三个坐标)来确定,等等.我们称 n 个随机变数 $X_1, X_2, \cdots, X_n$ 的总体 $X = (X_1, X_2, \cdots, X_n)$ 为 n 维随机变量,当 $n \geq 2$ 时就称其为多维随机变量.那么如何来研究多维随机变量的统计规律性呢? 由于二维随机变量与 n 维随机变量没有原则上的区别,所以本章以二维随机变量为主线,类似一维随机变量的讨论,我们先研究其联合分布函数,然后研究离散型随机变量的联合分布律及连续型随机变量的联合概率密度函数.

知识结构图

第一节　二维随机变量及其联合分布函数

一、二维随机变量及分布函数的概念

1. 定义

定义1　设 $S=\{e\}$ 是随机试验 E 的样本空间，$X=X\{e\}$，$Y=Y\{e\}$ 是定义在 S 上的随机变量，由它们构成的一个向量 (X,Y) 称为二维随机变量或二维随机向量.

由定义1可知，随机变量 X,Y 必须定义在同一个样本空间上. 一般地，二维随机变量 (X,Y) 的性质不仅与 X,Y 有关，还依赖于这两个随机变量的相互关系，所以逐个地研究 X 或 Y 的性质是不够的，还需要将 (X,Y) 作为一个整体来进行研究.

定义2　设 (X,Y) 是二维随机变量，对于任意的实数 (x,y)，二元函数

$$F(x,y)=P(X\leqslant x,Y\leqslant y)$$

称为二维随机变量 (X,Y) 的分布函数或称为二维随机变量 (X,Y) 的联合分布函数.

由定义2可知，如果将 (X,Y) 看成是平面上随机点的坐标，那么其联合分布函数 $F(x,y)$ 在 (x,y) 处的函数值就是随机点 (X,Y) 落在以 (x,y) 为顶点且位于该点左下方的无穷矩形域内的概率，如图 3.1 所示.

2. 二维随机变量联合分布函数 $F(x,y)$ 的性质

性质1　（单调性）$F(x,y)$ 分别对 x 或对 y 是单调不减的，即

当 $x_1<x_2$ 时，有 $F(x_1,y)\leqslant F(x_2,y)$；

当 $y_1<y_2$ 时，有 $F(x,y_1)\leqslant F(x,y_2)$.

证明：因为当 $x_1<x_2$ 时，有 $(X\leqslant x_1)\subset(X\leqslant x_2)$，所以对任意给定的 y 有

$$(X\leqslant x_1,Y\leqslant y)\subset(X\leqslant x_2,Y\leqslant y),$$

由此可得

$$F(x_1,y)=P(X\leqslant x_1,Y\leqslant y)\leqslant P(X\leqslant x_2,Y\leqslant y)=F(x_2,y),$$

即 $F(x,y)$ 关于 x 是单调不减的.

同理可证 $F(x,y)$ 关于 y 也是单调不减的.

性质2　（有界性）对任意的 x 和 y，有 $0\leqslant F(x,y)\leqslant 1$，且

$$F(-\infty,y)=\lim_{x\to-\infty}F(x,y)=0,\quad F(x,-\infty)=\lim_{y\to-\infty}F(x,y)=0,$$

$$F(-\infty,-\infty)=\lim_{x,y\to-\infty}F(x,y)=0,\quad F(+\infty,+\infty)=\lim_{x,y\to+\infty}F(x,y)=1.$$

证明：由概率的性质显然可知 $0\leqslant F(x,y)\leqslant 1$. 又因为对任意

思考：研究二维随机变量用什么方法和工具？与一维随机变量的研究有什么相同和不同？

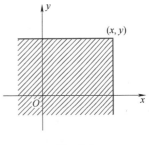

图　3.1

的正整数 n 有

$$\lim_{x \to -\infty}(X \leqslant x) = \lim_{n \to \infty}\bigcap_{m=1}^{n}(X \leqslant -m) = \varnothing,$$

$$\lim_{x \to +\infty}(X \leqslant x) = \lim_{n \to \infty}\bigcup_{m=1}^{n}(X \leqslant m) = S.$$

对 $(Y \leqslant y)$ 也类似可得.再由概率的连续性,就可得

$$F(-\infty, y) = F(x, -\infty) = F(-\infty, -\infty) = 0 ; F(+\infty, +\infty) = 1.$$

性质 3 （右连续性）对每个变量都是右连续的,即

$$F(x+0, y) = F(x, y), F(x, y+0) = F(x, y).$$

证明:类似于一维分布函数的右连续的证明,请读者自行完成.

性质 4 （非负性）对任意的 $a<b, c<d$ 有

$$P(a<X \leqslant b, c<Y \leqslant d) = F(b, d) - F(a, d) - F(b, c) + F(a, c) \geqslant 0.$$

证明:记 $A = (X \leqslant a), B = (X \leqslant b), C = (Y \leqslant c), D = (Y \leqslant d)$,因为

$(a<X \leqslant b) = B - A = B \cap \bar{A}, (c<Y \leqslant d) = D - C = D \cap \bar{C}$,且 $A \subset B, C \subset D$,
由此可得

$$0 \leqslant P(a<X \leqslant b, c<Y \leqslant d) = P(B \cap \bar{A} \cap D \cap \bar{C})$$
$$= P[BD - (A \cup C)] = P(BD) - P(ABD \cup BCD)$$
$$= P(BD) - P(AD \cup BC) = P(BD) - P(AD) - P(BC) + P(ABCD)$$
$$= P(BD) - P(AD) - P(BC) + P(AC)$$
$$= F(b, d) - F(a, d) - F(b, c) + F(a, c).$$

可以证明,具有上述四条性质的二元函数 $F(x, y)$ 一定是某个二维随机变量的分布函数.反之,任意二维随机变量的分布函数 $F(x, y)$ 必具备上述四条性质.其中,性质 1 至性质 3 同一维随机变量,但性质 4 是二维随机变量所特有的,也是合理的.性质 4 不能由性质 1 至性质 3 推出,它必须单独列出,因为在实际中存在这样的二元函数 $G(x, y)$,它能满足性质 1 至性质 3,但它不满足性质 4.例如:

$$G(x, y) = \begin{cases} 0, & x+y<0, \\ 1, & x+y \geqslant 0, \end{cases}$$

显然,它满足性质 1 至性质 3,但它不满足性质 4,如取 $(a, c) = (-1, -1), (b, d) = (1, 1)$,有 $G(1, 1) - G(-1, 1) - G(1, -1) + G(-1, -1) = 1 - 1 - 1 + 0 = -1$,所以 $G(x, y)$ 不是二维随机变量的分布函数,它仅仅是一个二元函数.

二、 二维离散型随机变量及其分布

1. 二维离散型随机变量的定义

定义 3 如果随机变量 X, Y 的取值 (x, y) 只能是有限对或可列无限多对,则称 (X, Y) 为二维离散型随机变量.

2. 二维离散型随机变量的联合分布律

定义 4 设二维离散型随机变量 (X,Y) 的所有可能取的值为 (x_i, y_j)，$i, j = 1, 2, \cdots$，其相应的概率为 $p_{ij} = P(X = x_i, Y = y_j)$，$i, j = 1$，$2, \cdots$ 为二维离散型随机变量 (X,Y) 的概率分布或分布律，或称为联合分布律.

同一维类似，二维离散型随机变量的联合分布律也可以用表格的形式表示，见表 3.1.

表 3.1

X	Y				
	y_0	y_1	$\cdots$	y_j	$\cdots$
x_0	p_{00}	p_{01}	$\cdots$	p_{0j}	$\cdots$
x_1	p_{10}	p_{11}	$\cdots$	p_{1j}	$\cdots$
$\vdots$	$\vdots$	$\vdots$		$\vdots$	
x_i	p_{i0}	p_{i1}	$\cdots$	p_{ij}	$\cdots$
$\vdots$	$\vdots$	$\vdots$		$\vdots$	

显然，二维离散型随机变量的联合分布律具有两条基本性质：

(1)（非负性）$p_{ij} \geq 0$；

(2)（正则性）$\sum\limits_{i=1}^{+\infty} \sum\limits_{j=1}^{+\infty} p_{ij} = 1$.

同一维类似，求二维离散型随机变量的联合分布律的关键是写出二维离散型随机变量的可能取值及其相应的概率.

【例1】 某箱装有 100 件产品，其中一、二和三等品分别为 80 件、10 件和 10 件. 现从中随机抽取一件，记 $X_i = \begin{cases} 1, & \text{抽到 } i \text{ 等品}, \\ 0, & \text{其他}, \end{cases}$ $i = 1, 2, 3$.

试求 X_1 与 X_2 的联合分布律.

解：由题意，$X_1 = 1$ 表示"抽到一等品"事件；$X_2 = 1$ 表示"抽到二等品"事件；故可知，X_1 与 X_2 的所有可能的取值均为 0 与 1.

令 A_i 为抽到 i 等品，则有 A_1, A_2, A_3 两两互不相容，且

$$A_i = (X_i = 1), i = 1, 2, 3, \bigcup_{i=1}^{3} A_i = S,$$
$$P(A_1) = 0.8, P(A_2) = P(A_3) = 0.1,$$

于是 $P(X_1 = 0, X_2 = 0) = P(A_3) = 0.1, P(X_1 = 0, X_2 = 1) = P(A_2) = 0.1,$

$P(X_1 = 1, X_2 = 0) = P(A_1) = 0.8, P(X_1 = 1, X_2 = 1) = P(\varnothing) = 0,$

即得 X_1 与 X_2 的联合分布律为

X_1	X_2	
	0	1
0	0.1	0.1
1	0.8	0

显然,所求概率满足联合分布律的两条性质.

3. 二维离散型随机变量的联合分布函数

若(X,Y)是离散型随机变量,则其联合分布函数为

$$P(X\leqslant x,Y\leqslant y)=F(x,y)=\sum_{\substack{x_i\leqslant x\\y_j\leqslant y}}p_{ij},$$

其中和式是对一切满足$x_i\leqslant x,y_j\leqslant y$的$i,j$求和.

三、 二维连续型随机变量及其分布

定义 5   若存在非负的二元函数$f(x,y)$,对任意的x,y有

$$F(x,y)=\int_{-\infty}^{x}\int_{-\infty}^{y}f(x,y)\mathrm{d}x\mathrm{d}y,$$

则称(X,Y)是连续型的二维随机变量,$f(x,y)$为(X,Y)的联合概率密度;$F(x,y)$为(X,Y)的联合分布函数.

由定义 5 可知,(X,Y)的联合概率密度$f(x,y)$满足如下的性质:

(1)(非负性)$f(x,y)\geqslant 0$;

(2)(规范性)$\int_{-\infty}^{+\infty}\int_{-\infty}^{+\infty}f(x,y)\mathrm{d}x\mathrm{d}y=1$;

(3)若$f(x,y)$在点(x,y)的某个邻域内连续,则

$$\frac{\partial^2 F(x,y)}{\partial x\,\partial y}=f(x,y);$$

(4)设G是XOY平面上的一个区域,则点(x,y)落在G内的概率为

$$P[(X,Y)\in G]=\iint\limits_{G}f(x,y)\mathrm{d}x\mathrm{d}y.$$

另外,一维连续型随机变量的几种常用分布可推广到二维及多维随机变量,对于二维随机变量有:

1)若G是平面上的有界区域,其面积为$S(G)$,若二维随机变量(X,Y)具有概率密度如下所示,

$$f(x,y)=\begin{cases}\dfrac{1}{S(G)}, & (x,y)\in G,\\0, & (x,y)\notin G,\end{cases}$$

则称(X,Y)在G上服从二维均匀分布.

二维均匀分布所描述的随机现象就是向平面区域D中随机投点,如果该点坐标(X,Y)落在D的子区域G中的概率只与G的面积有关,而与G的位置无关,则有

$$P[(X,Y)\in G]=\iint\limits_{G}f(x,y)\mathrm{d}x\mathrm{d}y=\frac{S_G}{S_D},S_G,S_D\text{ 分别是 }G,D\text{ 的面积.}$$

2)若$f(x,y)=\dfrac{1}{2\pi\sigma_1\sigma_2\sqrt{1-\rho^2}}\mathrm{e}^{-\frac{1}{2(1-\rho^2)}\left[\frac{(x-\mu_1)^2}{\sigma_1^2}-2\rho\frac{(x-\mu_1)(y-\mu_2)}{\sigma_1\sigma_2}+\frac{(y-\mu_2)^2}{\sigma_2^2}\right]}$,

其中 $\mu_1,\mu_2,\sigma_1^2,\sigma_2^2,\rho$ 为 5 个常数,则称 (X,Y) 服从参数为 $\mu_1,\mu_2,$ $\sigma_1^2,\sigma_2^2,\rho$ 的(二维)正态分布,记为 $(X,Y) \sim N(\mu_1,\mu_2,\sigma_1^2,\sigma_2^2,\rho)$.

二维正态分布的概率密度函数的图形很像一顶向四周无限延伸的草帽,其中心点在 (μ_1,μ_2) 处,其等高线是椭圆,其形状见图 3.2.

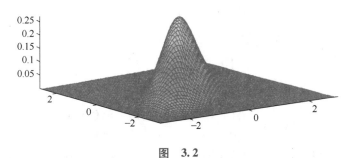

图 **3.2**

以上关于离散型或连续型随机变量的讨论均可推广到 n 维 $(n>2)$ 随机变量.

n 维随机变量: $X_1=X_1(e),X_2=X_2(e),\cdots,X_n=X_n(e)$ 是定义在 S 上的随机变量,由它们构成的一个 n 维向量 $(X_1,X_2,\cdots,X_n)$ 为 n 维随机向量或 n 维随机变量.

n 维联合分布函数: $F(x_1,x_2,\cdots,x_n)=P(X_1 \leqslant x_1,X_2 \leqslant x_2,\cdots,X_n \leqslant x_n)$ 为 n 维随机变量的联合分布函数.

【例 2】 设 (X,Y) 的联合概率密度为 $f(x,y)=\begin{cases} cxy, & 0<x<1,0<y<1, \\ 0, & 其他, \end{cases}$

试求:(1) 常数 c;(2) $P(X=Y)$;(3) $P(X<Y)$.

解:(1) 因为 $\int_{-\infty}^{+\infty} \int_{-\infty}^{+\infty} f(x,y)\mathrm{d}x\mathrm{d}y=1$,即 $\int_0^1 \int_0^1 cxy\mathrm{d}x\mathrm{d}y=1$,得 $c=4$.

(2) 由于 $X=Y$ 为平面上的一条直线,而二维连续型随机变量在平面上任何一条曲线上取值的概率均为 0,故有 $P(X=Y)=0$.

(3) $P(X<Y)=\iint\limits_{x<y} f(x,y)\mathrm{d}x\mathrm{d}y=\iint\limits_D 4xy\mathrm{d}x\mathrm{d}y$

$$=\int_0^1 \left(\int_0^y 4xy\mathrm{d}x\right)\mathrm{d}y=\frac{1}{2}. \quad (积分区域 D 如图 3.3 所示)$$

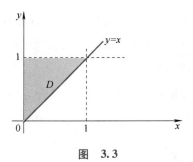

图 **3.3**

【例3】 设随机变量(X,Y)的联合密度函数为

$$f(x,y)=\begin{cases}12e^{-(3x+4y)}, & x>0,y>0,\\ 0, & \text{其他,}\end{cases}\text{求:}$$

(1) (X,Y)的联合分布函数$F(x,y)$;

(2) $P(0<X\leqslant1,0<Y\leqslant2)$.

解:(1) 当$y\leqslant0$时,有$F(x,y)=0$.

当$x>0,y>0$时,有

$$F(x,y)=12\int_0^x\int_0^y e^{-(3t_1+4t_2)}dt_1dt_2=(1-e^{-3x})(1-e^{-4y}),$$

所以(X,Y)的联合分布函数$F(x,y)$为

$$F(x,y)=\begin{cases}(1-e^{-3x})(1-e^{-4y}), & x>0,y>0,\\ 0, & \text{其他.}\end{cases}$$

(2) $P(0<X\leqslant1,0<Y\leqslant2)=F(1,2)=1-e^{-3}-e^{-8}+e^{-11}\approx0.9499$.

第二节　边缘分布及条件分布

在上节中,我们着重讨论了两个随机变量的联合分布函数及其概率密度函数.其实联合分布函数与其相应的每个分量X或Y都有着不可分割的联系.换言之,由二维联合分布函数讨论每个分量X或Y的分布即为边缘分布;当给定一个分量X或Y时,讨论另一个分量X或Y的分布即为条件分布.

一、边缘分布

二维随机变量(X,Y)具有联合分布函数$F(x,y)$,它的两个分量X与Y也分别具有边缘分布函数$F_X(x)$与$F_Y(y)$,则边缘分布函数可以由联合分布函数所确定.事实上

$$F_X(x)=P(X\leqslant x)=P(X\leqslant x,Y<+\infty)=F(x,+\infty)$$

即$F_X(x)=F(x,+\infty)$,这就是说,只要在函数$F(x,y)$中令$y\to+\infty$,就能得到$F_X(x)$.同理可得$F_Y(y)=F(+\infty,y)$.

由此有如下定义:

定义1 设$F(x,y)$为(X,Y)的联合分布函数,则$F_X(x)=F(x,+\infty)$与$F_Y(y)=F(+\infty,y)$分别称为二维随机变量(X,Y)关于X和关于Y的边缘分布函数.

【例1】 设二维随机变量(X,Y)的联合分布函数为

$$F(x,y)=\begin{cases}1-e^{-x}-e^{-y}+e^{-x-y-\lambda xy}, & x>0,y>0,\\ 0, & \text{其他,}\end{cases}\quad\text{(二维指数分布)}$$

求(X,Y)关于X和关于Y的边缘分布函数.

解:由边缘分布函数的定义,易得(X,Y)关于X和关于Y的边

缘分布函数为

$$F_X(x) = F(x, +\infty) = \begin{cases} 1-e^{-x}, & x>0, \\ 0, & \text{其他}, \end{cases}$$

$$F_Y(y) = F(+\infty, y) = \begin{cases} 1-e^{-y}, & y>0. \\ 0, & \text{其他}. \end{cases}$$

它们都是一维指数分布,且与参数 $\lambda>0$ 无关.不同的 $\lambda>0$ 对应着不同的二维指数分布,但它们的两个边缘分布函数是不变的.这说明二维联合分布不仅含有每个分量的概率分布,而且还含有两个变量之间关系的信息.这也是我们要研究多维随机变量的原因之一.

1. 当 (X,Y) 为离散型随机变量时

已知二维离散型随机变量 (X,Y) 的联合分布律为 $P(X=x_i, Y=y_j)=p_{ij}$,则随机变量 X 的边缘分布律为 $P_{i \cdot}=P(X=x_i)=\sum_{j=1}^{+\infty} p_{ij}, i=1,2,\cdots,$

边缘分布函数为 $F_X(x)=F(x,+\infty)=\sum_{x_i \leqslant x} \sum_{j=1}^{+\infty} p_{ij}$,

随机变量 Y 的边缘分布律为 $P_{\cdot j}=P(Y=y_j)=\sum_{i=1}^{+\infty} p_{ij}, j=1,2,\cdots,$

边缘分布函数为 $F_Y(y)=F(+\infty,y)=\sum_{y_i \leqslant y} \sum_{i=1}^{+\infty} p_{ij}.$

其中 $P_{i \cdot}$ 表示是由 p_{ij} 关于 j 求和得到;$P_{\cdot j}$ 表示是由 p_{ij} 关于 i 求和得到.

【例2】 设二维随机变量 (X,Y) 的联合分布律为

X	Y		
	0	1	2
0	0.1	0.1	0.2
1	0.2	0.1	0.3

求 X 与 Y 的边缘分布律.

解:在上述的联合分布律中,对每一行求和得 0.4 与 0.6,并把它们写在对应行的右侧,便得 X 的边缘分布律.同样,对每一列求和得 0.3,0.2 和 0.5,并把它们写在对应列的下侧,便得 Y 的边缘分布律.把它们列表如下:

X	Y			$P(X=i)$
	0	1	2	
0	0.1	0.1	0.2	0.4
1	0.2	0.1	0.3	0.6
$P(Y=j)$	0.3	0.2	0.5	1

2. 当 (X,Y) 为连续型随机变量时

已知二维连续型随机变量 (X,Y) 的联合概率密度与分布函数分别为 $f(x,y)$ 与 $F(x,y)$，则随机变量 X 的边缘概率密度为 $f_X(x) = \int_{-\infty}^{+\infty} f(x,y)\,\mathrm{d}y$，边缘分布函数为

$$F_X(x) = F(x, +\infty) = \int_{-\infty}^{x}\left[\int_{-\infty}^{+\infty} f(x,y)\,\mathrm{d}y\right]\mathrm{d}x;$$

随机变量 Y 的边缘概率密度为 $f_Y(y) = \int_{-\infty}^{+\infty} f(x,y)\,\mathrm{d}x$，边缘分布函数为

$$F_Y(y) = F(+\infty, y) = \int_{-\infty}^{y}\left[\int_{-\infty}^{+\infty} f(x,y)\,\mathrm{d}x\right]\mathrm{d}y.$$

【例 3】 设二维随机变量 (X,Y) 在区域 D 上服从均匀分布，其中

$$D = \{(x,y)\mid 0 < x < 1, |y| < x\}.$$

试求 (X,Y) 关于 X 和关于 Y 的边缘概率密度.

解：由已知条件可得，(X,Y) 的联合概率密度函数为

$$f(x,y) = \begin{cases} 1, & 0 < x < 1, |y| < x, \\ 0, & \text{其他}. \end{cases}$$

因为 X 的取值范围为 $(0,1)$，于是当 $0 < x < 1$ 时，有

$$f_X(x) = \int_{-\infty}^{+\infty} f(x,y)\,\mathrm{d}y = \int_{-x}^{x} 1\,\mathrm{d}y = 2x,$$

故得 X 的边缘概率密度为 $f_X(x) = \begin{cases} 2x, & 0 < x < 1, \\ 0, & \text{其他}. \end{cases}$

又因为 Y 的取值范围为 $(-1,1)$，于是当 $|y| < 1$ 时，有

$$f_Y(y) = \int_{-\infty}^{+\infty} f(x,y)\,\mathrm{d}x = \begin{cases} \int_{y}^{1} 1\,\mathrm{d}x = 1 - y, & 0 \leqslant y < 1, \\ \int_{-y}^{1} 1\,\mathrm{d}x = 1 + y, & -1 < y < 0, \end{cases}$$

故得 Y 的边缘概率密度为 $f_Y(y) = \begin{cases} 1 - |y|, & |y| < 1, \\ 0, & \text{其他}. \end{cases}$

【例 4】 设二维随机变量 (X,Y) 的概率密度函数为

$$f(x,y) = \frac{1}{2\pi\sigma_1\sigma_2\sqrt{1-\rho^2}}\mathrm{e}^{-\frac{1}{2(1-\rho^2)}\left[\frac{(x-\mu_1)^2}{\sigma_1^2} - 2\rho\frac{(x-\mu_1)(y-\mu_2)}{\sigma_1\sigma_2} + \frac{(y-\mu_2)^2}{\sigma_2^2}\right]},$$

求二维正态随机变量 (X,Y) 的边缘概率密度.

解：由于

$$\frac{(y-\mu_2)^2}{\sigma_2^2} - 2\rho\frac{(x-\mu_1)(y-\mu_2)}{\sigma_1\sigma_2} = \left[\frac{(y-\mu_2)}{\sigma_2} - \rho\frac{(x-\mu_1)}{\sigma_1}\right]^2 - \rho^2\frac{(x-\mu_1)^2}{\sigma_1^2},$$

于是

$$f_X(x) = \frac{1}{2\pi\sigma_1\sigma_2\sqrt{1-\rho^2}}\mathrm{e}^{-\frac{(x-\mu_1)^2}{2\sigma_1^2}}\int_{-\infty}^{+\infty}\mathrm{e}^{-\frac{1}{2(1-\rho^2)}\left(\frac{y-\mu_2}{\sigma_2} - \rho\frac{x-\mu_1}{\sigma_1}\right)^2}\mathrm{d}y,$$

令 $t = \dfrac{1}{\sqrt{1-\rho^2}}\left(\dfrac{y-\mu_2}{\sigma_2} - \rho\dfrac{x-\mu_1}{\sigma_1}\right)$,则有

$$f_X(x) = \frac{1}{2\pi\sigma_1}e^{-\frac{(x-\mu_1)^2}{2\sigma_1^2}}\int_{-\infty}^{+\infty}e^{-\frac{t^2}{2}}\mathrm{d}t = \frac{1}{\sqrt{2\pi}\,\sigma_1}e^{-\frac{(x-\mu_1)^2}{2\sigma_1^2}}, -\infty < x < +\infty,$$

即 $X \sim N(\mu_1, \sigma_1^2)$.

同理可得

$$f_Y(y) = \frac{1}{2\pi\sigma_2}e^{-\frac{(y-\mu_2)^2}{2\sigma_2^2}}\int_{-\infty}^{+\infty}e^{-\frac{t^2}{2}}\mathrm{d}t = \frac{1}{\sqrt{2\pi}\,\sigma_2}e^{-\frac{(y-\mu_2)^2}{2\sigma_2^2}}, -\infty < y < +\infty,$$

即 $Y \sim N(\mu_2, \sigma_2^2)$.

这便证得,二维正态随机变量(X,Y)的边缘分布是正态分布,而且其边缘概率密度中不含参数ρ,这说明二维正态分布的边缘分布是相同的.但具有相同边缘分布的多维联合分布却可以是不同的,从而可得出,由X和Y的边缘分布一般是不能确定X和Y的联合分布的.

二、 条件分布

在本节开始时,我们已经知道二维联合分布不仅含有每个分量的概率分布的信息,而且还含有两个变量之间关系的信息.而两个变量之间的关系主要表现为独立与相依两类.由于在许多实际问题中,有关的随机变量取值往往是彼此有影响的,而条件分布正是研究与描述两个变量之间的相依关系的一个有力的工具.

▶❚ 条件分布

对于二维随机变量(X,Y),所谓条件分布指的是在给定X(或Y)取某个值的条件下求Y(或X)的分布.

1. 当(X,Y)为离散型随机变量时

已知二维离散型随机变量(X,Y)的联合分布律为 $P(X=x_i, Y=y_j)=p_{ij}$,(X,Y)关于X和Y的边缘分布律分别为 $P_{i\cdot}=P(X=x_i)$ 与 $P_{\cdot j}=P(Y=y_j)$,且 $P_{i\cdot}>0, P_{\cdot j}>0$,则在事件$\{Y=y_j\}$已发生的条件下,事件$\{X=x_i\}$发生的概率为

$$P(X=x_i \mid Y=y_j) = \frac{P(X=x_i, Y=y_j)}{P(Y=y_j)} = \frac{p_{ij}}{P_{\cdot j}}, i=1,2,\cdots,$$

亦称其为随机变量X在$\{Y=y_j\}$下的条件分布律.

同理,随机变量Y在$\{X=x_i\}$下的条件分布律为

$$P(Y=y_j \mid X=x_i) = \frac{P(X=x_i, Y=y_j)}{P(X=x_i)} = \frac{p_{ij}}{P_{i\cdot}}, j=1,2,\cdots.$$

显然,上述条件分布律满足一般分布律的基本性质:

(1) (非负性) $P(X=x_i \mid Y=y_j) \geq 0$ 或 $P(Y=y_j \mid X=x_i) \geq 0$;

(2) (规范性) $\displaystyle\sum_{i=1}^{+\infty} P(X=x_i \mid Y=y_j) = 1$ 或 $\displaystyle\sum_{j=1}^{+\infty} P(Y=y_j \mid X=x_i) = 1$.

【例5】 设二维随机变量(X,Y)的联合分布律及边缘分布律为

X	Y			$P(X=i)$
	0	1	2	
0	0.1	0.1	0.2	0.4
1	0.2	0.1	0.3	0.6
$P(Y=j)$	0.3	0.2	0.5	1

(1) 求在$X=1$的条件下,Y的条件分布律;

(2) 求在$Y=0$的条件下,X的条件分布律.

解:(1) 由已知,

$$P(Y=0 \mid X=1)=\frac{P(X=1,Y=0)}{P(X=1)}=\frac{0.2}{0.6}=\frac{1}{3};$$

$$P(Y=1 \mid X=1)=\frac{P(X=1,Y=1)}{P(X=1)}=\frac{0.1}{0.6}=\frac{1}{6};$$

$$P(Y=2 \mid X=1)=\frac{P(X=1,Y=2)}{P(X=1)}=\frac{0.3}{0.6}=\frac{1}{2};$$

即得在$X=1$的条件下,Y的条件分布律为

$Y \mid X=1$	0	1	2
P	$\dfrac{1}{3}$	$\dfrac{1}{6}$	$\dfrac{1}{2}$

(2) 同理,在$Y=0$的条件下,X的条件分布律为

$X \mid Y=0$	0	1
P	$\dfrac{1}{3}$	$\dfrac{2}{3}$

由例5可看出,二维随机变量(X,Y)的联合分布律只有一个,但条件分布律却可以有多个.当(X,Y)的取值愈多时,其条件分布律也就愈多.每个条件分布都从一个侧面描述了一种状态下的特定分布.

2. 当(X,Y)为连续型随机变量时

在离散型随机变量中,条件分布律是由条件概率推导出的,其中对任意的$P_{i\cdot}=P(X=x_i)>0,P_{\cdot j}=P(Y=y_j)>0$.但值得注意的是,在一维随机变量的讨论中,我们曾指出,连续型随机变量与离散型随机变量的根本区别之一就在于对于连续型随机变量而言,$P(X=x_i)=0$与$P(Y=y_j)=0$,因此,对于连续型随机变量,无法用条件概率去引出条件分布的概念了,所以我们必须从分布函数着手并且加以极限的方法引出条件分布的概念.

定义 2　给定 y,设对于任意的正数 $\varepsilon>0,P(y-\varepsilon<Y\leqslant y+\varepsilon)>0$,且对任意实数 x,极限

$$\lim_{\varepsilon\to0^+}P(X\leqslant x\mid y-\varepsilon<Y\leqslant y+\varepsilon)=\lim_{\varepsilon\to0^+}\frac{P(X\leqslant x,y-\varepsilon<Y\leqslant y+\varepsilon)}{P(y-\varepsilon<Y\leqslant y+\varepsilon)}$$

存在,则称此极限为在条件 $Y=y$ 下随机变量 X 的条件分布函数,记为

$$F_{X\mid Y}(x\mid y)=P(X\leqslant x\mid Y=y).$$

同理可定义

$$F_{Y\mid X}(y\mid x)=P(Y\leqslant y\mid X=x)$$

为在条件 $X=x$ 下随机变量 Y 的条件分布函数.

定义 3　设随机变量 (X,Y) 的联合分布函数为 $F(x,y)$,概率密度函数为 $f(x,y)$,若在点 (x,y) 处 $f(x,y)$ 及边缘概率密度 $f_Y(y)$ 连续,且 $f_Y(y)>0$,则 $f_{X\mid Y}(x\mid y)=\dfrac{f(x,y)}{f_Y(y)}$ 为在条件 $Y=y$ 下随机变量 X 的条件密度函数.同理可定义 $f_{Y\mid X}(y\mid x)=\dfrac{f(x,y)}{f_X(x)}$ 为在条件 $X=x$ 下随机变量 Y 的条件密度函数.

事实上, $F_{X\mid Y}(x\mid y)=P(X\leqslant x\mid Y=y)$

$$\begin{aligned}
&=\lim_{\varepsilon\to0^+}P(X\leqslant x\mid y-\varepsilon<Y\leqslant y+\varepsilon)\\
&=\lim_{\varepsilon\to0^+}\frac{P(X\leqslant x,y-\varepsilon<Y\leqslant y+\varepsilon)}{P(y-\varepsilon<Y\leqslant y+\varepsilon)}\\
&=\lim_{\varepsilon\to0^+}\frac{F(x,y+\varepsilon)-F(x,y-\varepsilon)}{F_Y(y+\varepsilon)-F_Y(y-\varepsilon)}\\
&=\lim_{\varepsilon\to0^+}\frac{\{[F(x,y+\varepsilon)-F(x,y-\varepsilon)]/(2\varepsilon)\}}{\{[F_Y(y+\varepsilon)-F_Y(y-\varepsilon)]/(2\varepsilon)\}}\\
&=\left(\frac{\partial F(x,y)}{\partial y}\right)\Big/\left(\frac{\mathrm{d}F_Y(y)}{\mathrm{d}y}\right)=\frac{\dfrac{\partial}{\partial y}\left[\displaystyle\int_{-\infty}^x\int_{-\infty}^y f(x,y)\mathrm{d}x\mathrm{d}y\right]}{f_Y(y)}\\
&=\frac{\displaystyle\int_{-\infty}^x f(x,y)\mathrm{d}x}{f_Y(y)}=\int_{-\infty}^x\frac{f(x,y)}{f_Y(y)}\mathrm{d}x,
\end{aligned}$$

又因为由定义 $F_{X\mid Y}(x\mid y)=\displaystyle\int_{-\infty}^x f_{X\mid Y}(x\mid y)\mathrm{d}x$,所以得 $f_{X\mid Y}(x\mid y)=$ $\dfrac{f(x,y)}{f_Y(y)}$.同理可推证得 $f_{Y\mid X}(y\mid x)=\dfrac{f(x,y)}{f_X(x)}$.

【例 6】　设二维随机变量 (X,Y) 在区域 D 上服从均匀分布,其中

$$D=\{(x,y)\mid 0<x<1,\mid y\mid<x\},$$

试求 (X,Y) 关于 X 和关于 Y 的条件概率密度.

解:由题意可知,(X,Y)的联合概率密度为

$$f(x,y) = \begin{cases} 1, & 0 < x < 1, \ |y| < x, \\ 0, & \text{其他.} \end{cases}$$

因为　在$Y = y$的条件下,

当$y \notin (-1, 1)$时,$f_Y(y) = 0$,所以此时(X,Y)关于X的条件分布不存在.

当$y \in (-1, 1)$时,$f_Y(y) = 1 - |y|$,所以得(X,Y)关于X的条件概率密度为

$$f_{X|Y}(x \mid y) = \begin{cases} \dfrac{1}{1 - |y|}, & |y| < x < 1, \\ 0, & \text{其他.} \end{cases}$$

同理可得(X,Y)关于Y的条件概率密度为

$$f_{Y|X}(y \mid x) = \begin{cases} \dfrac{1}{2x}, & |y| < x < 1, \\ 0, & \text{其他.} \end{cases}$$

【例7】　设二维随机变量(X,Y)的概率密度为

$$f(x,y) = \frac{1}{2\pi\sigma_1\sigma_2\sqrt{1-\rho^2}} e^{-\frac{1}{2(1-\rho^2)}\left[\frac{(x-\mu_1)^2}{\sigma_1^2} - 2\rho\frac{(x-\mu_1)(y-\mu_2)}{\sigma_1\sigma_2} + \frac{(y-\mu_2)^2}{\sigma_2^2}\right]},$$

其边缘概率密度为$f_X(x) = \dfrac{1}{\sqrt{2\pi}\sigma_1} e^{-\frac{(x-\mu_1)^2}{2\sigma_1^2}}$,$f_Y(y) = \dfrac{1}{\sqrt{2\pi}\sigma_2} e^{-\frac{(y-\mu_2)^2}{2\sigma_2^2}}$,求$f_{X|Y}(x \mid y)$.

二维正态
分布联合及
边缘概率密
度数值模拟

解:由条件概率密度的定义$f_{X|Y}(x \mid y) = \dfrac{f(x,y)}{f_Y(y)}$,将已知条件代入即得

$$f_{X|Y}(x \mid y) = \frac{1}{\sqrt{2\pi}\sigma_1\sqrt{1-\rho^2}} e^{-\frac{1}{2(1-\rho^2)}\left(\frac{x-\mu_1}{\sigma_1} - \rho\frac{y-\mu_2}{\sigma_2}\right)^2}.$$

显然,它也是正态密度函数,服从$N\left(\mu_1 + \rho\dfrac{\sigma_1}{\sigma_2}(y-\mu_2), (1-\rho^2)\sigma_1^2\right)$.

于是可得结论:正态分布的边缘分布及条件分布仍服从正态分布.这也是正态分布的一个重要的性质.

第三节　相互独立的随机变量

在前两节中我们已经知道,对于二维随机变量而言,其两个变量之间的关系主要表现为独立与相依两类.本节主要讨论两个变量之间的独立关系.事实上,在多维随机变量中各分量的取值有时会相互影响,但有时会毫无影响.例如,一个人的身高X和体重Y之间就会相互影响,但一般与收入Z就没有什么影响.本节中,我们就从

两个事件相互独立着手去引出两个随机变量相互独立的概念.

一、随机变量相互独立的定义

定义 1　设 (X,Y) 的联合分布函数及边缘分布函数为 $F(x,y)$ 及 $F_X(x),F_Y(y)$,若对任意 x,y 有 $P(X\leqslant x,Y\leqslant y)=P(X\leqslant x)\cdot P(Y\leqslant y)$ 即有
$$F(x,y)=F_X(x)\cdot F_Y(y),$$
则称随机变量 X 和 Y 是相互独立的.

二、当 (X,Y) 为离散型随机变量

当 (X,Y) 为离散型随机变量时,X 与 Y 相互独立等价于:对于 (X,Y) 的所有取值 (x_i,y_j) 有 $P(X=x_i,Y=y_j)=P(X=x_i)P(Y=y_j)$. 针对离散型随机变量,使用该等式要比使用定义更方便.

【例 1】　设 (X,Y) 相互独立,它们的分布律分别为

X	0	1
P	$\dfrac{2}{3}$	$\dfrac{1}{3}$

Y	1	2	3
P	$\dfrac{1}{4}$	$\dfrac{2}{4}$	$\dfrac{1}{4}$

求 (X,Y) 的联合分布律.

解:因为 (X,Y) 相互独立,所以 $P(X=x_i,Y=y_j)=P(X=x_i)\cdot P(Y=y_j)$,

于是　$p_{01}=P(X=0,Y=1)=P(X=0)\cdot P(Y=1)=\dfrac{2}{3}\times\dfrac{1}{4}=\dfrac{1}{6}$;

$p_{11}=P(X=1,Y=1)=P(X=1)\cdot P(Y=1)=\dfrac{1}{3}\times\dfrac{1}{4}=\dfrac{1}{12}$;

$p_{02}=P(X=0,Y=2)=P(X=0)\cdot P(Y=2)=\dfrac{2}{3}\times\dfrac{2}{4}=\dfrac{1}{3}$;

$p_{12}=P(X=1,Y=2)=P(X=1)\cdot P(Y=2)=\dfrac{1}{3}\times\dfrac{2}{4}=\dfrac{1}{6}$.

依此类推可得 (X,Y) 的联合分布律为

X	Y		
	1	2	3
0	$\dfrac{1}{6}$	$\dfrac{1}{3}$	$\dfrac{1}{6}$
1	$\dfrac{1}{12}$	$\dfrac{1}{6}$	$\dfrac{1}{12}$

由例 1 可得出,对离散型随机变量而言,已知联合分布律可求

思考:根据事件独立性的定义,两个随机变量 X,Y 相互独立直观可以理解为:对任意 $x_1<x_2$,任意 $y_1<y_2$ 事件 $\{x_1<X\leqslant x_2\}$ 和 $\{y_1<Y\leqslant y_2\}$ 相互独立即 $P(x_1<X\leqslant x_2,y_1<Y\leqslant y_2)=P(x_1<X\leqslant x_2)\cdot P(y_1<Y\leqslant y_2)$ 成立这与定义 1 是否等价? 为什么?

思考:二者的等价性如何证明?

出其相应的边缘分布律,但反之则不然.而一旦已知(X,Y)相互独立的条件后,则可由边缘分布律直接求得其联合分布律.

三、当(X,Y)为连续型随机变量

注:"几乎处处"成立指的是在平面上除去"面积"为 0 的集合以外,处处成立.

当(X,Y)为连续型随机变量时,$f(x,y),f_X(x),f_Y(y)$分别为(X,Y)的概率密度和边缘概率密度,在独立性定义的等式$F(x,y)=F_X(x)F_Y(y)$两边分别对 x 和 y 求偏导,则对函数$f(x,y),f_X(x),$ $f_Y(y)$所有的连续点有$f(x,y)=f_X(x)f_Y(y)$.从而,X 与 Y 相互独立等价于等式$f(x,y)=f_X(x)f_Y(y)$在平面上几乎处处成立.

【例2】 设(X,Y)的联合概率密度为

$$f(x,y)=\begin{cases}8xy, & 0\leqslant x\leqslant y\leqslant 1,\\ 0, & \text{其他}.\end{cases}$$

问 X 与 Y 是否相互独立?

解: 我们先求(X,Y)的边缘概率密度.

由已知条件,当 $x<0$ 或 $x>1$ 时,$f_X(x)=0$;

当 $0\leqslant x\leqslant 1$ 时,$f_X(x)=\int_x^1 8xy\mathrm{d}y=4x(1-x^2)$.

因此,得(X,Y)关于 X 的边缘概率密度为

$$f_X(x)=\begin{cases}4x(1-x^2), & 0\leqslant x\leqslant 1,\\ 0, & \text{其他},\end{cases}$$

同理可得(X,Y)关于 Y 的边缘概率密度为

$$f_Y(y)=\begin{cases}4y^3, & 0\leqslant y\leqslant 1,\\ 0, & \text{其他},\end{cases}$$

又因为$f(x,y)\neq f_X(x)\cdot f_Y(y)$,所以 X,Y 不相互独立.

【例3】 设随机变量(X,Y)服从正态分布,其边缘分布密度为

$$f_X(x)=\frac{1}{\sqrt{2\pi}\sigma_1}\mathrm{e}^{-\frac{(x-\mu_1)^2}{2\sigma_1^2}},\ -\infty<x<+\infty,$$

$$f_Y(y)=\frac{1}{\sqrt{2\pi}\sigma_2}\mathrm{e}^{-\frac{(y-\mu_2)^2}{2\sigma_2^2}},\ -\infty<y<+\infty.$$

试求 X 与 Y 相互独立的充分必要条件.

解: 由已知,$f_X(x)\cdot f_Y(y)=\frac{1}{2\pi\sigma_1\sigma_2}\exp\left\{-\frac{1}{2}\left[\frac{(x-\mu_1)^2}{\sigma_1^2}+\frac{(y-\mu_2)^2}{\sigma_2^2}\right]\right\}$,

因此,如果 $\rho=0$,则对于所有的 x,y 有,$f(x,y)=f_X(x)\cdot f_Y(y)$,即 X 与 Y 相互独立.反之,如果 X 与 Y 相互独立,由于 $f(x,y),f_X(x),$ $f_Y(y)$ 都是连续函数,故对于所有的 x,y 有 $f(x,y)=f_X(x)\cdot f_Y(y)$.特别,令 $x=\mu_1,y=\mu_2$,则由这一等式得到$\frac{1}{2\pi\sigma_1\sigma_2\sqrt{1-\rho^2}}=\frac{1}{2\pi\sigma_1\sigma_2}$,从而得 $\rho=0$. 综合所证即得 X 与 Y 相互独立的充分必要条件是 $\rho=0$.

四、n 个随机变量相互独立的概念

上述关于两个变量相互独立的概念可以推广到 n 个随机变量中.

定义 2　若对所有的 $X_1, X_2, \cdots, X_n$ 有
$$F(x_1, x_2, \cdots, x_n) = F_{X_1}(x_1) \cdot F_{X_2}(x_2) \cdot \cdots \cdot F_{X_n}(x_n),$$
则称 n 个随机变量 $X_1, X_2, \cdots, X_n$ 是相互独立的.

定义 3　若对所有的 $X_1, X_2, \cdots, X_m, Y_1, Y_2, \cdots, Y_n$ 有
$$F(x_1, x_2, \cdots, x_m, y_1, y_2, \cdots, y_n) = F_1(x_1, x_2, \cdots, x_m) \cdot F_2(y_1, y_2, \cdots, y_n),$$
其中 F, F_1, F_2 依次为随机变量 $(X_1, X_2, \cdots, X_m, Y_1, Y_2, \cdots, Y_n)$ 与 $(X_1, X_2, \cdots, X_m)$ 及 $(Y_1, Y_2, \cdots, Y_n)$ 的分布函数,则称 $(X_1, X_2, \cdots, X_m)$ 与 $(Y_1, Y_2, \cdots, Y_n)$ 是相互独立的.

关于 n 个随机变量相互独立有如下三个结论:

定理 1　若连续型随机变量 $(X_1, X_2, \cdots, X_n)$ 的概率密度函数 $f(x_1, x_2, \cdots, x_n)$ 可表示为 n 个函数 $g_1, g_2, \cdots, g_n$ 的乘积,其中 g_i 只依赖于 x_i,即
$$f(x_1, x_2, \cdots, x_n) = g_1(x_1) \cdot g_2(x_2) \cdot \cdots \cdot g_n(x_n),$$
则 $X_1, X_2, \cdots, X_n$ 相互独立,且 X_i 的边缘概率密度 $f_{X_i}(x_i)$ 与 $g_i(x_i)$ 只相差一个常数因子.

定理 2　若 $X_1, X_2, \cdots, X_n$ 相互独立,而 $Y_1 = g_1(X_1, X_2, \cdots, X_m)$, $Y_2 = g_2(X_{m+1}, X_{m+2}, \cdots, X_n)$,则 Y_1 与 Y_2 相互独立.

定理 3　设 $(X_1, X_2, \cdots, X_m)$ 与 $(Y_1, Y_2, \cdots, Y_n)$ 相互独立,则 $X_i(i = 1, 2, \cdots, m)$ 与 $Y_j(j = 1, 2, \cdots, n)$ 相互独立.又若 h, g 是连续函数,则 $h(X_1, X_2, \cdots, X_m)$ 与 $g(Y_1, Y_2, \cdots, Y_n)$ 相互独立.

第四节　两个随机变量函数分布

我们已经讨论并解决了已知一维随机变量 X 及它的分布,如何求其函数 $Y = g(X)$ 的分布问题,下面将要讨论的问题是:已知多维随机变量 $X_1, X_2, \cdots, X_n$ 及其联合分布,如何求出它们的函数 $Y = g(X_1, X_2, \cdots, X_n), i = 1, 2, \cdots, n$ 的联合分布.而本节将要讨论的是当 $n = 2$ 的情形.

一、$Z = X + Y$ 的分布(和的分布)

设 (X, Y) 的概率密度为 $f(x, y)$,则 $Z = X + Y$ 的分布函数为
$$F_Z(z) = P(Z \leqslant z) = \iint\limits_{x+y \leqslant z} f(x, y) \, \mathrm{d}x \mathrm{d}y,$$

其积分区域 $G: x+y \leqslant z$，如图 3.4 所示.

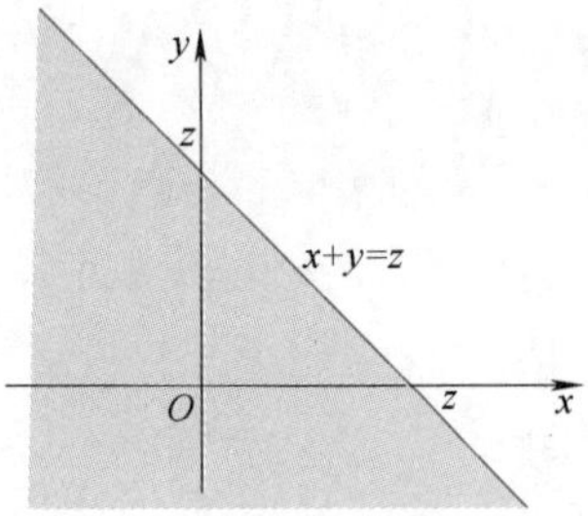

由累次积分得

$$F_Z(z) = P(Z \leqslant z) = \iint\limits_{x+y \leqslant z} f(x,y)\,\mathrm{d}x\mathrm{d}y = \int_{-\infty}^{+\infty}\mathrm{d}y\int_{-\infty}^{z-y} f(x,y)\,\mathrm{d}x.$$

固定 z 和 y 对积分 $\int_{-\infty}^{z-y} f(x,y)\,\mathrm{d}x$ 作变量置换，令 $x=u-y$，则得

$$\int_{-\infty}^{z-y} f(x,y)\,\mathrm{d}x = \int_{-\infty}^{z} f(u-y,y)\,\mathrm{d}u,$$

于是

$$F_Z(z) = \int_{-\infty}^{+\infty}\mathrm{d}y\int_{-\infty}^{z} f(u-y,y)\,\mathrm{d}u = \int_{-\infty}^{z}\left[\int_{-\infty}^{+\infty} f(u-y,y)\,\mathrm{d}y\right]\mathrm{d}u.$$

由概率密度的定义，得随机变量 Z 的概率密度函数为

$$f_Z(z) = \int_{-\infty}^{+\infty} f(z-y,y)\,\mathrm{d}y, \tag{3.1}$$

又由 X,Y 的对称性，$f_Z(z)$ 又可写为

$$f_Z(z) = \int_{-\infty}^{+\infty} f(x,z-x)\,\mathrm{d}x. \tag{3.2}$$

式(3.1)与式(3.2)是两个随机变量和的概率密度的一般公式.

特别地，当 X,Y 相互独立时，则式(3.1)与式(3.2)分别化为

$$f_Z(z) = \int_{-\infty}^{+\infty} f_X(z-y) \cdot f_Y(y)\,\mathrm{d}y, \tag{3.3}$$

$$f_Z(z) = \int_{-\infty}^{+\infty} f_X(x) \cdot f_Y(z-x)\,\mathrm{d}x. \tag{3.4}$$

式(3.3)与式(3.4)称为卷积公式，记为 $f_X * f_Y$，即

$$f_X * f_Y = \int_{-\infty}^{+\infty} f_X(z-y) \cdot f_Y(y)\,\mathrm{d}y = \int_{-\infty}^{+\infty} f_Y(z-x) \cdot f_X(x)\,\mathrm{d}x.$$

【例1】 设随机变量 X 与 Y 相互独立，X 服从区间 $[0,1]$ 上的均匀分布，Y 服从 $\lambda=1$ 的指数分布，令 $Z=X+Y$，试求随机变量 Z 的密度函数.

解：由题意，可知

$$f_X(x) = \begin{cases} 1, & 0<x<1, \\ 0, & \text{其他}, \end{cases} \qquad f_Y(y) = \begin{cases} \mathrm{e}^{-y}, & y>0, \\ 0, & y \leqslant 0. \end{cases}$$

设随机变量 $Z=X+Y$ 的密度函数为 $f_Z(z)$，则有

$$f_Z(z) = \int_{-\infty}^{+\infty} f_X(x) f_Y(z-x)\,\mathrm{d}x,$$

如图 3.5 所示，被积函数不为 0 的区域为

$$0<x<1, z-x>0.$$

由被积函数不为零的区域，容易得到

若 $z \leqslant 0, f_Z(z) = 0$；

若 $0<z \leqslant 1, f_Z(z) = \int_0^z 1 \cdot \mathrm{e}^{-(z-x)}\,\mathrm{d}x = \mathrm{e}^{-z}\int_0^z \mathrm{e}^x\,\mathrm{d}x = 1-\mathrm{e}^{-z}$；

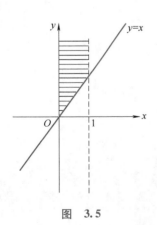

图 3.4

图 3.5

若 $z>1$, $f_Z(z)=\int_0^1 \mathrm{e}^{-(z-x)}\,\mathrm{d}x=\mathrm{e}^{-z}\int_0^1 \mathrm{e}^x\,\mathrm{d}x=\mathrm{e}^{-z+1}-\mathrm{e}^{-z}$.

综上所述,可以得到,$Z=X+Y$ 的密度函数为

$$f_Z(z)=\begin{cases} 0, & z\leqslant 0,\\ 1-\mathrm{e}^{-z}, & 0<z\leqslant 1,\\ \mathrm{e}^{-z+1}-\mathrm{e}^{-z}, & z>1. \end{cases}$$

【例2】 设 X,Y 是相互独立的随机变量,且 $X\sim N(\mu_1,\sigma_1^2)$,$Y\sim N(\mu_2,\sigma_2^2)$,求 $Z=X+Y$ 的概率密度.

解:由卷积公式(3.3)可得

$$f_Z(z)=\frac{1}{2\pi\sigma_1\sigma_2}\int_{-\infty}^{+\infty}\exp\left\{-\frac{1}{2}\left[\frac{(z-y-\mu_1)^2}{\sigma_1^2}+\frac{(y-\mu_2)^2}{\sigma_2^2}\right]\right\}\mathrm{d}y,$$

对上式被积函数中的指数部分按 y 的幂次展开,再合并同类项,就得到

$$\frac{(z-y-\mu_1)^2}{\sigma_1^2}+\frac{(y-\mu_2)^2}{\sigma_2^2}=A\left(y-\frac{B}{A}\right)^2+\frac{(y-\mu_1-\mu_2)^2}{\sigma_1^2+\sigma_2^2},$$

其中 $A=\dfrac{1}{\sigma_1^2}+\dfrac{1}{\sigma_2^2}$, $B=\dfrac{z-\mu_1}{\sigma_1^2}+\dfrac{\mu_2}{\sigma_2^2}$,代回原式可得

$$f_Z(z)=\frac{1}{2\pi\sigma_1\sigma_2}\exp\left[-\frac{1}{2}\frac{(z-\mu_1-\mu_2)^2}{\sigma_1^2+\sigma_2^2}\right]\cdot\int_{-\infty}^{+\infty}\exp\left[-\frac{A}{2}\left(y-\frac{B}{A}\right)^2\right]\mathrm{d}y.$$

利用正态密度函数的正则性,上式中的积分应为 $\sqrt{2\pi}/\sqrt{A}$,于是得

$$f_Z(z)=\frac{1}{\sqrt{2\pi(\sigma_1^2+\sigma_2^2)}}\exp\left\{-\frac{1}{2}\frac{(z-\mu_1-\mu_2)^2}{\sigma_1^2+\sigma_2^2}\right\},$$

这正是参数分别为 $\mu_1+\mu_2$,$\sigma_1^2+\sigma_2^2$ 的正态分布的密度函数,即

$$Z\sim N(\mu_1+\mu_2,\sigma_1^2+\sigma_2^2)\quad\text{或}$$
$$N(\mu_1,\sigma_1^2)\cdot N(\mu_2,\sigma_2^2)=N(\mu_1+\mu_2,\sigma_1^2+\sigma_2^2).$$

例2表明,两个相互独立的正态变量之和仍为正态变量,其分布中的两个参数分别对应相加.显然,这个结论可以推广到有限个相互独立的正态变量之和的情形,即

$$Z=X_1+X_2+\cdots+X_n\sim N(\mu_1+\mu_2+\cdots+\mu_n,\sigma_1^2+\sigma_2^2+\cdots+\sigma_n^2).$$

另外,我们已经知道,若 $X\sim N(\mu,\sigma^2)$,则对任意非零常数 a 有 $aX\sim N(a\mu,a^2\sigma^2)$,所以我们又可以得到,任意 n 个相互独立的正态变量的线性组合仍为正态变量,即

$$a_1X_1+a_2X_2+\cdots+a_nX_n\sim N\left(\sum_{i=1}^n a_i\mu_i,\sum_{i=1}^n a_i^2\sigma_i^2\right).$$

一般称性质"同一类分布的独立随机变量和的分布仍属于此类分布"为此类分布具有可加性.由此,例2表明**正态分布具有可加性**.

【例3】 设 X,Y 是相互独立的随机变量,且均服从参数为 α_1,α_2,β 的 Γ 分布,即 $X\sim\Gamma(\alpha_1,\beta)$,$Y\sim\Gamma(\alpha_2,\beta)$.

求 $Z=X+Y$ 的概率密度.

解:因为 X,Y 均服从参数为 α_1,α_2,β 的 Γ 分布,所以其概率密度分别为

$$f_X(x)=\begin{cases}\dfrac{\beta^{\alpha_1}}{\Gamma(\alpha_1)}x^{\alpha_1-1}\mathrm{e}^{-\beta x}, & x>0,\\[2mm] 0, & x\leqslant 0,\end{cases}\quad(\alpha_1>0,\beta>0)$$

$$f_Y(y)=\begin{cases}\dfrac{\beta^{\alpha_2}}{\Gamma(\alpha_2)}y^{\alpha_2-1}\mathrm{e}^{-\beta y}, & y>0,\\[2mm] 0, & y\leqslant 0.\end{cases}\quad(\alpha_2>0,\beta>0)$$

又因为 $Z=X+Y$ 在 $(0,+\infty)$ 上取值,所以当 $Z\leqslant 0$ 时 $f_Z(z)=0$;而当 $Z>0$ 时,由卷积公式(3.3),此时使被积函数大于零的积分限为 $0<y<z$,故得

$$\begin{aligned}f_Z(z)&=\frac{\beta^{\alpha_1+\alpha_2}}{\Gamma(\alpha_1)\Gamma(\alpha_2)}\int_0^z(z-y)^{\alpha_1-1}\mathrm{e}^{-\beta(z-y)}\cdot y^{\alpha_2-1}\mathrm{e}^{-\beta y}\mathrm{d}y\\ &=\frac{\beta^{\alpha_1+\alpha_2}\mathrm{e}^{-\beta z}}{\Gamma(\alpha_1)\Gamma(\alpha_2)}\int_0^z(z-y)^{\alpha_1-1}y^{\alpha_2-1}\mathrm{d}y\\ &=\frac{\beta^{\alpha_1+\alpha_2}\mathrm{e}^{-\beta z}}{\Gamma(\alpha_1)\Gamma(\alpha_2)}z^{\alpha_1+\alpha_2-1}\int_0^1(1-t)^{\alpha_1-1}t^{\alpha_2-1}\mathrm{d}t.\end{aligned}$$

最后的积分是贝塔函数,它等于 $\Gamma(\alpha_1)\Gamma(\alpha_2)/\Gamma(\alpha_1+\alpha_2)$,将其代入上式得

$$f_Z(z)=\frac{\beta^{\alpha_1+\alpha_2}}{\Gamma(\alpha_1+\alpha_2)}z^{\alpha_1+\alpha_2-1}\mathrm{e}^{-\beta z}.$$

这正是形状参数为 $\alpha_1+\alpha_2$,尺度参数为 β 的 Γ 分布,即

$$Z\sim\Gamma(\alpha_1+\alpha_2,\beta).$$

例3表明,两个尺度参数相同的又相互独立的伽马变量之和仍为伽马变量,其尺度参数不变,而形状参数对应相加,即 Γ 分布具有可加性.显然,这个结论可以推广到有限个尺度参数相同的又相互独立的伽马变量之和的情形,即

$$Z=X_1+X_2+\cdots+X_n\sim\Gamma(\alpha_1+\alpha_2+\cdots+\alpha_n,\beta).$$

另外,Γ 分布有两个常用的特例:指数分布与卡方分布,即

$$\mathrm{Exp}(\lambda)=\Gamma(1,\lambda),\qquad \chi^2(n)=\Gamma\left(\frac{n}{2},\frac{1}{2}\right).$$

将它们推广到有限个变量的情形,可以得到如下两个结论:

(1) m 个独立同分布的指数变量之和为伽马变量,即 $X_1,X_2,\cdots,X_m$ 相互独立,且 $X_i\sim\mathrm{Exp}(\lambda)$,则 $X_1+X_2+\cdots+X_m\sim\Gamma(m,\lambda)$.

(2) m 个相互独立的 χ^2 变量之和仍为 χ^2 变量(χ^2 分布的可加性),即 $X_i\sim\chi^2(n_i)(i=1,2,\cdots,m)$,且 $X_1,X_2,\cdots,X_m$ 相互独立,则 $X_1+X_2+\cdots+X_m\sim\chi^2(n_1+n_2+\cdots+n_m)$.

但特别要指出的是，n 个相互独立的同分布的标准正态分布，其和仍是正态分布，但其平方和却服从自由度为 n 的 χ^2 分布. 即若 $X_i \sim N(0,1)$, $i=1,2,\cdots,n$，则 $Z=X_1+X_2+\cdots+X_n \sim N(0,n)$，但 $Z=X_1^2+X_2^2+\cdots+X_n^2 \sim \chi^2(n)$，$\chi^2$ 分布是数理统计中的最常用分布之一.

【例4】　设 (X,Y) 的联合分布律为

X	Y		
	-1	1	2
-1	$\dfrac{1}{4}$	$\dfrac{1}{10}$	$\dfrac{3}{10}$
2	$\dfrac{3}{20}$	$\dfrac{3}{20}$	$\dfrac{1}{20}$

求：$Z_1=X+Y$, $Z_2=X-Y$, $Z_3=\max\{X,Y\}$ 的分布律.

解：为计算方便，将 (X,Y) 及各个函数的取值对应列于下表中：

P	$\dfrac{1}{4}$	$\dfrac{1}{10}$	$\dfrac{3}{10}$	$\dfrac{3}{20}$	$\dfrac{3}{20}$	$\dfrac{1}{20}$
(X,Y)	$(-1,-1)$	$(-1,1)$	$(-1,2)$	$(2,-1)$	$(2,1)$	$(2,2)$
$Z_1=X+Y$	-2	0	1	1	3	4
$Z_2=X-Y$	0	-2	-3	3	1	0
$Z_3=\max\{X,Y\}$	-1	1	2	2	2	2

然后，经过合并整理就得到所求的结果.

（1）$Z_1=X+Y$ 的分布律为

$Z_1=X+Y$	-2	0	1	3	4
P	$\dfrac{1}{4}$	$\dfrac{1}{10}$	$\dfrac{9}{20}$	$\dfrac{3}{20}$	$\dfrac{1}{20}$

（2）$Z_2=X-Y$ 的分布律为

$Z_2=X-Y$	-3	-2	0	1	3
P	$\dfrac{3}{10}$	$\dfrac{1}{10}$	$\dfrac{3}{10}$	$\dfrac{3}{20}$	$\dfrac{3}{20}$

（3）$Z_3=\max\{X,Y\}$ 的分布律为

$Z_3=\max\{X,Y\}$	-1	1	2
P	$\dfrac{1}{4}$	$\dfrac{1}{10}$	$\dfrac{13}{20}$

对于离散型随机变量而言，要求其分布律一般采用列表的形式是比较方便的.

【例5】　设 $X \sim P(\lambda_1)$, $Y \sim P(\lambda_2)$，且 X,Y 是相互独立的随机变量.

证明：$Z=X+Y \sim P(\lambda_1+\lambda_2)$.

证明：由已知可得，$Z=X+Y$ 的取值范围为所有的非负整数 k，

$$P(Z=k) = P(X+Y=k)$$
$$= P(X=0,Y=k) + P(X=1,Y=k-1) + \cdots + P(X=k,Y=0).$$

因为 X,Y 相互独立,所以有

$$P(Z=k) = P(X=0,Y=k) + P(X=1,Y=k-1) + \cdots + P(X=k,Y=0)$$
$$= P(X=0) \cdot P(Y=k) + P(X=1) \cdot P(Y=k-1) + \cdots + P(X=k) \cdot P(Y=0)$$
$$= e^{-\lambda_1}\frac{\lambda_2^k}{k!}e^{-\lambda_2} + \frac{\lambda_1}{1!}e^{-\lambda_1} \cdot \frac{\lambda_2^{k-1}}{(k-1)!}e^{-\lambda_2} + \cdots + \frac{\lambda_1^k}{k!}e^{-\lambda_1}e^{-\lambda_2}.$$

这表明 $Z=X+Y \sim P(\lambda_1+\lambda_2)$.

例 5 表明,**泊松分布具有可加性**.显然,这个结论也可以推广到有限个独立泊松变量之和的情形,即若 $X_i \sim P(\lambda_i)$, $i=1,2,\cdots,n$,则

$$Z = X_1 + X_2 + \cdots + X_n \sim P(\lambda_1 + \lambda_2 + \cdots + \lambda_n).$$

特别地,当 $\lambda_1 = \lambda_2 = \cdots = \lambda_n = \lambda$ 时,就有 $Z = X_1 + X_2 + \cdots + X_n \sim P(n\lambda)$,但要注意 $Z = X - Y$ 不服从泊松分布.

二、 $Z = X/Y$ 的分布(商的分布)

设 (X,Y) 的概率密度为 $f(x,y)$,则 $Z = X/Y$ 的分布函数为

$$F_Z(z) = P(Z \leqslant z) = \iint\limits_{\frac{x}{y} \leqslant z} f(x,y)\,\mathrm{d}x\mathrm{d}y,$$

其积分区域 G 为 $\dfrac{x}{y} \leqslant z$,如图 3.6 所示.

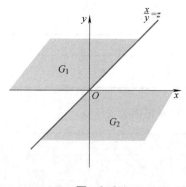

图 3.6

由图 3.6 可知, $F_Z(z) = P(Z \leqslant z) = \iint\limits_{G_1} f(x,y)\,\mathrm{d}x\mathrm{d}y + \iint\limits_{G_2} f(x,y)\,\mathrm{d}x\mathrm{d}y,$

$$\iint\limits_{G_1} f(x,y)\,\mathrm{d}x\mathrm{d}y = \int_0^{+\infty} \mathrm{d}y \int_{-\infty}^{yz} f(x,y)\,\mathrm{d}x,$$

对于 G_1 :固定 Z,Y 令 $u = \dfrac{x}{y}, y>0$,则

$$\iint\limits_{G_1} f(x,y)\,\mathrm{d}x\mathrm{d}y = \int_0^{+\infty} \mathrm{d}y \int_{-\infty}^{yz} f(x,y)\,\mathrm{d}x$$

$$= \int_0^{+\infty} \mathrm{d}y \int_{-\infty}^z yf(yu,y)\,\mathrm{d}u = \int_{-\infty}^z \int_0^{+\infty} yf(yu,y)\,\mathrm{d}y\mathrm{d}u.$$

对于 G_2：固定 Z,Y 令 $u=\dfrac{x}{y},y<0$，同样可得

$$\iint\limits_{G_2} f(x,y)\,\mathrm{d}x\mathrm{d}y = -\int_{-\infty}^z \int_{-\infty}^0 yf(yu,y)\,\mathrm{d}y\mathrm{d}u.$$

故有 $F_Z(z)=P(Z\leqslant z)=\iint\limits_{G_1} f(x,y)\,\mathrm{d}x\mathrm{d}y+\iint\limits_{G_2} f(x,y)\,\mathrm{d}x\mathrm{d}y$

$$= \int_{-\infty}^z \left[\int_0^{+\infty} yf(yu,y)\,\mathrm{d}y - \int_{-\infty}^0 yf(yu,y)\,\mathrm{d}y \right] \mathrm{d}u.$$

由概率密度的定义，即得随机变量 Z 的概率密度函数为

$$f_Z(z)=\int_0^{+\infty} yf(yz,y)\,\mathrm{d}y - \int_{-\infty}^0 yf(yz,y)\,\mathrm{d}y = \int_{-\infty}^{+\infty} |y|f(yz,y)\,\mathrm{d}y. \quad (3.5)$$

特别地，当 X,Y 相互独立时，则式(3.5)就化为

$$f_Z(z)=\int_{-\infty}^{+\infty} |y|f_X(yz)\cdot f_Y(y)\,\mathrm{d}y, \quad (3.6)$$

其中 $f_X(x),f_Y(y)$ 分别为 (X,Y) 关于 X 和关于 Y 的边缘概率密度.

【例6】 设随机变量 X,Y 的概率密度分别为

$$f(x)=\begin{cases} \mathrm{e}^{-x}, & x>0, \\ 0, & \text{其他}, \end{cases} \qquad g(y)=\begin{cases} 2\mathrm{e}^{-2y}, & y>0, \\ 0, & \text{其他}, \end{cases}$$

且 X,Y 相互独立，求 $Z=X/Y$ 的概率密度函数.

解：由式(3.6)可得，

当 $Z\leqslant 0$ 时，$f_Z(z)=\displaystyle\int_{-\infty}^{+\infty} |y|f_X(yz)\cdot f_Y(y)\,\mathrm{d}y=0$；

当 $Z>0$ 时，$f_Z(z)=\displaystyle\int_0^{+\infty} y\mathrm{e}^{-yz}\cdot 2\mathrm{e}^{-2y}\,\mathrm{d}y=\dfrac{2}{(2+z)^2}$.

综合得 $Z=X/Y$ 的概率密度函数为

$$f_Z(z)=\begin{cases} \dfrac{2}{(2+z)^2}, & z>0, \\[2mm] 0, & z\leqslant 0. \end{cases}$$

三、 $M=\max\{X,Y\}$ 与 $N=\min\{X,Y\}$ 的分布（最大值与最小值的分布）

设 X,Y 是两个相互独立的随机变量，它们的分布函数分别为 $F_X(x)$ 与 $F_Y(y)$. 现讨论 $M=\max\{X,Y\}$ 与 $N=\min\{X,Y\}$ 的分布.

1. $M=\max\{X,Y\}$（最大值的分布）

因为 $\max\{X,Y\}\leqslant z$ 等价于 $X\leqslant z$ 和 $Y\leqslant z$，所以 $M=\max\{X,Y\}$ 的分布函数为 $F_M(z)=P(M\leqslant z)=P(X\leqslant z,Y\leqslant z)$，而 X,Y 相互独立，所以得

$$F_M(z)=P(X\leqslant z,Y\leqslant z)=P(X\leqslant z)\cdot P(Y\leqslant z),$$

即

$$F_M(z)=F_X(z)\cdot F_Y(z). \quad (3.7)$$

思考：如果已知 (X,Y) 的联合分布函数 $F(x,y)$，边缘分布函数分别为 $F_X(x)$ 和 $F_Y(y)$，并没有 X、Y 相互独立的条件，此时能否推出 $M=\max\{X,Y\}$ 和 $N=\min\{X,Y\}$ 的分布函数？

2. $N = \min\{X, Y\}$（最小值的分布）

因为 $F_N(z) = P(N \leqslant z) = 1 - P(N > z) = 1 - P(X > z, Y > z)$，而 X, Y 相互独立，所以得

$$F_N(z) = P(N \leqslant z) = 1 - P(X > z, Y > z) = 1 - [1 - P(X \leqslant z)] \cdot [1 - P(Y \leqslant z)],$$

即
$$F_N(z) = 1 - [1 - F_X(z)] \cdot [1 - F_Y(z)]. \tag{3.8}$$

由概率密度的定义，对 $F_M(z)$ 与 $F_N(z)$ 求导数，即得 $M = \max\{X, Y\}$ 与 $N = \min\{X, Y\}$ 的概率密度函数 $f_M(z)$ 与 $f_N(z)$.

显然，上述的结果可直接推广到 n 个相互独立的随机变量的情形. 若设 $X_1, X_2, \cdots, X_n$ 是 n 个相互独立的随机变量，它们的分布函数为 $F_{X_i}(x_i), i = 1, 2, \cdots, n$，则它们的最大值 M 与最小值 N 的分布为

$$F_M(z) = F_{X_1}(z) \cdot F_{X_2}(z) \cdot \cdots \cdot F_{X_n}(z),$$

$$F_N(z) = 1 - [1 - F_{X_1}(z)] \cdot [1 - F_{X_2}(z)] \cdots \cdot [1 - F_{X_n}(z)].$$

特别地，当 $X_1, X_2, \cdots, X_n$ 相互独立且具有相同分布 $F(x)$ 时，就有

$$F_M(z) = [F(z)]^n, \quad F_N(z) = 1 - [1 - F(z)]^n$$

【例7】 设某系统 L 由两个相互独立的子系统 L_1, L_2 联接而成，而联接的方式有串联与并联两种，如图 3.7 所示. 设子系统 L_1, L_2 的寿命分别为 X, Y，已知它们的概率密度分别为

$$f_X(x) = \begin{cases} \alpha e^{-\alpha x}, & x > 0, \\ 0, & x \leqslant 0, \end{cases} \qquad f_Y(y) = \begin{cases} \beta e^{-\beta y}, & y > 0, \\ 0, & y \leqslant 0, \end{cases}$$

其中 $\alpha > 0, \beta > 0$ 且 $\alpha \neq \beta$.

试就串联与并联两种联接方式求出系统 L 的寿命 Z 的概率密度.

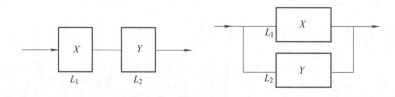

图　3.7

解：分别分析系统 L 的串联与并联两种联接方式.

（1）串联的情形

因为当 L_1, L_2 中有一个损坏时，系统 L 就停止工作，所以这时 L 的寿命 Z 为

$$Z = \min\{X, Y\}.$$

由系统 L_1, L_2 的概率密度函数可得其相应的分布函数为

$$F_X(x) = \begin{cases} 1 - e^{-\alpha x}, & x > 0, \\ 0, & x \leqslant 0, \end{cases} \qquad F_Y(y) = \begin{cases} 1 - e^{-\beta y}, & y > 0, \\ 0, & y \leqslant 0, \end{cases}$$

则由式（3.8）得 $Z = \min\{X, Y\}$ 的分布函数为

$$F_Z(z) = \begin{cases} 1 - e^{-(\alpha+\beta)z}, & z > 0, \\ 0, & z \leq 0, \end{cases}$$

于是,概率密度的定义,即得随机变量 Z 的概率密度函数为

$$f_Z(z) = \begin{cases} (\alpha+\beta) e^{-(\alpha+\beta)z}, & z > 0, \\ 0, & z \leq 0. \end{cases}$$

（2）并联的情形

因为当且仅当 L_1, L_2 都损坏时,系统 L 才停止工作,所以这时 L 的寿命 Z 为

$$Z = \max\{X, Y\},$$

则由式（3.7）得 $Z = \max\{X, Y\}$ 的分布函数为

$$F_Z(z) = \begin{cases} (1 - e^{-\alpha z})(1 - e^{-\beta z}), & z > 0, \\ 0, & z \leq 0, \end{cases}$$

于是由概率密度的定义,即得随机变量 Z 的概率密度函数为

$$f_Z(z) = \begin{cases} \alpha e^{-\alpha z} + \beta e^{-\beta z} - (\alpha+\beta) e^{-(\alpha+\beta)z}, & z > 0, \\ 0, & z \leq 0. \end{cases}$$

第五节　综合例题选讲

【例1】　设连续型随机变量 X, Y 相互独立且服从同一分布,求 $P(X \leq Y)$.

解:不妨设 X, Y 的概率密度分别为 $f(x), f(y)$,于是由 X, Y 相互独立得出 (X, Y) 的联合概率密度为 $f(x, y) = f(x) \cdot f(y)$,而

$$P(X \leq Y) = \iint\limits_{x \leq y} f(x)f(y)\,dxdy,$$

由于被积函数 $f(x)f(y)$ 关于 x, y 对称,故有

$$\iint\limits_{x \leq y} f(x)f(y)\,dxdy = \iint\limits_{y \leq x} f(y)f(x)\,dxdy,$$

但　$\iint\limits_{x \leq y} f(x)f(y)\,dxdy + \iint\limits_{y \leq x} f(y)f(x)\,dxdy = \iint\limits_{R^2} f(x)f(y)\,dxdy = 1,$

其中 R^2 表示整个平面,所以 $\iint\limits_{x \leq y} f(x)f(y)\,dxdy = \dfrac{1}{2}$,即得 $P(X \leq Y) = \dfrac{1}{2}$.

【例2】　在 10 件产品中有 2 件一等品、7 件二等品和 1 件次品.现从 10 件产品中无放回地抽取 3 件,令 X 表示其中的一等品数, Y 表示其中的二等品数.试求:

（1）(X, Y) 的联合分布律;

（2）(X, Y) 关于 X 和关于 Y 的边缘分布律;

（3）X 和 Y 是否相互独立?

（4）在 $X = 1$ 的条件下 Y 的条件分布.

解:由题意可知, X 的可能取值为 $0, 1, 2$; Y 的可能取值为 $0, 1,$

2,3.因此,可用古典概型分别计算它们的概率.

(1) 因为当 $i+j<2$ 或 $i+j>3$ 时,有 $P(X=i,Y=j)=0$,而当 $2\leqslant i+j\leqslant 3$ 时,有 $P(X=i,Y=j)=\dfrac{C_2^i C_7^j C_1^{3-i-j}}{C_{10}^3}$.分别将 $i=0$ 时,$j=2,3$;$i=1$ 时,$j=1,2$;$i=2$ 时,$j=0,1$ 代入上式,则得 (X,Y) 的联合分布律为

X	Y			
	0	1	2	3
0	0	0	$\dfrac{7}{40}$	$\dfrac{7}{24}$
1	0	$\dfrac{7}{60}$	$\dfrac{7}{20}$	0
2	$\dfrac{1}{120}$	$\dfrac{7}{120}$	0	0

(2) 由 (X,Y) 联合分布律,易得 (X,Y) 关于 X 和关于 Y 的边缘分布律为

X	0	1	2	
P	$\dfrac{7}{15}$	$\dfrac{7}{15}$	$\dfrac{1}{15}$	
Y	0	1	2	3
P	$\dfrac{1}{120}$	$\dfrac{7}{40}$	$\dfrac{21}{40}$	$\dfrac{7}{24}$

(3) 因为 $P(X=1,Y=0)=0$,但是 $P(X=1)=\dfrac{7}{15}$,$P(Y=0)=\dfrac{1}{120}$,故

$$P(X=1,Y=0)\neq P(X=1)\cdot P(Y=0),$$

所以 X 和 Y 不相互独立.

(4) 因为 $P(Y=j\mid X=1)=\dfrac{p_{1j}}{p_1}=p_{1j}\times\dfrac{15}{7}$,$j=0,1,2,3$,

而　　　　　$p_{10}=0,p_{11}=\dfrac{7}{60},p_{12}=\dfrac{42}{120}=\dfrac{7}{20},p_{13}=0$,

于是,在 $X=1$ 的条件下 Y 的条件分布为

$y=j\mid X=1$	1	2
$P_{j\mid 1}$	$\dfrac{1}{4}$	$\dfrac{3}{4}$

【例3】　一射手进行射击,每次击中目标的概率为 $p(0<p<1)$,射击进行到击中目标两次为止.以 X 表示首次击中目标所进行的射击次数,以 Y 表示总共进行的射击次数.

试求 X 和 Y 的联合分布及条件分布.

解:依题意,

$(Y=n)$ 表示在第 n 次射击时击中目标,且在前 $(n-1)$ 次射击中有一次击中目标.

$(X=m)$ 表示首次击中目标时射击了 m 次.

因为每次击中目标的概率为 p,所以不论 $m(m<n)$ 是多少,$P\{X=m,Y=n\}$ 都应等于

$$P(X=m,Y=n)=p^2(1-p)^{n-2}$$

由此得 X 和 Y 的联合分布律为

$$P(X=m,Y=n)=p^2(1-p)^{n-2}\quad(n=2,3,\cdots;m=1,2,\cdots,n-1).$$

为求条件分布,先求边缘分布.

X 的边缘分布律为

$$P(X=m)=\sum_{n=m+1}^{+\infty}P(X=m,Y=n)=\sum_{n=m+1}^{+\infty}p^2(1-p)^{n-2}$$

$$=p^2\frac{(1-p)^{m+1-2}}{1-(1-p)}=p(1-p)^{m-1}\quad(m=1,2,\cdots,n-1).$$

Y 的边缘分布律为

$$P(Y=n)=\sum_{m=1}^{n-1}P(X=m,Y=n)=\sum_{m=1}^{n-1}p^2(1-p)^{n-2}$$

$$=(n-1)p^2(1-p)^{n-2}\quad(n=2,3,\cdots).$$

于是可求得,当 $n=2,3,\cdots$ 时,

$$P(X=m\mid Y=n)=\frac{P(X=m,Y=n)}{P(Y=n)}$$

$$=\frac{p^2(1-p)^{n-2}}{(n-1)p^2(1-p)^{n-2}}=\frac{1}{n-1}.(m=1,2,\cdots,n-1)$$

当 $m=1,2,\cdots,n-1$ 时

$$P(Y=n\mid X=m)=\frac{P(X=m,Y=n)}{P(X=m)}=\frac{p^2(1-p)^{n-2}}{p(1-p)^{m-1}}$$

$$=p(1-p)^{n-m-1}.(n=m+1,m+2,\cdots)$$

【例4】　设数 X 在区间 $(0,1)$ 内服从均匀分布,当观察到 $X=x(0<x<1)$ 时,数 Y 在区间 $(x,1)$ 上随机地取值.

求 Y 的概率密度.

解:依题意,X 具有概率密度:$f_X(x)=\begin{cases}1,&0<x<1,\\0,&\text{其他}.\end{cases}$

对于任意给定的值 $x(0<x<1)$,在 $X=x$ 的条件下,Y 的条件概率密度为

$$f_{Y\mid X}(y\mid x)=\begin{cases}\dfrac{1}{1-x},&x<y<1,\\[2mm]0,&\text{其他}.\end{cases}$$

X 和 Y 的联合密度为

$$f(x,y)=f_X(x)f_{Y\mid X}(y\mid x),$$

于是得 Y 的概率密度为

$$f_Y(y) = \int_{-\infty}^{+\infty} f(x,y)\,\mathrm{d}x$$

$$= \begin{cases} \int_0^y \dfrac{1}{1-x}\mathrm{d}x = -\ln(1-y), & 0<y<1, \\ 0, & \text{其他.} \end{cases}$$

注:我们已经知道,设 (X,Y) 是连续型随机变量,若对任意的 x,y 有

$$f(x,y) = f_X(x) \cdot f_Y(y),$$

则称 X,Y 相互独立.又由条件密度的定义:

$$f_{X|Y}(x\mid y) = \frac{f(x,y)}{f_Y(y)}, f_{Y|X}(y\mid x) = \frac{f(x,y)}{f_X(x)}$$

可知,当 X 与 Y 相互独立时,

$$f_{Y|X}(y\mid x) = f_Y(y), f_{X|Y}(x\mid y) = f_X(x).$$

由此,也可用此条件来判别二维连续型随机变量 (X,Y) 的两个分量 X 与 Y 是否相互独立.

【例 5】 设某班车起点站上车人数服从参数为 $\lambda\,(\lambda>0)$ 的泊松分布,每位乘客在中途下车的概率为 $p\,(0<p<1)$,且每位乘客中途下车与否相互独立,以 Y 表示在中途下车的人数.求:

（1）在发车时有 n 个乘客的条件下,中途有 m 人下车的概率;

（2）随机变量 (X,Y) 的概率分布.

解:（1）由题意,所求的概率为 $P(Y=m\mid X=n)$.由于上车的 n 个乘客中途是否下车是相互独立,且每个人下车的概率为 p,所以可知此条件概率应为二项分布,即得

$$P(Y=m\mid X=n) = \mathrm{C}_n^m p^m (1-p)^{n-m}, 0\leqslant m\leqslant n, n=0,1,2,\cdots.$$

（2）由题意,随机变量 (X,Y) 的联合概率分布可用乘法公式得到

$$P(X=n,Y=m) = P(Y=m\mid X=n) \cdot P(X=n)$$

$$= \mathrm{C}_n^m p^m (1-p)^{n-m} \cdot \frac{\lambda^n}{n!}\mathrm{e}^{-\lambda}, \quad 0\leqslant m\leqslant n, n=0,1,2,\cdots.$$

【例 6】 设随机变量 X,Y 相互独立,X 在 $(0,1)$ 上服从均匀分布,Y 的概率密度为

$$f_Y(y) = \begin{cases} \dfrac{1}{2}\mathrm{e}^{-\frac{1}{2}y}, & y>0, \\ 0, & y\leqslant 0. \end{cases}$$

（1）求 (X,Y) 的联合概率密度;

（2）设含有 a 的二次方程 $a^2+2Xa+Y=0$,求 a 没有实根的概率.

解:本题实质上是一个已知 (X,Y) 的联合概率密度,求 (X,Y) 取值于某个平面区域的概率问题.其平面区域如图 3.8 所示.

（1）因为 X,Y 相互独立,所以易得 (X,Y) 的联合概率密度为

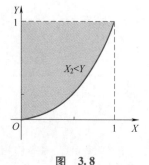

图　3.8

$$f(x,y)=f_X(x)\cdot f_Y(y)=\begin{cases}\dfrac{1}{2}e^{-\frac{1}{2}y}, & 0<x<1,y>0,\\[2mm] 0, & \text{其他}.\end{cases}$$

（2）a 没有实根，即 $4X^2-4Y<0$，亦即 $X^2<Y$，从而由图 3.8 可得

$$P(X^2<Y)=\iint\limits_{x^2<y}f(x,y)\mathrm{d}x\mathrm{d}y=\int_0^1\left(\int_{x^2}^{+\infty}\frac{1}{2}e^{-\frac{1}{2}y}\mathrm{d}y\right)\mathrm{d}x$$

$$=\int_0^1 e^{-\frac{1}{2}x^2}\mathrm{d}x=\sqrt{2\pi}\left[\Phi(1)-\Phi(0)\right]\approx 0.1445.$$

【**例 7**】　从 $(0,1)$ 中任取两个数，求下列事件的概率：

（1）两数之和小于 1.2；　　（2）两数之积小于 $\dfrac{1}{4}$.

解：若记这两个数分别为 X 和 Y，则 X 和 Y 相互独立，且均服从 $(0,1)$ 上的均匀分布，于是得 (X,Y) 的联合概率密度为

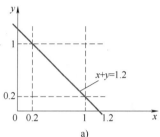

$$f(x,y)=f_X(x)\cdot f_Y(y)=\begin{cases}1, & 0<x<1,0<y<1,\\ 0, & \text{其他},\end{cases}$$

$f(x,y)$ 的非零区域与有关事件的交集部分图形如图 3.9 所示.

（1）由图 3.9a 可知，两数之和小于 1.2 的概率为

$$P(X+Y<1.2)=\int_0^{0.2}\int_0^1\mathrm{d}y\mathrm{d}x+\int_{0.2}^1\int_0^{1.2-x}\mathrm{d}y\mathrm{d}x=0.2+\int_{0.2}^1(1.2-x)\mathrm{d}x$$

$$=0.68.$$

（2）由图 3.9b 可知，两数之积小于 $1/4$ 的概率为

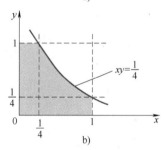

$$P\left(XY<\frac{1}{4}\right)=\int_0^{\frac{1}{4}}\int_0^1\mathrm{d}y\mathrm{d}x+\int_{\frac{1}{4}}^1\int_0^{\frac{1}{4x}}\mathrm{d}y\mathrm{d}x=\frac{1}{4}+\int_{\frac{1}{4}}^1\frac{1}{4x}\mathrm{d}x=0.5966.$$

图　3.9

【**例 8**】　设随机变量 X,Y 相互独立，其密度函数分别为

$$f_X(x)=\begin{cases}1, & 0<x<1,\\ 0, & \text{其他},\end{cases}\qquad f_Y(y)=\begin{cases}e^{-y}, & y>0,\\ 0, & \text{其他}.\end{cases}$$

求 $Z=2X+Y$ 的概率密度.

解：这类题一般是先按分布函数的定义求得分布函数，然后再通过求导得到概率密度函数.特别要注意对积分区域的讨论，找出 $f(x,y)$ 的非零区域.本题中 $f(x,y)$ 的非零区域如图 3.10 所示.

因为随机变量 X,Y 相互独立，所以 (X,Y) 的联合概率密度为

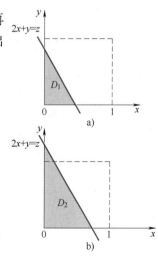

$$f(x,y)=\begin{cases}e^{-y}, & 0<x<1,y>0,\\ 0, & \text{其他},\end{cases}$$

由分布函数的定义，有

$$F_Z(z)=P(Z\leqslant z)=P(2X+Y\leqslant z)=\iint\limits_{2x+y\leqslant z}f(x,y)\mathrm{d}x\mathrm{d}y,$$

于是当 $z<0$ 时，有 $F_Z(z)=0$；当 $0\leqslant z\leqslant 2$ 时，如图 3.10a 所示，有

$$F_Z(z)=P(X\leqslant z)=\iint\limits_{D_1}e^{-y}\mathrm{d}x\mathrm{d}y=\int_0^{\frac{z}{2}}\mathrm{d}x\int_0^{z-2x}e^{-y}\mathrm{d}y=\frac{z}{2}+\frac{e^{-z}}{2}-\frac{1}{2};$$

当 $z>2$ 时，如图 3.10b 所示，有

图　3.10

$$F_Z(z) = P(X \leqslant z) = \iint\limits_{D_2} \mathrm{e}^{-y}\mathrm{d}x\mathrm{d}y = \int_0^1 \mathrm{d}x \int_0^{z-2x} \mathrm{e}^{-y}\mathrm{d}y = 1 - \frac{1}{2}(\mathrm{e}^2 - 1)\mathrm{e}^{-z}.$$

于是,通过求导可得 $Z = 2X+Y$ 概率密度函数为

$$f_Z(z) = \begin{cases} \dfrac{1}{2}(1 - \mathrm{e}^{-z}), & 0 \leqslant z \leqslant 2, \\[2mm] \dfrac{1}{2}(\mathrm{e}^2 - 1)\mathrm{e}^{-z}, & z > 2, \\[2mm] 0, & \text{其他}. \end{cases}$$

【例9】　设 XOY 平面上随机点的坐标 (X, Y) 服从二维正态分布,其概率密度为

$$f(x, y) = \frac{1}{2\pi}\mathrm{e}^{-\frac{x^2+y^2}{2}}, \qquad -\infty < x, y < +\infty,$$

试求 (X, Y) 到原点距离的概率密度.

解:因为随机点 (X, Y) 到原点的距离为 $Z = \sqrt{X^2+Y^2}$,从而此题就归结为求两个随机变量函数的概率密度问题,其思路仍从分布函数着手.

由分布函数的定义有 $F_Z(z) = P(X \leqslant z) = P(\sqrt{X^2+Y^2} \leqslant z)$.

当 $z < 0$ 时,有 $F_Z(z) = 0$;当 $z \geqslant 0$ 时,有

$$F_Z(z) = \frac{1}{2\pi}\iint\limits_{\sqrt{x^2+y^2} \leqslant z} \mathrm{e}^{-\frac{x^2+y^2}{2}}\mathrm{d}x\mathrm{d}y = \frac{1}{2\pi}\int_0^{2\pi}\mathrm{d}\theta\int_0^z \mathrm{e}^{-\frac{r^2}{2}}r\mathrm{d}r = 1 - \mathrm{e}^{-\frac{z^2}{2}}.$$

于是,由概率密度的定义,即得随机变量 $Z = \sqrt{X^2+Y^2}$ 的概率密度函数为

$$f_Z(z) = \begin{cases} z\mathrm{e}^{-\frac{z^2}{2}}, & z > 0, \\[2mm] 0, & z \leqslant 0. \end{cases}$$

注:通常称随机变量 $Z = \sqrt{X^2+Y^2}$ 服从瑞利分布.

【例10】　设随机变量 X, Y 相互独立, X 的密度函数为 $f(x)$, Y 的分布律为 $P(Y = a_i) = p_i, i = 1, 2, \cdots, n$.试求 $Z = X+Y$ 的概率密度.

解:此题中一个随机变量是连续型的,另一个是离散型的,从而写不出"联合密度",所以在分布函数的求法上需将其进行综合考虑.

由分布函数的定义及全概率公式得

$$F_Z(z) = P(Z \leqslant z) = P(X+Y \leqslant z) = \sum_{i=1}^n P(Y = a_i)P(X+Y \leqslant z \mid Y = a_i)$$

$$= \sum_{i=1}^n P(Y = a_i)P(X \leqslant z - a_i \mid Y = a_i),$$

因为 X, Y 相互独立,故

$$F_Z(z) = \sum_{i=1}^n p_i P(X \leqslant z - a_i) = \sum_{i=1}^n p_i \int_{-\infty}^{z-a_i} f(x)\mathrm{d}x,$$

于是,由概率密度的定义,即得随机变量 $Z=X+Y$ 的概率密度函数为

$$f_Z(z)=F'_Z(z)=\sum_{i=1}^{n}p_i\,f(z-a_i).$$

由例 10 也可看出,求随机变量的分布函数实质是计算事件的概率,而全概率公式就是计算复杂事件概率的一种有效的方法,因此全概率公式在求分布函数时也能起到其重要的作用.

【例 11】　设某一天内进入邮局的人数服从参数为 λ 的泊松分布.证明:如果每个进入邮局的人是男性的概率为 p,是女性的概率为 $1-p$,则进入邮局的男性人数和女性人数是相互独立的泊松随机变量,它们的参数分别为 λp 和 $\lambda(1-p)$.

解: 记 X,Y 分别表示进入邮局的男性人数和女性人数,从而 $X+Y$ 就是进入邮局的人数,由题意,$X+Y$ 服从参数为 λ 的泊松分布,即

$$P(X+Y=k)=\frac{\lambda^k}{k!}e^{-\lambda},k=0,1,2,\cdots.$$

可将其中的 k 写成 $i+j$,有

$$P(X+Y=i+j)=\frac{\lambda^{i+j}}{(i+j)!}e^{-\lambda},i,j=0,1,2,\cdots.$$

利用全概率公式

$$\begin{aligned}P(X+Y=i+j)=&P(X=i,Y=j\mid X+Y=i+j)P(X+Y=i+j)+\\&P(X=i,Y=j\mid X+Y\neq i+j)P(X+Y\neq i+j)\end{aligned}$$

注意其中有 $P(X=i,Y=j\mid X+Y\neq i+j)=0$,所以

$$P(X+Y=i+j)=P(X=i,Y=j\mid X+Y=i+j)P(X+Y=i+j),$$

在 $(i+j)$ 个人进入邮局的情况下,由于每个进入邮局的人是男性的概率为 p,$(i+j)$ 个进入邮局的人中有 i 个是男性(此时正好有 j 个是女性)的概率为

$$P(X=i,Y=j\mid X+Y=i+j)=C_{i+j}^{i}p^i(1-p)^j,i,j=0,1,2,\cdots.$$

由此可求出 (X,Y) 的联合分布律为

$$\begin{aligned}P(X+Y=i+j)&=C_{i+j}^{i}p^i(1-p)^j\frac{\lambda^{i+j}}{(i+j)!}e^{-\lambda}=e^{-\lambda}\frac{(\lambda p)^i}{i!j!}[\lambda(1-p)]^j\\&=e^{-\lambda p}\frac{(\lambda p)^i}{i!}e^{-\lambda(1-p)}\frac{[\lambda(1-p)]^j}{j!},i,j=0,1,2,\cdots.\end{aligned}$$

进而计算出 X,Y 的边缘分布律为

$$\begin{aligned}P(X=i)&=e^{-\lambda p}\frac{(\lambda p)^i}{i!}\sum_{j}e^{-\lambda(1-p)}\frac{[\lambda(1-p)]^j}{j!}\\&=e^{-\lambda p}\frac{(\lambda p)^i}{i!},i=0,1,2,\cdots.\\P(Y=j)&=e^{-\lambda(1-p)}\frac{[\lambda(1-p)]^j}{j!}\sum_{i}e^{-\lambda p}\frac{(\lambda p)^i}{i!}\\&=e^{-\lambda(1-p)}\frac{[\lambda(1-p)]^j}{j!},j=0,1,2,\cdots.\end{aligned}$$

所以对任意的 $i,j=0,1,2,\cdots$, 有
$$P(X+Y=i+j)=P(X=i)P(Y=j).$$
于是问题得证.

【例 12】 设随机变量 $X_1,X_2,\cdots,X_n$ 相互独立,且 $X_i \sim \text{Exp}(1/\lambda_i)$.

试证: $P(X_i=\min\{X_1,X_2,\cdots,X_n\})=\dfrac{\lambda_i}{\lambda_1+\lambda_2+\cdots+\lambda_n}$.

证明:由已知, $(X_1,X_2,\cdots,X_n)$ 的联合概率密度为
$$f(x_1,x_2,\cdots,x_n)=\prod_{j=1}^{n}\lambda_j \mathrm{e}^{-\lambda_j x_j},$$
而事件 $(X_i=\min\{X_1,X_2,\cdots,X_n\})$
$$=(X_1 \geqslant X_i,\cdots,X_{i-1} \geqslant X_i,0<X_i<+\infty,X_{i+1} \geqslant X_i,\cdots,X_n \geqslant X_i),$$
从而该事件的概率为
$$P(X_i=\min\{X_1,X_2,\cdots,X_n\})$$
$$=\int_0^{+\infty}\int_{x_i}^{+\infty}\cdots\int_{x_i}^{+\infty}\int_{x_i}^{+\infty}\cdots\int_{x_i}^{+\infty}\prod_{j=1}^{n}\lambda_j \mathrm{e}^{-\lambda_j x_j}\mathrm{d}x_1\cdots\mathrm{d}x_{i-1}\mathrm{d}x_{i+1}\cdots\mathrm{d}x_n\mathrm{d}x_i$$
$$=\int_0^{+\infty}\lambda_i \mathrm{e}^{-(\lambda_1+\lambda_2+\cdots+\lambda_n)x_i}\mathrm{d}x_i=\frac{\lambda_i}{\lambda_1+\lambda_2+\cdots+\lambda_n}.$$

例 12 虽然是多于两个随机变量的问题,但是其求解的思路与方法同两个随机变量的问题,也即二维随机变量的概率密度、分布函数的概念与计算可以推广到多维随机变量.

习题三

A

1. 将一枚均匀硬币连掷 3 次,以 X 表示 3 次试验中出现正面的次数,Y 表示出现正面的次数与出现反面的次数的差的绝对值.

求 (X,Y) 的联合分布律.

2. 设随机变量 (X,Y) 的联合密度函数为
$$f(x,y)=\begin{cases}k(6-x-y), & 0<x<2,2<y<4,\\0, & \text{其他}.\end{cases}$$
试求:(1) 常数 k;   (2) $P(X<1,Y<3)$;
(3) $P(X<1.5)$; (4) $P(X+Y \leqslant 4)$.

3. 设二维随机变量 (X,Y) 的分布函数为
$$F(x,y)=A\left(B+\arctan\frac{x}{2}\right)\left(C+\arctan\frac{y}{3}\right).$$
试求:(1) 常数 A,B,C 的值;
(2) (X,Y) 的联合密度函数.

4. 设二维随机变量 (X,Y) 的联合密度函数为
$$f(x,y)=\begin{cases}x^2+\dfrac{xy}{3}, & 0<x<1,0<y<2,\\0, & \text{其他}.\end{cases}$$

试求 $P(X+Y\geqslant 1)$.

5. 把 3 个相同的球等可能地放入编号为 1,2,3 的 3 个盒子中,记落入第 1 号盒子中的球的个数为 X,落入第 2 号盒子中的球的个数为 Y.试求:

(1) (X,Y) 的联合分布律;

(2) (X,Y) 关于 X 和关于 Y 的边缘分布律.

6. 设二维随机变量 (X,Y) 的概率密度为

$$f(x,y)=\begin{cases}cx^2y, & x^2\leqslant y\leqslant 1,\\ 0, & \text{其他}.\end{cases}$$

试求:(1) 常数 c;(2) (X,Y) 的边缘概率密度.

7. 在第 1 题中,求在 $X=1$ 时 Y 的条件分布,以及在 $Y=3$ 时 X 的条件分布.

8. 设 (X,Y) 在 D 上服从均匀分布,D 由 $x-y=0$,$x+y=2$ 与 $y=0$ 围成.

(1) 求边缘密度 $f_X(x)$;(2) 求 $f_{X|Y}(x|y)$.

9. 设随机变量 X 和 Y 独立同分布,且

$P(X=-1)=P(Y=-1)=P(X=1)=P(Y=1)=1/2$,

试求 $P(X=Y)$.

10. 设随机变量 X 和 Y 相互独立,其联合分布律为

X	Y		
	y_1	y_2	y_3
x_1	a	1/9	c
x_2	1/9	b	1/3

试求常数 a,b,c.

11. 设 X 和 Y 是两个相互独立的随机变量,其相应的概率密度为

$$f_X(x)=\begin{cases}1, & 0<x<1,\\ 0, & \text{其他},\end{cases}\qquad f_Y(y)=\begin{cases}e^{-y}, & y>0,\\ 0, & \text{其他},\end{cases}$$

试求:(1) X 和 Y 的联合密度函数;

(2) $P(Y\leqslant X)$;

(3) $P(X+Y\leqslant 1)$.

12. 设 X 和 Y 是两个相互独立的随机变量,其概率密度分别为

$$f_X(x)=\begin{cases}1, & 0\leqslant x\leqslant 1,\\ 0, & \text{其他},\end{cases}\qquad f_Y(y)=\begin{cases}1, & 0\leqslant y\leqslant 1,\\ 0, & \text{其他},\end{cases}$$

试求随机变量 $Z=X+Y$ 的概率密度.

13. 设 X 与 Y 的联合密度函数为

$$f(x,y)=\begin{cases}3x, & 0<x<1,0<y<x,\\ 0, & \text{其他},\end{cases}$$

试求 $Z = X - Y$ 的密度函数.

14. 设 X 和 Y 分别表示两个不同零件的寿命(以小时计),并设 X 和 Y 相互独立,且服从同一分布,其概率密度为

$$f(x) = \begin{cases} \dfrac{1000}{x^2}, & x > 1000, \\ 0, & \text{其他}, \end{cases}$$

试求 $Z = X/Y$ 的密度函数.

15. 设相互独立的两个随机变量 X, Y 具有同一分布律,且 X 的分布律为

X	0	1
P	$\dfrac{1}{2}$	$\dfrac{1}{2}$

试求 $Z = \max\{X, Y\}$ 的分布律.

16. 设二维随机变量 (X, Y) 的联合分布律为

X	Y		
	1	2	3
0	0.05	0.15	0.20
1	0.07	0.11	0.22
2	0.04	0.07	0.09

试分别求 $U = \max\{X, Y\}$ 和 $V = \min\{X, Y\}$ 的分布律.

17. 设随机变量 (X, Y) 的概率密度为

$$f(x, y) = \begin{cases} b e^{-(x+y)}, & 0 < x < 1, 0 < y < +\infty, \\ 0, & \text{其他}, \end{cases}$$

(1) 试确定常数 b;

(2) 求边缘概率密度 $f_X(x), f_Y(y)$;

(3) 求函数 $U = \max\{X, Y\}$ 的分布函数.

18. 设某一设备上装有 3 个同类的电器元件,元件工作相互独立,且工作时间都服从参数为 λ 的指数分布. 当 3 个元件都正常工作时,设备才正常工作. 试求设备正常工作时间 T 的概率分布.

B

19. 一批产品中有一等品 50%,二等品 30%,三等品 20%. 从中有放回地抽取 5 件,以 X, Y 分别表示取出的 5 件中一等品、二等品的件数.

求 (X, Y) 的联合分布律.

20. 设二维随机变量 (X, Y) 的联合密度函数为

$$f(x, y) = \begin{cases} 4xy, & 0 < x < 1, 0 < y < 1, \\ 0, & \text{其他}, \end{cases}$$

试求(X,Y)的联合分布函数.

21. 一射手对同一目标进行射击,每次击中目标的概率为$p(0<p<1)$,射击进行到第二次击中目标为止,设X表示第一次击中目标时所进行的射击次数,Y表示第二次击中目标时所进行的射击次数.试求(X,Y)的联合分布律以及X和Y各自的条件分布律.

22. 以X记某商场一天售出某种商品的个数,Y记其中优质品的个数,设X和Y的联合分布律为

$$P\{X=n,Y=m\}=\frac{\mathrm{e}^{-14}(7.14)^{m}(6.86)^{n-m}}{m!(n-m)!},$$

$$m=0,1,2,\cdots,n\ (n=0,1,2,\cdots).$$

（1）求边缘分布律；

（2）求条件分布律；

（3）求当$X=20$时,Y的条件分布律.

23. 设随机变量X在$1,2,3,4$这4个整数中等可能地取1个值,另一个随机变量Y在$1\sim X$中等可能地取一整数值.试求条件分布律$P(Y=k\mid X=i)$.

24. 假设随机变量U在区间$[-2,2]$上服从均匀分布,随机变量

$$X=\begin{cases}-1,&U\leqslant-1,\\1,&U>-1,\end{cases}\qquad Y=\begin{cases}-1,&U\leqslant1,\\1,&U>1,\end{cases}$$

试求(X,Y)的联合概率分布,并判断X与Y是否相互独立.

25. 设k_1,k_2分别是掷一枚骰子两次先后出现的点数.

试求方程$x^2+k_1x+k_2=0$有实根的概率p和有重根的概率q.

26. 某种商品一周的需求量X是一个随机变量,其概率密度为

$$f(x)=\begin{cases}x\mathrm{e}^{-x},&x>0,\\0,&\text{其他},\end{cases}$$

假设各周的需求量相互独立,以U_k表示k周的总需求量.

试求:（1）U_2,U_3的概率密度；

（2）接连三周中的周最大需求量的概率密度.

27. 设X,Y是相互独立的随机变量,$X\sim B(n_1,p),Y\sim B(n_2,p)$.
证明:$Z=X+Y\sim B(n_1+n_2,p)$.

测 试 题 三

第三章小测

第四章

随机变量的数字特征

困难到来的时候,有的人因之一飞冲天,有的人因之倒地不起.

——托尔斯泰

随机变量的分布函数可以完整地描述该随机变量的统计规律性,但在许多实际问题中,要精确确定一个随机变量的分布往往很困难,比如,市场对某种商品的需求;证券市场中股票价格的走势;石油、黄金的价格,等等.同时,有些问题也无需知道随机变量的精确分布,只要知道该随机变量的某些特征即可.比如对两个班某课程考试成绩进行比较,可以比较考试分数的平均值,如果两个班的平均成绩一样,则可以以分数的分散程度作为比较标准.像这种表示随机变量"概率"分布的某种特征的数据,就是随机变量的数字特征.随机变量的数字特征是联系随机变量的某些数值,这些数值能够描述该随机变量在某些方面的特征;并且,很多重要分布中的参数都与数字特征有关.因此,随机变量的数字特征在概率论与数理统计中占有重要地位.本章将要介绍的数字特征有数学期望、方差、矩与协方差和相关系数.

知识结构图

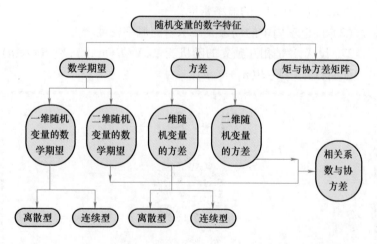

第一节　随机变量的数学期望

在所有数字特征中,最常用的、最基本的数字特征是数学期望.

一、数学期望的定义

【引例】　设某车间有 200 台车床,每台车床是否工作是随机的(即有时工作,有时不工作).为了考虑该车间的电力供应问题,需要知道同时工作的车床数.而同时工作的车床数是一随机变量,记为 X.现在对 X 进行 n 次观察,即选择 n 个不同的时刻,计算一下同时工作的车床数,得到 n 个数值.将这 n 个数值按同时工作的车床数来分类,有随机变量 X 取 $0,1,2,\cdots,200$ 的次数分别为 $m_0,m_1,m_2,\cdots,m_{200}$(显然有 $m_0+m_1+\cdots+m_{200}=n$),见下表:

X	0	1	2	$\cdots$	200
次数	m_0	m_1	m_2	$\cdots$	m_{200}
频率	$\dfrac{m_0}{n}$	$\dfrac{m_1}{n}$	$\dfrac{m_2}{n}$	$\cdots$	$\dfrac{m_{200}}{n}$

其中 X 取 k 的频率为 $m_k/n\,(k=0,1,2,\cdots,200)$.由上表知,同时工作的车床数的平均值为

$$\frac{0\cdot m_0+1\cdot m_1+2\cdot m_2+\cdots+200\cdot m_{200}}{n}=\sum_{k=0}^{200}k\cdot\frac{m_k}{n},$$

这个数是与随机变量 X 密切相关的,但由于频率随观察次数 n 的变动而不同,所以这个数值具有一定的波动性.由频率稳定性(将在第五章介绍)知,n 很大时,频率 m_k/n 将在一定意义下接近于事件 $(X=k)$ 的概率 p_k.这样,我们可以用概率 p_k 代替频率 m_k/n,并认为 $\sum_{k=0}^{200}kp_k$ 为随机变量 X 的平均值.这是以概率为权的加权平均值,且这个数值仅仅依赖于随机变量 X 本身,这就是本章首先要介绍的重要概念——数学期望.

下面给出随机变量的数学期望的定义.

定义　设离散型随机变量 X 的分布律为 $P(X=x_k)=p_k,k=1,2,\cdots$,若级数 $\sum\limits_{k=1}^{\infty}x_kp_k$ 绝对收敛,则称级数和 $\sum\limits_{k=1}^{\infty}x_kp_k$ 为随机变量 X 的数学期望,记为 $E(X)$,即

$$E(X)=\sum_{k=1}^{\infty}x_kp_k \tag{4.1}$$

思考:在数学期望的定义中,为什么要求级数(离散型)或无穷积分(连续型)绝对收敛?

设连续型随机变量 X 的概率密度为 $f(x)$，若积分 $\int_{-\infty}^{+\infty} xf(x)\,\mathrm{d}x$ 绝对收敛，则称积分 $\int_{-\infty}^{+\infty} xf(x)\,\mathrm{d}x$ 的值为随机变量 X 的数学期望，记为 $E(X)$，即

$$E(X) = \int_{-\infty}^{+\infty} xf(x)\,\mathrm{d}x. \tag{4.2}$$

数学期望简称期望或均值.

数学期望完全由随机变量 X 及其分布所确定，式(4.1)和式(4.2)既是数学期望的定义式，也同时是数学期望的计算式. 随机变量数学期望的定义可以推广到多维随机变量. 比如，

$$E(X) = \sum_{i=1}^{\infty}\sum_{j=1}^{\infty} x_i p_{ij}, \quad E(Y) = \sum_{j=1}^{\infty}\sum_{i=1}^{\infty} y_j p_{ij},$$

$$E(X) = \int_{-\infty}^{+\infty} x \cdot f_X(x)\,\mathrm{d}x = \int_{-\infty}^{+\infty}\int_{-\infty}^{+\infty} x \cdot f(x,y)\,\mathrm{d}x\mathrm{d}y,$$

$$E(Y) = \int_{-\infty}^{+\infty} y \cdot f_Y(y)\,\mathrm{d}y = \int_{-\infty}^{+\infty}\int_{-\infty}^{+\infty} y \cdot f(x,y)\,\mathrm{d}x\mathrm{d}y,$$

式中，p_{ij} 为联合分布律，$f(x,y)$ 为联合分布函数.

【例1】　设随机变量 $X \sim (0\text{-}1)$ 分布，易知：$E(X) = p$.

【例2】　设随机变量 $X \sim B(n,p)$ 分布，求 $E(X)$.

解：由定义式(4.1)知，

$$E(X) = \sum_{k=0}^{n} x_k p_k = \sum_{k=0}^{n} k C_n^k p^k (1-p)^{n-k} = \sum_{k=1}^{n} k\,\frac{n!}{k!\,(n-k)!}p^k(1-p)^{n-k}$$

$$= np\sum_{k=1}^{n} C_{n-1}^{k-1} p^{k-1}(1-p)^{n-k} = np\sum_{k=0}^{n-1} C_{n-1}^{k} p^k(1-p)^{n-1-k}$$

$$= np\left[p + (1-p)\right]^{n-1} = np,$$

所以得 $E(X) = np$.

【例3】　设随机变量 $X \sim P(\lambda)$ 分布，求 $E(X)$.

解：由式(4.1)知，

$$E(X) = \sum_{k=0}^{\infty} k \cdot p_k = \sum_{k=0}^{\infty} k \cdot \frac{\lambda^k}{k!}\mathrm{e}^{-\lambda} = \lambda\mathrm{e}^{-\lambda}\sum_{k=1}^{\infty}\frac{\lambda^{k-1}}{(k-1)!} = \lambda\mathrm{e}^{-\lambda}\mathrm{e}^{\lambda} = \lambda,$$

所以得 $E(X) = \lambda$.

【例4】　设随机变量 $X \sim U(a,b)$ 分布，求 $E(X)$.

解：由式(4.2)知，

$$E(X) = \int_{-\infty}^{+\infty} xf(x)\,\mathrm{d}x = \int_a^b x\,\frac{1}{b-a}\mathrm{d}x = \frac{a+b}{2}.$$

【例5】　设随机变量 X 服从指数分布，其概率密度为

$$f(x) = \begin{cases} \dfrac{1}{\theta}\mathrm{e}^{-\frac{x}{\theta}}, & x > 0, \\ 0, & x \le 0, \end{cases}$$

其中 $\theta > 0$,求 $E(X)$.

解:由式(4.2)知,

$$E(X) = \int_{-\infty}^{+\infty} xf(x)\,\mathrm{d}x = \int_{0}^{+\infty} x\,\frac{1}{\theta}\mathrm{e}^{-\frac{x}{\theta}}\mathrm{d}x = -x\mathrm{e}^{-\frac{x}{\theta}}\Big|_{0}^{+\infty} + \int_{0}^{+\infty} \mathrm{e}^{-\frac{x}{\theta}}\mathrm{d}x = \theta.$$

【例6】 设随机变量 $X \sim N(\mu, \sigma^2)$ 分布,求 $E(X)$.

解:由式(4.2)知,

$$E(X) = \int_{-\infty}^{+\infty} xf(x)\,\mathrm{d}x = \int_{-\infty}^{+\infty} x\,\frac{1}{\sqrt{2\pi}\,\sigma}\mathrm{e}^{-\frac{(x-\mu)^2}{2\sigma^2}}\mathrm{d}x,$$

令 $z = \dfrac{x-\mu}{\sigma}$,则

$$E(X) = \frac{1}{\sqrt{2\pi}}\int_{-\infty}^{+\infty}(\sigma z + \mu)\mathrm{e}^{-\frac{z^2}{2}}\mathrm{d}z = \frac{\sigma}{\sqrt{2\pi}}\int_{-\infty}^{+\infty} z\mathrm{e}^{-\frac{z^2}{2}}\mathrm{d}z + \frac{\mu}{\sqrt{2\pi}}\int_{-\infty}^{+\infty}\mathrm{e}^{-\frac{z^2}{2}}\mathrm{d}z = \mu.$$

由此可知,正态分布 $N(\mu, \sigma^2)$ 中的参数 μ,恰是服从正态分布的随机变量的数学期望.

【例7】 设随机变量 X 的概率密度为 $f(x) = \dfrac{1}{\pi} \cdot \dfrac{1}{1+x^2}$,问 $E(X)$ 是否存在?

解:因为

$$\int_{-\infty}^{+\infty} |x|\,\frac{1}{\pi} \cdot \frac{1}{1+x^2}\mathrm{d}x = \frac{2}{\pi}\int_{0}^{+\infty}\frac{x}{1+x^2}\mathrm{d}x$$

$$= \frac{1}{\pi}\ln(1+x^2)\,\Big|_{0}^{+\infty} = \lim_{x\to+\infty}\frac{1}{\pi}\ln(1+x^2),$$

所以积分 $\displaystyle\int_{-\infty}^{+\infty} xf(x)\,\mathrm{d}x$ 非绝对收敛,故 $E(X)$ 不存在.

二、 随机变量函数的数学期望

由以上例题可知,如果知道了随机变量 X 的分布,且 $E(X)$ 存在,则由定义可求出随机变量 X 的数学期望.现在我们要讨论的是当随机变量 Y 以随机变量 X 的函数形式出现时,即 $Y = g(X)$,那么应该如何计算 $Y = g(X)$ 的数学期望呢? 当然,我们可以用前两章的介绍过的方法,先求出随机变量 Y 的分布,再由定义求得 $E(Y)$.不过,求随机变量函数的分布并非易事,有时甚至很困难.那么是否可以先不求 $g(X)$ 的分布,而只根据 X 的分布求得 $E[g(X)]$ 呢?

下面介绍的定理1就能解决此问题,定理1的意义在于,不用刻意去寻找 Y 的分布也能计算出 Y 的期望 $E(Y)$.

定理1 设 X 为随机变量,$g(x)$ 为(分段)连续函数或(分段)单调函数,令 $Y = g(X)$.

(1) 若 X 为离散型随机变量,其分布律为 $P(X = x_k) = p_k, k = 1,$ $2, \cdots$,若级数 $\displaystyle\sum_{k \geqslant 1} g(x_k)p_k$ 绝对收敛,则 $Y = g(X)$ 的数学期望存在,

且有

$$E(Y) = E[g(X)] = \sum_{k \geqslant 1} g(x_k) p_k. \tag{4.3}$$

(2) 若 X 为连续型随机变量,其概率密度为 $f(x)$,若积分 $\int_{-\infty}^{+\infty} g(x) f(x) \mathrm{d}x$ 绝对收敛,则 $Y = g(X)$ 的数学期望存在,且有

$$E(Y) = E[g(X)] = \int_{-\infty}^{+\infty} g(x) f(x) \mathrm{d}x. \tag{4.4}$$

对于多维随机变量,有如下定理.

定理 2 设 $(X_1, X_2, \cdots, X_n)$ 为 n 维连续型随机变量 $(n \geqslant 2)$,其联合概率密度为 $f(x_1, x_2, \cdots, x_n)$,又设 $g(x_1, x_2, \cdots, x_n)$ 为 n 元(分块)连续函数,$Y = g(X_1, X_2, \cdots, X_n)$. 若积分

$$\int_{-\infty}^{+\infty} \cdots \int_{-\infty}^{+\infty} g(x_1, x_2, \cdots, x_n) f(x_1, x_2, \cdots, x_n) \mathrm{d}x_1 \cdots \mathrm{d}x_n$$

绝对收敛,则 Y 的数学期望存在,且有

$$E(Y) = E[g(X_1, X_2, \cdots, X_n)]$$
$$= \int_{-\infty}^{+\infty} \cdots \int_{-\infty}^{+\infty} g(x_1, x_2, \cdots, x_n) f(x_1, x_2, \cdots, x_n) \mathrm{d}x_1 \cdots \mathrm{d}x_n.$$

特别有:$E[g(X,Y)] = \int_{-\infty}^{+\infty} \int_{-\infty}^{+\infty} g(x,y) f(x,y) \mathrm{d}x \mathrm{d}y,$ (4.5)

及

$$E(X) = \int_{-\infty}^{+\infty} \int_{-\infty}^{+\infty} x f(x,y) \mathrm{d}x \mathrm{d}y. \tag{4.6}$$

其中 $f(x,y)$ 为二维随机变量 (X,Y) 的联合概率密度.

式(4.6)的意义是,当二维连续型随机变量 (X,Y) 的联合分布为已知时,求随机变量 X 的数学期望可以不按式(4.2),而直接按式(4.6)去计算,这样可省去求 X 的边缘分布这一步骤.

设 (X,Y) 为二维离散型随机变量,其联合分布律为

$$P(X = x_i, Y = y_j) = p_{ij}, i, j = 1, 2, \cdots,$$

则有

$$E[g(X,Y)] = \sum_{j=1}^{\infty} \sum_{i=1}^{\infty} g(x_i, y_j) p_{ij}. \tag{4.7}$$

【例 8】 对圆的直径作近似测量,设其测量值 $X \sim U(a,b)$,求圆面积的数学期望.

解:记圆面积为 S,则 $S = \dfrac{\pi}{4} X^2$. 又由已知 X 的概率密度为

$$f(x) = \begin{cases} \dfrac{1}{b-a}, & a < x < b, \\ 0, & \text{其他,} \end{cases}$$

则由式(4.4)有

$$E(S) = E\left(\frac{\pi}{4} X^2\right) = \int_{-\infty}^{+\infty} \frac{\pi}{4} x^2 f(x) \mathrm{d}x$$

$$= \int_a^b \frac{\pi}{4} x^2 \cdot \frac{1}{b-a} \mathrm{d}x = \frac{\pi}{12}(b^2 + ab + a^2).$$

【例 9】　设随机变量 (X,Y) 的联合概率密度为

$$f(x,y) = \begin{cases} 2-x-y, & 0<x<1, 0<y<1, \\ 0, & \text{其他}, \end{cases}$$

求 $E(X), E(XY)$.

解：由式 (4.6) 有

$$E(X) = \int_{-\infty}^{+\infty} \int_{-\infty}^{+\infty} xf(x,y)\mathrm{d}x\mathrm{d}y = \int_0^1 \int_0^1 x(2-x-y)\mathrm{d}x\mathrm{d}y = \frac{5}{12}.$$

由式 (4.5) 有

$$E(XY) = \int_{-\infty}^{+\infty} \int_{-\infty}^{+\infty} xyf(x,y)\mathrm{d}x\mathrm{d}y = \int_0^1 \int_0^1 xy(2-x-y)\mathrm{d}x\mathrm{d}y = \frac{1}{6}.$$

三、数学期望的性质

下面介绍数学期望的几个重要性质.理解并熟练掌握这些性质,对随机变量的数学期望的计算是大有益处的,有时甚至可以大大降低计算的难度.在如下的讨论中,假设所遇到的随机变量的数学期望都是存在的.

性质 1　设 C 是常数,则 $E(C) = C$.

性质 2　设 X 为随机变量,C 是常数,则 $E(CX) = CE(X)$.

性质 3　设 $X_1, X_2, \cdots, X_n(n \geqslant 2)$ 均为随机变量,则
$$E(X_1 + X_2 + \cdots + X_n) = E(X_1) + E(X_2) + \cdots + E(X_n).$$

性质 4　设 $X_1, X_2, \cdots, X_n(n \geqslant 2)$ 为相互独立的随机变量,则
$$E(X_1 X_2 \cdots X_n) = E(X_1) E(X_2) \cdots E(X_n).$$

证明：性质 1、性质 2 较简单,请读者自己给出证明.性质 2、性质 3 合称为数学期望的线性性质.上述性质对于一般随机变量都是成立的.对于性质 3 和性质 4,我们只就 $n=2$ 情形对连续型随机变量给出证明,用数学归纳法可完成对一般的 n 维情形下的证明.

设随机变量 (X,Y) 的联合概率密度为 $f(x,y)$,其边缘概率密度为 $f_X(x), f_Y(y)$.由式 (4.5) 知

$$E(X+Y) = \int_{-\infty}^{+\infty} \int_{-\infty}^{+\infty} (x+y)f(x,y)\mathrm{d}x\mathrm{d}y$$

$$= \int_{-\infty}^{+\infty} \int_{-\infty}^{+\infty} xf(x,y)\mathrm{d}x\mathrm{d}y + \int_{-\infty}^{+\infty} \int_{-\infty}^{+\infty} yf(x,y)\mathrm{d}x\mathrm{d}y$$

$$= E(X) + E(Y).$$

故性质 3 得证.又设 X 和 Y 相互独立,由式 (4.5) 知

$$E(XY) = \int_{-\infty}^{+\infty} \int_{-\infty}^{+\infty} xyf(x,y)\mathrm{d}x\mathrm{d}y$$

$$= \int_{-\infty}^{+\infty} \int_{-\infty}^{+\infty} xyf_X(x)f_Y(y)\mathrm{d}x\mathrm{d}y$$

$$= \left[\int_{-\infty}^{+\infty} x f_X(x) \, \mathrm{d}x \right] \left[\int_{-\infty}^{+\infty} y f_Y(y) \, \mathrm{d}y \right] = E(X) E(Y).$$

故性质 4 得证.

【例 10】 设随机变量 $X \sim B(n, p)$ 分布,利用数学期望的性质求 $E(X)$.

解:在 n 重伯努利试验中,令

$$X_k = \begin{cases} 1, & A \text{ 在第 } k \text{ 次试验中出现,} \\ 0, & \text{其他,} \end{cases} \quad k = 1, 2, \cdots, n.$$

易知 $X = X_1 + X_2 + \cdots + X_n$. 因为各次试验是相互独立的,所以, X_1, $X_2, \cdots, X_n$ 为相互独立的随机变量. 又因为 $X_k (k = 1, 2, \cdots, n)$ 服从 (0-1) 分布,所以有 $E(X_k) = p$,故由性质 3 得

$$E(X) = E(X_1) + E(X_2) + \cdots + E(X_n) = np.$$

由例 10 显然看出,用性质计算期望比用定义要简便得多.

从上面的讨论中我们认识到,数学期望刻画了随机变量取值的某种平均,有明显的直观意义. 历史上,先有"数学期望"的概念,后有"概率"的概念. 也就是说,在概率论的创立与发展中,数学期望是人们最早使用的概念和工具. 下面给出一些应用实例,读者可从中对数学期望的概念有更进一步的理解,从而更好地掌握数学期望的计算方法.

【例 11】 设袋中号码为 k 的球共有 k 个, $k = 1, 2, \cdots, n$. 现从袋中任取一球,用 X 表示该球的号码,求 $E(X)$.

解:因为袋中共有 $1 + 2 + \cdots + n = \dfrac{1}{2} n(n+1) \triangleq N$ 个球,故

$$P(X = k) = \frac{k}{N} = \frac{2k}{n(n+1)},$$

从而得 $E(X) = \displaystyle\sum_{k=1}^{n} k \cdot P(X = k) = \sum_{k=1}^{n} k \cdot \frac{2k}{n(n+1)}$

$$= \frac{2}{n(n+1)} \sum_{k=1}^{n} k^2 = \frac{2}{n(n+1)} \frac{n(n+1)(2n+1)}{6} = \frac{2n+1}{3}.$$

【例 12】 设某厂生产的某种设备的寿命 X(单位:年)的概率密度为

$$f(x) = \begin{cases} \dfrac{1}{4} \mathrm{e}^{-\frac{x}{4}}, & x > 0, \\ 0, & x \leqslant 0, \end{cases}$$

出售的设备在一年之内损坏可调换. 设厂方售出一台设备获利 100 元,调换一台设备花费 300 元.

求厂方售出一台设备净获利的数学期望.

解:记厂方售出一台设备的净获利为 Y,则 Y 是 X 的函数. 先求 $E(Y)$. 因为

$$Y = g(X) = \begin{cases} 100 - 300 = -200, & 0 \leqslant X < 1, \\ 100, & X \geqslant 1, \end{cases}$$

故
$$g(x)=\begin{cases}-200,& 0\leqslant x<1,\\ 100,& x\geqslant 1.\end{cases}$$

方法一：用定义求 $E(Y)$，则应先求出 Y 的分布律．因为

$$P(Y=100)=P(X\geqslant 1)=\int_{1}^{+\infty}f(x)\mathrm{d}x=\int_{1}^{+\infty}\frac{1}{4}\mathrm{e}^{-\frac{x}{4}}\mathrm{d}x=\mathrm{e}^{-\frac{1}{4}}.$$

故
$$Y\sim\begin{pmatrix}100 & -200\\ \mathrm{e}^{-\frac{1}{4}} & 1-\mathrm{e}^{-\frac{1}{4}}\end{pmatrix},$$

从而得 $E(Y)=100\times\mathrm{e}^{-\frac{1}{4}}-200\times(1-\mathrm{e}^{-\frac{1}{4}})=300\mathrm{e}^{-\frac{1}{4}}-200\approx 33.64.$

方法二：用式(4.4)求 $E(Y)$．

$$E(Y)=E[g(X)]=\int_{-\infty}^{+\infty}g(x)f(x)\mathrm{d}x$$

$$=\int_{0}^{1}(-200)\frac{1}{4}\mathrm{e}^{-\frac{x}{4}}\mathrm{d}x+\int_{1}^{+\infty}100\frac{1}{4}\mathrm{e}^{-\frac{x}{4}}\mathrm{d}x=300\mathrm{e}^{-\frac{1}{4}}-200\approx 33.64.$$

【例13】　设国际市场上对某种出口商品的年需求量 X（单位：t）是随机变量，它服从均匀分布 $U(2000,4000)$．每售出 1t 商品，可为国家赚取外汇 3 万元；每积压 1t 需贮存费 1 万元．

问应组织多少货源，才能使国家收益最大？

解：设应组织 at 货源，并记 Y 为国家收益．由题意知，Y 是 X 的函数，则问题化为确定 a 使 $E(Y)$ 取最大值．因为

$$Y=g(X)=\begin{cases}3X-(a-X)=4X-a,& X<a,\\ 3a,& X\geqslant a,\end{cases}$$

故有

$$g(x)=\begin{cases}4x-a,& x<a,\\ 3a,& x\geqslant a.\end{cases}$$

$$E(Y)=\int_{-\infty}^{+\infty}g(x)f_{X}(x)\mathrm{d}x=\int_{2000}^{4000}g(x)\frac{1}{2000}\mathrm{d}x$$

$$=\int_{2000}^{a}(4x-a)\frac{1}{2000}\mathrm{d}x+\int_{a}^{4000}3a\frac{1}{2000}\mathrm{d}x$$

$$=\frac{1}{1000}(-a^{2}+7000a-4\times 10^{6}).$$

由 $\dfrac{\mathrm{d}}{\mathrm{d}a}[E(Y)]=0$，得 $a=3500$．即应组织 3500t 货源，才能使国家收益最大．

【例14】　若有 n 把看上去样子相同的钥匙，其中只有一把能打开门上的锁，现用这 n 把钥匙打开门上的锁．设取到每把钥匙是等可能的，且每把钥匙试开后拿走．

求试开次数 X 的数学期望．

解：我们用两种方法来求 $E(X)$．

方法一：利用定义求 $E(X)$．

由题意知 X 可能取 $1,2,\cdots,n$. 且有 $P(X=k)=\dfrac{1}{n}$，$k=1,2,\cdots,n$. 故得

$$E(X) = \sum_{k=1}^{n} k \cdot \frac{1}{n} = \frac{1}{n} \sum_{k=1}^{n} k = \frac{n+1}{2}.$$

方法二: 利用性质求 $E(X)$.

令 $X_i = \begin{cases} i, & \text{第 } i \text{ 次成功}, \\ 0, & \text{其他}, \end{cases}$ $i=1,2,\cdots,n,$

则 $X = X_1 + X_2 + \cdots + X_n.$

且 $P(X_i = i) = \dfrac{1}{n}, P(X_i = 0) = \dfrac{n-1}{n}, i=1,2,\cdots,n,$

$$E(X_i) = i \cdot \frac{1}{n} + 0 \cdot \frac{n-1}{n} = \frac{i}{n}, i=1,2,\cdots,n,$$

故得 $E(X) = E(X_1) + E(X_2) + \cdots + E(X_n) = \displaystyle\sum_{i=1}^{n} \frac{i}{n} = \frac{n+1}{2}.$

核酸检测中的
分组检测问题
数值模拟

第二节　随机变量的方差与矩

数学期望反映了随机变量取值的平均水平,是一个很重要的数字特征.但在某些场合,只知道数学期望还是不够的.如设随机变量 $X \sim U(-1,1)$，$Y \sim U(-1000,1000)$. 易知 $E(X) = E(Y)$，但随机变量 Y 取值的波动性明显大于 X，而数学期望无法描述 X 与 Y 的这种差异性.为此,需引入随机变量的另一重要的数字特征,用它来度量随机变量取值在其中心附近的离散程度即方差的概念.

一、随机变量的方差与矩的定义

思考:在方差的定义中,如果去掉平方,即用 $E(X-E(X))$ 会如何? 如果将平方换成绝对值即 $E|X-E(X)|$ 又如何?

定义 1　设 X 为随机变量,若 $E[X-E(X)]^2$ 存在,则称它为随机变量 X 的方差,记为 $D(X)$，即

$$D(X) = E[X-E(X)]^2 \qquad (4.8)$$

称 $\sqrt{D(X)}$ 为随机变量 X 的标准差或均方差.

定义 2　设 X 为随机变量,若 $E(X^k)$ 存在(k 为正整数),则称它为随机变量 X 的 k 阶矩,记为 μ_k，即

$$\mu_k = E(X^k). \qquad (4.9)$$

由定义知,$D(X)$ 描述了随机变量 X 与其期望 $E(X)$ 的偏离程度.$D(X)$ 越小,说明 X 取值越集中;反之,$D(X)$ 越大,X 取值越分散,即 X 取值的波动性越大.$\sqrt{D(X)}$ 同样也描述了随机变量 X 取值的偏离程度.但值得注意的是,$\sqrt{D(X)}$ 与 $D(X)$ 的量纲不同,而与 X 有相同的量纲,故在实际问题中多采用 $\sqrt{D(X)}$.

若 X 为离散型随机变量,其分布律为 $P(X=x_k)=p_k,k=1,2,\cdots,$ 则由式(4.3)有

$$D(X)=\sum_{k=1}^{\infty}\left[x_k-E(X)\right]^2p_k. \tag{4.10}$$

若 X 为连续型随机变量,其概率密度为 $f(x)$,则由式(4.4)有

$$D(X)=\int_{-\infty}^{+\infty}\left[x-E(X)\right]^2f(x)\mathrm{d}x. \tag{4.11}$$

无论 X 为离散型还是连续型随机变量,通常采用下式计算方差

$$D(X)=E(X^2)-\left[E(X)\right]^2. \tag{4.12}$$

可见,随机变量的二阶矩减去其一阶矩(数学期望)的平方,就是该随机变量的方差.利用数学期望的性质可给出式(4.12)的证明,即

$$D(X)=E[X-E(X)]^2=E\{X^2-2XE(X)+[E(X)]^2\}$$
$$=E(X^2)-2E(X)\cdot E(X)+[E(X)]^2=E(X^2)-[E(X)]^2.$$

式(4.12)不但给出了随机变量 X 的方差的公式,同时也给出了方差与数学期望,以及方差与矩之间的关系.

【例1】 设随机变量 X 服从 $(0,1)$ 分布,求 $D(X)$.

解:因为 $X\sim(0,1)$,所以 $E(X)=p$.

又 $E(X^2)=0^2\cdot(1-p)+1^2\cdot p=p$,由式(4.12)有
$$D(X)=E(X^2)-[E(X)]^2=p-p^2=p(1-p).$$

【例2】 设随机变量 X 服从 $P(\lambda)$ 分布,求 $D(X)$.

解:因为 $X\sim P(\lambda)$,所以 $E(X)=\lambda$.又

$$E(X^2)=\sum_{k=0}^{\infty}k^2\cdot p_k=\sum_{k=0}^{\infty}k^2\cdot\frac{\lambda^k}{k!}\mathrm{e}^{-\lambda}=\sum_{k=0}^{\infty}(k^2-k)\cdot\frac{\lambda^k}{k!}\mathrm{e}^{-\lambda}+\sum_{k=0}^{\infty}k\cdot\frac{\lambda^k}{k!}\mathrm{e}^{-\lambda}$$
$$=\sum_{k=0}^{\infty}k(k-1)\cdot\frac{\lambda^k}{k!}\mathrm{e}^{-\lambda}+E(X)=\lambda^2\sum_{k=2}^{\infty}\frac{\lambda^{k-2}}{(k-2)!}\mathrm{e}^{-\lambda}+\lambda=\lambda^2+\lambda,$$

故由式(4.12)有 $\quad D(X)=E(X^2)-[E(X)]^2=\lambda^2+\lambda-\lambda^2=\lambda.$

由此可见,泊松分布中的参数 λ,既是服从泊松分布的随机变量的数学期望,又是该随机变量的方差.

【例3】 设随机变量 X 服从 $U(a,b)$ 分布,求 $D(X)$.

解:因为 $X\sim U(a,b)$,所以 $E(X)=\dfrac{a+b}{2}$.

又 $\quad E(X^2)=\int_a^b x^2\cdot\dfrac{1}{b-a}\mathrm{d}x=\dfrac{a^2+ab+b^2}{3}$,故由式(4.12)有

$$D(X)=E(X^2)-[E(X)]^2=\frac{(b-a)^2}{12}.$$

【例4】 设随机变量 X 服从指数分布,其概率密度为

$$f(x)=\begin{cases}\dfrac{1}{\theta}\mathrm{e}^{-\frac{x}{\theta}}, & x>0,\\ 0, & x\leqslant0,\end{cases}$$

其中 $\theta>0$, 求 $D(X)$.

解:因为 X 服从指数分布,所以 $E(X)=\theta$.

又
$$E(X^2)=\int_{-\infty}^{+\infty}x^2f(x)\mathrm{d}x=\int_0^{+\infty}x^2\cdot\frac{1}{\theta}\mathrm{e}^{-\frac{x}{\theta}}\mathrm{d}x$$
$$=-x^2\mathrm{e}^{-\frac{x}{\theta}}\Big|_0^{+\infty}+\int_0^{+\infty}2x\mathrm{e}^{-\frac{x}{\theta}}\mathrm{d}x=2\theta^2,$$

故由式(4.12)有 $D(X)=E(X^2)-[E(X)]^2=2\theta^2-\theta^2=\theta^2$.

【例5】 设随机变量 $X\sim N(\mu,\sigma^2)$, 求 $D(X)$.

解:因为 $X\sim N(\mu,\sigma^2)$, 所以 $E(X)=\mu$, 直接由式(4.11)有

$$D(X)=\int_{-\infty}^{+\infty}[x-E(X)]^2f(x)\mathrm{d}x=\int_{-\infty}^{+\infty}(x-\mu)^2\cdot\frac{1}{\sqrt{2\pi}\,\sigma}\mathrm{e}^{-\frac{(x-\mu)^2}{2\sigma^2}}\mathrm{d}x.$$

令 $\frac{x-\mu}{\sigma}=t$, 得

$$D(X)=\frac{\sigma^2}{\sqrt{2\pi}}\int_{-\infty}^{+\infty}t^2\mathrm{e}^{-\frac{t^2}{2}}\mathrm{d}t=\frac{\sigma^2}{\sqrt{2\pi}}\left(-t\mathrm{e}^{-\frac{t^2}{2}}\Big|_{-\infty}^{+\infty}+\int_{-\infty}^{+\infty}\mathrm{e}^{-\frac{t^2}{2}}\mathrm{d}t\right)$$
$$=\frac{\sigma^2}{\sqrt{2\pi}}\int_{-\infty}^{+\infty}\mathrm{e}^{-\frac{t^2}{2}}\mathrm{d}t=\sigma^2.$$

由上节讨论知,正态分布 $N(\mu,\sigma^2)$ 中的参数 μ, 是服从正态分布的随机变量的数学期望.本例告诉我们,正态分布 $N(\mu,\sigma^2)$ 中的另一个参数 σ^2, 就是服从正态分布的随机变量的方差.至此,正态分布 $N(\mu,\sigma^2)$ 中的两个参数都有了明确的含义.

二、 随机变量的方差的性质

▶️ 随机变量的
方差(四)

方差还具有下述性质(假设所遇到的随机变量的方差都是存在的):

性质1 设 C 是常数,则 $D(C)=0$.

证明:$D(C)=E(C^2)-[E(C)]^2=C^2-C^2=0$.

性质2 设 X 为随机变量, C 是常数,则 $D(CX)=C^2D(X)$.

证明:$D(CX)=E(CX)^2-[E(CX)]^2=C^2\{E(X^2)-[E(X)]^2\}=C^2D(X)$.

性质3 设 $X_1,X_2,\cdots,X_n(n\geqslant2)$ 为相互独立的随机变量,则
$$D(X_1+X_2+\cdots+X_n)=D(X_1)+D(X_2)+\cdots+D(X_n).$$

证明:这里只证 $n=2$ 的情形(一般情形可由数学归纳法推出).
$$D(X_1+X_2)=E\{[(X_1+X_2)-E(X_1+X_2)]^2\}$$
$$=E\{[X_1-E(X_1)+X_2-E(X_2)]^2\}$$
$$=E\{[X_1-E(X_1)]^2+[X_2-E(X_2)]^2+$$
$$2[X_1-E(X_1)][X_2-E(X_2)]\}$$
$$=DX_1+DX_2+2E\{[X_1-E(X_1)][X_2-E(X_2)]\}.$$

因为 X_1 与 X_2 相互独立,故由数学期望的性质得
$$E\{[X_1-E(X_1)][X_2-E(X_2)]\}$$

$$= E[X_1 X_2 - X_1 E(X_2) - X_2 E(X_1) + E(X_1) E(X_2)]$$
$$= E(X_1 X_2) - E(X_1) E(X_2) - E(X_2) E(X_1) + E(X_1) E(X_2)$$
$$= E(X_1 X_2) - E(X_1) E(X_2) = 0,$$

所以证得　　　　　　　$D(X_1 + X_2) = D(X_1) + D(X_2).$

性质 4　$D(X) = 0$ 的充要条件是 $P[X = E(X)] = 1.$

证明:略.

【例 6】　设随机变量 $X \sim B(n, p)$,求 $D(X)$.

解:由上节例 10 知,$X = X_1 + X_2 + \cdots + X_n, X_1, X_2, \cdots, X_n$ 为相互独立的随机变量,且 $X_k (k = 1, 2, \cdots, n)$ 服从参数为 p 的(0-1)分布.

又　$D(X_k) = p(1-p)$,故由性质 3 有
$$D(X) = D(X_1) + D(X_2) + \cdots + D(X_n) = np(1-p).$$

【例 7】　设有随机变量 $X, E(X) = \mu, D(X) = \sigma^2$,称 $Y = \dfrac{X - \mu}{\sigma}$ 为 X 的标准化变量.求证:$E(Y) = 0, D(Y) = 1.$

证明:$E(Y) = E\left(\dfrac{X - \mu}{\sigma}\right) = \dfrac{1}{\sigma} E(X - \mu) = 0;$

$$D(Y) = E(Y^2) - [E(Y)]^2 = E(Y^2) = E\left(\dfrac{X - \mu}{\sigma}\right)^2$$

$$= \dfrac{1}{\sigma^2} E(X - \mu)^2 = \dfrac{1}{\sigma^2} \cdot \sigma^2 = 1.$$

【例 8】　设 $X_1, X_2, \cdots, X_n$ 为相互独立的随机变量,$E(X_i) = \mu,$ $D(X_i) = \sigma^2, i = 1, 2, \cdots, n,$令 $\overline{X} = \dfrac{1}{n} \sum\limits_{i=1}^{n} X_i,$ 求 $E(\overline{X}), D(\overline{X}).$

解:由期望与方差的性质有
$$E(\overline{X}) = E\left(\dfrac{1}{n} \sum_{i=1}^{n} X_i\right) = \dfrac{1}{n} \sum_{i=1}^{n} E(X_i) = \dfrac{1}{n} n\mu = \mu,$$
$$D(\overline{X}) = D\left(\dfrac{1}{n} \sum_{i=1}^{n} X_i\right) = \dfrac{1}{n^2} \sum_{i=1}^{n} D(X_i) = \dfrac{1}{n^2} n\sigma^2 = \dfrac{\sigma^2}{n}.$$

可以将本例的结果推广到更一般的情形:若 $X_1, X_2, \cdots, X_n$ 为相互独立的随机变量,$E(X_i) = \mu_i, D(X_i) = \sigma^2, i = 1, 2, \cdots, n;$ 令 $Y = \sum\limits_{i=1}^{n} c_i X_i, c_1, c_2, \cdots, c_n$ 均为常数,则
$$E(Y) = \sum_{i=1}^{n} c_i E(X_i) = \sum_{i=1}^{n} c_i \mu_i, \quad D(Y) = \sum_{i=1}^{n} c_i^2 D(X_i) = \sum_{i=1}^{n} c_i^2 \sigma_i^2.$$

若 $X_i \sim N(\mu_i, \sigma_i^2), i = 1, 2, \cdots, n, c_1, c_2, \cdots, c_n$ 不全为 0,则 Y 仍为正态随机变量,且 $Y \sim N\left(\sum\limits_{i=1}^{n} c_i \mu_i, \sum\limits_{i=1}^{n} c_i^2 \sigma_i^2\right).$

特别有 $X_i \sim N(\mu, \sigma^2)$,则　$\overline{X} = \dfrac{1}{n} \sum\limits_{i=1}^{n} X_i \sim N\left(\mu, \dfrac{\sigma^2}{n}\right).$

【例9】 设随机变量 X 与 Y 相互独立,且 $X \sim N(720,30^2)$, $Y \sim N(640,25^2)$.

求概率 $P(X>Y)$, $P(X+Y>1400)$.

解:由 X 与 Y 相互独立知,

$$E(X-Y) = E(X)-E(Y) = 80, D(X-Y) = D(X)+D(Y) = 1525.$$

且 $X-Y \sim N(80,1525)$,所以得

$$P(X>Y) = P\{X-Y>0\} = 1-\Phi\left(\frac{0-80}{\sqrt{1525}}\right) = \Phi(2.0486) = 0.9798.$$

同理知 $X+Y \sim N(1360,1525)$,所以得

$$P(X+Y>1400) = 1-\Phi\left(\frac{1400-1360}{\sqrt{1525}}\right)$$

$$= 1-\Phi(1.02) = 1-0.8461 = 0.1539$$

下面介绍著名的切比雪夫不等式.

定理 设随机变量 X 的期望与方差均存在,则对任意 $\varepsilon>0$ 有下式成立:

$$P(|X-E(X)| \geqslant \varepsilon) \leqslant \frac{D(X)}{\varepsilon^2}.$$

其等价形式为 $P(|X-E(X)| < \varepsilon) \geqslant 1-\dfrac{D(X)}{\varepsilon^2}$.

证明:我们仅就连续型随机变量的情形给出证明.

设随机变量 X 的概率密度为 $f(x)$,则对任意 $\varepsilon>0$,有

$$P(|X-E(X)| \geqslant \varepsilon) = \int_{|x-E(X)| \geqslant \varepsilon} f(x)\,\mathrm{d}x$$

$$\leqslant \int_{|x-E(X)| \geqslant \varepsilon} \frac{|x-E(X)|^2}{\varepsilon^2} f(x)\,\mathrm{d}x$$

$$\leqslant \frac{1}{\varepsilon^2} \int_{-\infty}^{+\infty} [x-E(X)]^2 f(x)\,\mathrm{d}x = \frac{D(X)}{\varepsilon^2}.$$

在概率论的许多不等式中,切比雪夫不等式是最基本和最重要的不等式.切比雪夫不等式利用期望与方差,对事件 $(|X-E(X)| \geqslant \varepsilon)$ 的概率进行估计,且无需知道随机变量 X 的分布,这使得它在理论研究及实际应用中都很有价值.

从切比雪夫不等式还可以看出,当方差越小时,事件 $(|X-E(X)| \geqslant \varepsilon)$ 发生的概率也越小,这表明随机变量 X 的取值也就越集中在其"中心" $E(X)$ 的附近.可见,方差的确是刻画随机变量 X 取值集中程度的一个量.在下一章我们还将看到,切比雪夫不等式是大数定律的理论基础.

【例10】 有一大批种子,其中良种占 $\dfrac{1}{6}$,现从中任取 6000 粒.

试用切比雪夫不等式估计,6000 粒中良种所占比例与 $\dfrac{1}{6}$ 之差的绝

对值不超过 0.01 的概率.

解：由题意可知，在任意取出的 6000 粒种子中，良种数是一随机变量，将其记为 X，易知

$X \sim B\left(6000, \dfrac{1}{6}\right)$，从而 $E(X)=1000, D(X)=1000 \times \dfrac{5}{6}=\dfrac{2500}{3}$.

由切比雪夫不等式有

$$P\left(\left|\frac{X}{6000}-\frac{1}{6}\right| \leqslant 0.01\right)=P(|X-1000| \leqslant 60)$$

$$=P(|X-E(X)| \leqslant 60)=1-\frac{1}{60^2}D(X)$$

$$=1-\frac{1}{60^2} \times \frac{2500}{3}=1-\frac{50}{6^3} \approx 0.769.$$

第三节　协方差与相关系数

对于二维随机变量 (X,Y) 而言，X 和 Y 的期望与方差仅仅描述了 X 和 Y 自身的某些特征，而在 X 与 Y 间的相互关系方面却并未提供任何信息.为此，我们需要引入一个数字特征，它可以反映两个随机变量间的联系，这就是协方差与相关系数.

由前面的讨论可知，两个随机变量是否相互独立，反映了两个随机变量间的某种联系，但在有些实际问题中，两个随机变量并不满足相互独立的要求.由期望的性质可知，当随机变量 X 与 Y 相互独立时，有 $E(XY)=E(X) \cdot E(Y)$.经推导易证，该式与下式等价：

$$E\{[X-E(X)][Y-E(Y)]\}=0. \qquad (4.13)$$

即 X 与 Y 相互独立时，式(4.13)成立，反之不然.也就是说，当 X 和 Y 满足式(4.13)时，X 与 Y 不一定是相互独立的.这表明，X 与 Y 之间还存在着另一种关系，这种关系是用两个随机变量是否相关的概念来描述的.

一、协方差

定义 1　设 (X,Y) 为二维随机变量.若 $E[(X-E(X))(Y-E(Y))]$ 存在，则称它为随机变量 X 与 Y 的协方差，记为 $\mathrm{Cov}(X,Y)$，即

$$\mathrm{Cov}(X,Y)=E\{[X-E(X)][Y-E(Y)]\}. \qquad (4.14)$$

协方差是两个随机变量函数的数学期望.因此，当已知 (X,Y) 的分布时，可由式(4.14)计算协方差.不过，计算协方差还有另一个常用公式：

$$\mathrm{Cov}(X,Y)=E(XY)-E(X) \cdot E(Y) \qquad (4.15)$$

【例1】 设 (X,Y) 服从二维正态分布 $N(\mu_1,\mu_2,\sigma_1^2,\sigma_2^2,\rho)$，求 $\mathrm{Cov}(X,Y)$.

解:

$$\mathrm{Cov}(X,Y)=E\{[X-E(X)][Y-E(Y)]\}$$

$$=\int_{-\infty}^{+\infty}\int_{-\infty}^{+\infty}[x-E(X)][y-E(Y)]f(x,y)\mathrm{d}x\mathrm{d}y$$

$$=\int_{-\infty}^{+\infty}\int_{-\infty}^{+\infty}(x-\mu_1)(y-\mu_2)\frac{1}{2\pi\sigma_1\sigma_2\sqrt{1-\rho^2}}\cdot$$

$$\exp\left\{\frac{-1}{2(1-\rho^2)}\left[\left(\frac{x-\mu_1}{\sigma_1}\right)^2-2\rho\left(\frac{x-\mu_1}{\sigma_1}\right)\left(\frac{y-\mu_2}{\sigma_2}\right)+\left(\frac{y-\mu_2}{\sigma_2}\right)^2\right]\right\}\mathrm{d}x\mathrm{d}y.$$

令 $u=\dfrac{x-\mu_1}{\sigma_1},v=\dfrac{y-\mu_2}{\sigma_2}$，得

$$\mathrm{Cov}(X,Y)=\frac{\sigma_1\sigma_2}{2\pi\sqrt{1-\rho^2}}\int_{-\infty}^{+\infty}\int_{-\infty}^{+\infty}uv\cdot\exp\left[\frac{-1}{2(1-\rho^2)}(u^2-2\rho uv+v^2)\right]\mathrm{d}u\mathrm{d}v$$

$$=\frac{\sigma_1\sigma_2}{\sqrt{2\pi}}\int_{-\infty}^{+\infty}v\mathrm{d}v\frac{1}{\sqrt{2\pi(1-\rho^2)}}\cdot$$

$$\int_{-\infty}^{+\infty}u\cdot\exp\left\{\frac{-1}{2(1-\rho^2)}[(u-\rho v)^2+(1-\rho^2)v^2]\right\}\mathrm{d}u$$

$$=\frac{\sigma_1\sigma_2}{\sqrt{2\pi}}\int_{-\infty}^{+\infty}v\mathrm{e}^{-\frac{v^2}{2}}\mathrm{d}v\left\{\frac{1}{\sqrt{2\pi(1-\rho^2)}}\int_{-\infty}^{+\infty}u\cdot\exp\left[\frac{-1}{2(1-\rho^2)}(u-\rho v)^2\right]\mathrm{d}u\right\}$$

$$=\frac{\sigma_1\sigma_2}{\sqrt{2\pi}}\int_{-\infty}^{+\infty}\rho v^2\mathrm{e}^{-\frac{v^2}{2}}\mathrm{d}v=\rho\sigma_1\sigma_2.$$

协方差具有下述一些性质,利用期望与方差的性质可以推出这些性质,请读者自己完成.

性质1　$\mathrm{Cov}(X,X)=D(X)$；

性质2　$\mathrm{Cov}(X,C)=0$ (C 为常数)；

性质3　$\mathrm{Cov}(X,Y)=\mathrm{Cov}(Y,X)$；

性质4　$\mathrm{Cov}(aX,bY)=ab\mathrm{Cov}(X,Y)$；

性质5　$\mathrm{Cov}(X+Y,Z)=\mathrm{Cov}(X,Z)+\mathrm{Cov}(Y,Z)$；

性质6　$D(X+Y)=D(X)+D(Y)+2\mathrm{Cov}(X,Y)$.

【例2】 设二维离散型随机变量 (X,Y) 的联合分布律为

X	Y		
	-1	0	1
0	0.07	0.18	0.15
1	0.08	0.32	0.20

求 $\mathrm{Cov}(X^2+3,Y^2-5)$.

解: 由协方差的性质推得

$$\mathrm{Cov}(X^2+3, Y^2-5)$$
$$=\mathrm{Cov}(X^2, Y^2)+\mathrm{Cov}(X^2, -5)+\mathrm{Cov}(3, Y^2)+\mathrm{Cov}(3, -5)$$
$$=\mathrm{Cov}(X^2, Y^2)=E(X^2Y^2)-E(X^2)E(Y^2).$$

又由已知可得 X 和 Y 的边缘分布分别为

X	0	1
P	0.4	0.6

Y	−1	0	1
P	0.15	0.5	0.35

$$E(X^2)=0^2\times0.4+1^2\times0.6=0.6,$$
$$E(Y^2)=(-1)^2\times0.15+0^2\times0.5+1^2\times0.35=0.5,$$

由式(4.7)有

$$E(X^2Y^2)=0^2\cdot(-1)^2\times0.07+0^2\cdot0^2\times0.18+0^2\cdot1^2\times0.15+$$
$$1^2\cdot(-1)^2\times0.08+1^2\cdot0^2\times0.32+1^2\cdot1^2\times0.20$$
$$=0.08+0.20=0.28.$$

所以得　　　$\mathrm{Cov}(X^2+3, Y^2-5)=0.28-0.6\times0.5=-0.02.$

协方差是受量纲影响的量,这一点可以从协方差的性质中推出,$\mathrm{Cov}(kX, kY)=k^2\mathrm{Cov}(X, Y)$,从协方差定义出发,我们想能够得到一个不受量纲影响的量,这就是相关系数.

二、相关系数

> **定义 2**　设 (X, Y) 为二维随机变量,当 $D(X)\neq0, D(Y)\neq0$ 时称
>
> $$\rho_{XY}=\frac{\mathrm{Cov}(X, Y)}{\sqrt{D(X)}\cdot\sqrt{D(Y)}} \qquad (4.16)$$
>
> 为随机变量 X 与 Y 的相关系数,简记为 ρ.

协方差和相关
系数产生过程
拓展阅读

【**例 3**】　设 (X, Y) 服从二维正态分布 $N(\mu_1, \mu_2, \sigma_1^2, \sigma_2^2, \rho)$,求 X 与 Y 的相关系数 ρ_{XY}.

解:由例 1 知:$\mathrm{Cov}(X, Y)=\rho\sigma_1\sigma_2.$ 又由已知,$D(X)=\sigma_1^2, D(Y)=\sigma_2^2$,所以得

$$\rho_{XY}=\frac{\mathrm{Cov}(X, Y)}{\sqrt{D(X)}\cdot\sqrt{D(Y)}}=\frac{\rho\sigma_1\sigma_2}{\sigma_1\sigma_2}=\rho.$$

由此可见,二维正态随机变量 (X, Y) 的概率密度中的参数 ρ,就是 X 与 Y 的相关系数.至此,二维正态概率密度中的五个参数都有了明确的含义.

定理 1　设 ρ 为随机变量 X 与 Y 的相关系数,则

(1) $|\rho_{XY}|\leq1$;

(2) $|\rho_{XY}|=1$ 的充要条件是 $P(Y=aX+b)=1, a, b$ 为常数,且 $a\neq0$.

(1) 证明 $|\rho_{XY}|\leq1$

思考:相关系数的绝对值的大小能够度量 X, Y 之间的一种什么关系?为什么?相关系数的正负号能体现出 X, Y 之间的什么关系?为什么?而协方差的大小和符号能否体现出这些关系?

证明:从 Y 和 X 的线性函数 $a+bX$ 的均方误差入手,

均方误差 $e=E[Y-(a+bX)]^2=EY^2+b^2EX^2+a^2-2aEY-2bEXY+2abEX$,

下面求 a,b 使 e 达到最小,得

$$
\begin{cases}
\dfrac{\partial e}{\partial a}=2a+2bEX-2EY=0, \\
\dfrac{\partial e}{\partial b}=2bEX^2-2EXY+2aEX=0,
\end{cases}
$$

解得
$$
\begin{cases}
a=EY-bEX, \\
b=\dfrac{EXY-EXEY}{EX^2-(EX)^2}=\dfrac{\mathrm{Cov}(X,Y)}{DX},
\end{cases}
$$

将 b 的表达式再代入 a, 得 $a=EY-bEX=EY-EX\dfrac{\mathrm{Cov}(X,Y)}{DX}$.

将 a,b 代入均方误差 e,求 e 的最小值,

$$
\begin{aligned}
\min_{a,b}e &=\min_{a,b}E[Y-(a+bX)]^2 \\
&=\min_{a,b}E\left[Y-EY+EX\frac{\mathrm{Cov}(X,Y)}{DX}-X\frac{\mathrm{Cov}(X,Y)}{DX}\right]^2 \\
&=\min_{a,b}E\left[(Y-EY)-(X-EX)\frac{\mathrm{Cov}(X,Y)}{DX}\right]^2 \\
&=DY+DX\frac{\mathrm{Cov}^2(X,Y)}{(DX)^2}-2\mathrm{Cov}(X,Y)\frac{\mathrm{Cov}(X,Y)}{DX} \\
&=DY-\frac{\mathrm{Cov}^2(X,Y)}{DX}=DY-\frac{\rho_{XY}^2 DXDY}{DX}=(1-\rho_{XY}^2)DY. \quad (4.17)
\end{aligned}
$$

即得到 $0\le\min_{a,b}e=\min_{a,b}E[Y-(a+bX)]^2=(1-\rho_{XY}^2)DY$,可见 $|\rho_{XY}|\le1$. 且 $|\rho_{XY}|$ 越大,$\min_{a,b}e$ 越小,意味着 X 和 Y 的线性函关系越强.

(2) 证明 $|\rho_{XY}|=1$ 的充要条件是,存在常数 a,b 使得 $P(Y=a+bX)=1$.

证明:必要性证明, 若 $|\rho_{XY}|=1$,则由式(4.17)可得 $E[Y-(a+bX)]^2=0$,又由

$$E[Y-(a+bX)]^2=D[Y-(a+bX)]+\{E[Y-(a+bX)]\}^2,$$

从而有 $\quad D[Y-(a+bX)]=0,\quad E[Y-(a+bX)]=0$,由方差的性质4,有

$$P[Y-(a+bX)=0]=1 \text{ 即 } P(Y=a+bX)=1.$$

充分性证明,若存在常数 a^*,b^* 使得 $P(Y=a^*+b^*X)=1$,即 $P[Y-(a^*+b^*X)=0]=1$

从而 $\quad D(Y-(a^*+b^*X))=0$,且 $E(Y-(a^*+b^*X))=0$

于是 $\quad E[Y-(a^*+b^*X)]^2=0$,

故有 $\quad 0=E[Y-(a^*+b^*X)]^2\ge\min_{a,b}E[Y-(a+bX)]^2=(1-\rho_{XY}^2)D(Y)$,

即得 $\quad |\rho_{XY}|=1$.

相关系数是两随机变量间线性关系强弱的一种度量.定理 1 表明,当 $|\rho|=1$ 时,随机变量 X 与 Y 之间以概率 1 存在着线性关系.并且容易验证,当 $\rho=1$ 时为正线性相关(即 $a>0$),当 $\rho=-1$ 时为负线性相关(即 $a<0$);当 $|\rho|<1$ 时,$|\rho|$ 越小,X 与 Y 的线性相关程度就越弱,直至当 $\rho=0$ 时,X 与 Y 之间就不存在线性关系了.

相关系数散点
图数值模拟

> **定义 3**　设随机变量 X 与 Y 的相关系数为 ρ,若 $\rho=0$,则称随机变量 X 与 Y 不相关.

定理 2　对二维随机变量 (X,Y),设 $D(X),D(Y)$ 存在,且 $D(X)\neq0,D(Y)\neq0$,则下述命题等价:

(1) $\rho=0$;

(2) $\mathrm{Cov}(X,Y)=0$;

(3) $E(XY)=E(X)\cdot E(Y)$;

(4) $D(X+Y)=D(X)+D(Y)$.

证明:略.

定理 3　设 (X,Y) 为二维随机变量.若随机变量 X 与 Y 相互独立,则 X 与 Y 不相关.反之不然.

证明:略.

定理 3 表明,两个随机变量不相关和两个随机变量相互独立与否是两个不同的概念,两者是不等价的.当随机变量 X 与 Y 相互独立时,有 $E(XY)=E(X)\cdot E(Y)$,由定理 2 知,X 与 Y 必不相关;而当 X 与 Y 不相关时,仅仅表明 X 与 Y 之间不存在线性关系,这并不等于说 X 与 Y 之间不存在其他形式的关系.若 X 与 Y 之间不存在线性关系(即不相关),但存在着其他形式的依赖关系,X 与 Y 就不相互独立了.

例如,设随机变量 $\theta\sim U(-\pi,\pi)$,记 $X=\sin\theta,Y=\cos\theta$.由于

$$E(X)=\frac{1}{2\pi}\int_{-\pi}^{\pi}\sin t\,dt=0,\ E(XY)=\frac{1}{2\pi}\int_{-\pi}^{\pi}\sin t\cos t\,dt=0,$$

所以 $E(XY)=E(X)\cdot E(Y)$,即 X 与 Y 不相关.但是 $X^2+Y^2=\sin^2\theta+\cos^2\theta=1$,则说明 X 与 Y 之间虽然不存在线性关系,却存在着其他形式的函数关系,从而 X 与 Y 不相互独立(关于 X 与 Y 不相互独立的证明请读者自己完成).

这里还需特别指出的是,二维正态分布 $N(\mu_1,\mu_2,\sigma_1^2,\sigma_2^2,\rho)$ 是一个例外.对二维正态变量 (X,Y),X 与 Y 相互独立的充要条件是 $\rho=0$;而由例 3 知,ρ 正是 X 与 Y 的相关系数 ρ_{XY},故 X 与 Y 不相关的充要条件也是 $\rho=0$.这样,对服从二维正态分布的随机变量 (X,Y) 而言,不相关与独立性是一致的.

此外,二维正态分布还有一个重要性质:设 (X_1,X_2) 服从二维正态分布,Y_1 与 Y_2 均是 X_1 与 X_2 的线性函数,则 (Y_1,Y_2) 也服从二维正态分布.这个性质称为正态变量的线性变换不变性.

相关系数
应用拓展

【例4】 设随机变量 X 与 Y 相互独立,且均服从正态分布 $N(0,\sigma^2)$.记 $U=aX+bY,V=aX-bY,a,b$ 为常数.

问 a,b 取何值时,U 与 V 不相关?

解:由协方差的性质推得

$$\text{Cov}(U,V) = \text{Cov}(aX+bY,aX-bY) = a^2 D(X) - b^2 D(Y) = (a^2-b^2)\sigma^2,$$

所以当 $|a|=|b|$ 时,$\text{Cov}(U,V)=0$,即 U 与 V 不相关.

第四节　综合例题选讲

【例1】 设某项试验成功的概率为 p（$0<p<1$），现将该试验重复独立地进行,直到试验成功为止.用 X 表示所需的试验次数.

求 $E(X)$ 和 $D(X)$.

解:首先确定 X 的分布.显然,X 服从参数为 p 的几何分布,分布律为

$$P\{X=k\}=pq^{k-1}, k=1,2,\cdots,\text{其中 } q=1-p.$$

于是得

$$E(X)=\sum_{k=1}^{\infty} kpq^{k-1}=p\sum_{k=1}^{\infty} kq^{k-1}=p\sum_{k=1}^{\infty}(q^k)'$$

$$=p\left(\sum_{k=1}^{\infty} q^k\right)'=p\cdot\left(\frac{q}{1-q}\right)'=p\cdot\frac{1}{(1-q)^2}=\frac{1}{p},$$

又　$E(X^2)=\sum_{k=1}^{\infty} k^2 pq^{k-1}=\sum_{k=1}^{\infty} k(k-1)pq^{k-1}+\sum_{k=1}^{\infty} kpq^{k-1}$

$$=pq\sum_{k=2}^{\infty} k(k-1)q^{k-2}+E(X)=pq\left(\sum_{k=2}^{\infty} q^k\right)''+E(X)$$

$$=pq\cdot\frac{2}{(1-q)^3}+\frac{1}{p}=\frac{1+q}{p^2},$$

所以得　$D(X)=E(X^2)-[E(X)]^2=\frac{1+q}{p^2}-\frac{1}{p^2}=\frac{1-p}{p^2}.$

例1涉及级数求和问题.运用逐项求导的方法可得到如下两个求和公式:

$$\sum_{k=1}^{\infty} kx^{k-1}=\left(\sum_{k=1}^{\infty} x^k\right)'=\frac{1}{(1-x)^2},$$

$$\sum_{k=2}^{\infty} k(k-1)x^{k-2}=\left(\sum_{k=2}^{\infty} x^k\right)''=\frac{2}{(1-x)^3},\text{这里 } |x|<1.$$

【例2】 设随机变量 X 取非负整数,且 $P(X=n)=\dfrac{AB^n}{n!}$,已知 $E(X)=a$,求:常数 A,B.

解:因为　$1=\sum_{n=0}^{\infty} P(X=n)=\sum_{n=0}^{\infty} A\frac{B^n}{n!}=Ae^B$,所以得:$A=e^{-B}$.又由

数学期望的定义有

$$a=E(X)=\sum_{n=0}^{\infty} n \cdot \frac{AB^n}{n!}=AB\sum_{n=1}^{\infty}\frac{B^{n-1}}{(n-1)!}=ABe^B,$$

故求得 $A=e^{-B}, B=a.$

【例3】 掷一颗骰子直到所有的点数全部出现为止,求所需投掷次数的数学期望.

解:记 X_i 表示"第 $(i-1)$ 个新点数出现后至第 i 个新点数出现所需投掷的次数", $i=1,2,\cdots,6$,记 X 表示"总的投掷次数",有

$$X=\sum_{i=1}^{6} X_i,$$

进一步有

$$P(X_1=1)=1,$$

$$P(X_2=k)=\left(\frac{1}{6}\right)^{k-1} \cdot \frac{5}{6}, \quad k=1,2,\cdots$$

$$P(X_3=k)=\left(\frac{2}{6}\right)^{k-1} \cdot \frac{4}{6}, \quad k=1,2,\cdots$$

$$P(X_4=k)=\left(\frac{3}{6}\right)^{k-1} \cdot \frac{3}{6}, \quad k=1,2,\cdots$$

$$P(X_5=k)=\left(\frac{4}{6}\right)^{k-1} \cdot \frac{2}{6}, \quad k=1,2,\cdots$$

$$P(X_6=k)=\left(\frac{5}{6}\right)^{k-1} \cdot \frac{1}{6}, \quad k=1,2,\cdots$$

可见 $X_i(i=2,3,\cdots,6)$ 均服从几何分布,从而有

$$E(X_1)=1, E(X_2)=\frac{6}{5}, E(X_3)=\frac{3}{2},$$

$$E(X_4)=2, E(X_5)=3, E(X_6)=6,$$

由数学期望的性质得

$$E(X)=\sum_{i=1}^{6} E(X_i)=\frac{6}{6}+\frac{6}{5}+\frac{3}{2}+2+3+6=14.7.$$

注:本例要点是,把"需投掷次数"这个随机变量分解为若干服从几何分布的随机变量,再利用几何分布数学期望的计算结果及数学期望的性质巧妙地得到问题的答案.

【例4】 设随机变量 X 与 Y 相互独立,均服从正态分布 $N\left(0,\frac{1}{2}\right)$,求: $D(|X-Y|)$.

解:记 $Z=X-Y$.由已知条件 $X\sim N\left(0,\frac{1}{2}\right)$, $Y\sim N\left(0,\frac{1}{2}\right)$,且 X 与 Y 相互独立,故 $Z\sim N(0,1)$.于是本题即求 $D(|Z|)$.

由于 $E(|Z|)=\int_{-\infty}^{+\infty}|x| \cdot \frac{1}{\sqrt{2\pi}}e^{-\frac{x^2}{2}}dx=\frac{2}{\sqrt{2\pi}}\int_0^{+\infty} x \cdot e^{-\frac{x^2}{2}}dx=\sqrt{\frac{2}{\pi}},$

$$E(|Z|^2) = E(Z^2) = D(Z) + [E(Z)]^2 = 1,$$

所以得 $D(|X-Y|) = D(|Z|) = E(|Z|^2) - [E(|Z|)]^2 = 1 - \dfrac{2}{\pi}.$

解本例的关键是先确定出 $Z = X - Y$ 的分布,并熟练使用式 (4.12).

【例 5】 将两个独立工作的同类型电子元件串联联接组成整机,元件寿命(单位:h)服从指数分布,其概率密度为

$$f(x) = \begin{cases} \dfrac{1}{\theta}e^{-\frac{x}{\theta}}, & x>0, \\ 0, & \text{其他}, \end{cases} \quad \theta>0.$$

求:整机寿命 N 的数学期望.

解:用 $X_k (k=1,2)$ 表示第 k 个元件的寿命,则整机寿命 $N = \min(X_1, X_2)$.

又 $X_k (k=1,2)$ 的分布函数为

$$F(x) = \begin{cases} 1 - e^{-\frac{x}{\theta}}, & x>0, \\ 0, & \text{其他}, \end{cases}$$

故 N 的分布函数为

$$F_{\min}(x) = 1 - [1 - F(x)]^2 = \begin{cases} 1 - e^{-\frac{2x}{\theta}}, & x>0, \\ 0, & \text{其他}. \end{cases}$$

从而 N 的概率密度为

$$f_{\min}(x) = \begin{cases} \dfrac{2}{\theta}e^{-\frac{2x}{\theta}}, & x>0, \\ 0, & \text{其他}, \end{cases}$$

所以得 N 的数学期望为 $E(N) = \displaystyle\int_{-\infty}^{+\infty} x f_{\min}(x)\,\mathrm{d}x = \int_0^{+\infty} x\,\dfrac{2}{\theta}e^{-\frac{2x}{\theta}}\,\mathrm{d}x = \dfrac{\theta}{2}.$

【例 6】 设随机变量 X 与 Y 相互独立,均服从正态分布 $N(0,1)$,求 $E[\min(X,Y)]$.

解:由题意易知,(X,Y) 的联合概率密度为

$$f(x,y) = \dfrac{1}{2\pi}\exp\left(-\dfrac{x^2+y^2}{2}\right),$$

记 $\quad g(x,y) = \min(x,y) = \begin{cases} x, & x \leqslant y, \\ y, & x>y. \end{cases}$

则由式 (4.5) 得

$$E[\min(X,Y)] = \int_{-\infty}^{+\infty}\int_{-\infty}^{+\infty} g(x,y)f(x,y)\,\mathrm{d}x\mathrm{d}y$$

$$= \iint_{x \leqslant y} \dfrac{x}{2\pi}\exp\left(-\dfrac{x^2+y^2}{2}\right)\mathrm{d}x\mathrm{d}y + \iint_{x>y} \dfrac{y}{2\pi}\exp\left(-\dfrac{x^2+y^2}{2}\right)\mathrm{d}x\mathrm{d}y$$

$$= \int_{-\infty}^{+\infty}\mathrm{d}y \int_{-\infty}^{y} \dfrac{x}{2\pi}\exp\left(-\dfrac{x^2+y^2}{2}\right)\mathrm{d}x +$$

$$\int_{-\infty}^{+\infty} dx \int_{-\infty}^{x} \frac{y}{2\pi} \exp\left(-\frac{x^2+y^2}{2}\right) dy$$

$$= -\frac{1}{2\pi} \int_{-\infty}^{+\infty} e^{-y^2} dy - \frac{1}{2\pi} \int_{-\infty}^{+\infty} e^{-x^2} dx = -\frac{1}{\sqrt{\pi}}.$$

例 5 和例 6 题型相同,均是计算两个随机变量的函数的数学期望,但其求解方法不同.例 5 采用的是一维的解法,即先求出 $N=\min\{X_1,X_2\}$ 的分布,再由定义式(4.2)计算 $E(N)$;例 6 采用的是二维的解法,即直接利用式(4.5)求解,这样可免去求 $\min\{X,Y\}$ 的分布.读者略加思考一下便可发现,若将此两例的解法互换,则难度均有所增加.这说明在解这类题时,应根据具体的条件选择合适的解题方法.通常多采用二维的方法,即利用式(4.5)来求解.下面再看一例.

【例 7】 在长为 L 的线段上任取两点,求两点间距离的数学期望与方差.

解:将线段 L 置于数轴的区间 $[0,L]$ 上,用 X,Y 分别表示所取两点的坐标,则两点间距离为 $Z=|X-Y|$.由题意知 X 与 Y 相互独立,且均服从均匀分布 $U(0,L)$,则易知 X 与 Y 的联合概率密度为

$$f(x,y) = \begin{cases} \dfrac{1}{L^2}, & 0 \le x \le L, 0 \le y \le L, \\ 0, & \text{其他}, \end{cases}$$

故有 $\quad E(Z)=E[\,|X-Y|\,]=\int_{-\infty}^{+\infty}\int_{-\infty}^{+\infty}|x-y|\cdot f(x,y)\,dxdy$

$$= \int_0^L \int_0^L |x-y| \frac{1}{L^2} dxdy$$

$$= \frac{1}{L^2}\left[\int_0^L dx \int_x^L (y-x)\,dy + \int_0^L dx \int_0^x (x-y)\,dy\right]$$

$$= \frac{1}{L^2}\left[\int_0^L \frac{(L-x)^2}{2} dx + \int_0^L \frac{x^2}{2} dx\right] = \frac{L}{3}.$$

$$E(Z^2)=E[\,|X-Y|^2\,]=\int_{-\infty}^{+\infty}\int_{-\infty}^{+\infty}(x-y)^2 f(x,y)\,dxdy$$

$$= \int_0^L \int_0^L (x-y)^2 \frac{1}{L^2} dxdy = \frac{1}{L^2}\int_0^L dy \int_0^L (x-y)^2 dx$$

$$= \frac{1}{L^2}\int_0^L \frac{(L-y)^3+y^3}{3} dy = \frac{L^2}{6},$$

从而得 $\quad\quad D(Z)=E(Z^2)-[E(Z)]^2=\dfrac{L^2}{18}.$

【例 8】 一副纸牌共有 N 张,其中有 3 张 A,随机地洗牌,然后从顶上一张接一张地翻牌,直至翻到第 2 张 A 出现为止,试求翻过的纸牌数 X 的数学期望.

解:将纸牌一张张翻开可视为把纸牌作了一个全排列,而 3 张

A 把整个排列分割成 4 段,第一张 A 出现之前的纸牌数记为 X_1,第 1 张 A 与第 2 张 A 之间的纸牌数记为 X_2,第 2 张 A 与第 3 张 A 之间的纸牌数记为 X_3,第 3 张 A 之后的纸牌数记为 X_4. 由于每种排列都是等可能的,3 张 A 的分布是均匀的,所以 X_1, X_2, X_3, X_4 的分布是一样的,因而有相同的数学期望.注意到

$$X_1 + X_2 + X_3 + X_4 = N - 3,$$

有 $$E(X_1) = E(X_2) = E(X_3) = E(X_4) = \frac{N-3}{4}.$$

另一方面 $$X = X_1 + X_2 + 2,$$

故 $$E(X) = \frac{N-3}{4} + \frac{N-3}{4} + 2 = \frac{N+1}{2}.$$

注:本例的解题特点是,先构造一些随机变量,判断这些随机变量分布相同,再利用数学期望的性质,推理出(而不是直接计算)这些随机变量的数学期望;然后用这些随机变量表示翻过的纸牌数 X,从而得到问题的解.

【例 9】 某箱装有 100 件产品,其中一、二和三等品分别为 80、10 和 10 件,现在从中任取一件产品,记

$$X_i = \begin{cases} 1, & \text{抽到 } i \text{ 等品,} \\ 0, & \text{其他,} \end{cases} \quad i = 1, 2, 3.$$

求相关系数 $\rho_{X_1 X_2}$.

(思路:先求出 X_1 与 X_2 的联合分布.)

解:(X_1, X_2) 的可能取值为 $(0,0), (0,1), (1,0), (1,1)$,且

$$P(X_1 = 0, X_2 = 0) = P(X_3 = 1) = 0.1,$$
$$P(X_1 = 0, X_2 = 1) = P(X_2 = 1) = 0.1,$$
$$P(X_1 = 1, X_2 = 0) = P(X_1 = 1) = 0.8,$$
$$P(X_1 = 1, X_2 = 1) = P(\varnothing) = 0.$$

所以 X_1 与 X_2 的联合分布与边缘分布为

X_1	X_2		$P(X_1 = i)$
	0	1	
0	0.1	0.1	0.2
1	0.8	0	0.8
$P(X_2 = j)$	0.9	0.1	1

易求得 $X_1 X_2$ 的分布律为

$X_1 X_2$	0	1
P	1	0

所以有 $$E(X_1) = 0.8, D(X_1) = 0.16,$$
$$E(X_2) = 0.1, D(X_2) = 0.09, E(X_1 X_2) = 0,$$
$$\mathrm{Cov}(X_1, X_2) = E(X_1 X_2) - E(X_1) \cdot E(X_2) = -0.08,$$

故得 $\rho_{X_1X_2} = \dfrac{\mathrm{Cov}(X_1,X_2)}{\sqrt{D(X_1)}\cdot\sqrt{D(X_2)}} = -\dfrac{2}{3}.$

【例 10】　设随机变量 $X_1,X_2,\cdots,X_n$ 相互独立,均服从正态分布 $N(0,1)$. 记 $\overline{X} = \dfrac{1}{n}\sum\limits_{i=1}^{n}X_i$,求 $\mathrm{Cov}(X_1,\overline{X})$ 和 $D(X_1+\overline{X})$.

解:因为 $X_1,X_2,\cdots,X_n$ 相互独立,故对任意 $i\neq j$,有 $\mathrm{Cov}(X_i,X_j)=0$,则有

$$\mathrm{Cov}(X_1,\overline{X}) = \mathrm{Cov}\left(X_1,\frac{1}{n}\sum_{i=1}^{n}X_i\right) = \frac{1}{n}\sum_{i=1}^{n}\mathrm{Cov}(X_1,X_i)$$

$$= \frac{1}{n}\mathrm{Cov}(X_1,X_1) = \frac{1}{n}D(X_1) = \frac{1}{n},$$

$$D(X_1+\overline{X}) = \mathrm{Cov}(X_1+\overline{X},X_1+\overline{X})$$

$$= D(X_1)+D(\overline{X})+2\mathrm{Cov}(X_1,\overline{X}) = 1+\frac{1}{n}+2\cdot\frac{1}{n} = 1+\frac{3}{n},$$

或

$$D(X_1+\overline{X}) = D\left(\frac{n+1}{n}X_1+\frac{1}{n}X_2+\cdots+\frac{1}{n}X_n\right)$$

$$= \left(\frac{n+1}{n}\right)^2 D(X_1)+\frac{1}{n^2}D(X_2)+\cdots+\frac{1}{n^2}D(X_n)$$

$$= \left(\frac{n+1}{n}\right)^2+\frac{1}{n^2}+\cdots+\frac{1}{n^2} = \frac{n+3}{n}.$$

由例 10 可知,熟练掌握并使用数字特征的性质与有关公式,对于求解本例这种类型的题目是非常必要的.

【例 11】　将 n 个球放入 M 个盒子中,设每个球落入各个盒子是等可能的.

求:有球的盒子数 X 的数学期望.

解:记　$X_i = \begin{cases} 1, & \text{第 } i \text{ 个盒子有球,} \\ 0, & \text{其他,} \end{cases}$　$i=1,2,\cdots,M,$

则 $X = \sum\limits_{i=1}^{M}X_i$. 易知 $X_1,X_2,\cdots,X_M$ 同分布,均服从 $(0\text{-}1)$ 分布.

由题意,某球不落入第 i 个盒子的概率为 $1-\dfrac{1}{M}$, n 个球都不落入第 i 个盒子的概率为 $\left(1-\dfrac{1}{M}\right)^n$,即 $P(X_i=0) = \left(1-\dfrac{1}{M}\right)^n$, $P(X_i=1) = 1-\left(1-\dfrac{1}{M}\right)^n$,所以有

$$E(X_i) = 1-\left(1-\frac{1}{M}\right)^n, i=1,2,\cdots,M.$$

故得 $$E(X) = \sum_{i=1}^{M}E(X_i) = M\left[1-\left(1-\frac{1}{M}\right)^n\right].$$

例 11 又是利用数学期望性质计算数学期望的例题. 对于离散

型随机变量,如果利用定义求其数学期望,则必须知道其分布.但有些随机变量的概率分布是不易给出的,此时可考虑将其分解成若干个随机变量之和的方式来处理.值得一提的是,本例中的 $X_1,X_2,\cdots,X_M$ 并不相互独立,但这对求期望是没有影响的.

【例 12】 设 X 为连续型随机变量,且 $E(|X|)=\mu$ 存在.

证明:$P(|X|\geq\varepsilon)\leq\dfrac{\mu}{\varepsilon}$($\varepsilon$ 为正常数).

证明:记 X 的概率密度为 $f(x)$,则

$$P(|X|\geq\varepsilon)=\int_{|x|\geq\varepsilon}f(x)\,dx\leq\int_{|x|\geq\varepsilon}\frac{|x|}{\varepsilon}f(x)\,dx$$

$$\leq\frac{1}{\varepsilon}\int_{+\infty}^{+\infty}|x|f(x)\,dx=\frac{1}{\varepsilon}E(|X|)=\frac{\mu}{\varepsilon}.$$

本例所用的方法就是证明切比雪夫不等式的方法.这种证明方法比较常见,读者应该掌握.

【例 13】 设 $X_1,X_2,\cdots,X_n$ 为相互独立的随机变量,且 $E(X_i)=\mu,D(X_i)=\sigma^2,i=1,2,\cdots,n$.记 $\overline{X}=\dfrac{1}{n}\sum_{i=1}^{n}X_i,S^2=\dfrac{1}{n-1}\sum_{i=1}^{n}(X_i-\overline{X})^2$.

试证明:(1) $E(\overline{X})=\mu,D(\overline{X})=\dfrac{\sigma^2}{n}$;

(2) $\sum_{i=1}^{n}(X_i-\overline{X})^2=\sum_{i=1}^{n}X_i^2-n\overline{X}^2$;

(3) $E(S^2)=\sigma^2$.

证明:(1) 由本章的第二节的例 8 知,(1)已得证.

(2) 因为

$$\sum_{i=1}^{n}(X_i-\overline{X})^2=\sum_{i=1}^{n}(X_i^2-2X_i\overline{X}+\overline{X}^2)$$

$$=\sum_{i=1}^{n}X_i^2-2\overline{X}\sum_{i=1}^{n}X_i+n\overline{X}^2\qquad\left(\text{注意到}n\overline{X}=\sum_{i=1}^{n}X_i\right)$$

$$=\sum_{i=1}^{n}X_i^2-2\overline{X}\cdot n\overline{X}+n\overline{X}^2=\sum_{i=1}^{n}X_i^2-n\overline{X}^2,$$

故(2)得证.

$$(3)\ E(S^2)=E\left[\frac{1}{n-1}\sum_{i=1}^{n}(X_i-\overline{X})^2\right]=\frac{1}{n-1}E\left[\sum_{i=1}^{n}(X_i-\overline{X})^2\right]$$

$$=\frac{1}{n-1}E\left(\sum_{i=1}^{n}X_i^2-n\overline{X}^2\right)\qquad[\text{利用}(2)]$$

$$=\frac{1}{n-1}\left[\sum_{i=1}^{n}EX_i^2-nE(\overline{X}^2)\right]$$

$$=\frac{1}{n-1}\left\{\sum_{i=1}^{n}[DX_i+(EX_i)^2]-n[D(\overline{X})+(E(\overline{X}))^2]\right\}$$

$$= \frac{1}{n-1} \left[n(\sigma^2 + \mu^2) - n\left(\frac{\sigma^2}{n} + \mu^2 \right) \right] \qquad [\text{利用}(1)]$$

$$= \sigma^2.$$

本例的证明并不复杂,但其结果在数理统计中却是很有用的,读者应该熟记.

【例 14】　设二维随机变量 (X, Y) 的密度函数为

$$f(x, y) = \frac{1}{2} [\varphi_1(x, y) + \varphi_2(x, y)],$$

其中 $\varphi_1(x, y), \varphi_2(x, y)$ 都是二维正态密度函数,且它们对应的二维随机变量的相关系数分别是 $\frac{1}{3}, -\frac{1}{3}$,它们的边缘密度函数所对应的数学期望都是零,方差都是 1.

(1) 求 X 与 Y 的密度函数 $f_1(x), f_2(y)$;

(2) 求 X 与 Y 的相关系数 ρ_{XY};

(3) 问 X 与 Y 是否相互独立? 为什么?

解:(1) 注意到二维正态密度函数的两个边缘密度都是正态密度,所以 $\varphi_1(x, y), \varphi_2(x, y)$ 的两个边缘密度为标准正态密度函数,故

$$f_1(x) = \int_{-\infty}^{+\infty} f(x, y) \, dy = \frac{1}{2} \left[\int_{-\infty}^{+\infty} \varphi_1(x, y) \, dy + \int_{-\infty}^{+\infty} \varphi_2(x, y) \, dy \right]$$

$$= \frac{1}{2} \left(\frac{1}{\sqrt{2\pi}} e^{-\frac{x^2}{2}} + \frac{1}{\sqrt{2\pi}} e^{-\frac{x^2}{2}} \right) = \frac{1}{\sqrt{2\pi}} e^{-\frac{x^2}{2}}.$$

同理

$$f_2(y) = \frac{1}{\sqrt{2\pi}} e^{-\frac{y^2}{2}}.$$

(2) 因 $X \sim N(0, 1), Y \sim N(0, 1)$,

$$\rho_{XY} = E\{ [X - E(x)][Y - E(Y)] \} = E(XY) = \int_{-\infty}^{\infty} \int_{-\infty}^{\infty} xy f(x, y) \, dx \, dy$$

$$= \frac{1}{2} \left[\int_{-\infty}^{+\infty} \int_{-\infty}^{+\infty} xy \varphi_1(x, y) \, dx \, dy + \int_{-\infty}^{\infty} \int_{-\infty}^{\infty} xy \varphi_2(x, y) \, dx \, dy \right]$$

$$= \frac{1}{2} \left(\frac{1}{3} - \frac{1}{3} \right) = 0.$$

(3) 由题意

$$f(x, y) = \frac{3}{8\sqrt{2}\pi} \left[e^{-\frac{9}{16} \left(x^2 - \frac{2}{3}xy + y^2 \right)} + e^{-\frac{9}{16} \left(x^2 + \frac{2}{3}xy + y^2 \right)} \right]$$

$$f_1(x) = \frac{1}{\sqrt{2\pi}} e^{-\frac{x^2}{2}}, f_2(y) = \frac{1}{\sqrt{2\pi}} e^{-\frac{y^2}{2}},$$

显然有

$$f(x, y) \neq f_1(x) \cdot f_2(y),$$

所以 X 与 Y 不相互独立.

注:本例中,X 与 Y 都服从标准正态分布,X 与 Y 不相关,且 X 与 Y 不相互独立,这是因为 (X, Y) 并不服从二维正态分布,因此,"X 与 Y 不相关"与"X 与 Y 相互独立"不是等价命题.

习题四

A

1. 设有 10 个同种类型的电器元件,其中有 2 个废品,装配电器时,从这批元件中任取 1 个,若是废品,则扔掉重新任取 1 个;若仍是废品,则扔掉再任取 1 个.求在取到正品之前已取出的废品数的数学期望与方差.

2. 设在某一规定时间间隔内,某电气设备用于最大负荷的时间 X(单位:min)为一随机变量,其概率密度为

$$f(x) = \begin{cases} \dfrac{1}{(1500)^2}x, & 0 \leqslant x \leqslant 1500, \\ \dfrac{-1}{(1500)^2}(x-3000), & 1500 < x \leqslant 3000, \\ 0, & \text{其他}, \end{cases}$$

试求 $E(X)$.

3. 设随机变量 X 的概率密度为

$$f(x) = \begin{cases} x, & 0 < x < 1, \\ 2-x, & 1 \leqslant x < 2, \\ 0, & \text{其他}, \end{cases}$$

试求 $E(X), D(X)$.

4. 设随机变量 X 服从拉普拉斯分布,概率密度为

$$f(x) = A\mathrm{e}^{-\lambda|x|}, \quad -\infty < x < +\infty, \lambda > 0,$$

试求常数 A 及 $E(X), D(X)$.

5. 设连续型随机变量 X 的分布函数为

$$F(x) = \begin{cases} \dfrac{1}{2}\mathrm{e}^x, & x < 0, \\ \dfrac{1}{2}, & 0 \leqslant x < 1, \\ 1-\dfrac{1}{2}\mathrm{e}^{-(x-1)}, & x \geqslant 1, \end{cases}$$

试求 $E(X), D(X)$.

6. 设连续型随机变量 X 的分布函数为

$$F(x) = \begin{cases} 0, & x < -1, \\ a+b\arcsin x, & -1 \leqslant x < 1, \\ 1, & x \geqslant 1, \end{cases}$$

试求常数 a, b 及 $E(X), D(X)$.

7. 将掷一均匀硬币的试验独立重复地进行 100 次,用 X 表示出现正面的次数,求 $E(X^2)$.

8. 已知球的直径 X 服从均匀分布 $U(a,b)$，试求球的体积 Y 的数学期望.

9. 设随机变量 X 服从均匀分布 $U\left(-\dfrac{1}{2},\dfrac{1}{2}\right)$，又

$$y=g(x)=\begin{cases}\ln x, & x>0,\\ 0, & x\leqslant 0,\end{cases}$$

试求 $Y=g(X)$ 的数学期望与方差.

10. 通过点 $(0,b)$ 作任意直线．试求从坐标原点到所作直线的距离 Y 的数学期望与方差.

11. 设 X 表示某种产品的日产量，Y 表示该种产品的成本．每件产品的成本为 6 元，每天固定设备的折旧费为 600 元，设平均日产量 $E(X)=50$ 件．试求每天生产该种产品的平均成本.

12. 卡车装运水泥，设每袋水泥的质量为 X（单位：kg）．$X\sim N(50,2.5^2)$ 分布．试问最多装多少袋水泥可使总质量超过 2000kg 的概率不大于 0.05.

13. 设随机变量 X 与 Y 相互独立，$X\sim N(1,1/4)$，$Y\sim N(1,3/4)$，试求 $E(|X-Y|)$.

14. 设随机变量 (X,Y) 在区域 $D=\{(x,y)\mid 0<x<1,|y|<x\}$ 内服从均匀分布.

试求随机变量 $Y=2X-3$ 的数学期望与方差.

15. 设随机变量 X 与 Y 相互独立，概率密度分别为

$$f_X(x)=\begin{cases}2x, & 0<x<1,\\ 0, & \text{其他},\end{cases}\qquad f_Y(y)=\begin{cases}e^{-(y-5)}, & y>5,\\ 0, & \text{其他},\end{cases}$$

试求 $E(XY)$.

16. 设炮弹射击时弹着点坐标为 (X,Y)，且 X 与 Y 相互独立，均服从正态分布 $N(0,1)$，试求弹着点与目标（原点）间的平均距离.

17. 二维离散型随机变量 (X,Y) 的联合分布律为

X	Y	
	0	1
0	1/4	0
1	1/4	1/2

试求 ρ_{XY}.

18. 二维离散型随机变量 (X,Y) 的联合分布律为

X	Y		
	−1	0	1
−1	1/8	1/8	1/8
0	1/8	0	1/8
1	1/8	1/8	1/8

试求 $\mathrm{Cov}(X,Y)$，ρ_{XY}；X 与 Y 是否相互独立？

19. 在一次试验中事件 A 发生的概率为 0.5，利用切比雪夫不等式估计，是否可以用大于 0.97 的概率认为，在 1000 次独立重复试验中，事件 A 发生的次数在 400 和 600 之间？

20. 设 (X,Y) 的联合概率密度为

$$f(x,y)=\begin{cases}2xy, & 0<x<1;0<y<2x,\\ 0, & \text{其他},\end{cases}$$

试求 $\text{Cov}(X,Y)$.

21. 设 (X,Y) 的联合概率密度为

$$f(x,y)=\begin{cases}1, & 0<x<1,|y|<x,\\ 0, & \text{其他},\end{cases}$$

试求 $\text{Cov}(X,Y)$.

22. 设随机变量 X 服从二项分布 $B(100,0.6)$，$Y=2X+3$.
试求 $\text{Cov}(X,Y)$，ρ_{XY}.

23. 设随机变量 X,Y 独立同分布，均服从参数为 λ 的泊松分布.
试求 $U=2X+Y$ 和 $V=2X-Y$ 的相关系数.

B

24. 从 1 到 10 这十个数字中任取一个，用 X 表示除得尽这一整数的个数.试求 $E(X)$.

25. 设随机变量 X 的分布律为 $P\left[X=(-1)^{k+1}\dfrac{3^k}{k}\right]=\dfrac{2}{3^k}$，$k=1,2,\cdots$，

说明 X 的数学期望不存在.

26. 设随机变量 X 的概率密度为

$$f(x)=\begin{cases}\dfrac{1}{2}\cos\dfrac{x}{2}, & 0\leqslant x\leqslant\pi,\\[2mm] 0, & \text{其他},\end{cases}$$

对 X 进行 4 次独立重复观察，用 Y 表示观察值大于 $\dfrac{\pi}{3}$ 的次数.

试求 Y^2 的数学期望.

27. 设随机变量 X 的概率密度为

$$f(x)=\begin{cases}\dfrac{x}{a^2}\mathrm{e}^{-x^2/2a^2}, & x>0,\\[2mm] 0, & x\leqslant 0,\end{cases}\quad (a\neq 0)$$

试求 $Y=\dfrac{1}{X}$ 的数学期望 $E(Y)$.

28. 设由自动生产线加工的某种零件内径 X（单位：mm）服从正态分布 $N(\mu,1)$.已知销售每个零件的利润 L 与销售零件内径 X 的关系为

$$L=\begin{cases}-1, & X<10,\\ 20, & 10\leqslant X\leqslant 12,\\ -5, & X>12,\end{cases}$$

试问平均内径 μ 为何值时，销售一个零件的平均利润最大？

29. 证明事件 A 在一次试验中发生的次数 X 的方差不超过 $\dfrac{1}{4}$.

30. 设随机变量 X 的数学期望存在，试求函数 $\varphi(t)=E[(X-$

$t)^2]$的最小值.

31. 设随机变量 $X_1,X_2,\cdots,X_n$ 相互独立, $D(X_i)=\sigma_i^2,\sigma_i\neq0,i=1,2,\cdots,n.$ 又 $\sum_{i=1}^{n}a_i=1,$

试求 $a_i(i=1,2,\cdots,n)$ 使 $\sum_{i=1}^{n}a_iX_i$ 的方差最小.

32. 设 (X,Y) 的联合概率密度为

$$f(x,y)=\begin{cases}\dfrac{3}{2x^3y^2}, & \dfrac{1}{x}<y<x,x>1,\\ 0, & 其他,\end{cases}$$

试求: $E(Y),E\left(\dfrac{1}{XY}\right).$

33. 设随机变量 X 与 Y 相互独立,均服从均匀分布 $U(0,1)$,试求 $E[\max(X,Y)].$

34. 设有连续型随机变量 X,概率密度为偶函数,且 $E(|X|^3)<\infty.$ 证明: X 与 $Y=X^2$ 不相关.

35. 设随机变量 $X_1,X_2,\cdots,X_{2n}$ 的数学期望均为 0,方差均为 1,且任意两个随机变量的相关系数均为 ρ.试求: $Y=X_1+X_2+\cdots+X_n$ 与 $Z=X_{n+1}+X_{n+2}+\cdots+X_{2n}$ 的相关系数.

36. 设随机变量 X 和 Y 的可能取值为 1 和 -1,且

$$P(X=1)=\dfrac{1}{2},P(Y=1\mid X=1)=P(Y=-1\mid X=-1)=\dfrac{1}{3},$$

试求 $\mathrm{Cov}(X+1,Y-1).$

37. 设 (X,Y) 服从二维正态分布,且 $D(X)=\sigma_X^2,D(Y)=\sigma_Y^2.$

证明:当 $a^2=\dfrac{\sigma_X^2}{\sigma_Y^2}$ 时,随机变量 $U=X-aY$ 和 $V=X+aY$ 相互独立.

38. 设随机变量 $X_1,X_2,\cdots,X_n$ 独立同分布,且方差有限,记 $\overline{X}=\dfrac{1}{n}\sum_{i=1}^{n}X_i.$

证明: $X_i-\overline{X}$ 与 $X_j-\overline{X}(i\neq j)$ 的相关系数为 $-\dfrac{1}{n-1}.$

测 试 题 四

第四章小测

5

第五章

极 限 定 理

我的努力求学没有得到别的好处,只不过是愈来愈发觉自己的
无知.

——笛卡儿

思考:概率论中的极限与微积分中的权限有什么相同之处? 又有什么不同之处呢?

概率论是用来研究随机现象的统计规律的,而随机现象的统计规律总是在对大量随机现象的观察中才能呈现出来.在数学上如何才能研究"大量随机现象"呢? 当然要采用极限的思想,由有限到无限,这就形成了极限定理的研究.极限定理的内容主要有两类:大数定律和中心极限定理.大数定律揭示了随机变量序列的算术平均值具有稳定性;中心极限定理是描述随机变量的和的极限分布为正态分布的一类定理.

知识结构图

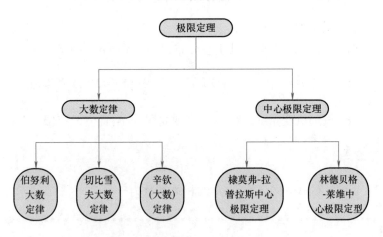

第一节　大 数 定 律

概率论是以"概率"这一概念为核心形成的一门数学学科.那么,什么是概率? 在第一章中,我们给出了概率的公理化定义和统计定义,即频率的稳定值就是概率.但到目前为止,我们还未从理论上说明为何频率具有稳定性,而这一点对理解概率这一概念是至关

重要的.本节介绍的大数定律为概率论所存在的基础——"概率是频率的稳定值"提供了理论依据,它以严格的数学形式表达了随机现象最根本的性质之一:平均结果的稳定性.它是随机现象统计规律的具体表现,也成为数理统计的理论基础.

下面,我们就从频率的稳定性来开始这一节的内容.

设随机事件 A 在一次试验中出现的概率为 p,若独立重复地进行 n 次这样的试验,并记 n_A 为事件 A 在 n 次试验中出现的次数,则 n_A/n 为事件 A 在 n 次试验中出现的频率.频率稳定性指的是,当 n 很大时,频率 n_A/n 充分靠近概率 p.这里的"充分靠近"的含义是什么? 或者说,我们该如何刻画这里所指的"充分靠近"呢? 注意到,n_A 服从二项分布 $B(n,p)$,由切比雪夫不等式可以得到,对任意给定的正数 ε,有

$$P\left(\left|\frac{n_A}{n}-p\right| \geqslant \varepsilon\right) \leqslant \frac{1}{\varepsilon^2}\frac{p(1-p)}{n}.$$

由数列极限中的夹逼准则知

$$\lim_{n\to\infty}P\left(\left|\frac{n_A}{n}-p\right| \geqslant \varepsilon\right) = 0. \tag{5.1}$$

式(5.1)的意义可以这样理解:当 n 趋于无穷大时,频率与概率存在较大偏差的概率为 0. 换言之,当 n 很大时,对任意给定的正数 ε,频率 n_A/n 落在区间 $(p-\varepsilon, p+\varepsilon)$ 之外这一事件,虽然有发生的可能,但其概率近乎为 0;或者说,频率 n_A/n 落入区间 $(p-\varepsilon, p+\varepsilon)$ 内这一事件,其发生的概率近乎为 1. 从这个意义上来理解"充分靠近"的含义,它指的是两者发生较大偏差的概率很小.故这里的"充分靠近"是指概率意义上的靠近,是用概率来描述的.事实上,式(5.1)所揭示的正是频率的稳定性.它说明了频率的稳定值就是概率,而这也正是历史上著名的伯努利大数定律.在正式给出伯努利大数定律之前,我们先介绍随机变量序列的一种收敛性,即依概率收敛.

> **定义** 设 $Y_1, Y_2, \cdots, Y_n, \cdots$ 是随机变量序列,a 是一个常数. 若对任意给定的正数 ε,有
> $$\lim_{n\to\infty}P(|Y_n-a| \geqslant \varepsilon) = 0, \tag{5.2}$$
> 或者 $$\lim_{n\to\infty}P(|Y_n-a| < \varepsilon) = 1,$$
> 则称随机序列 $Y_1, Y_2, \cdots, Y_n \cdots$ 依概率收敛到常数 a,记为 $Y_n \xrightarrow{P} a.$

依概率收敛的序列有以下性质:

设 $X_n \xrightarrow{P} a, Y_n \xrightarrow{P} b$,又设函数 $g(x,y)$ 在点 (a,b) 连续,则

$$g(X_n, Y_n) \xrightarrow{P} g(a,b). \quad (证明略)$$

随机序列 $\{Y_n\}$ 依概率收敛到常数 a 可理解为,当 n 很大时,Y_n

与 a 有较大偏差的可能性很小.

由定义知,伯努利大数定律可表述为:频率 $\dfrac{n_A}{n}$ 依概率收敛到概率 p,或 $\dfrac{n_A}{n}\overset{P}{\longrightarrow}p$.另外,我们知道,$n_A$ 是以 n,p 为参数的二项分布变量,它可以分解为 n 个相互独立且均服从以 p 为参数的(0-1)分布,即 $n_A=X_1+X_2+\cdots+X_n$,其中 $X_1,X_2,\cdots,X_n$ 相互独立,且均服从(0-1)分布.可见,频率 $\dfrac{n_A}{n}$ 就是 $X_1,X_2,\cdots,X_n$ 的算术平均值 $\dfrac{1}{n}\sum\limits_{k=1}^{n}X_k$.于是得出下面的伯努利大数定律.

定理 1 (伯努利大数定律)设 $X_1,X_2,\cdots,X_n,\cdots$ 是相互独立的随机变量序列,且均服从以 p 为参数的(0-1)分布,则 $\dfrac{1}{n}\sum\limits_{k=1}^{n}X_k\overset{P}{\longrightarrow}p$.

雅格布·伯努利(1654—1705)是瑞士数学家,他们家族中至少有 8 人对数学各方面做出过不同程度的贡献,其中有 5 人在概率论方面做出过杰出的贡献.伯努利家族作为数学家族,在数学史上享有很高的声誉.伯努利大数定律是雅格布·伯努利对概率论的最重大的贡献,它发表于 1713 年的一部巨著《猜度术》中.伯努利大数定律的意义在于,从理论上阐明了频率具有稳定性,这使得概率这一概念有了客观意义,同时它还提供了通过试验来确定事件概率的方法,因而使大数定律成为数理统计学中的主要方向——参数估计的重要理论基础之一.可以认为,雅格布·伯努利是概率论这一学科的奠基人,也有些学者认为,概率论的真正历史应从伯努利大数定律的出现时刻算起.

在伯努利大数定律之后,数学家们致力于将其做进一步的推广,由此出现了一系列的大数定律.在本节我们将再介绍两个大数定律,一个是切比雪夫大数定律(1866 年)的特例;另一个是辛钦大数定律(1929 年).

思考:定理 1,2,3 之间的关系?对比三个定理的条件.

定理 2 (切比雪夫大数定律特例)设 $X_1,X_2,\cdots,X_n,\cdots$ 是相互独立的随机变量序列,且具有相同的数学期望与方差,即 $E(X_k)=\mu,D(X_k)=\sigma^2(k=1,2,\cdots)$,则 $\dfrac{1}{n}\sum\limits_{k=1}^{n}X_k\overset{P}{\longrightarrow}\mu$.

证明:可用切比雪夫不等式证明此定理,这里从略.

定理 3 (辛钦大数定律)设 $X_1,X_2,\cdots,X_n,\cdots$ 是相互独立的随机变量序列,服从相同的分布,并且存在数学期望,$E(X_k)=\mu(k=1,2,\cdots)$,则 $\dfrac{1}{n}\sum\limits_{k=1}^{n}X_k\overset{P}{\longrightarrow}\mu$.

证明:略.

辛钦大数定律是独立同分布场合下的大数定律.相对于切比雪夫大数定律的特例,辛钦大数定律强调了同分布,但不要求分布的方差存在.另外,在辛钦大数定律中,我们可以把 X_n 理解为对随机变量 X 的第 n 次观察结果,则当 n 无限增大时,随机变量 X 的 n 次观察结果的平均值 $\dfrac{1}{n}\sum\limits_{k=1}^{n}X_k$ 在概率意义下充分靠近随机变量 X 的数学期望 $E(X)$.所以,在测量中,通常采用多次重复观察得到的测量值的算术平均值,来作为被测量值的近似值.这就是多次测量取平均值的依据.

由以上介绍的三个大数定律可看出,它们讨论的是同一类型的极限问题,即研究随机变量序列的算术平均值是否依概率收敛的问题.大数定律寻求的正是使随机变量序列的算术平均值依概率收敛的最一般性的条件.这里的"依概率收敛",是随机现象统计规律的一种体现.实践表明,随机现象在一次观察中,由于一些偶然因素的作用,或者出现,或者不出现,并无规律可言;而在大量观察中,偶然因素在一定程度上可相互抵消,相互补偿,从而表现出明显的规律性.也就是说,概率法总是在对大量随机现象的观察中才能显现出来,这正是大数定律一词的由来."大数定律"这个词,是由泊松于 1837 年开始首次使用的.

【例】　设 $\{X_k\}(k=1,2,\cdots)$ 是相互独立的随机变量序列,且

$$X_k \sim \begin{pmatrix} -3^k & 0 & 3^k \\ \dfrac{1}{3^{2k+2}} & 1-\dfrac{2}{3^{2k+2}} & \dfrac{1}{3^{2k+2}} \end{pmatrix}, k=1,2,\cdots.$$

试问:$\{X_k\}(k=1,2,\cdots)$ 是否服从大数定律?

解:易知,随机序列 $\{X_k\}$ 独立不同分布,故考虑使用切比雪夫大数定律特例来求解.

因为 $E(X_k)=(-3^k)\times\dfrac{1}{3^{2k+2}}+0\times\left(1-\dfrac{2}{3^{2k+2}}\right)+3^k\times\dfrac{1}{3^{2k+2}}=0,$

$$D(X_k)=E(X_k^2)=\dfrac{2}{9} \qquad (k=1,2,\cdots).$$

所以 $\{X_k\}(k=1,2,\cdots)$ 相互独立,且具有相同的数学期望与方差,即

$$E(X_k)=0, \quad D(X_k)=\dfrac{2}{9} \qquad (k=1,2,\cdots),$$

故 $\{X_k\}$ 满足切比雪夫大数定律特例的条件,所以 $\dfrac{1}{n}\sum\limits_{k=1}^{n}X_k \xrightarrow{P} 0$,从而 $\{X_k\}$ 服从大数定律.

第二节　中心极限定理

伯努利大数定律证实了频率具有稳定性,即对任意给定的正数

ε,有

$$\lim_{n\to\infty}P\left(\left|\frac{n_A}{n}-p\right|\geqslant\varepsilon\right)=0.$$

但是,对指定的正数 ε 及足够大的 n,要求事件 $\left(\left|\dfrac{n_A}{n}-p\right|\geqslant\varepsilon\right)$ 发生的概率有多大,伯努利大数定律却是无能为力的.而这个问题的实质就是二项分布的计算问题.事实上,当 n 较大时,二项分布的计算量是惊人的.于是,数学家们不断寻求解决二项分布的近似计算问题.我们在第二章介绍的泊松定理,就是用泊松分布来近似二项分布.当 p 很小时,即使 n 不是很大,用泊松分布近似二项分布,近似效果也是令人满意的.但是,当 p 不靠近 0 时,或在一般情况下,如何解决二项分布的近似计算问题呢? 下面给出的棣莫弗-拉普拉斯中心极限定理回答了这个问题.

定理 1 （棣莫弗-拉普拉斯中心极限定理）设随机变量 $\eta_n(n=1,2,\cdots)$ 服从以 n,p 为参数的二项分布,且 $0<p<1$. 则对任意实数 x,有

$$\lim_{n\to\infty}P\left(\frac{\eta_n-np}{\sqrt{np(1-p)}}\leqslant x\right)=\Phi(x)=\int_{-\infty}^{x}\frac{1}{\sqrt{2\pi}}\mathrm{e}^{-\frac{t^2}{2}}\mathrm{d}t.$$

证明:略.

棣莫弗-拉普拉斯中心极限定理告诉我们,二项分布的极限分布是正态分布.而正态分布的概率计算,可通过查表轻松地完成,故二项分布的计算,除了用泊松分布近似计算外,还可用正态分布近似计算.至此,我们已基本解决二项分布的近似计算问题.一般在实际应用中,当 n 较大时,可使用如下近似公式:

$$P(a<\eta_n\leqslant b)\approx\Phi\left(\frac{b-np}{\sqrt{np(1-p)}}\right)-\Phi\left(\frac{a-np}{\sqrt{np(1-p)}}\right),\quad(5.3)$$

其中 $\eta_n\sim B(n,p)$.

如上所述,正是在对二项分布近似计算的研究过程中,我们得到了定理 1,棣莫弗（1667—1754）和拉普拉斯（1749—1827）都是法国数学家.1733 年,棣莫弗就 $p=\dfrac{1}{2}$ 的情形,给出了定理的相关结论,同时得到了正态密度函数的形式.1812 年,拉普拉斯将结果推广到一般场合（即 $0<p<1$）.此后,该定理命名为棣莫弗-拉普拉斯中心极限定理.相对于伯努利大数定律,这个定理在概率论中属于另一类型的极限定理,在历史上颇为有名,比伯努利大数定律更强、更有用,其重要性远远超出了数值计算的范围.进一步分析这个定理可知,它研究的是随机变量和的极限分布为正态分布的问题,于是,对这个定理的严格证明,以及寻求使随机变量和的极限分布为正态分布的最广泛的条件,成为在这个定理提出之后的两个世纪中概率论研究的核心课题,故称此类问题为中心极限定理."中心极限定理"

这个术语,是美籍匈牙利数学家波利亚在 1920 年的一篇论文中提及的.从一个定理中衍生了一个研究方向,并使数学家们为此进行长达上百年的探索与研究,这个定理的重要性便不言而喻了.

下面给出独立同分布场合下的中心极限定理,在数理统计中,这个定理是大样本方法的理论基础.

定理 2 （林德贝格-莱维中心极限定理）设 $X_1, X_2, \cdots, X_n, \cdots$ 是相互独立的随机变量序列,服从相同的分布,并且存在数学期望与方差,$E(X_k) = \mu$, $D(X_k) = \sigma^2 > 0$ $(k = 1, 2, \cdots)$.则对任意实数 x,有

$$\lim_{n \to \infty} P\left(\frac{\sum\limits_{k=1}^{n} X_k - n\mu}{\sigma \sqrt{n}} \leqslant x \right) = \Phi(x) = \int_{-\infty}^{x} \frac{1}{\sqrt{2\pi}} e^{-\frac{t^2}{2}} \mathrm{d}t.$$

证明:略.

林德贝格-莱维中心极限定理告诉我们,当 $X_1, X_2, \cdots, X_n$ 独立同分布,且分布的数学期望与方差均存在(方差 $\sigma^2 > 0$)时,随机变量的和经过标准化后,只要 n 足够大,就有

$$\frac{\sum\limits_{k=1}^{n} X_k - n\mu}{\sigma \sqrt{n}} \overset{\text{近似}}{\sim} N(0, 1). \tag{5.4}$$

进一步,我们也可以得到随机变量算术平均值的类似结果

$$\frac{\frac{1}{n}\sum\limits_{k=1}^{n} X_k - \mu}{\frac{\sigma}{\sqrt{n}}} \overset{\text{近似}}{\sim} N(0, 1). \tag{5.5}$$

独立随机变
量和的分布
数值模拟

对于随机变量和的精确分布,只有在个别情况下才容易确定;一般来说,随机变量和的精确分布不易求得.林德贝格-莱维定理的意义在于,在独立同分布条件下,即使我们不知道和的精确分布,但只要 n 充分大,也可以近似计算出有关的概率问题.在实际应用中,依据此定理,只要 n 足够大,我们就可以把独立同分布的随机变量和视为正态变量处理,这种方法在数理统计中,处理大样本问题时经常用到.

思考:为什么我们如此关注随机变量和的极限分布?

从以上两个定理可以看出,中心极限定理是指随机变量和的极限分布为正态分布的一类定理.那为什么极限分布是正态分布,而不是别的分布？我们在第二章中曾指出,在随机变量的各种分布中,正态分布占有极其重要的地位,这表现在,许多分布可用正态分布来近似,并且由正态分布还可推导出一些其他重要的分布.更一般情形的中心极限定理表明,如果一个随机变量是受众多随机因素影响而成,而这些因素相互独立,且每一个因素在总的影响中所起的作用都很微小,则这个随机变量的分布就近似于正态分布.这样,中心极限定理从理论上证明了为什么正态分布在概率论中是如此重要.

下面给出几个例子,说明中心极限定理的应用.

【例1】 设生产线上组装每件产品的时间服从指数分布.统计表明,该生产线每件产品的组装时间平均为 10min,各件产品的组装时间相互独立.求:

(1) 求组装 100 件产品需 15~20h 的概率.

(2) 以 95% 的概率在 16h 内最多可组装多少件产品?

解: (1) 记 X_i——第 i 件产品的组装时间 (min), $i = 1, 2, \cdots, 100$,

$$X——100 件产品的组装时间 (min).$$

由题意知,所求概率为 $P(900 \leqslant X \leqslant 1200)$.

因为 $X = \sum_{i=1}^{100} X_i$, 由已知条件知,$X_1, X_2, \cdots, X_{100}$ 相互独立,且均服从参数为 10 的指数分布.易知 $E(X_i) = 10, D(X_i) = 100 (i = 1, 2, \cdots, 100)$, 所以由林德贝格-莱维定理知,随机变量

$$\frac{\sum_{k=1}^{100} X_k - 100 \times 10}{\sqrt{100} \times \sqrt{100}} = \frac{X - 1000}{100} \overset{近似}{\sim} N(0,1).$$

从而得 $P(900 \leqslant X \leqslant 1200) = P\left(\dfrac{900-1000}{100} \leqslant \dfrac{X-1000}{100} \leqslant \dfrac{1200-1000}{100} \right)$

$$= P\left(-1 \leqslant \frac{X-1000}{100} \leqslant 2 \right)$$

$$\approx \Phi(2) - \Phi(-1) = \Phi(2) + \Phi(1) - 1 = 0.8185.$$

(2) 设在 16 小时内可组装 n 件产品.

记 X_i——第 i 件产品的组装时间 (min) $(i = 1, 2, \cdots, n)$.

　X——n 件产品的组装时间 (min).

按题意为,由 $P(X \leqslant 960) \leqslant 0.95$ 求最大的 n.

因为 $X = \sum_{i=1}^{n} X_i$. 由已知条件知 $X_1, X_2, \cdots, X_n$ 相互独立,且均服从参数为 10 的指数分布.易知 $E(X_i) = 10, D(X_i) = 100 (i = 1, 2, \cdots, n)$. 所以由林德贝格-莱维定理知,随机变量

$$\frac{\sum_{k=1}^{n} X_k - n \times 10}{\sqrt{100} \times \sqrt{n}} = \frac{X - 10n}{10\sqrt{n}} \overset{近似}{\sim} N(0,1),$$

从而得 $\quad P(X \leqslant 960) = P\left(\dfrac{X-10n}{10\sqrt{n}} \leqslant \dfrac{960-10n}{10\sqrt{n}} \right)$

$$\approx \Phi\left(\frac{960-10n}{10\sqrt{n}} \right) = \Phi\left(\frac{96-n}{\sqrt{n}} \right) \geqslant 0.95,$$

查附表 2 知,$\dfrac{96-n}{\sqrt{n}} \geqslant 1.65$. 解得 $n \leqslant 81.14$, 取 $n = 81$.

故以 95% 的概率在 16h 内最多可组装 81 件产品.

【例 2】　一复杂的系统由 100 个相互独立起作用的部件组成,在整个运行期间每个部件损坏的概率为 0.10. 为了使整个系统起作用,至少有 85 个部件正常工作.求整个系统起作用的概率.

解:记 X——运行期间损坏的部件数.

由题意知,所求概率为 $P(X \leqslant 15)$.

易知,$X \sim B(100, 0.1)$,由棣莫弗-拉普拉斯中心极限定理知,随机变量

$$\frac{X - 100 \times 0.1}{\sqrt{100 \times 0.1 \times 0.9}} = \frac{X - 10}{3} \overset{\text{近似}}{\sim} N(0, 1),$$

所以得 $P(X \leqslant 15) = P\left(\frac{X - 10}{3} \leqslant \frac{15 - 10}{3}\right) = P\left(\frac{X - 10}{3} \leqslant \frac{5}{3}\right) \approx \Phi\left(\frac{5}{3}\right) = 0.9525.$

故整个系统起作用的概率为 0.9525.

【例 3】　某电视机厂每月生产一万台电视机.该厂的显示屏车间的正品率为 0.8.现若要以 0.997 的概率保证出厂的电视机都装上正品的显示屏,问该车间每月应至少生产多少个显示屏?

解:设显示屏车间每月生产 n 个显示屏.记 X——n 个显示屏中的正品数.需要求的是使 $P(X \geqslant 10000) \geqslant 0.997$ 成立的最小的 n.

易知,$X \sim B(n, 0.8)$,由棣莫弗-拉普拉斯中心极限定理得,随机变量

$$\frac{X - n \times 0.8}{\sqrt{n \times 0.8 \times 0.2}} = \frac{X - 0.8n}{0.4\sqrt{n}} \overset{\text{近似}}{\sim} N(0, 1),$$

于是,$P(X \geqslant 10000) = P\left(\frac{X - 0.8n}{0.4\sqrt{n}} \geqslant \frac{10000 - 0.8n}{0.4\sqrt{n}}\right)$

$$\approx 1 - \Phi\left(\frac{10000 - 0.8n}{0.4\sqrt{n}}\right) \geqslant 0.997,$$

即

$$\Phi\left(\frac{0.8n - 10000}{0.4\sqrt{n}}\right) \geqslant 0.997.$$

▶ 中心极限定理 01

查附表 2 知,$\dfrac{0.8n - 10000}{0.4\sqrt{n}} \geqslant 2.75$,解得 $n \geqslant 12654.58$,取 $n = 12655$.

所以显像管车间每月应至少生产 12655 个显示屏.

第三节　综合例题选讲

【例 1】　设 $\{X_n\}$ $(n = 1, 2, \cdots)$ 是独立同分布的随机变量序列,且 $E(X_n^k) < \infty$(k 为正整数).记 $E(X_n^k) = \mu_k$ $(n = 1, 2, \cdots)$.

试证明:$\{X_n^k\}$ $(n = 1, 2, \cdots)$ 服从大数定律,即 $\dfrac{1}{n}\sum_{i=1}^{n} X_i^k \overset{P}{\longrightarrow} \mu_k$.

证明:因为 $\{X_n\}(n=1,2,\cdots)$ 是独立同分布的随机变量序列,所以 $\{X_n^k\}(n=1,2,\cdots)$ 亦然. 又因 $E(X_n^k)$ 存在, $E(X_n^k)=\mu_k(n=1,2,\cdots)$, 由辛钦大数定律知, $\{X_n^k\}(n=1,2,\cdots)$ 服从大数定律. 即

$$\frac{1}{n}\sum_{i=1}^n X_i^k \xrightarrow{P} \mu_k.$$

本例的结论可视为辛钦大数定律的推论. 它说明,若 $X_1,X_2,\cdots,$ $X_n,\cdots$ 独立同分布,则 $\dfrac{1}{n}\sum_{i=1}^n X_i^k$ 依概率收敛于 $\mu_k[=E(X_n^k)]$. 它是数理统计中矩估计法的理论依据.

【例2】 设随机变量 Y 服从参数 $\theta=1$ 的指数分布,对任意的正整数 n,定义 $Y_n=\dfrac{Y}{n}$. 问 Y_n 是否依概率收敛到 0?

解:因对任意 $\varepsilon>0$,有

$$P(\mid Y_n-0\mid\geqslant\varepsilon)=P(Y_n\geqslant\varepsilon)=P\left(\frac{Y}{n}\geqslant\varepsilon\right)=P(Y\geqslant\varepsilon n)$$

$$=\int_{\varepsilon n}^{+\infty}\mathrm{e}^{-x}\mathrm{d}x=\mathrm{e}^{-\varepsilon n},$$

故对任意 $\varepsilon>0$, $\lim_{n\to\infty}P(\mid Y_n-0\mid\geqslant\varepsilon)=\lim_{n\to\infty}\mathrm{e}^{-\varepsilon n}=0.$
所以 Y_n 依概率收敛到 0.

【例3】 设 $X_n\sim B(n,p)(n=1,2,\cdots,0<p<1)$. 试用棣莫弗-拉普拉斯中心极限定理证明:对任意给定的正整数 k,有

$$\lim_{n\to\infty}P(\mid X_n-np\mid<k)=0.$$

证明:因为 $X_n\sim B(n,p)(n=1,2,\cdots,0<p<1)$,由棣莫弗-拉普拉斯中心极限定理知

$$\frac{X_n-np}{\sqrt{np(1-p)}}\overset{\text{近似}}{\sim}N(0,1).$$

于是,对任意给定的正整数 k,有

$$P(\mid X_n-np\mid<k)=P\left(\left|\frac{X_n-np}{\sqrt{np(1-p)}}\right|<\frac{k}{\sqrt{np(1-p)}}\right)$$

$$=\varPhi\left(\frac{k}{\sqrt{np(1-p)}}\right)-\varPhi\left(\frac{-k}{\sqrt{np(1-p)}}\right)$$

$$=2\varPhi\left(\frac{k}{\sqrt{np(1-p)}}\right)-1\to 0(n\to\infty),$$

所以得 $\qquad\lim_{n\to\infty}P(\mid X_n-np\mid<k)=0.$

类似于本题的证明方法,可由棣莫弗-拉普拉斯中心极限定理推导出伯努利大数定律. 从而说明,棣莫弗-拉普拉斯中心极限定理比伯努利大数定律更强.

【例4】 分别用切比雪夫不等式和棣莫弗-拉普拉斯中心极限定理估计,当掷一枚均匀硬币时,需掷多少次,才能保证出现正面的

频率在 0.4~0.6 之间的概率不小于 90%.

解:记 X——将硬币掷 n 次时,出现正面的次数.

按题意所求问题为:由 $P\left(0.4\leqslant\dfrac{X}{n}\leqslant 0.6\right)\geqslant 0.90$ 估计 n.

(1) 用切比雪夫不等式求解.

因为 $X\sim B(n,0.5)$,所以 $E(X)=0.5n,D(X)=0.25n.$ 由切比雪夫不等式知,

$$P\left(0.4\leqslant\frac{X}{n}\leqslant 0.6\right)=P(\,|X-0.5n|\leqslant 0.1n)$$

$$\geqslant 1-\frac{1}{(0.1n)^2}0.25n=1-\frac{25}{n}\geqslant 0.90,$$

解得 $n\geqslant 250$.

(2) 用棣莫弗-拉普拉斯中心极限定理求解.

因为 $X\sim B(n,0.5)$,由棣莫弗-拉普拉斯中心极限定理知,

$$\frac{X-0.5n}{0.5\sqrt{n}}\overset{\text{近似}}{\sim}N(0,1).$$

于是,$P\left(0.4\leqslant\dfrac{X}{n}\leqslant 0.6\right)=P\left(\left|\dfrac{X}{n}-0.5\right|<0.1\right)$

$$=P\left(\left|\frac{X-0.5n}{0.5\sqrt{n}}\right|<\frac{\sqrt{n}}{5}\right)\approx 2\Phi\left(\frac{\sqrt{n}}{5}\right)-1\geqslant 0.90,$$

解得　　　　$\Phi\left(\dfrac{\sqrt{n}}{5}\right)\geqslant 0.95\Rightarrow\dfrac{\sqrt{n}}{5}\geqslant 1.65\Rightarrow n\geqslant 68.0625,$

所以得 $n\geqslant 69$ 为题目所求.

注意,本题涉及的是由概率 $P(\,|X_n-E(X_n)|<\varepsilon)$ 估计 n 的题型.结果表明,用切比雪夫不等式所做的估计远不如中心极限定理估计精确.并且,用中心极限定理还可估算非对称区间上的概率.此外,还可用类似的方法处理,由概率 $P(\,|X-E(X)|<\varepsilon)$ 估计 ε 的问题.

【例5】 设有 2500 人投保了某保险公司的人寿保险.设人在一年中的死亡率为 0.002. 在年初每人向保险公司交纳保费 120 元,而死者家属可从保险公司得到 20000 元.求:

1) 保险公司亏本的概率.

2) 保险公司获利不少于 100000 元的概率.

3) 若以 99.9% 的概率保证获利不少于 500000 元,则保险公司至少要发展多少客户?

解:记 X——2500 人中在一年中的死亡人数.

(1) 按题意,保险公司亏本的概率为 $P(X>15)$.

因为 $X\sim B(2500,0.002)$,由棣莫弗-拉普拉斯中心极限定理知,

$$\frac{X-2500\times0.002}{\sqrt{2500\times0.002\times0.998}}=\frac{X-5}{\sqrt{4.99}}\overset{\text{近似}}{\sim}N(0,1),$$

故　　$P(X>15)=P\left(\frac{X-5}{\sqrt{4.99}}\geqslant\frac{15-5}{\sqrt{4.99}}\right)=P\left(\frac{X-5}{\sqrt{4.99}}\geqslant4.4766\right)$

$$\approx1-\Phi(4.4766)\approx0.$$

（2）保险公司获利不少于100000元的概率为$P(X\leqslant10)$.

由（1）可知 $P(X\leqslant10)=P\left(\frac{X-5}{\sqrt{4.99}}\leqslant\frac{10-5}{\sqrt{4.99}}\right)=P\left(\frac{X-5}{\sqrt{4.99}}\leqslant2.238\right)$

$$\approx\Phi(2.238)=0.9874.$$

（3）设保险公司要发展 n 个客户，记 X——n 人中在一年中的死亡人数，若获利不少于500000元，$120n-20000X\geqslant500000$，即 $X\leqslant0.006n-25$.

按题意所求的是，满足 $P(X\leqslant0.006n-25)\geqslant0.999$ 的最小的 n. 因为 $X\sim B(n,0.002)$，由棣莫弗-拉普拉斯中心极限定理知，

$$\frac{X-0.002n}{\sqrt{0.002\times0.998n}}=\frac{X-0.002n}{\sqrt{0.001996n}}\overset{\text{近似}}{\sim}N(0,1).$$

从而 $P(X\leqslant0.006n-25)=P\left(\frac{X-0.002n}{\sqrt{0.001996n}}\leqslant\frac{0.006n-25-0.002n}{\sqrt{0.001996n}}\right)$

$$\approx\Phi\left(\frac{0.004n-25}{\sqrt{0.001996n}}\right)\geqslant0.999,$$

查附表2知 $\dfrac{0.004n-25}{\sqrt{0.001996n}}\geqslant3.1$，解得 $n\geqslant9636.71$，取 $n=9637$.

即得保险公司至少要发展9637个客户.

例5说明，保险业的产生与发展既向数学提出了问题，又为概率论的产生准备了素材.可以说，保险业的出现是概率论产生的客观背景之一.在本题中，除了应用棣莫弗-拉普拉斯中心极限定理这一工具外，还有一个要点，即正确地应用随机变量来表示随机事件.

【例6】　设有某天文学家试图观测某星球与他所在天文台的距离 D.他计划做 n 次独立的观测 $X_1,X_2,\cdots,X_n$（单位：光年），设这 n 次独立的观测的数学期望为 $E(X_i)=D$，方差为 $D(X_i)=4$ $(i=1,2,\cdots,n)$.现天文学家采用 $\overline{X}_n=\dfrac{1}{n}\sum\limits_{i=1}^{n}X_i$ 作为 D 的近似值.为使 D 的近似值的精度在±0.25光年之间的概率大于0.98，试问这位天文学家至少要做多少次独立的观测？

解：按题意所求的是，满足 $P(\,|\,\overline{X}_n-D\,|\leqslant0.25)\geqslant0.98$ 的最小 n.

因为做的试验是 n 次独立重复观测，所以可认为 $X_1,X_2,\cdots,X_n$ 独立同分布.

由林德贝格-莱维定理知，随机变量

$$\frac{\overline{X}_n - D}{2/\sqrt{n}} \overset{近似}{\sim} N(0,1),$$

于是 $P(|\overline{X}_n - D| \leqslant 0.25) = P\left(\frac{|\overline{X}_n - D|}{2/\sqrt{n}} \leqslant \frac{0.25}{2/\sqrt{n}}\right) \approx 2\Phi\left(\frac{0.25}{2/\sqrt{n}}\right) - 1 \geqslant 0.98,$

即 $$\Phi\left(\frac{0.25}{2/\sqrt{n}}\right) \geqslant 0.99.$$

查附表 2 知 $\frac{0.25}{2/\sqrt{n}} \geqslant 2.33$,解得 $n \geqslant 347.4496$,取 $n = 348$.

所以可以得出这位天文学家至少要做 348 次独立的观测.

本题表明,由中心极限定理可以解决随机变量的算术平均值的近似计算问题,同时,也给出了一个独立同分布的应用背景. 在数理统计中,我们将会经常遇到这种情形. 下面再看生活中应用中心极限定理的例子.

【例 7】 设一大批产品中合格品占 $\frac{1}{6}$,从中任意抽取 6000 个,试问把误差 ε 限定为多少时,才能保证频率与概率之差不大于 ε 的概率为 0.99? 此时合格品数落在哪个范围?

解:记 X 表示抽取的 6000 个产品中的合格品数.

因为 $X \sim B\left(6000, \frac{1}{6}\right)$,所以 $E(X) = 1000$,$D(X) = 1000 \cdot \frac{5}{6}$,由

中心极限定理知,$X \overset{近似}{\sim} N\left(1000, 1000 \cdot \frac{5}{6}\right)$,于是

$$P\left(\left|\frac{X}{6000} - \frac{1}{6}\right| < \varepsilon\right) = P(|X - 1000| < 6000\varepsilon) \approx 2\Phi\left(\frac{6000\varepsilon}{\sqrt{1000 \cdot \frac{5}{6}}}\right) - 1 = 0.99.$$

解得 $\Phi\left(\frac{6000\varepsilon}{\sqrt{1000 \cdot \frac{5}{6}}}\right) = 0.995$,查表得 $\frac{6000\varepsilon}{\sqrt{1000 \cdot \frac{5}{6}}} \approx 2.58$,

可得 $\varepsilon \approx 0.0124$,即

$$P\left(\left|\frac{X}{6000} - \frac{1}{6}\right| < 0.0124\right) = P(|X - 1000| < 74.4)$$
$$= P(925.6 < X < 1074.4) = 0.99.$$

此时合格品数落在 925 与 1074 之间.

注意,本例说明,利用中心极限定理,可以讨论频率和概率的差异在什么范围内时,能够满足频率和概率的误差在该范围的概率不小于预先给定的数值 β. 同理可以讨论,要使频率和概率的差异不大于某定数 ε 的概率不小于事先给定的概率值 β,应该做多少次试验?

【例 8】 某汽车销售点每天出售的汽车数服从参数为 $\lambda = 2$ 的

泊松分布.若该汽车销售点一年365天都经营汽车销售,且每天出售的汽车数是相互独立的,求一年中售出700辆以上汽车的概率.

解:记 X_i 为第 i 天出售的汽车辆数,则 $Y = X_1 + X_2 + \cdots + X_{365}$ 为一年的总销售量.由已知条件可知, $E(X_i) = D(X_i) = 2$,故可得 $E(Y) = D(Y) = 365 \times 2 = 730$. 由林德贝格-莱维定理可得,

$$P(Y>700) = 1 - P(Y \leqslant 700) \approx 1 - \Phi\left(\frac{700-730}{\sqrt{730}}\right) = 1 - \Phi(-1.11) = 0.8665.$$

这表明,该销售点一年中售出700辆以上汽车的概率近似为0.8665.

【例9】　某餐厅每天接待400名顾客,设每位顾客的消费额(元)服从(20,100)上的均匀分布,且顾客的消费额是相互独立的.试求:

(1) 该餐厅每天的平均营业额;

(2) 该餐厅每天的营业额在平均营业额±760元内的概率.

解:记 X_i 为第 i 位顾客的消费额,则 $X_i \sim U(20,100)$,可知 $E(X_i) = 60, D(X_i) = \dfrac{1600}{3}$,且餐厅每天的营业额为 $Y = \sum\limits_{i=1}^{400} X_i$.

(1) 该餐厅每天的平均营业额为

$$E(Y) = \sum_{i=1}^{400} E(X_i) = 400 \times 60 = 24000(元).$$

(2) 利用林德贝格-莱维定理,可得

$$P(-760<Y-24000<760) \approx 2\Phi\left(\frac{760}{\sqrt{400 \times 1600/3}}\right) - 1$$
$$= 2\Phi(1.645) - 1 = 0.90.$$

这表明:该餐厅每天的营业额在23240~24760元之间的概率近似为0.90.

习题五

A

1. 某车间有200台车床,各车床开动时独立工作.每台车床的功率是15kW,车间供电的最大功率为2400kW.设每台车床的开工率为0.75. 试求该车间供电不足的概率.

2. 某厂生产螺钉的不合格品率为0.01. 问一盒中应至少装多少个螺钉,才能保证其中有100个合格品的概率不小于0.95?

3. 一复杂系统由 n 个相互独立起作用的部件组成,每个部件的可靠性(即部件正常工作的概率)为0.9,且必须至少有80%的部件工作才能使整个系统正常工作.试问 n 至少为多大才能使整个系统的可靠性不低于0.95?

4. 一部件包括 10 部分,每部分的长度是一个随机变量,它们相互独立,且服从同一分布.长度的数学期望为 2mm,标准差为 0.05mm.规定总长度为(20±0.1)mm 时,产品合格,试求产品合格的概率.

5. 某医院一个月内接收破伤风患者的人数是一个随机变量,它服从参数为 $\lambda = 5$ 的泊松分布.各月接收破伤风患者的人数相对独立.试求一年中前 9 个月接收患者的人数多于 30 人的概率.

6. 计算机在进行数值计算时,遵从四舍五入的原则.为简单计,现对小数点后面第一位进行四舍五入运算,则误差可以认为服从均匀分布 $U(-0.5, 0.5)$.若在一项计算中进行了 100 次数值计算,求平均误差落在区间 $\left[-\dfrac{\sqrt{3}}{20}, \dfrac{\sqrt{3}}{20} \right]$ 上的概率.

B

7. 某商店供应某地区 1000 人的商品.某种商品在一段时间内每人购买一件的概率为 0.6,并假设在这段时间内每人购买与否是相互独立的.试问商店应准备多少这种商品,才能以 99.7% 的概率保证不会脱销(设这段时间内每人至多购买一件)?

8. 某灯泡厂生产的灯泡的平均寿命为 2000h,标准差为 250h.现采用新工艺使平均寿命提高到 2250h,标准差不变.为确认这一改革成果,从这批使用新工艺生产的灯泡中抽取若干只来检查.若抽查出的灯泡的平均寿命为 2200h,就承认改革有效,并批准采用新工艺,要使检查通过的概率不小于 0.997,则应至少检查多少个灯泡?

9. 设在某种独立重复试验中,事件 A 在每次试验中出现的概率为 1/4.试问能以 0.999 的概率保证在 1000 次试验中事件 A 出现的频率与 1/4 相差多少? 此时,事件 A 发生的次数在哪个范围内?

10. 设 $\{X_n\}$ 为独立同分布的随机序列,其共同分布为

$$P\left(X_n = \frac{2^k}{k^2} \right) = \frac{1}{2^k}, \quad k = 1, 2, \cdots.$$

求证: $\{X_n\}$ 服从大数定律.

测 试 题 五

第五章小测

第六章

数理统计基本概念

一门科学,只有当它成功地运用数学时,才能达到真正完善的地步.

——K.马克思

从历史的典籍中,人们不难发现许多关于钱粮、户口、地震、水灾等的记载,这说明人们很早就开始了统计的工作.但是当时的统计,只是对有关事实的简单记录和整理,而没有在一定理论的指导下,做出超越这些数据范围之外的推断.

到了 19 世纪末、20 世纪初,随着近代数学和概率论的发展,才真正诞生了数理统计学这门学科.同时计算机的诞生与发展为数据处理提供了强有力的技术支持,这就导致了数理统计与计算机结合的必然发展趋势.目前,国内外著名的统计软件包 SAS,SPSS,STAT 等,都提供了快速、简便的数据处理和分析的方法与工具.

数理统计以概率论为理论基础,但其研究重点与概率论不同.例如,从口袋中摸彩球的试验,概率论关心的是在彩球情况已知的条件下,摸出某种颜色的彩球的概率是多大;而数理统计研究的是在彩球情况部分已知或全部未知的条件下摸出的彩球样本,通过观察分析样本,估计或检验口袋中彩球的颜色分布.

可以说,数理统计研究的对象是带有随机性的数据.数理统计学是一门应用性很强的学科,它是研究怎样以有效的方式收集、整理和分析所获得的有限的资料,以便对所考察的问题尽可能地作出精确而可靠的推断和预测,直至为采取一定的决策和行动提供依据和建议.这也正是数理统计的任务.

从上述讨论也可看出,数理统计方法具有"部分推断整体"的特征.

在数理统计中必然要用到概率论的理论和方法.因为随机抽样的结果带有随机性,不能不把它当作随机现象来处理,所以概率论是数理统计的基础,而数理统计是概率论的重要应用.但它们是并列的两个学科,并无从属关系.

为了使读者对数理统计的学习有一个整体的概念,我们将数理统计中最基本内容即本书中的第六章至第八章的知识结构图统一归纳如下:

知识结构图

```
                              数理统计
                    ┌────────────┴────────────┐
                 抽样分布                    统计推断
              ┌────┴────┐         ┌──────────┼──────────┐
          常用的    三个重要    参数估计    正态总体 ──→ 假设检验
          统计量     分布      ┌────┴────┐              ┌────┴────┐
              │         │    点估计    区间估计      均值的      方差的
              └────┬────┘  ┌──┴──┐   ┌──┴──┐      检验        检验
         正态总体的样本均  矩估   极大  正态   正态        └────┬────┘
         值与方差的分布   计法   似然  总体   总体      ┌──────┴──────┐
         (重要统计量的分布)      估计  均值   方差    单个正态      两个正态
                              法    的区   的区    总体的        总体的
                                   间估    间估    情形          情形
                                   计      计
```

第一节　总体与随机样本

　　前面我们已经提到,在概率论中所研究和讨论的随机变量,它们的分布都是已知的,在此前提下去进一步研究它们的性质、特点和规律性.

　　而在数理统计中所研究和讨论的随机变量,它们的分布是未知的或部分未知的.于是,我们就必须通过对所研究和讨论的随机变量进行重复独立的观察和试验,得到所需的观察值(数据),对这些数据进行分析后才能对其分布作出种种判断.得到这些数据最常用的方法是"随机抽样法",它是一种从局部推断整体的方法.

▶ 总体与随机样本

　　本书后续几章所讨论的统计问题主要属于下面这种类型.

　　从所研究的随机变量的某个集合中抽取一部分元素,对这部分元素的某些数量指标进行试验与观察,根据试验与观察获得的数据来推断该集合中全体元素的数量指标的分布情况或数字特征.

一、总体和个体

　　定义1　研究对象的某项数量指标的值的全体为总体(母体);总体中的每个元素为个体.

　　例如,我们要研究某大学的学生的身高情况,则该大学的全体学生的身高构成问题的总体,而每一个学生的身高即是一个个体;又如,研究某批灯泡的寿命,则该批灯泡寿命的全体就构成了问题的总体,而每个灯泡的寿命就是个体.如此看来,若不考虑问题的实际背景,总体就是一堆数.这堆数中有大有小,有的出现的机会多,有的出现的机会少,因此用一个概率分布去描述和归纳总体是恰当的.

从这个意义上看,总体就是一个概率分布,而其数量指标就是服从这个分布的随机变量.所以今后说"从总体中抽样"与"从某分布中抽样"是同一个意思.

总体中的每一个个体都是随机试验的一个观察值,因此它是某一随机变量 X 的值,从而**一个总体对应于一个随机变量**.由此可见,对总体的研究就是对一个随机变量 X 的研究,随机变量 X 的分布函数和数字特征就可作为总体的分布函数和数字特征,所以今后将不再区分总体与相应的随机变量,统称为总体 X 或总体 $F(X)$.

总体按其包含的个体总数分为**有限总体**(个体的个数是有限的)和**无限总体**(个体的个数是无限的).但当有限总体所含的个体个数很大时,也可视其为无限总体.

【例 1】 若要考察某厂的产品质量,现将该厂的产品只分为合格品与不合格品两类,并以 0 记为合格品,以 1 记为不合格品.则总体={该厂生产的全部合格品与不合格品}={由 0 与 1 组成的一堆数},若以 p 表示这堆数中 1 的比例(不合格品率),则该总体 X 可由一个(0-1)分布来表示

X	0	1
P	$1-p$	p

不同的 p 反映了总体间的差异.比如,两个生产同类产品的工厂的产品总体分布分别为

X	0	1
P	0.983	0.017

X	0	1
P	0.915	0.085

显然,第一个工厂的产品质量优于第二个工厂.在实际中,分布中的不合格品率是未知的,如何对它进行估计正是数理统计要研究的问题.

二、 抽样和样本

定义 2 为推断总体分布及各种特征,按一定规则从总体中抽取若干个体进行观察试验,以获得有关总体的信息,这一抽取过程称为**抽样**,所抽取的部分个体称为**样本**,样本中所包含的个体数目称为**样本容量**.

【例2】　某饮料厂生产的瓶装饮料规定净含量为750g,由于随机性,事实上在生产过程中不可能使得所有的瓶装饮料净含量均为750g.现从该厂生产的饮料中随机抽取10瓶测定其净含量(单位:g),得到如下结果:

　751　745　750　747　752　748　756　753　749　750

这是一个容量为 10 的样本的观测值,对应的总体为该厂生产的瓶装饮料的净含量.

从总体中抽取样本可以有不同的抽法,为了能由样本对总体作出较可靠的推断,我们希望所抽取的样本能很好地代表总体.这就需要对抽取方法提出要求,最常用的简单随机抽样有如下两点要求:

第一,样本具有随机性,即要求总体中每一个个体都有同等机会被选入样本,这就意味着每一样品 X_i 与总体 X 有相同的分布.

第二,样本具有独立性,即要求样本中的每一样品的取值不影响其他样品的取值,这就意味着 $X_1, X_2, \cdots, X_n$ 相互独立.

基于上述的对于简单随机抽样的要求我们可以知道,从总体中抽取一个个体就是对总体 X 进行一次观察(试验)并记录其结果.若在相同的条件下对总体 X 进行 n 次重复的独立的观察,其观察的结果记为 $X_1, X_2, \cdots, X_n$,则可认为 $X_1, X_2, \cdots, X_n$ 是相互独立的并与总体 X 具有相同的分布,一般称其为来自总体 X 的一个简单随机样本.对于有限总体和无限总体,都可以通过不放回抽样的方式得到简单随机样本.

> **定义 3**　设 X 是具有分布函数 F 的随机变量,若 $X_1, X_2, \cdots, X_n$ 是具有同一分布函数 F 的相互独立的随机变量,则称 $X_1, X_2, \cdots, X_n$ 为由总体 X(或从总体 F,或从分布函数 F)得到的容量为 n 的简单随机样本,简称样本.它们的观察值 $x_1, x_2, \cdots, x_n$ 称为样本值,又称为 X 的 n 个独立的观察值.

特别要指出,样本是随机变量,但它具有二重性.样本的所谓二重性是,一方面,由于样本是从总体中随机抽取的,抽取前无法预知它们的数值,因此,样本是随机变量,一般用大写字母 $X_1, X_2, \cdots, X_n$ 来表示;另一方面,样本在抽取以后经观测就有了确定的观测值,因此,样本又是一组数值,一般就用小写字母 $x_1, x_2, \cdots, x_n$ 来表示.

由定义 3 可得,若 $X_1, X_2, \cdots, X_n$ 是总体 X 的一个样本,X 的分布函数为 $F(x)$,概率密度函数为 $f(x)$,则随机向量 $(X_1, X_2, \cdots, X_n)$ 的联合分布函数为

$$F(x_1, x_2, \cdots, x_n) = \prod_{i=1}^{n} F(x_i),$$

随机向量 $(X_1, X_2, \cdots, X_n)$ 的联合概率密度函数为

$$f(x_1, x_2, \cdots, x_n) = \prod_{i=1}^{n} f(x_i).$$

以后若没有特殊声明,本书中的样本皆为简单随机样本.

第二节　统计量及其分布

我们从第一节所介绍内容中已经知道,样本是进行统计推断的依据,它含有总体各方面的信息,但这些信息常常较为分散,有时候显得杂乱无章.所以在实际应用时,往往不是直接使用样本本身,而是需要对样本进行加工,表和图是一类加工形式,使人们从中获得对总体的初步认识.当人们需要从样本中获得对总体的深入认识时,最常用的方法就是针对不同的问题构造样本的适当函数,利用这些样本的函数进行统计推断.

一、　统计量与抽样分布

定义 1　设 $X_1, X_2, \cdots, X_n$ 是总体 X 的一个样本,$g(X_1, X_2, \cdots, X_n)$ 是 $X_1, X_2, \cdots, X_n$ 的函数.若样本函数 g 中不含任何未知参数,则称 $g(X_1, X_2, \cdots, X_n)$ 是一个统计量.统计量的分布称为抽样分布.

由定义 1 可知,统计量是样本的函数,它也是一个随机变量.若 $X_1, X_2, \cdots, X_n$ 为总体 X 的一个样本,则 $\sum_{i=1}^{n} X_i$, $\sum_{i=1}^{n} X_i^2$,都应该是统计量.但当 μ, σ^2 未知时,则 $X_1 - \mu$ 与 X_1/σ^2 就不是统计量.但我们必须指出,尽管统计量不依赖于任何未知参数,但是它的分布一般是依赖于未知参数的.

我们称 $g(x_1, x_2, \cdots, x_n)$ 为随机变量 $g(X_1, X_2, \cdots, X_n)$ 的观测值,其中 $x_1, x_2, \cdots, x_n$ 是随机变量 $X_1, X_2, \cdots, X_n$ 的样本值.

下面我们介绍一些常见的统计量及其分布.

二、　样本均值及其抽样分布

定义 2　设 $X_1, X_2, \cdots, X_n$ 是总体 X 的一个样本,其算术平均值称为样本均值,用 $\overline{X}$ 表示,即

$$\overline{X} = \frac{X_1 + X_2 + \cdots + X_n}{n} = \frac{1}{n} \sum_{i=1}^{n} X_i \tag{6.1}$$

特别地,在分组样本时,样本均值的近似公式为

$$\overline{X} = \frac{X_1 f_1 + X_2 f_2 + \cdots + X_k f_k}{n} \qquad \left(n = \sum_{i=1}^{k} f_i \right) \tag{6.2}$$

式中,k 为组数,X_i 为第 i 组的组中值,f_i 为第 i 组的频数.

【例1】 某单位统计了 20 名年轻人的某月的业余消费的数据分别为

79 84 84 88 92 93 94 97 98 99

100 101 101 102 102 108 110 113 118 125

则该月这 20 名年轻人的平均业余消费支出(样本均值)为

$$\bar{x} = \frac{79+84+\cdots+125}{20} = 99.4.$$

若将这 20 个数据分组可得到如下的频数频率分布

组数	分组区间	组中值	频数	频率(%)
1	$(77,87]$	82	3	15
2	$(87,97]$	92	5	25
3	$(97,107]$	102	7	35
4	$(107,117]$	112	3	15
5	$(117,127]$	122	2	10
合计			20	100

对表中的分组样本,使用式(6.2)进行计算可得

$$\bar{x} = \frac{82\times3+92\times5+\cdots+122\times2}{20} = 100.$$

我们看到两种计算结果是不相同的.这是因为式(6.2)未用到真实的样本观测数据,它给出的是近似结果,而式(6.1)用到真实的样本观测数据,所以给出的是真正的均值.

关于样本均值有如下两条性质:

性质1 若把样本中的数据与样本均值之差称为偏差,则样本所有偏差之和为零,即

$$\sum_{i=1}^{n} (X_i - \bar{X}) = 0.$$

证明:$\sum_{i=1}^{n} (X_i - \bar{X}) = \sum_{i=1}^{n} X_i - n\bar{X} = \sum_{i=1}^{n} X_i - n \cdot \left(\frac{\sum_{i=1}^{n} X_i}{n} \right) = 0.$

从样本均值的计算公式(6.1)来看,它使用了所有的数据,而且每一个数据在计算公式中处于平等的地位.故所有数据与样本中心的误差被互相抵消,从而样本所有偏差之和必为零.

性质2 样本数据观测值与样本均值的偏差平方和最小,即在形如 $\sum_{i=1}^{n} (X_i - c)^2$ 的函数中,$\sum_{i=1}^{n} (X_i - \bar{X})^2$ 为最小,其中 c 为任意给定的常数.

证明：对任意给定的常数 c，

$$\sum_{i=1}^{n}(X_i-c)^2 = \sum_{i=1}^{n}(X_i-\overline{X}+\overline{X}-c)^2$$

$$= \sum_{i=1}^{n}(X_i-\overline{X})^2+n(\overline{X}-c)^2+2\sum_{i=1}^{n}(X_i-\overline{X})(\overline{X}-c)$$

$$= \sum_{i=1}^{n}(X_i-\overline{X})^2+n(\overline{X}-c)^2 \geqslant \sum_{i=1}^{n}(X_i-\overline{X})^2.$$

即得所证.

三、 样本方差及其抽样分布

定义 3 设 $X_1,X_2,\cdots,X_n$ 是总体 X 的一个样本,则它关于样本均值 $\overline{X}$ 的如下的平均偏差平方和

$$S^2 = \frac{1}{n-1}\sum_{i=1}^{n}(X_i-\overline{X})^2 \qquad (6.3)$$

称为样本方差.

其算术根

$$S = \sqrt{S^2} = \sqrt{\frac{1}{n-1}\sum_{i=1}^{n}(X_i-\overline{X})^2} \qquad (6.4)$$

称为样本标准差.

定义 3 中,n 为样本容量,$\sum_{i=1}^{n}(X_i-\overline{X})^2$ 称为偏差平方和,$n-1$ 称为偏差平方和的自由度,其含义是：在 $\overline{X}$ 确定后,n 个偏差 $X_1-\overline{X}$,$X_2-\overline{X},\cdots,X_n-\overline{X}$ 中只有 $n-1$ 个数据可以自由变动,而第 n 个则不能自由取值,因为 $\sum_{i=1}^{n}(X_i-\overline{X})=0$.

特别地,在分组样本时,样本方差的近似公式为

$$S^2 = \frac{1}{n-1}\sum_{i=1}^{n}f_i(X_i-\overline{X})^2 = \frac{1}{n-1}\left(\sum_{i=1}^{n}f_iX_i^2-n\,\overline{X}^2\right), \qquad (6.5)$$

式中,n 为组数；X_i 为第 i 组的组中值；f_i 为第 i 组的频数.

【例 2】 考察例 1 的样本,在例 1 中已知 $\bar{x}=99.4$,则其样本方差与样本标准差分别为

$$s^2 = \frac{1}{20-1}[(79-99.4)^2+(84-99.4)^2+\cdots+(125-99.4)^2] = 133.9368,$$

$$s = \sqrt{s^2} = \sqrt{133.9368} = 11.5371.$$

类似于例 1 中的分组样本,我们可以如下列表计算出样本方差的近似值,其中 $\bar{x} = \frac{2000}{20} = 100$,

组中值 x	频数 f	xf	$x-\bar{x}$	$(x-\bar{x})^2 f$
82	3	246	−18	972
92	5	460	−8	320
102	7	714	2	28
112	3	336	12	432
122	2	244	22	968
合计	20	2000		2720

于是由式(6.5),得

$$s^2 = \frac{2720}{20-1} = 143.16, s = \sqrt{143.16} = 11.96.$$

定理 1　设 $X_1, X_2, \cdots, X_n$ 是总体 X 的一个样本, $E(X) = \mu$, $D(X) = \sigma^2 < +\infty$, $\bar{X}$ 和 S^2 分别为 X 的样本均值与样本方差,则有

$$E(\bar{X}) = \mu, D(\bar{X}) = \frac{\sigma^2}{n}, E(S^2) = \sigma^2.$$

证明:由于 $\qquad E(\bar{X}) = \frac{1}{n} E\left(\sum_{i=1}^{n} X_i\right) = \frac{n\mu}{n} = \mu,$

$$D(\bar{X}) = \frac{1}{n^2} D\left(\sum_{i=1}^{n} X_i\right) = \frac{n\sigma^2}{n^2} = \frac{\sigma^2}{n},$$

又由于 $\sum_{i=1}^{n}(X_i - \bar{X})^2 = \sum_{i=1}^{n} X_i^2 - n\bar{X}^2$,而

$$E(X_i^2) = [E(X_i)]^2 + D(X_i) = \mu^2 + \sigma^2, E(\bar{X}^2) = [E(\bar{X})]^2 + D(\bar{X}) = \mu^2 + \frac{\sigma^2}{n}.$$

所以有 $E\left[\sum_{i=1}^{n}(X_i - \bar{X})^2\right] = n(\mu^2 + \sigma^2) - n\left(\mu^2 + \frac{\sigma^2}{n}\right) = (n-1)\sigma^2.$

对上式两边各除以 $n-1$,即得所证.

注意,定理 1 中给出的样本均值的数学期望与方差以及样本方差的数学期望都是不依赖于总体的分布形式,这些结果在后续的讨论中是非常有用的.

四、样本矩及其函数

定义 4　设 $X_1, X_2, \cdots, X_n$ 是总体 X 的一个样本,则统计量

$$A_k = \frac{1}{n} \sum_{i=1}^{n} X_i^k \tag{6.6}$$

称为样本 k 阶原点矩;

$$B_k = \frac{1}{n} \sum_{i=1}^{n} (X_i - \bar{X})^k \tag{6.7}$$

称为样本 k 阶中心矩.

显然,样本均值就是样本一阶原点矩,样本方差与样本二阶中

心矩差一个常数倍数,所以样本矩是样本均值和样本方差更一般的推广.

定理 2　若总体 X 的 k 阶原点矩存在,$E(X^k)=\mu_k$,则当 $n\to\infty$ 时,$A_k \xrightarrow{P} \mu_k$,$k=1,2,\cdots$.

证明:由题意,若 $X_1,X_2,\cdots,X_n$ 是总体 X 的一个样本,则 $X_1,X_2,\cdots,X_n$ 相互独立且与 X 同分布,所以 $X_1^k,X_2^k,\cdots,X_n^k$ 也相互独立且与 X^k 同分布,故有

$$E(X_1^k)=E(X_2^k)=\cdots=E(X_n^k)=\mu_k.$$

由第五章的辛钦定理,可证得

$$A_k=\frac{1}{n}\sum_{i=1}^{n}X_i^k \xrightarrow{P}\mu_k,\quad k=1,2,\cdots.$$

由定理 2 及第五章中关于依概率收敛的序列性质,我们进而可得

$$g(A_1,A_2,\cdots,A_k)\xrightarrow{P}g(\mu_1,\mu_2,\cdots,\mu_k),k=1,2,\cdots,$$

其中,g 为连续函数.而这个结论就是第七章中将要介绍的矩估计法的理论依据.

下面我们简单地介绍一下关于样本偏度与样本峰度的概念.

一般地,当总体关于分布中心对称时,我们用样本均值和样本方差来刻画样本特征,这些参数很有代表性.而当总体关于分布中心不对称时,只用样本均值和样本方差去刻画样本特征就显得不够准确了.为此就需要一些刻画总体分布形状的统计量,我们介绍的样本偏度与样本峰度就是这样的统计量,而且它们都是样本中心矩的函数.

定义 5　设 $X_1,X_2,\cdots,X_n$ 是总体 X 的一个样本,则统计量

$$\gamma_1=\frac{B_3}{B_2^{\frac{3}{2}}}$$ 称为样本偏度.

定义 5 中用 B_3 除以 $B_2^{\frac{3}{2}}$ 是为了消除量纲的影响.样本偏度 γ_1 反映了总体分布密度曲线的对称信息.如果样本中的数据完全对称,则由中心矩的定义不难得出 $B_3=0$;如果样本中的数据不对称,则 $B_3\neq0$.

样本偏度 γ_1 是个相对数,它很好地刻画了数据分布的偏斜方向和程度.如果 $\gamma_1=0$,则表示样本对称;如果 $\gamma_1>0$,则表示样本的右尾长,即样本中有几个较大的数,这反映总体分布是正偏的或右偏的;如果 $\gamma_1<0$,则表示样本的左尾长,即样本中有几个特小的数,这反映总体分布是负偏的或左偏的.

定义 6　设 $X_1,X_2,\cdots,X_n$ 是总体 X 的一个样本,则统计量

$$\gamma_2=\frac{B_4}{B_2^2}-3$$ 称为样本峰度.

样本峰度 γ_2 反映了总体分布密度曲线在其峰值附近的陡峭程度.当 $\gamma_2>0$ 时,总体分布密度曲线在其峰值附近比正态分布陡,此时称其为尖顶型;当 $\gamma_2<0$ 时,总体分布密度曲线在其峰值附近比正态分布平坦,此时称其为平顶型.

样本偏度与样本峰度的概念在这里只是样本中心矩的函数,但它们在假设检验中却有很好的应用.

第三节　常用的重要统计量及其分布

在使用统计量进行统计推断时常需要知道它的分布.当总体的分布函数已知时,抽样分布是确定的,然而要求出统计量的精确分布,一般是比较困难的.本节介绍三个常用的重要统计量,它们是以标准正态变量为基础而构造的,加上正态分布本身,它们就构成了数理统计中的"四大抽样分布".这四大分布在实际中有着广泛的应用,这是因为这四个统计量不仅有明确的背景,而且其抽样分布的密度函数有明确的表达式.

一、 χ^2 分布(卡方分布)

定义1　设 $X_1,X_2,\cdots,X_n$ 是来自正态总体 $N(0,1)$ 的样本,则称统计量 $\chi^2=X_1^2+X_2^2+\cdots+X_n^2$ 为服从自由度为 n 的 χ^2 分布,记为 $\chi^2\sim\chi^2(n)$.

定义1中的自由度指的是 χ^2 中所包含的独立变量的个数 χ^2 分布的概率密度函数为

$$f(x)=\begin{cases}\dfrac{1}{2^{\frac{n}{2}}\Gamma\left(\dfrac{n}{2}\right)}x^{\frac{n}{2}-1}\mathrm{e}^{-\frac{x}{2}}, & x>0,\\[4mm] 0, & x\leqslant0,\end{cases}$$

其中伽马函数 $\Gamma(x)=\displaystyle\int_0^{+\infty}\mathrm{e}^{-t}t^{x-1}\mathrm{d}t,x>0,\chi^2$ 分布的密度函数的图形是一个只取非负值的偏态分布,如图6.1所示.

由第三章第四节的例3中我们已经知道, χ^2 分布是 Γ 分布的特例,于是由 Γ 分布的可加性得出 χ^2 分布的可加性:

若 $\chi_1^2\sim\chi^2(n_1),\chi_2^2\sim\chi^2(n_2)$,并且 χ_1^2,χ_2^2 相互独立,则有

$$\chi_1^2+\chi_2^2\sim\chi^2(n_1+n_2).$$

χ^2 分布的数学期望与方差:

若 $\chi^2\sim\chi^2(n)$,则有 $E(\chi^2)=n,D(\chi^2)=2n$.

事实上,因为 $X_i\sim N(0,1)$,所以

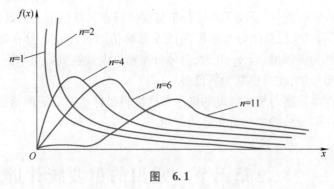

图 6.1

$$E(X_i^2) = D(X_i) = 1,$$

$$D(X_i^2) = E(X_i^4) - [E(X_i^2)]^2 = 3 - 1 = 2, i = 1, 2, \cdots,$$

于是
$$E(\chi^2) = E\left(\sum_{i=1}^{n} X_i^2\right) = \sum_{i=1}^{n} E(X_i^2) = n,$$

$$D(\chi^2) = D\left(\sum_{i=1}^{n} X_i^2\right) = \sum_{i=1}^{n} D(X_i^2) = 2n.$$

类似于正态分布的分位点,我们可以得出 χ^2 分布的分位点:

对于给定的 $\alpha(0<\alpha<1)$,称满足条件 $P[\chi^2 > \chi_\alpha^2(n)] = \int_{\chi_\alpha^2(n)}^{+\infty} f(x)$

$\mathrm{d}x = \alpha$ 的点 $\chi_\alpha^2(n)$ 为 χ^2 分布的上 α 分位点. 上 α 分位点的图形如图 6.2所示.

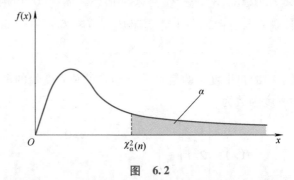

图 6.2

对于不同的 α 与 n,上 α 分位点 $\chi_\alpha^2(n)$ 的值可以通过查表(参见附表 4)得到. 一般地,当 $n \le 45$ 时可以直接查表;当 $n > 45$ 时可用近似公式

$$\chi_\alpha^2(n) \approx \frac{1}{2}(z_\alpha + \sqrt{2n-1})^2 \text{或} \chi_\alpha^2(n) \approx n + \sqrt{2n} \cdot z_\alpha,$$

其中,z_α 是标准正态分布的上 α 分位点.

【例 1】 $\chi_{0.1}^2(25) = 34.382 \Leftrightarrow P[\chi^2(25) > 34.382] = 0.1,$

$\chi_{0.05}^2(10) = 18.31 \Leftrightarrow P[\chi^2(10) > 18.31] = 0.05,$

$\chi_{0.05}^2(50) \approx \frac{1}{2}(z_{0.05} + \sqrt{2 \times 50 - 1})^2 = \frac{1}{2}(1.645 + \sqrt{99})^2$

$= 67.221,$

或　　$\chi^2_{0.05}(50) \approx 50 + \sqrt{2 \times 50} \cdot z_{0.05} = 50 + 10 \times 1.645 = 66.45.$

二、t 分布（学生分布）

定义 2　设 $X \sim N(0,1), Y \sim \chi^2(n)$，且 X, Y 相互独立，则统计量 $t = \dfrac{X}{\sqrt{Y/n}}$ 为服从自由度为 n 的 t 分布，记为 $t \sim t(n)$.

t 分布是英国统计学家哥塞特（Gosset）首先发现的. 哥塞特年轻时在牛津大学学习数学和化学，1899 年他开始在一家酿酒厂担任酿酒化学技师，从事试验和数据分析工作. 由于当时在工作中哥塞特接触的样本容量都比较小，一般只有四五个，所以在大量的实验数据积累的过程中，哥塞特发现 $t = \sqrt{n-1}\,(\overline{X} - \mu)/S$ 的分布与传统认定的 $N(0,1)$ 分布并不同，特别是尾部的概率相差较大. 由此，哥塞特就怀疑是否有另一个分布族存在. 通过大量深入的研究与实践，哥塞特于 1908 年以学生（student）的笔名在英国的 *Biometrike* 杂志上发表了他的研究结果，故 t 分布也称为学生分布. t 分布的发现在统计学史上具有划时代的意义，因为它打破了正态分布一统天下的局面，开创了小样本统计推断的新纪元.

t 分布的密度函数为

$$t(x;n) = \frac{\Gamma\left(\dfrac{n+1}{2}\right)}{\Gamma\left(\dfrac{n}{2}\right)\sqrt{n\pi}}\left(1 + \frac{x^2}{n}\right)^{-\frac{n+1}{2}}, \quad -\infty < x < +\infty.$$

t 分布的密度函数是一个关于 y 轴对称的分布图，它与标准正态分布的密度函数图形非常类似，只是峰比标准正态分布的密度函数低一些，尾部的概率比标准正态分布大一些，其图形如下图 6.3 所示.

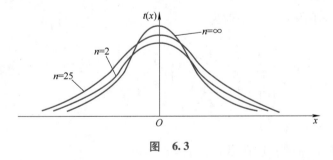

图　6.3

由图 6.3 可看出，t 分布的密度函数的图形确实与正态分布的密度函数图形非常相像，我们要指出的是，当 n 充分大时，t 分布可以近似看作是标准正态分布，即有 $\lim\limits_{n \to \infty} t(x;n) = \dfrac{1}{\sqrt{2\pi}}\mathrm{e}^{-\frac{x^2}{2}}$；但当 n 较小时，t 分布与正态分布的差异是不能忽略的. t 分布的数学期望与方差：

若 $t \sim t(n)$,则

当 $n=1$ 时,t 分布即为标准柯西分布,其均值不存在;

当 $n>1$ 时,t 分布的数学期望存在且 $E(t)=0$;

当 $n>2$ 时,t 分布的方差存在且 $D(t)=\dfrac{n}{n-2}$.

对于给定的 $\alpha(0<\alpha<1)$,称满足条件 $P[t>t_\alpha(n)]=\displaystyle\int_{t_\alpha(n)}^{+\infty} h(t)\mathrm{d}t=\alpha$

的点 $t_\alpha(n)$ 为 t 分布的上 α 分位点,其图形如图 6.4 所示.

由图 6.4 及 t 分布的上 α 分位点的定义,可得到 t 分布的对称性

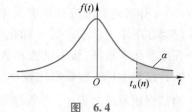

图 6.4

$$t_{1-\alpha}(n)=-t_\alpha(n),$$

对于不同的 α 与 n 上 α 分位点 $t_\alpha(n)$ 的值可以通过查表(参见附表3)得到.

一般地,当 $n\leqslant 45$ 时可以直接查表;当 $n>45$ 时可用近似公式 $t_\alpha(n)\approx z_\alpha$,其中 z_α 是标准正态分布的上 α 分位点.

【例2】　$t_{0.1}(25)=1.3163\Leftrightarrow P[t(25)>1.3163]=0.1$,

$t_{0.95}(10)=-t_{0.05}(10)=-1.8125\Leftrightarrow P[t(10)>-1.8125]$
$=0.95$,

$t_{0.05}(50)\approx z_{0.05}=1.645$.

三、F 分布

定义3　设 $X\sim\chi^2(n_1)$,$Y\sim\chi^2(n_2)$,且 X,Y 相互独立,则统计量 $F=\dfrac{X/n_1}{Y/n_2}$ 为服从自由度为 n_1,n_2 的 F 分布,记为 $F\sim F(n_1,n_2)$.

F 分布的概率密度函数为

$$\varphi(x;n_1,n_2)=\begin{cases} \dfrac{\Gamma\left(\dfrac{n_1+n_2}{2}\right)}{\Gamma\left(\dfrac{n_1}{2}\right)\Gamma\left(\dfrac{n_2}{2}\right)}\left(\dfrac{n_1}{n_2}\right)\left(\dfrac{n_1}{n_2}x\right)^{\frac{n_1}{2}-1}\left(1+\dfrac{n_1}{n_2}x\right)^{-\frac{n_1+n_2}{2}}, & x>0, \\ 0, & x\leqslant 0. \end{cases}$$

F 分布的密度函数的图形与 χ^2 分布的密度函数的图形类似,是一个只取非负值的偏态分布,如图 6.5 所示.

显然,由定义3可得:若 $F\sim F(n_1,n_2)$,则 $\dfrac{1}{F}\sim F(n_2,n_1)$.

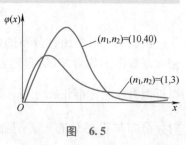

图 6.5

F 分布的数学期望与方差:

若 $F \sim F(n_1, n_2)$,则

当 $n_2 > 2$ 时,F 分布的数学期望存在且 $E(F) = \dfrac{n_2}{n_2 - 2}$.

当 $n_2 > 4$ 时,F 分布的方差存在,且 $D(F) = \dfrac{2n_2^2(n_1 + n_2 - 2)}{n_1(n_2 - 2)^2(n_2 - 4)}$.

对于给定的 $\alpha(0 < \alpha < 1)$,称满足条件 $P[F > F_\alpha(n_1, n_2)] = \displaystyle\int_{F_\alpha(n_1, n_2)}^{+\infty} \varphi(x)\mathrm{d}x = \alpha$ 的点 $F_\alpha(n_1, n_2)$ 为 F 分布的上 α 分位点.其图形如图 6.6 所示.

由图 6.6 及 F 分布的上 α 分位点的定义,可得到 F 分布的对称性

$$F_{1-\alpha}(n_1, n_2) = \frac{1}{F_\alpha(n_2, n_1)}.$$

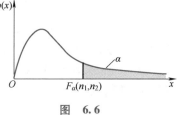

图　6.6

对于不同的 α 与 n 上 α 分位点 $F_\alpha(n_1, n_2)$ 的值可以通过查表(参见附表 5)直接得到.

【例 3】　$F_{0.1}(10, 10) = 2.32 \Leftrightarrow P[F(10, 10) > 2.32] = 0.1$,

$F_{0.05}(20, 38) = 1.85 \Leftrightarrow P[F(20, 38) > 1.85] = 0.05$,

$F_{0.75}(1, 8) = \dfrac{1}{F_{0.25}(8, 1)} = \dfrac{1}{9.19} = 0.109$

$\Leftrightarrow P[F(1, 8) > 0.109] = 0.75.$

四、　正态总体的样本均值与样本方差的分布

一般地,来自正态总体的样本均值与样本方差的抽样分布是应用最广的抽样分布,所以下面介绍的定理都是有关这方面的一些重要的结论.

定理 1　设 $X_1, X_2, \cdots, X_n$ 是来自正态总体 $N(\mu, \sigma^2)$ 的样本,其样本均值与样本方差分别为 $\overline{X}, S^2$,则有

(1) $\overline{X} \sim N\left(\mu, \dfrac{\sigma^2}{n}\right)$;

(2) $\dfrac{(n-1)S^2}{\sigma^2} \sim \chi^2(n-1)$;

(3) $\overline{X}$ 与 S^2 相互独立.

证明:(1) 因为若 $X \sim N(\mu, \sigma^2)$,$Y = aX + b$,则有 $Y \sim N(a\mu + b, a^2\sigma^2)$.由已知,$X_1 \sim N(\mu_1, \sigma_1^2)$,$X_2 \sim N(\mu_2, \sigma_2^2)$,则

$$X_1 + X_2 \sim N(\mu_1 + \mu_2, \sigma_1^2 + \sigma_2^2).$$

所以有　$\displaystyle\sum_{i=1}^{n} X_i \sim N(n\mu, n\sigma^2)$,又因为 $\overline{X} = \dfrac{1}{n}\displaystyle\sum_{i=1}^{n} X_i$,故得

思考:若总体 X 并不服从正态分布,或总体分布未知.但已知 $E(X) = \mu, D(X) = \sigma^2$,当 n 较大时,能否得到 $\overline{X}$ 的渐近分布为 $N\left(\mu, \dfrac{\sigma^2}{n}\right)$? 为什么?

$$\frac{1}{n}\sum_{i=1}^{n}X_i \sim N\left(\mu,\frac{\sigma^2}{n}\right),\ 即\ \overline{X} \sim N\left(\mu,\frac{\sigma^2}{n}\right).$$

（2）若令 $Z_i=\dfrac{X_i-\mu}{\sigma}$，$i=1,2,\cdots,n$，则由已知条件可知，$Z_1$，

$Z_2,\cdots,Z_n$ 相互独立，且都服从 $N(0,1)$ 分布，而 $\overline{Z}=\dfrac{1}{n}\sum_{i=1}^{n}Z_i=\dfrac{\overline{X}-\mu}{\sigma}$，

$$\frac{(n-1)S^2}{\sigma^2}=\frac{\sum_{i=1}^{n}(X_i-\overline{X})^2}{\sigma^2}=\sum_{i=1}^{n}\left[\frac{(X_i-\mu)-(\overline{X}-\mu)}{\sigma}\right]^2$$

$$=\sum_{i=1}^{n}(Z_i-\overline{Z})^2=\sum_{i=1}^{n}Z_i^2-n\overline{Z}^2.$$

取 n 阶正交矩阵 $\boldsymbol{A}=(a_{ij})$，其中第 1 行元素均为 $1/\sqrt{n}$，作正交变换 $\boldsymbol{Y}=\boldsymbol{AZ}$，其中

$$\boldsymbol{Y}=\begin{pmatrix}Y_1\\Y_2\\\vdots\\Y_n\end{pmatrix},\quad \boldsymbol{Z}=\begin{pmatrix}Z_1\\Z_2\\\vdots\\Z_n\end{pmatrix},$$

由于 $Y_i=\sum_{j=1}^{n}a_{ij}Z_j$，$j=1,2,\cdots,n$，故 $Y_1,Y_2,\cdots,Y_n$ 仍为正态随机变量.

由 $Z_i \sim N(0,1)$，$i=1,2,\cdots,n$，可知

$$E(Y_i)=E\left(\sum_{j=1}^{n}a_{ij}Z_j\right)=\sum_{j=1}^{n}a_{ij}E(Z_j)=0,$$

又由 $\mathrm{Cov}(Z_i,Z_j)=\delta_{ij}$（当 $i\neq j,\delta_{ij}=0$；当 $i=j,\delta_{ij}=1$）知

$$\mathrm{Cov}(Y_i,Y_k)=\mathrm{Cov}\left(\sum_{j=1}^{n}a_{ij}Z_j,\sum_{l=1}^{n}a_{kl}Z_l\right)=\sum_{j=1}^{n}\sum_{l=1}^{n}a_{ij}a_{kl}\mathrm{Cov}(Z_j,Z_l)$$

$$=\sum_{j=1}^{n}a_{ij}a_{kj}=\delta_{ik}（由正交矩阵性质），$$

故 $Y_1,Y_2,\cdots,Y_n$ 两两不相关. 又由于 n 维随机变量 $(Y_1,Y_2,\cdots,Y_n)$ 是由 n 维正态随机变量 $(X_1,X_2,\cdots,X_n)$ 经由线性变换而得到的，因此 $(Y_1,Y_2,\cdots,Y_n)$ 也是 n 维正态随机变量. 于是由 $Y_1,Y_2,\cdots,Y_n$ 两两不相关可推得 $Y_1,Y_2,\cdots,Y_n$ 相互独立，且有 $Y_i \sim N(0,1)$，$i=1$，$2,\cdots,n$，而

$$Y_1=\sum_{j=1}^{n}a_{1j}Z_j=\sum_{j=1}^{n}\frac{1}{\sqrt{n}}Z_j=\sqrt{n}\,\overline{Z},$$

$$\sum_{i=1}^{n}Y_i^2=\boldsymbol{Y}^{\mathrm{T}}\boldsymbol{Y}=(\boldsymbol{AZ})^{\mathrm{T}}(\boldsymbol{AZ})=\boldsymbol{Z}^{\mathrm{T}}(\boldsymbol{A}^{\mathrm{T}}\boldsymbol{A})\boldsymbol{Z}=\boldsymbol{Z}^{\mathrm{T}}\boldsymbol{Z}=\sum_{i=1}^{n}Z_i^2,$$

于是　　　　$$\frac{(n-1)S^2}{\sigma^2}=\sum_{i=1}^{n}Z_i^2-n\overline{Z}^2=\sum_{i=1}^{n}Y_i^2-Y_1^2=\sum_{i=2}^{n}Y_i^2.$$

由于 $Y_2, Y_3, \cdots, Y_n$ 相互独立且 $Y_i \sim N(0,1), i=2,3,\cdots,n$, 可知 $\sum_{i=2}^{n} Y_i^2 \sim \chi^2(n-1)$, 从而证得 $\dfrac{(n-1)S^2}{\sigma^2} \sim \chi^2(n-1)$.

（3）因为 $\overline{X} = \sigma\overline{Z} + \mu = \dfrac{\sigma Y_1}{\sqrt{n}} + \mu$ 仅依赖于 Y_1, 而 $S^2 = \dfrac{\sigma^2}{(n-1)} \sum_{i=2}^{n} Y_i^2$ 仅依赖于 $Y_2, Y_3, \cdots, Y_n$, 再由 $Y_1, Y_2, \cdots, Y_n$ 的相互独立性, 可推得 $\overline{X}$ 与 S^2 相互独立.

定理 2　设 $X_1, X_2, \cdots, X_n$ 是来自正态总体 $N(\mu, \sigma^2)$ 的样本, 其样本均值与样本方差分别为 $\overline{X}, S^2$, 则有

$$\frac{\overline{X} - \mu}{(S/\sqrt{n})} \sim t(n-1).$$

证明：因为 $\dfrac{\overline{X} - \mu}{(\sigma/\sqrt{n})} \sim N(0,1)$, $\dfrac{(n-1)S^2}{\sigma^2} \sim \chi^2(n-1)$, 且两者相互独立, 所以由 t 分布的定义可知：$\left. \left(\dfrac{\overline{X} - \mu}{\sigma/\sqrt{n}} \right) \middle/ \sqrt{\dfrac{(n-1)S^2}{\sigma^2(n-1)}} \right. \sim t(n-1)$, 整理左式即得所证.

下面的定理 3 是针对于两个正态总体的样本均值和样本方差的分布.

定理 3　设 $X_1, X_2, \cdots, X_{n_1}$ 是来自正态总体 $N(\mu_1, \sigma_1^2)$ 的样本, $Y_1, Y_2, \cdots, Y_{n_2}$ 是来自正态总体 $N(\mu_2, \sigma_2^2)$ 的样本, 且这两个样本相互独立, 其样本均值与样本方差分别为 $\overline{X}, S_1^2, \overline{Y}, S_2^2$, 则有

（1）$\dfrac{(S_1^2/S_2^2)}{(\sigma_1^2/\sigma_2^2)} \sim F(n_1 - 1, n_2 - 1)$;

（2）当 $\sigma_1^2 = \sigma_2^2 = \sigma^2$ 时, $\dfrac{(\overline{X} - \overline{Y}) - (\mu_1 - \mu_2)}{S_w \sqrt{\dfrac{1}{n_1} + \dfrac{1}{n_2}}} \sim t(n_1 + n_2 - 2)$,

其中, $S_w^2 = \dfrac{(n_1 - 1)S_1^2 + (n_2 - 1)S_2^2}{n_1 + n_2 - 2}$, $S_w = \sqrt{S_w^2}$.

证明：（1）由定理 1 可知, $\dfrac{(n_1 - 1)S_1^2}{\sigma_1^2} \sim \chi^2(n_1 - 1)$, $\dfrac{(n_2 - 1)S_2^2}{\sigma_2^2} \sim \chi^2(n_2 - 1)$, 由已知条件可知 S_1^2, S_2^2 相互独立, 则由 F 分布的定义有

$$\left[\frac{(n_1 - 1)S_1^2}{(n_1 - 1)\sigma_1^2} \right] \middle/ \left[\frac{(n_2 - 1)S_2^2}{(n_2 - 1)\sigma_2^2} \right] \sim F(n_1 - 1, n_2 - 1),$$

即 $\dfrac{(S_1^2/S_2^2)}{(\sigma_1^2/\sigma_2^2)} \sim F(n_1 - 1, n_2 - 1)$.

（2）因为 $\overline{X} - \overline{Y} \sim N\left(\mu_1 - \mu_2, \dfrac{\sigma^2}{n_1} + \dfrac{\sigma^2}{n_2} \right)$, 即有

$$U = \frac{(\overline{X} - \overline{Y}) - (\mu_1 - \mu_2)}{\sigma \sqrt{\dfrac{1}{n_1} + \dfrac{1}{n_2}}} \sim N(0,1),$$

又由给定的已知条件知 $\dfrac{(n_1-1)S_1^2}{\sigma^2} \sim \chi^2(n_1-1)$，$\dfrac{(n_2-1)S_2^2}{\sigma^2} \sim \chi^2(n_2-1)$ 且它们相互独立,故由 χ^2 分布的可加性知

$$V = \frac{(n_1-1)S_1^2}{\sigma^2} + \frac{(n_2-1)S_2^2}{\sigma^2} \sim \chi^2(n_1+n_2-2).$$

由定理 1 的结论推广到多个同方差正态分布的情形可知, U 与 V 相互独立.从而按 t 分布的定义可知

$$\frac{U}{\sqrt{V/(n_1+n_2-2)}} = \frac{(\overline{X} - \overline{Y}) - (\mu_1 - \mu_2)}{S_w \sqrt{\dfrac{1}{n_1} + \dfrac{1}{n_2}}} \sim t(n_1+n_2-2).$$

本节介绍的前三大分布及相关的三个定理都是在总体为正态分布的假设条件下,这些分布与结论在后续各章中都起着重要的作用.

第四节　综合例题选讲

【例 1】　设某电话交换台一小时内收到的呼叫次数 X 服从参数为 $\lambda(\lambda>0)$ 的泊松分布, $X_1, X_2, \cdots, X_n$ 是来自总体 X 的随机样本.求:

(1) $(X_1, X_2, \cdots, X_n)$ 的联合分布律;

(2) $\displaystyle\sum_{i=1}^n X_i$ 和 $\overline{X} = \dfrac{1}{n}\displaystyle\sum_{i=1}^n X_i$ 的分布律.

解:由已知可得,总体 X 具有的分布律为 $P(X=k) = \dfrac{\lambda^k}{k!}e^{-\lambda}$, $k = 0, 1, 2, \cdots$.

(1) $(X_1, X_2, \cdots, X_n)$ 的联合分布律为

$$P(X_1=x_1, X_2=x_2, \cdots, X_n=x_n) = \prod_{k=1}^n P(X=x_k) = \prod_{k=1}^n \frac{\lambda^{x_k}}{x_k!}e^{-\lambda}$$

$$= \frac{\lambda^{\sum\limits_{k=1}^n x_k}}{x_1! x_2! \cdots x_n!}e^{-n\lambda},$$

其中, $x_k = 0, 1, 2 \cdots (k = 1, 2, \cdots, n)$.

(2) 因为 $X_1, X_2, \cdots, X_n$ 相互独立且与总体 X 同服从 $P(\lambda)$ 分布,所以由泊松分布的可加性知 $\displaystyle\sum_{i=1}^n X_i \sim P(n\lambda)$, 所以 $\displaystyle\sum_{i=1}^n X_i$ 的分布

律为

$$P\left(\sum_{i=1}^{n} x_i = k\right) = \frac{(n\lambda)^k}{k!} \mathrm{e}^{-n\lambda}, \quad k = 0, 1, 2, \cdots,$$

$\overline{X} = \dfrac{1}{n} \sum\limits_{i=1}^{n} X_i$ 的分布律为

$$P\left(\overline{X} = \frac{k}{n}\right) = P\left(\frac{1}{n} \sum_{i=1}^{n} X_i = \frac{k}{n}\right) = P\left(\sum_{i=1}^{n} X_i = k\right)$$

$$= \frac{(n\lambda)^k}{k!} \mathrm{e}^{-n\lambda}, k = 0, 1, 2, \cdots.$$

【例2】 从总体 $X \sim N(75, 100)$ 中抽取一容量为 n 的样本,为使样本均值大于 74 的概率不小于 90%,问样本容量 n 至少应取多大?

解:因为 $X \sim N(75, 100)$,所以 $\dfrac{\overline{X} - 75}{(10/\sqrt{n})} \sim N(0, 1)$,于是

$$P(\overline{X} > 74) = P\left[\frac{\overline{X} - 75}{(10/\sqrt{n})} > \frac{74 - 75}{(10/\sqrt{n})}\right] = P\left[\frac{\overline{X} - 75}{(10/\sqrt{n})} > -0.1\sqrt{n}\right]$$

$$= 1 - \Phi(-0.1\sqrt{n}) = \Phi(0.1\sqrt{n}) \geq 0.90,$$

查附表 2 得:$0.1\sqrt{n} \geq 1.29$,因此 $n \geq 166.41$.

所以为使样本均值大于 74 的概率不小于 90%,则样本容量至少应取 167.

【例3】 设正态总体 $X \sim N(100, 4)$,现从 X 中抽取两个独立样本,样本均值分别为 $\overline{X}$ 与 $\overline{Y}$,样本容量分别为 15 和 20.

求:$P(|\overline{X} - \overline{Y}| > 0.2)$.

解:由已知条件可得 $\overline{X} \sim N\left(100, \dfrac{4}{15}\right)$,$\overline{Y} \sim N\left(100, \dfrac{4}{20}\right)$,且 $\overline{X}$ 与 $\overline{Y}$ 相互独立,从而 $\overline{X} - \overline{Y} \sim N\left(0, \dfrac{7}{15}\right)$,于是得

$$P(|\overline{X} - \overline{Y}| > 0.2) = P\left(\frac{|\overline{X} - \overline{Y}|}{\sqrt{\dfrac{7}{15}}} > \frac{0.2}{\sqrt{\dfrac{7}{15}}}\right) = 2[1 - \Phi(0.29)] = 0.7718.$$

【例4】 设 $X_1, X_2, \cdots, X_{10}$ 是来自正态总体 $N(0, 3^2)$ 的样本.

求:系数 a, b, c, d,使得统计量

$$Y = aX_1^2 + b(X_2 + X_3)^2 + c(X_4 + X_5 + X_6)^2 + d(X_7 + X_8 + X_9 + X_{10})^2$$

服从 χ^2 分布,并求其自由度.

分析:因为 Y 是四个随机变量的平方和,它是 χ^2 分布的模式,故可利用 χ^2 分布的定义与性质来讨论.

解:因为 $X_1, X_2, \cdots, X_{10}$ 是来自正态总体 $N(0, 3^2)$ 的样本,所以 $X_1^2, (X_2 + X_3)^2, (X_4 + X_5 + X_6)^2, (X_7 + X_8 + X_9 + X_{10})^2$ 相互独立,并且有

$$X_1 \sim N(0,9), (X_2+X_3) \sim N(0,18),$$
$$(X_4+X_5+X_6) \sim N(0,27), (X_7+X_8+X_9+X_{10}) \sim N(0,36),$$

从而

$$\frac{X_1}{3} \sim N(0,1), \frac{X_2+X_3}{3\sqrt{2}} \sim N(0,1),$$

$$\frac{X_4+X_5+X_6}{3\sqrt{3}} \sim N(0,1), \frac{X_7+X_8+X_9+X_{10}}{6} \sim N(0,1),$$

故有

$$\frac{X_1^2}{9} \sim \chi^2(1), \quad \frac{(X_2+X_3)^2}{18} \sim \chi^2(1),$$

$$\frac{(X_4+X_5+X_6)^2}{27} \sim \chi^2(1), \frac{(X_7+X_8+X_9+X_{10})^2}{36} \sim \chi^2(1).$$

由 χ^2 分布的可加性有

$$Y = \frac{X_1^2}{9} + \frac{(X_2+X_3)^2}{18} + \frac{(X_4+X_5+X_6)^2}{27} + \frac{(X_7+X_8+X_9+X_{10})^2}{36} \sim \chi^2(4),$$

因此得 $a = \dfrac{1}{9}, b = \dfrac{1}{18}, c = \dfrac{1}{27}, d = \dfrac{1}{36}$，其自由度 $n=4$。

【例5】 设总体 $X \sim N(\mu, \sigma^2), X_1, \cdots, X_n$ 是来自总体 X 的一个样本，且

$$\overline{X} = \frac{1}{n} \sum_{i=1}^{n} X_i, S_n^2 = \sum_{i=1}^{n} (X_i - \overline{X})^2,$$

求 $E(X_1 S_n^2)$.

解：由于 $X_1, \cdots, X_n$ 独立同分布，故 $X_1 S_n^2, X_2 S_n^2, \cdots, X_n S_n^2$ 亦独立同分布，有

$$E(X_1 S_n^2) = E(X_2 S_n^2) = \cdots = E(X_n S_n^2).$$

还注意到 $\overline{X}, S^2$ 相互独立，这里 $S^2 = \dfrac{1}{n-1} \sum_{i=1}^{n} (X_i - \overline{X})^2$，有

$$E(X_1 S_n^2) = \frac{1}{n} \sum_{i=1}^{n} E(X_i S_n^2) = E\left(\frac{1}{n} \sum_{i=1}^{n} X_i S_n^2 \right) = E(\overline{X} S_n^2)$$

$$= E[\overline{X}(n-1)S^2] = (n-1)E(\overline{X} S^2)$$

$$= (n-1)E(\overline{X})E(S^2) = (n-1)\mu\sigma^2.$$

【例6】 设随机变量 $X \sim F(n,n)$，求证：$P(X<1) = 0.5$.

证明：由 F 分布的性质可知，若 $X \sim F(n,n)$，则 $Y = \dfrac{1}{X} \sim F(n,n)$.

从而

$$P(X<1) = P(Y<1) = P\left(\frac{1}{X}<1\right) = P(X>1),$$

而

$$P(X<1) + P(X>1) = 1,$$

所以证得

$$P(X<1) = 0.5.$$

【例 7】　设 X_1,X_2 是来自 $N(0,\sigma^2)$ 的样本,试求 $Y=\left(\dfrac{X_1+X_2}{X_1-X_2}\right)^2$ 的分布.

解:由已知条件可得 $X_1+X_2 \sim N(0,2\sigma^2)$,$X_1-X_2 \sim N(0,2\sigma^2)$,故有

$$\left(\frac{X_1+X_2}{\sqrt{2}\,\sigma}\right)^2 \sim \chi^2(1),\left(\frac{X_1-X_2}{\sqrt{2}\,\sigma}\right)^2 \sim \chi^2(1),$$

又因为　$\mathrm{Cov}(X_1+X_2,X_1-X_2)=D(X_1)-D(X_2)=0,$

且 X_1+X_2 与 X_1-X_2 服从二维正态分布,故 X_1+X_2 与 X_1-X_2 相互独立.于是由 F 分布的定义可得

$$Y=\left(\frac{X_1+X_2}{X_1-X_2}\right)^2=\frac{[(X_1+X_2)/\sqrt{2}\,\sigma]^2}{[(X_1-X_2)/\sqrt{2}\,\sigma]^2} \sim F(1,1).$$

【例 8】　设 $X_1,X_2,\cdots,X_n$ 是来自正态总体 $N(\mu,\sigma^2)$ 的样本,

$$Y_1=\frac{1}{6}\sum_{i=1}^{6} X_i,\qquad Y_2=\frac{1}{3}\sum_{i=7}^{9} X_i,$$

$$S^2=\frac{1}{2}\sum_{i=7}^{9}(X_i-Y_2)^2,\quad Z=\frac{\sqrt{2}(Y_1-Y_2)}{S},$$

求证:统计量 Z 服从自由度为 2 的 t 分布.

分析:利用 t 分布的定义证明.

证明:因为 $X \sim N(\mu,\sigma^2)$,所以 $Y_1 \sim N\left(\mu,\dfrac{\sigma^2}{6}\right)$,$Y_2 \sim N\left(\mu,\dfrac{\sigma^2}{3}\right)$,从

而 $Y_1-Y_2 \sim N\left(0,\dfrac{\sigma^2}{2}\right)$,于是 $U=\dfrac{Y_1-Y_2}{(\sigma/\sqrt{2})} \sim N(0,1)$,又因为 $\chi^2=\dfrac{2S^2}{\sigma^2} \sim$

$\chi^2(2)$,且 Y_1,Y_2,S^2 相互独立,从而 Y_1-Y_2 与 S^2 相互独立,于是由 t

分布的定义证得

$$Z=\frac{\sqrt{2}(Y_1-Y_2)}{S}=\frac{U}{\sqrt{\chi^2/2}} \sim t(2).$$

【例 9】　设总体 $X \sim N(\mu,\sigma^2)$,$X_1,X_2,\cdots,X_{2n}(n \geqslant 2)$ 是来自正

态总体 X 的样本,其样本均值为 $\bar{X}=\dfrac{1}{2n}\sum_{i=1}^{2n} X_i.$

求:统计量 $Y=\sum_{i=1}^{n}(X_i+X_{n+i}-2\bar{X})^2$ 的数学期望 $E(Y)$.

解法一:由已知条件可知,$X_1,X_2,\cdots,X_{2n}$ 相互独立且同服从

$N(\mu,\sigma^2)$ 分布,因此 $X_i-\dfrac{1}{n}\sum_{i=1}^{n} X_i$ 与 $X_{n+i}-\dfrac{1}{n}\sum_{i=1}^{n} X_{n+i}$ 也相互独立,且有

$$E(X_i)=E(X)=\mu,D(X_i)=D(X)=\sigma^2,i=1,2,\cdots,2n.$$

又　　　　　$E(S^2)=E\left[\dfrac{1}{n-1}\sum_{i=1}^{n}(X_i-\bar{X})^2\right]=\sigma^2,$

所以有 $$E\left[\sum_{i=1}^{n}(X_i-\overline{X})^2\right]=(n-1)\sigma^2,$$

因此得

$$E(Y)=E\left[\sum_{i=1}^{n}(X_i+X_{n+i}-2\overline{X})^2\right]=E\left[\sum_{i=1}^{n}\left(X_i+X_{n+i}-2\times\frac{1}{2n}\sum_{i=1}^{2n}X_i\right)^2\right]$$

$$=E\left\{\sum_{i=1}^{n}\left[\left(X_i-\frac{1}{n}\sum_{i=1}^{n}X_i\right)+\left(X_{n+i}-\frac{1}{n}\sum_{i=1}^{n}X_{n+i}\right)\right]^2\right\}$$

$$=E\left\{\sum_{i=1}^{n}\left[\left(X_i-\frac{1}{n}\sum_{i=1}^{n}X_i\right)^2+2\left(X_i-\frac{1}{n}\sum_{i=1}^{n}X_i\right)\left(X_{n+i}-\frac{1}{n}\sum_{i=1}^{n}X_{n+i}\right)+\right.\right.$$

$$\left.\left.\left(X_{n+i}-\frac{1}{n}\sum_{i=1}^{n}X_{n+i}\right)^2\right]\right\}$$

$$=E\left[\sum_{i=1}^{n}\left(X_i-\frac{1}{n}\sum_{i=1}^{n}X_i\right)^2\right]+0+E\left[\sum_{i=1}^{n}\left(X_{n+i}-\frac{1}{n}\sum_{i=1}^{n}X_{n+i}\right)^2\right]$$

$$=(n-1)\sigma^2+(n-1)\sigma^2=2(n-1)\sigma^2.$$

解法二:因为 $X_1,X_2,\cdots,X_{2n}$ 独立同服从 $N(\mu,\sigma^2)$ 分布,所以 $X_1+X_{n+1},X_2+X_{n+2},\cdots,X_n+X_{2n}$ 也相互独立且同服从 $N(2\mu,2\sigma^2)$ 分布,从而可将 $X_1+X_{n+1},X_2+X_{n+2},\cdots,X_n+X_{2n}$ 看作是来自正态总体 $N(2\mu,2\sigma^2)$ 的一个样本,其样本均值与样本方差分别为

$$\frac{1}{n}\sum_{i=1}^{n}(X_i+X_{n+i})=\frac{1}{n}\sum_{i=1}^{2n}X_i=2\overline{X},$$

$$\frac{1}{n-1}\sum_{i=1}^{n}(X_i+X_{n+i}-2\overline{X})^2=\frac{Y}{n-1},$$

于是 $E\left(\dfrac{Y}{n-1}\right)=\dfrac{E(Y)}{n-1}=2\sigma^2$,故有

$$E(Y)=E\left[\sum_{i=1}^{n}(X_i+X_{n+i}-2\overline{X})^2\right]=2(n-1)\sigma^2.$$

在例 9 中多次应用了常用统计量的数字特征,从而达到简化计算的目的.

习题六

A

1. 在总体 $N(7.6,4)$ 中抽取容量为 n 的样本,如果要求样本均值落在 $(5.6,9.6)$ 之间的概率不小于 0.95,则 n 至少为多少?

2. 求总体 $N(20,3)$ 的容量分别为 10 和 15 的两个独立样本均值差的绝对值大于 0.3 的概率.

3. 设 X_1,X_2,X_3,X_4 是来自正态总体 $N(0,2^2)$ 的样本,
$$X=a(X_1-2X_2)^2+b(3X_3-4X_4)^2,$$

试求系数 a,b，使得统计量 X 服从 χ^2 分布，且求其自由度.

4. 设总体 $X \sim N(\mu,\sigma^2)$，$X_1,X_2,\cdots,X_{10}$ 是来自 X 的样本.

（1）写出 $X_1,X_2,\cdots,X_{10}$ 的联合概率密度；

（2）写出 $\overline{X}$ 的概率密度.

5. 设总体 $X \sim B(1,p)$，$X_1,X_2,\cdots,X_n$ 是来自 X 的样本.

（1）求 $(X_1,X_2,\cdots,X_n)$ 的分布律；

（2）求 $\displaystyle\sum_{i=1}^{n} X_i$ 的分布律；

（3）求 $E(\overline{X})$，$D(\overline{X})$，$E(S^2)$.

B

6. 设总体 $X \sim N(12,2^2)$，$X_1,X_2,\cdots,X_5$ 为来自 X 的样本.试求：

（1）样本均值与总体平均值之差的绝对值大于 1 的概率；

（2）$P(\max\{X_1,X_2,X_3,X_4,X_5\}>15)$；

（3）$P(\min\{X_1,X_2,X_3,X_4,X_5\}<10)$；

（4）如果要求 $P(11<\overline{X}<13)\geqslant0.95$，则样本容量 n 应取多大？

7. 设总体 $X \sim N(\mu,\sigma^2)$，$X_1,X_2,\cdots,X_n$ 为来自 X 的样本.令统计量 Y 为

$$Y=\frac{1}{n}\sum_{i=1}^{n}|X_i-\mu|,$$

试求：$E(Y)$ 与 $D(Y)$.

8. 设总体 $X \sim N(0,\sigma^2)$，$X_1,X_2,\cdots,X_9$ 为来自 X 的样本,试确定 σ 的值，使 $P(1<\overline{X}<3)$ 为最大.

9. 设总体 $X \sim N(0,1)$，$X_1,X_2,\cdots,X_n$ 为来自 X 的样本.

证明：统计量 $Y=\dfrac{\left(\dfrac{n}{5}-1\right)\displaystyle\sum_{i=1}^{5} X_i^2}{\displaystyle\sum_{i=6}^{n} X_i^2}(n>5)$ 服从自由度为 $(5,n-5)$ 的

F 分布.

测 试 题 六

第六章小测

第七章

参数估计

我宁愿靠自己的力量打开我的前途,而不愿有力者的垂青。

——雨果

一般来说,在数理统计中的统计推断问题主要有参数估计问题和假设检验问题两大类,本章讨论第一大类——参数估计问题.一般所指的参数是指分布中所含的未知参数、分布中所含的未知参数的函数、分布中的各种特征数.参数估计问题就是根据样本对上述各种未知参数做出估计.

参数估计问题的一般提法为:设有一个总体 X,总体的分布函数为 $F(x;\theta)$,其中 θ 为未知参数.$X_1,X_2,\cdots,X_n$ 是总体 X 的一个样本,现要依据该样本对参数 θ 作出估计.

参数估计的形式有两种:点估计与区间估计.无论是哪种形式,首先都要定义估计量,它是统计量在估计问题中的别称.在定义了估计量的基础上我们将讨论两个问题:其一,如何给出估计,即估计的方法问题;其二,如何对不同的估计进行评价,即估计的好坏判断标准.

对于第一个问题,本章将介绍两种构造估计量的方法:以样本矩为估计量的矩估计法和以联合分布律或联合分布密度为似然函数,进而求似然函数极值点的极大似然估计法.为确切知道未知参数估计值的精确程度,本章引入了区间估计,并将分别介绍双侧置信区间估计和单侧置信区间估计.对于第二个问题,本章将介绍三种常用的评价估计好坏的标准.

知识结构图

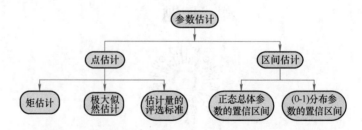

第一节 点 估 计

先看一个例子,某班有男生 25 人,要估计其平均身高 μ . 先从中抽取 5 人,得到身高的样本:1.65,1.67,1.68,1.71,1.69,由样本平均数 1.68 估计 μ 的值为 1.68. 这就是一个典型的点估计问题.

点估计问题的一般提法如下:

定义 设总体 X 的分布函数为 $F(x;\theta)$,其中 θ 为未知参数. 设 $X_1,X_2,\cdots,X_n$ 是总体 X 的一个样本,$x_1,x_2,\cdots,x_n$ 是样本值. $\hat{\theta}(X_1,X_2,\cdots,X_n)$ 是一个适当的统计量. 用 $\hat{\theta}(x_1,x_2,\cdots,x_n)$ 去估计参数 θ ,则称 $\hat{\theta}=\hat{\theta}(X_1,X_2,\cdots,X_n)$ 为参数 θ 的估计量,而称 $\hat{\theta}=\hat{\theta}(x_1,x_2,\cdots,x_n)$ 为 θ 的估计值,定义中的未知参数 θ 也称为待估参数.

由上述点估计的定义可看出,所谓参数的点估计问题,首先要构造"适当的"统计量. 这一节要介绍的矩估计,就是其中一种.

1. 矩估计

矩估计法是由英国统计学家卡尔·皮尔逊(Karl Pearson)在 19 世纪末引入的,它的理论依据是样本的矩依概念收敛于总体的矩. 基本做法是,用样本的各阶矩来估计总体的相应的矩.

设总体 X 是连续型随机变量,其密度为 $f(x;\theta_1,\theta_2,\cdots,\theta_k)$,其中 $\theta_1,\theta_2,\cdots,\theta_k$ 为待估参数,且假定 X 的前 k 阶矩 $\mu_i=E(X^i)$,$i=1,2,\cdots,k$ 都存在. 如果对 X 进行抽样,$X_1,X_2,\cdots,X_n$ 是 X 的样本,$x_1,x_2,\cdots,x_n$ 是对应的样本值,则求 $\theta_1,\theta_2,\cdots,\theta_k$ 的矩估计的步骤如下:

(1) 先计算 X 的前 k 阶矩

$$E(X^i)=\int_{-\infty}^{+\infty} x^i f(x;\theta_1,\theta_2,\cdots,\theta_k)\,\mathrm{d}x,\ i=1,2,\cdots,k, \quad (7.1)$$

则 $\mu_i=E(X^i)$ 是 $\theta_1,\theta_2,\cdots,\theta_k$ 的函数,记作

$$\begin{cases} \mu_1=\mu_1(\theta_1,\theta_2,\cdots,\theta_k), \\ \mu_2=\mu_2(\theta_1,\theta_2,\cdots,\theta_k), \\ \quad\vdots \\ \mu_k=\mu_k(\theta_1,\theta_2,\cdots,\theta_k). \end{cases} \quad (7.2)$$

(2) 用样本矩代替总体矩

用 μ_i 的估计量 $A_i=\dfrac{1}{n}\sum_{j=1}^{n} X_j^i$,$i=1,2,\cdots,k$ 代替式(7.2)左边的 μ_i ,得

$$\begin{cases} A_1=\mu_1(\theta_1,\theta_2,\cdots,\theta_k), \\ A_2=\mu_2(\theta_1,\theta_2,\cdots,\theta_k), \\ \quad\vdots \\ A_k=\mu_k(\theta_1,\theta_2,\cdots,\theta_k). \end{cases} \quad (7.3)$$

(3) 解方程组(7.3),则得参数 $\theta_1, \theta_2, \cdots, \theta_k$ 的矩估计量

$$\hat{\theta}_i = \theta_i(A_1, A_2, \cdots, A_k), \quad i = 1, 2, \cdots, k. \tag{7.4}$$

将样本值 $x_1, x_2, \cdots, x_n$ 代入式(7.4)则得到矩估计值.

若总体 X 是离散型的,则其概率分布为 $P(X = x) = p(x; \theta_1, \theta_2, \cdots, \theta_k)$,则只要以 $E(X^i) = \sum x^i p(x; \theta_1, \theta_2, \cdots, \theta_k)$, $i = 1, 2, \cdots, k$ 代替式(7.1),余下步骤不变,可得 $\theta_1, \theta_2, \cdots, \theta_k$ 的矩估计量.

在具体问题中,也可用样本的中心矩代替总体相应的矩.

【例 1】 设总体 X 的数学期望 μ 和方差 σ^2 都存在,$\sigma^2 > 0$. μ, σ^2 均未知,求 μ, σ^2 的矩估计量.

解:设 $X_1, X_2, \cdots, X_n$ 为 X 的样本,则

$$\mu_1 = E(X) = \mu, \mu_2 = E(X^2) = D(X) + [E(X)]^2 = \sigma^2 + \mu^2,$$

所以
$$\begin{cases} A_1 = \mu, \\ A_2 = \sigma^2 + \mu^2, \end{cases}$$

解得
$$\begin{cases} \hat{\mu} = A_1, \\ \hat{\sigma}^2 = \dfrac{1}{n}\sum_{i=1}^{n} X_i^2 - (\hat{\mu})^2, \end{cases}$$

从而得 μ, σ^2 的矩估计量为

$$\hat{\mu} = \frac{1}{n}\sum_{i=1}^{n} X_i = \overline{X}, \hat{\sigma}^2 = \frac{1}{n}\sum_{i=1}^{n} X_i^2 - \left(\frac{1}{n}\sum_{i=1}^{n} X_i\right)^2 = \frac{1}{n}\sum_{i=1}^{n} (X_i - \overline{X})^2.$$

【例 2】 设 $X_1, X_2, \cdots, X_n$ 是来自(0-1)分布 $X \sim B(1, p)$ 的样本值,求 p 的矩估计.

解:由题意,$P(X = 1) = p, P(X = 0) = 1 - p$,总体分布中只有一个参数 p,要估计的参数也就是 p. 而 $\mu_1 = E(X) = p$,因此,用样本的一阶原点矩代替 μ_1,得 p 的矩估计量为 $\hat{p} = \overline{X} = \dfrac{1}{n}\sum_{i=1}^{n} X_i$.

2. 极大似然估计

极大似然估计是由英国统计学家费希尔(Fisher)首先提出的,它是一种应用非常广泛的统计方法,为了弄清这一方法的基本思想,我们先看一个引例.

【引例】 已知一袋中装有 100 个大小、形状完全一样的球,分黑、白两种颜色,不知是黑球多,还是白球多,但知道两种颜色球的数量比为 95 : 5. 现从中随机地抽取 1 个球,发现是黑球.问:是黑球多,还是白球多?

这一问题更合理的提法应该是,在摸到 1 个黑球的条件下,推测哪种颜色的球多.由此,这个问题可归纳为下面的点估计问题:设随机变量 X,取到黑球时,$X = 1$;取到白球时,$X = 0$. X 服从参数为 p 的(0-1)分布,$p = 0.95$ 或 0.05,X_1 是 X 的样本,已知样本值 $x_1 = 1$,如何估计 p?

易知,$p = 0.95$ 时,$P(X_1 = 1) = 0.95$,而 $p = 0.05$ 时,$P(X_1 = 1) =$

0.05,前一个概率远远大于后一个的概率,因此,合理的估计应该是 $\hat{p}=0.95$,即认为黑球多.这就引出了极大似然估计的基本思想:选择参数的估计值,使观测到的样本出现的可能性达到最大.

设总体 X 的分布函数为 $F(x;\theta_1,\theta_2,\cdots,\theta_k)$,样本 $X_1,X_2,\cdots,X_n$ 的样本值为 $x_1,x_2,\cdots,x_n$,当 X 为离散型随机变量,概率分布为 $P(X=x)=p(x;\theta_1,\theta_2,\cdots,\theta_k)$,参数 $\theta=(\theta_1,\theta_2,\cdots,\theta_k)$ 的极大似然估计的步骤如下:

(1)计算样本值出现的概率.

$$P(X_1=x_1,X_2=x_2,\cdots,X_n=x_n)=\prod_{i=1}^{n}p(x_i;\theta_1,\theta_2,\cdots,\theta_k).$$

上式中,样本值 $x_1,x_2,\cdots,x_n$ 是已知的,因此上式是 $\theta_1,\theta_2,\cdots,\theta_k$ 的函数,记作

$$L(\theta_1,\theta_2,\cdots,\theta_k;x_1,x_2,\cdots,x_n)=\prod_{i=1}^{n}p(x_i;\theta_1,\theta_2,\cdots,\theta_k),$$

简记为 $\quad L(\theta_1,\theta_2,\cdots,\theta_k)=\prod_{i=1}^{n}p(x_i;\theta_1,\theta_2,\cdots,\theta_k),$ (7.5)

称 $L(\theta_1,\theta_2,\cdots,\theta_k)$ 为样本 $X_1,X_2,\cdots,X_n$ 的似然函数.

(2)计算似然函数的最大值点.

依据极大似然估计的基本思想,要选择参数的值,使样本值出现的概率达到最大,即求 $\hat{\theta}=(\hat{\theta}_1,\hat{\theta}_2,\cdots,\hat{\theta}_k)\in\Theta$,使

$$L(\hat{\theta}_1,\hat{\theta}_2,\cdots,\hat{\theta}_k)=\max_{\hat{\theta}\in\Theta}L(\theta_1,\theta_2,\cdots,\theta_k),$$ (7.6)

称

$$\begin{cases} \hat{\theta}_1=\hat{\theta}_1(x_1,x_2,\cdots,x_n),\\ \hat{\theta}_2=\hat{\theta}_2(x_1,x_2,\cdots,x_n),\\ \quad\vdots\\ \hat{\theta}_k=\hat{\theta}_k(x_1,x_2,\cdots,x_n). \end{cases}$$

为参数 $\theta=(\theta_1,\theta_2,\cdots,\theta_k)$ 的极大似然估计值,θ 相应的极大似然估计量为

$$\hat{\theta}_i=\hat{\theta}_i(X_1,X_2,\cdots,X_n),i=1,2,\cdots,k.$$ (7.7)

当 X 是连续型的随机变量,密度函数为 $f(x;\theta_1,\theta_2,\cdots,\theta_k)$ 时,似然函数式(7.5)为

$$L(\theta_1,\theta_2,\cdots,\theta_k)=\prod_{i=1}^{n}f(x_i;\theta_1,\theta_2,\cdots,\theta_k).$$ (7.5′)

由上述讨论可知,所谓求极大似然估计值,实际上就是求似然函数的最大值点,而在很多场合,似然函数是可微的,因此,问题就可以转化为求 $L(\theta_1,\theta_2,\cdots,\theta_k)$ 的驻点,因似然函数多为乘积形式,其求导较复杂,又由于对数函数 $\ln x$ 的严格单调性,问题又可进一步转化为求 $\ln L(\theta_1,\theta_2,\cdots,\theta_k)$ 的驻点.

所以,在 $L(\theta_1,\theta_2,\cdots,\theta_k)$ 可微时,极大似然估计 $\hat{\theta}_1,\hat{\theta}_2,\cdots,\hat{\theta}_k$ 是

下列方程组的解

$$\frac{\partial L(\theta_1, \theta_2, \cdots, \theta_k)}{\partial \theta_i} = 0, i = 1, 2, \cdots, k$$

或

$$\frac{\partial \ln L(\theta_1, \theta_2, \cdots, \theta_k)}{\partial \theta_i} = 0, i = 1, 2, \cdots, k.$$

【例3】 求正态总体 $N(\mu, \sigma^2)$ 中参数 μ, σ^2 的极大似然估计量.

解:设 $X_1, X_2, \cdots, X_n$ 为 X 的样本,$x_1, x_2, \cdots, x_n$ 是样本值,已知 X 的密度为

$$f(x; \mu, \sigma^2) = \frac{1}{\sqrt{2\pi}\,\sigma} e^{-\frac{(x-\mu)^2}{2\sigma^2}},$$

所以,似然函数为

$$L(\mu, \sigma^2) = \prod_{i=1}^{n} \frac{1}{\sqrt{2\pi}\,\sigma} e^{-\frac{(x_i-\mu)^2}{2\sigma^2}} = \left(\frac{1}{\sqrt{2\pi}\,\sigma}\right)^n e^{-\frac{1}{2\sigma^2} \sum\limits_{i=1}^{n}(x_i-\mu)^2},$$

$$\ln L(\mu, \sigma^2) = -\frac{n}{2} \ln(2\pi) - \frac{n}{2} \ln\sigma^2 - \frac{1}{2\sigma^2} \sum_{i=1}^{n} (x_i-\mu)^2.$$

令

$$\begin{cases} \dfrac{\partial \ln L}{\partial \mu} = \dfrac{1}{\sigma^2} \left(\sum\limits_{i=1}^{n} x_i - n\mu \right) = 0, \\[3mm] \dfrac{\partial \ln L}{\partial \sigma^2} = -\dfrac{n}{2\sigma^2} + \dfrac{1}{2(\sigma^2)^2} \sum\limits_{i=1}^{n} (x_i-\mu)^2 = 0, \end{cases}$$

解得 μ, σ^2 的极大似然估计值为

$$\begin{cases} \hat{\mu} = \dfrac{1}{n} \sum\limits_{i=1}^{n} x_i = \bar{x}, \\[3mm] \hat{\sigma}^2 = \dfrac{1}{n} \sum\limits_{i=1}^{n} (x_i - \bar{x})^2. \end{cases}$$

极大似然估计量为

$$\begin{cases} \hat{\mu} = \dfrac{1}{n} \sum\limits_{i=1}^{n} X_i = \overline{X}, \\[3mm] \hat{\sigma}^2 = \dfrac{1}{n} \sum\limits_{i=1}^{n} (X_i - \overline{X})^2. \end{cases}$$

此结论与上一节矩估计中所得到的结论是一致的.

从例3中,读者应能体会到,求 $\ln L(\theta_1, \theta_2, \cdots, \theta_k)$ 的驻点的方便之处.另外,在连续型场合,似然函数形式上是样本的联合密度函数在样本值下的表达式,但它是参数的函数,这一点一定要表述清楚,请看下面的例子.

【例4】 设 $x_1, x_2, \cdots, x_n$ 是来自总体 $X \sim U(0, \theta)$ 的样本值,求:θ 的极大似然估计值.

解:此时总体的密度函数为

$$f(x;\theta)=\begin{cases}\dfrac{1}{\theta}, & 0<x<\theta,\\[2mm]0, & \text{其他},\end{cases}$$

似然函数 $L(\theta)=\displaystyle\prod_{i=1}^{n}f(x;\theta)$ 的表达式

可以写成　　$L(\theta)=\begin{cases}\left(\dfrac{1}{\theta}\right)^{n}, & \theta>\max\limits_{1\le i\le n}x_{i}>0,\\[2mm]0, & \text{其他}.\end{cases}$

还要注意的是,对这个 $L(\theta)$,容易看出该函数不存在极值点.此时,根据所列的 $L(\theta)$ 的表达式,要使得 $L(\theta)$ 最大,则要求 θ 在比所有 x_{i} 大的条件下尽可能地小,故 θ 的极大似然估计值为

$$\hat{\theta}=\max_{1\le i\le n}x_{i}.$$

下面再例举一个离散型的例子.

【例5】　求泊松分布的参数 λ 的极大似然估计值.

解:设 $x_{1},x_{2},\cdots,x_{n}$ 是来自参数为 λ 的泊松分布的样本值,则似然函数为

$$L(\lambda)=\prod_{i=1}^{n}\left(\frac{\lambda^{x_{i}}}{x_{i}!}\mathrm{e}^{-\lambda}\right),$$

$$\ln L=-\sum_{i=1}^{n}\ln(x_{i}!)+\left(\sum_{i=1}^{n}x_{i}\right)\ln\lambda-n\lambda,$$

令 $\dfrac{\partial\ln L}{\partial\lambda}=0$,得 $\dfrac{\displaystyle\sum_{i=1}^{n}x_{i}}{\lambda}-n=0$,故得 λ 的极大似然估计值为 $\hat{\lambda}=\dfrac{1}{n}\displaystyle\sum_{i=1}^{n}x_{i}=\bar{x}.$

【例6】　某公司出售某款手机,需要知道它的平均使用寿命.设该款手机寿命 X 服从参数为 θ 的指数分布.现在对7个该款手机的使用寿命进行跟踪调查,得到的寿命(单位:y)数据如下:3,1.5,2,3.5,2.5,2,3,求未知参数 θ 的极大似然估计.

解:设手机寿命为 X,则 X 的概率密度函数:

$$f(x,\theta)=\begin{cases}\dfrac{1}{\theta}\mathrm{e}^{-\frac{x}{\theta}}, & x>0,\\[2mm]0, & x\le 0,\end{cases}$$

手机平均使用
寿命的极大
似然估计

其中 $\theta>0$,且 θ 未知.

首先似然函数为

$$L(\theta)=\prod_{i=1}^{n}f(x_{i},\theta)=\prod_{i=1}^{n}\frac{1}{\theta}\mathrm{e}^{-\frac{x_{i}}{\theta}}=\frac{1}{\theta^{n}}\mathrm{e}^{-\frac{1}{\theta}\sum_{i=1}^{n}x_{i}},$$

取对数　　　　$\ln L(\theta)=-n\ln\theta-\dfrac{1}{\theta}\displaystyle\sum_{i=1}^{n}x_{i},$

求导数　　　　$\dfrac{\partial\ln L(\theta)}{\partial\theta}=-\dfrac{n}{\theta}+\dfrac{1}{\theta^{2}}\displaystyle\sum_{i=1}^{n}x_{i},$

令 $\dfrac{\partial \ln L(\theta)}{\partial \theta}=-\dfrac{n}{\theta}+\dfrac{1}{\theta^2}\sum_{i=1}^{n}x_i=0$，解得 $\theta=\dfrac{1}{n}\sum_{i=1}^{n}x_i$，

从而极大似然估计量为 $\qquad \hat{\theta}=\dfrac{1}{n}\sum_{i=1}^{n}X_i.$

代入样本值，得极大似然估计值为 2.5.

第二节　点估计的优良性

参数的点估计问题，首先要选择一个合适的估计量，用什么标准来评价一个估计量的好坏呢？通常有三个标准.以下假定总体 X 有一待估参数 $\theta,X_1,X_2,\cdots,X_n$ 是 X 的样本.

1. 无偏性

估计量是随机变量，对于不同的样本值会得到不同的估计值，我们希望估计值在未知参数真值附近摆动，而它的期望值等于未知参数的真值，这就形成了无偏性这个标准.

定义 1　设估计量 $\hat{\theta}=\hat{\theta}(X_1,X_2,\cdots,X_n)$ 的数学期望 $E(\hat{\theta})$ 存在，且 $E(\hat{\theta})=\theta$，则称 $\hat{\theta}$ 是 θ 的无偏估计量.

无偏性是对估计量的一个常见而重要的要求，科学技术上称 $E(\hat{\theta})-\theta$ 为系统误差，无偏估计意味着无系统误差.

【例1】　设总体 X 的均值 μ，方差 $\sigma^2>0$ 都存在，求证：样本均值 $\overline{X}$ 和样本方差 S^2 分别是 μ 和 σ^2 的无偏估计.

证明：因为 $E(\overline{X})=E\left(\dfrac{1}{n}\sum_{i=1}^{n}X_i\right)=\dfrac{1}{n}\sum_{i=1}^{n}E(X_i)=\mu,$

所以，$\overline{X}$ 是 μ 的无偏估计.又因为

$$
\begin{aligned}
E(S^2)&=E\left[\dfrac{1}{n-1}\sum_{i=1}^{n}(X_i-\overline{X})^2\right]=\dfrac{1}{n-1}E\left(\sum_{i=1}^{n}X_i^2-2\overline{X}\sum_{i=1}^{n}X_i+\sum_{i=1}^{n}\overline{X}^2\right)\\
&=\dfrac{1}{n-1}\left[\sum_{i=1}^{n}E(X_i^2)-nE(\overline{X})^2\right]\\
&=\dfrac{1}{n-1}\{n(\sigma^2+\mu^2)-n[D(\overline{X})+(E(X))^2]\}\\
&=\dfrac{n}{n-1}\left[\sigma^2+\mu^2-\left(\dfrac{\sigma^2}{n}+\mu^2\right)\right]=\sigma^2,
\end{aligned}
$$

所以，S^2 是 σ^2 的无偏估计.

由例1可看出将样本方差定义为 $\dfrac{1}{n-1}\sum_{i=1}^{n}(X_i-\overline{X})^2$ 而不定义为

$\dfrac{1}{n}\sum_{i=1}^{n}(X_i-\overline{X})^2$ 的道理.

2. 有效性

例 1 表明,一个参数的无偏估计往往不止一个,无偏性从理论上是要求估计量的均值就是待估参数客观的真实值.自然,同样是无偏估计,在样本容量相同的情况下我们要求它尽可能接近被估计的参数,这就提出了有效性这个标准.

> **定义 2** 设估计量 $\hat{\theta}_i = \hat{\theta}_i(X_1, X_2, \cdots, X_n)$, $i = 1, 2$, 都是参数 θ 的无偏估计,若 $E[\hat{\theta}_1 - \theta]^2 < E[\hat{\theta}_2 - \theta]^2$, 即 $D(\hat{\theta}_1) < D(\hat{\theta}_2)$, 则称 $\hat{\theta}_1$ 比 $\hat{\theta}_2$ 有效.

【例 2】 设总体 X 的均值 μ, 方差 σ^2 均存在, $X_1, X_2, \cdots, X_n$ 是 X 的样本, $1 \le n_1 < n_2 \le n$, 设 μ 的两个无偏估计量 $\hat{\mu}_1 = \dfrac{1}{n_1} \sum_{i=1}^{n_1} X_i$, $\hat{\mu}_2 = \dfrac{1}{n_2} \sum_{i=1}^{n_2} X_i$, 则 $\hat{\mu}_2$ 比 $\hat{\mu}_1$ 有效.

事实上, $D(\hat{\mu}_1) = \dfrac{\sigma^2}{n_1} > \dfrac{\sigma^2}{n_2} = D(\hat{\mu}_2)$, 故 $\hat{\mu}_2$ 比 $\hat{\mu}_1$ 有效.

3. 相合性(一致估计)

前面,我们从估计量的取值的系统偏差性及稳定性,提出了无偏性和有效性这两个标准.一个估计量作为样本的函数,是与样本容量 n 有关的.有一些统计量,如用来估计总体均值的样本均值,很容易理解,样本容量 n 越大,估计量就越接近被估参数的真值.因此,一个好的估计量,随着样本容量的增加应越来越接近于被估参数的真值.这样对估计量又有了下述相合性的要求.

> **定义 3** 设 $\hat{\theta}_n = \hat{\theta}_n(X_1, X_2, \cdots, X_n)$ 是参数 X 的估计量,如果当 $n \to \infty$ 时, $\hat{\theta}_n$ 依概率收敛于 θ, 即对任意 $\varepsilon > 0$, 都有
> $$\lim_{n \to \infty} P(|\hat{\theta}_n - \theta| < \varepsilon) = 1,$$
> 则称 $\hat{\theta}_n$ 为参数 θ 的相合估计量.

思考:① 样本方差是总体方差的一致估计量,请给出证明.
② 样本的二阶中心矩 B_2 是否为总体方差 σ^2 的一致估计量?

相合估计量也称为一致估计量.应用切比雪夫大数定律容易证明样本均值和样本方差分别是总体均值和总体方差的一致估计量.

要注意的是,一致估计量要在样本容量很大时,才能体现出其优越性,但这在很多实际工程问题中是很不容易做到的.同时,一个估计量若不具有一致性,则尽管样本容量 n 很大,也不能保证其估计的精确性,这样的估计量是不可取的.

第三节 区间估计的概念

在前几节,我们介绍了参数的点估计问题,它是由样本值给出

区间估计(1)

参数的一个明确的估计值,其结果非常直观,但这仅解决了参数的"近似值"问题,并没有解决这个"近似值"的精确程度问题.本节将讨论一种方法,用样本来构造一个参数的取值范围,使得待估参数落在这个范围中的可信程度较高,这就是所谓的区间估计方法.区间估计是在点估计的基础上,给出总体参数估计的一个范围,该区间由样本统计量加减估计误差而得到,区间的长度意味着误差.区间估计正好弥补了点估计的缺陷,能够对样本统计量与总体参数的接近程度给出一个概率度量.

我们先看一个例子,然后从中总结出一般的方法.

【例】 设 $x_1, x_2, \cdots, x_n$ 是测量某物体长度 θ 的测量值,已知测量误差是各次独立的,都服从正态分布 $N(\theta, \sigma_0^2)$,其中 σ_0^2 是已知常数.问以 99%的把握可以断言长度 θ 在什么范围之内?

解:因为 $x_i = \theta + \varepsilon_i$,$\varepsilon_i$ 是 x_i 的测量误差,$i = 1, 2, \cdots, n$,故 $x_1, x_2, \cdots, x_n$ 是独立同分布的,都服从 $N(\theta, \sigma_0^2)$.因此,θ 的点估计 $\overline{X} = \dfrac{1}{n} \sum\limits_{i=1}^{n} X_i$ 就服从正态分布 $N\left(\theta, \dfrac{\sigma_0^2}{n}\right)$,由正态分布的性质可知

$$P\left(\ |\overline{X} - \theta|\ < 3\frac{\sigma_0}{\sqrt{n}}\right) = 0.99 \quad 或 \quad P\left(\overline{X} - \frac{3\sigma_0}{\sqrt{n}} \leq \theta \leq \overline{X} + \frac{3\sigma_0}{\sqrt{n}}\right) = 0.99.$$

这就是说,能以 0.99 的概率断言,$\theta \in \left[\overline{X} - \dfrac{3\sigma_0}{\sqrt{n}}, \overline{X} + \dfrac{3\sigma_0}{\sqrt{n}}\right]$.

注意到上述的区间估计 $\left[\overline{X} - \dfrac{3\sigma_0}{\sqrt{n}}, \overline{X} + \dfrac{3\sigma_0}{\sqrt{n}}\right]$ 是与概率 0.99 相对应的.这里概率 0.99 实际上起到一个体现可信程度的作用.在随后的讨论中,我们会发现,可信程度大的相应的区间长度也大,范围就宽.把这个例子做一般化,就有下面的置信区间的概念.

定义   设 θ 为总体 X 的分布中的一个未知参数,$X_1, X_2, \cdots, X_n$ 是 X 的一个样本.$\underline{\theta}(X_1, X_2, \cdots, X_n)$ 和 $\overline{\theta}(X_1, X_2, \cdots, X_n)$ 是由样本确定的两个统计量,如果对于给定的概率 $1 - \alpha$ $(0 < \alpha < 1)$,满足

$$P(\underline{\theta} < \theta < \overline{\theta}) = 1 - \alpha, \tag{7.8}$$

则称随机区间 $(\underline{\theta}, \overline{\theta})$ 为参数 $\hat{\theta}$ 的置信度为 $1 - \alpha$ 的置信区间,简称为置信区间,其中 $\underline{\theta}, \overline{\theta}$ 分别称为该置信区间的置信下限和置信上限,而称 $1 - \alpha$ 为置信度或置信概率.

上述定义中的置信区间通常也称为双侧置信区间.而由

$$P(\theta < \overline{\theta}) = 1 - \alpha \tag{7.9}$$

给出的区间估计 $(-\infty, \overline{\theta})$ 称为单侧置信区间,$\overline{\theta}$ 称为置信上限.类似地,$(\underline{\theta}, +\infty)$ 也称为单侧置信区间,$\underline{\theta}$ 称为置信下限.

第四节　正态总体均值与方差的区间估计

一、正态总体均值的区间估计

1. 单个正态总体的情况

设总体 $X \sim N(\mu, \sigma^2)$，$X_1, X_2, \cdots, X_n$ 是 X 的样本，$\overline{X}, S^2$ 分别是样本均值和样本方差.给定置信度 $1-\alpha$,按 σ^2 已知和未知两种情况,求 μ 的置信度为 $1-\alpha$ 的置信区间.

（1）方差 σ^2 已知

选择 μ 的无偏估计 $\overline{X}$,构造随机变量

$$U = \frac{\overline{X} - \mu}{\frac{\sigma}{\sqrt{n}}} \sim N(0, 1), \tag{7.10}$$

对给定的 α,查标准正态分布表得对应于 $\frac{\alpha}{2}$ 的上侧分位数 $z_{\frac{\alpha}{2}}$（见图 7.1）,使

$$P\left(\left| \frac{\overline{X} - \mu}{\frac{\sigma}{\sqrt{n}}} \right| < z_{\frac{\alpha}{2}} \right) = 1 - \alpha, \tag{7.11}$$

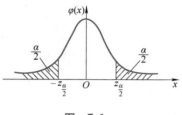

图　7.1

即

$$P\left(\overline{X} - \frac{\sigma}{\sqrt{n}} z_{\frac{\alpha}{2}} < \mu < \overline{X} + \frac{\sigma}{\sqrt{n}} z_{\frac{\alpha}{2}} \right) = 1 - \alpha.$$

从而得总体均值 μ 的置信度为 $1-\alpha$ 的置信区间为

$$\left(\overline{X} - \frac{\sigma}{\sqrt{n}} z_{\frac{\alpha}{2}}, \overline{X} + \frac{\sigma}{\sqrt{n}} z_{\frac{\alpha}{2}} \right), \tag{7.12}$$

简记作

$$\left(\overline{X} \pm \frac{\sigma}{\sqrt{n}} z_{\frac{\alpha}{2}} \right). \tag{7.12'}$$

【例1】 设某种滚珠的直径 X 服从正态分布 $N(\mu, 0.06^2)$,现从某天的产品中随机抽取 6 个,测得直径（单位:mm）分别为: 14.6,15.1,14.9,14.8,15.2,15.1. 求 μ 的置信度为 0.95 的置信区间.

解:由已知可得,$1-\alpha = 0.95$,所以 $\alpha = 0.05$,查标准正态分布表得 $z_{\frac{\alpha}{2}} = z_{0.025} = 1.96$,计算得

$$\overline{x} = \frac{1}{6}(14.6 + 15.1 + 14.9 + 14.8 + 15.2 + 15.1) = 14.95(\text{mm}),$$

思考:① 给定置信度 α,式（7.12）得到的置信区间是唯一的吗?

② 式（7.12）的置信区间的区间长度如何? 是否为最短的? 区间长度与样本容量 n 的关系是什么? 与置信度 α 的关系是什么?

③ 式（7.12）的置信区间的区间长度是否与样本有关? 换一组样本,区间长度是否有改变?

$$\frac{\sigma}{\sqrt{n}}z_{\frac{\alpha}{2}}=\frac{\sqrt{0.06^2}}{\sqrt{6}}\times1.96=0.048,$$

$$\bar{x}-\frac{\sigma}{\sqrt{n}}z_{\frac{\alpha}{2}}\approx14.902,\bar{x}+\frac{\sigma}{\sqrt{n}}z_{\frac{\alpha}{2}}\approx14.998,$$

思考:① 给定置信度 α,式(7.14)得到的置信区间是唯一的吗?

② 式(7.14)的置信区间的区间长度如何?是否为最短的?区间长度与样本容量 n 的关系是什么?与置信度 α 的关系是什么?

③ 式(7.14)的置信区间的区间长度是否与样本有关?换一组样本,区间长度是否有改变?

代入式(7.12)得 μ 的置信度为 0.95 的置信区间为(14.902,14.998).

(2) 方差 σ^2 未知

当方差 σ^2 未知时,就不能用式(7.12)作为 μ 的置信区间了,考虑到样本方差 S^2 是总体方差 σ^2 的无偏估计,在式(7.10)中用 S 代替 σ,构造随机变量

$$t=\frac{\bar{X}-\mu}{S/\sqrt{n}}\sim t(n-1),$$

对给定的 α,查 t 分布表得相应于 $\frac{\alpha}{2}$ 的上侧分位数 $t_{\frac{\alpha}{2}}(n-1)$(见图 7.2),使

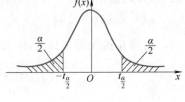

图 7.2

$$P\left[\left|\frac{\bar{X}-\mu}{S/\sqrt{n}}\right|<t_{\frac{\alpha}{2}}(n-1)\right]=1-\alpha. \tag{7.13}$$

可得 μ 的置信度为 $1-\alpha$ 的置信区间为

$$\left(\bar{X}-\frac{S}{\sqrt{n}}t_{\frac{\alpha}{2}}(n-1),\bar{X}+\frac{S}{\sqrt{n}}t_{\frac{\alpha}{2}}(n-1)\right), \tag{7.14}$$

或

$$\left(\bar{X}\pm\frac{S}{\sqrt{n}}t_{\frac{\alpha}{2}}(n-1)\right). \tag{7.14'}$$

【例2】 确定某种溶液的浓度,任取 4 个样品,测得样本均值 $\bar{x}=8.34\%$,样本标准差 $s=0.03\%$.设该溶液浓度服从正态分布,求浓度的置信度为 0.95 的置信区间.

解: 由已知可得,$1-\alpha=0.95$,所以 $\alpha=0.05$,查自由度为 $4-1=3$ 的 t 分布表得

$$t_{0.025}(3)=3.1824,\frac{s}{\sqrt{n}}t_{0.025}(3)=\frac{0.03\%}{\sqrt{4}}\times3.1824=0.0477\%,$$

代入式(7.14)得所求置信区间为(8.2923%,8.3877%).

2. 两个正态总体的情况

区间估计
数值模拟

设有两个独立的正态总体 $N(\mu_1,\sigma_1^2)$ 和 $N(\mu_2,\sigma_2^2)$,设 $X_1,X_2,\cdots,X_{n_1}$ 和 $Y_1,Y_2,\cdots,Y_{n_2}$ 分别为来自这两个正态总体的样本,它们的样本均值和样本方差分别为 $\bar{X},\bar{Y}$ 和 S_1^2,S_2^2,求两总体均值的差 $\mu_1-\mu_2$ 的置信区间.

(1) σ_1^2,σ_2^2 均为已知

由第六章的讨论知 $\bar{X}-\bar{Y}\sim N\left(\mu_1-\mu_2,\frac{\sigma_1^2}{n_1}+\frac{\sigma_2^2}{n_2}\right),$

或
$$\frac{(\bar{X}-\bar{Y})-(\mu_1-\mu_2)}{\sqrt{\dfrac{\sigma_1^2}{n_1}+\dfrac{\sigma_2^2}{n_2}}}\sim N(0,1), \tag{7.15}$$

由此可得 $\mu_1-\mu_2$ 的置信度为 $1-\alpha$ 的置信区间为

$$\left(\bar{X}-\bar{Y}\pm\sqrt{\frac{\sigma_1^2}{n_1}+\frac{\sigma_2^2}{n_2}}\cdot z_{\frac{\alpha}{2}}\right). \tag{7.16}$$

（2）$\sigma_1^2=\sigma_2^2=\sigma^2,\sigma^2$ 未知

由第六章的讨论知
$$\frac{(\bar{X}-\bar{Y})-(\mu_1-\mu_2)}{S_w\sqrt{\dfrac{1}{n_1}+\dfrac{1}{n_2}}}\sim t(n_1+n_2-2),$$

由此得 $\mu_1-\mu_2$ 的置信度为 $1-\alpha$ 的置信区间为

$$\left(\bar{X}-\bar{Y}\pm S_w\sqrt{\frac{1}{n_1}+\frac{1}{n_2}}\cdot t_{\frac{\alpha}{2}}(n_1+n_2-2)\right), \tag{7.17}$$

其中
$$S_w^2=\frac{(n_1-1)S_1^2+(n_2-1)S_2^2}{n_1+n_2-2},S_w=\sqrt{S_w^2}. \tag{7.18}$$

【例3】 研究两种固体燃料火箭推进器的燃烧率,设两者都服从正态分布,并且已知燃烧率的标准差均近似为 0.05cm/s,取样本容量 $n_1=n_2=20$,得燃烧率的样本均值分别为 $\bar{x}_1=18$cm/s,$\bar{x}_2=24$cm/s.

求两燃烧率总体均值差 $\mu_1-\mu_2$ 的置信度为 0.99 的置信区间.

解:这里两个独立正态总体方差已知,已知,$1-\alpha=0.99$,所以 $\dfrac{\alpha}{2}=0.005$,查标准正态分布表得 $z_{\frac{\alpha}{2}}=2.575$,将这数据以及 $\bar{x}_1=18$,$\bar{x}_2=24$,$n_1=n_2=20$,$\sigma_1=\sigma_2=0.05$ 代入式(7.16),得所求置信区间为 $(-6.04,-5.96)$.

二、 正态总体方差的区间估计

1. 单个正态总体的情况

设总体 $X\sim N(\mu,\sigma^2)$,$X_1,X_2,\cdots X_n$ 是 X 的一个样本,现在要求总体方差 σ^2 的区间估计.我们知道,样本方差 S^2 是 σ^2 的无偏估计,由第6章的讨论知道,随机变量

$$\frac{(n-1)S^2}{\sigma^2}\sim\chi^2(n-1), \tag{7.19}$$

因此,对于给定的置信度 $1-\alpha$,查 χ^2 分布表上侧分位数 $\chi_{1-\frac{\alpha}{2}}^2(n-1)$ 和 $\chi_{\frac{\alpha}{2}}^2(n-1)$ 使

$$P\left[\chi_{1-\frac{\alpha}{2}}^2(n-1)<\frac{(n-1)S^2}{\sigma^2}<\chi_{\frac{\alpha}{2}}^2(n-1)\right]=1-\alpha, \tag{7.20}$$

于是所求 σ^2 的置信度为 $1-\alpha$ 的置信区间为

思考:① 给定置信度 α,式(7.21)给出的置信区间是唯一的吗?是否为最短的?
② 式(7.21)给出的置信区间的区间长度是否与样本有关?换一组样本,区间长度是否有改变?

$$\left(\frac{(n-1)S^2}{\chi_{\frac{\alpha}{2}}^2(n-1)},\frac{(n-1)S^2}{\chi_{1-\frac{\alpha}{2}}^2(n-1)}\right), \tag{7.21}$$

标准差 σ 的置信度为 $1-\alpha$ 的置信区间为

$$\left(\frac{\sqrt{n-1}\,S}{\sqrt{\chi_{\frac{\alpha}{2}}^2(n-1)}},\frac{\sqrt{n-1}\,S}{\sqrt{\chi_{1-\frac{\alpha}{2}}^2(n-1)}}\right). \tag{7.22}$$

【例4】 从自动机床加工同类零件中抽取 16 件,测得长度值(单位:mm)如下:

12.15　12.12　12.01　12.28　12.09　12.16　12.03　12.01

12.06　12.13　12.07　12.11　12.08　12.01　12.03　12.06

设该零件长度的观测值 X 服从正态分布 $N(\mu,\sigma^2)$.

求:方差、标准差的置信度为 0.95 的置信区间.

解:由测得的样本值计算得 $\bar{x}=12.088,s=0.0712,(n-1)s^2=15s^2\approx0.0761$,查 χ^2 分布表得 $\chi_{0.975}^2(15)=6.26,\chi_{0.025}^2(15)=27.5$,分别代入式(7.21)、式(7.22),得:

方差 σ^2 的置信度为 0.95 的置信区间为 $(0.0027,0.0121)$,标准差 σ 的置信度为 0.95 的置信区间为 $(0.052,0.110)$.

2. 两个正态总体方差比的区间估计

设有两个独立的正态总体 $X\sim N(\mu_1,\sigma_1^2),Y\sim N(\mu_2,\sigma_2^2)$,其中 $\mu_1,\mu_2,\sigma_1^2,\sigma_2^2$ 均未知,现在要求方差比 $\dfrac{\sigma_1^2}{\sigma_2^2}$ 的置信区间.

设 $X_1,X_2,\cdots,X_{n_1}$ 是来自 X 的样本,$Y_1,Y_2,\cdots,Y_{n_2}$ 是来自 Y 的样本,它们的样本方差分别为 S_1^2 和 S_2^2,由第六章的讨论知

$$\frac{(n_i-1)S_i^2}{\sigma_i^2}\sim\chi^2(n_i-1), \tag{7.23}$$

且式(7.23)的两个随机变量相互独立,故随机变量

$$F=\frac{S_1^2\sigma_2^2}{S_2^2\sigma_1^2}\sim F(n_1-1,n_2-1).$$

查 F 分布表,得上侧分位数 $F_{1-\frac{\alpha}{2}}(n_1-1,n_2-1),F_{\frac{\alpha}{2}}(n_1-1,n_2-1)$,使

$$P\left[F_{1-\frac{\alpha}{2}}(n_1-1,n_2-1)<\frac{S_1^2\sigma_2^2}{S_2^2\sigma_1^2}<F_{\frac{\alpha}{2}}(n_1-1,n_2-1)\right]=1-\alpha, \tag{7.24}$$

由此得 $\dfrac{\sigma_1^2}{\sigma_2^2}$ 的置信度为 $1-\alpha$ 的置信区间为

$$\left(\frac{S_1^2}{S_2^2}\cdot\frac{1}{F_{\frac{\alpha}{2}}(n_1-1,n_2-1)},\frac{S_1^2}{S_2^2}\cdot\frac{1}{F_{1-\frac{\alpha}{2}}(n_1-1,n_2-1)}\right). \tag{7.25}$$

【例5】 从机器 A 生产的钢管中抽取 18 只,测得内径的样本方差 $s_1^2=0.34(\text{mm}^2)$;从机器 B 生产的钢管中抽取 13 只,测得内径的样本方差 $s_2^2=0.29(\text{mm}^2)$.两样本独立,且假定两钢管内径皆服从正态分布.

求:两总体方差比$\dfrac{\sigma_1^2}{\sigma_2^2}$的置信度为 0.90 的置信区间.

解:这里 $n_1=18, s_1^2=0.34, n_2=13, s_2^2=0.29, \alpha=1-0.90=0.10$,代入 F 分布表,得

$$F_{0.05}(17,12)=2.57, F_{0.95}(17,12)=\frac{1}{2.38}=0.42,$$

代入式(7.25)得$\dfrac{\sigma_1^2}{\sigma_2^2}$的置信度为 0.90 的置信区间是$(0.45,2.79)$.

第五节 (0-1)分布参数的区间估计

在实际问题中,还会遇到非正态总体的参数的区间估计问题,这类问题一般来说较为困难.然而,如果样本容量较大(所谓的"大样本问题"),由中心极限定理,还是可以得到某些非正态总体的近似的区间估计.本节讨论一种简单的情况,两点分布参数的区间估计.

设 X 服从参数为 p 的(0-1)分布,
$$P(X=1)=p, P(X=0)=1-p,$$
$X_1, X_2, \cdots, X_n$ 是 X 的一个样本,通常 $n \geqslant 50$. 要求参数 p 的区间估计,由中心极限定理,得

$$\frac{n\bar{X}-np}{\sqrt{np(1-p)}} \text{ 的极限分布是 } N(0,1), \tag{7.26}$$

故当 n 较大时($n \geqslant 50$),可以认为

$$\frac{n\bar{X}-np}{\sqrt{npq}} \dot\sim N(0,1), \tag{7.27}$$

其中,$q=1-p$,"$\dot\sim$"表示近似服从的意思.

所以有 $\qquad P\left(-z_{\frac{\alpha}{2}}<\dfrac{n\bar{X}-np}{\sqrt{npq}}<z_{\frac{\alpha}{2}}\right) \approx 1-\alpha, \tag{7.28}$

而不等式 $\qquad -z_{\frac{\alpha}{2}}<\dfrac{n\bar{X}-np}{\sqrt{npq}}<z_{\frac{\alpha}{2}}$

等价于

$$(n+z_{\frac{\alpha}{2}}^2)p^2-(2n\bar{X}+z_{\frac{\alpha}{2}}^2)p+n\bar{X}^2<0, \tag{7.29}$$

易知,关于 p 的二次方程

$$(n+z_{\frac{\alpha}{2}}^2)p^2-(2n\bar{X}+z_{\frac{\alpha}{2}}^2)p+n\bar{X}^2=0, \tag{7.30}$$

存在两个实根,记为

$$p_1=\frac{1}{2a}(-b-\sqrt{b^2-4bc}), \tag{7.31}$$

$$p_2 = \frac{1}{2a}(-b+\sqrt{b^2-4bc}), \qquad (7.32)$$

其中, $a = n+z_{\frac{\alpha}{2}}^2$, $b = -(2n\overline{X}+z_{\frac{\alpha}{2}}^2)$, $c = n\overline{X}^2$.

由于式(7.29)等价于 $\qquad p_1 < p < p_2$, $\qquad (7.33)$

所以有 $\qquad\qquad P(p_1 < p < p_2) \approx 1-\alpha$, $\qquad (7.34)$

因此, p 的置信度为 $1-\alpha$ 的一个近似的置信区间为

$$(p_1, p_2). \qquad (7.35)$$

【例】 从一大批产品中任取 100 件产品, 发现其中有 60 件是一级品.

求: 这批产品的一级品率 p 的置信度为 0.95 的置信区间.

解: $1-\alpha = 0.95$, $\alpha = 0.05$, $z_{\frac{\alpha}{2}} = 1.96$, $n = 100$, 可以认为这批产品是大样本.

$\overline{x} = \frac{60}{100} = 0.6$, 计算得 $a = n+z_{\frac{\alpha}{2}}^2 = 103.84$, $b = -(2n\overline{x}+z_{\frac{\alpha}{2}}^2) = -123.84$,

$c = n\overline{x}^2 = 36$, 代入式(7.35), 得所求置信区间为(0.50, 0.69).

第六节　综合例题选讲

【例1】 设 $X_1, \cdots, X_n$ 是取自均值与方差分别为 μ 与 σ^2 的总体 X 的样本, 取 $\hat{\mu} = C_1X_1 + \cdots + C_nX_n$, 作为总体均值 μ 的估计量.

问: C_i 为什么值时, $\hat{\mu}$ 是无偏的且 $\hat{\mu}$ 的方差最小?

分析: 计算 $\hat{\mu}$ 的方差, 它是 C_i 的函数, 然后求有关条件最小值.

解: $E(\hat{\mu}) = E(C_1X_1 + C_2X_2 + \cdots + C_nX_n) = \left(\sum_{i=1}^{n} C_i\right)\mu$, 所以, 当

$\sum_{i=1}^{n} C_i = 1$ 时, $\hat{\mu}$ 是 μ 的无偏估计.

$$D(\hat{\mu}) = \left(\sum_{i=1}^{n} C_i^2\right)\sigma^2,$$

求 $D(\hat{\mu})$ 的最小值问题, 转化为求条件极值问题

$$\begin{cases} \min \sum_{i=1}^{n} C_i^2, \\ \text{s.t.} \sum_{i=1}^{n} C_i = 1, \end{cases}$$

易知, 问题的解为 $C_i = \frac{1}{n}$, $i = 1, 2, \cdots, n$.

【例2】 设总体 X 的分布律为

X	0	1	2	3
P	θ^2	$2\theta(1-\theta)$	θ^2	$1-2\theta$

其中,$0<\theta<\dfrac{1}{2}$.求 θ 在样本值 3,1,3,0,3,1,2,3 下的矩估计值和极大似然估计值.

分析:本题的一个特点是样本值已给出具体的数字,而通常的例子中样本值是以 $x_1,\cdots,x_n$ 的形式出现的.

解:(1) $E(X)=0\times\theta^2+1\times2\theta(1-\theta)+2\theta^2+3\times(1-2\theta)=3-4\theta$,令 $E(X)=\bar{X}$,即 $3-4\theta=\bar{X}$,得 θ 的矩估计量 $\hat{\theta}=\dfrac{3-\bar{X}}{4}$,由所给样本值计算得

$$\bar{x}=\frac{3+1+3+0+3+1+2+3}{8}=2,$$

所以,θ 的估计值为 $\hat{\theta}=\dfrac{3-\bar{x}}{4}=\dfrac{1}{4}$.

(2) 对于样本值 3,1,3,0,3,1,2,3,似然函数为

$$L(\theta)=P(X_1=3)P(X_2=1)P(X_3=3)P(X_4=0)\times$$
$$P(X_5=3)P(X_6=1)P(X_7=2)P(X_8=3)$$
$$=4\theta^6(1-\theta)^2(1-2\theta)^4.$$

$$\ln L(\theta)=\ln4+6\ln\theta+2\ln(1-\theta)+4\ln(1-2\theta),$$

令 $\dfrac{\mathrm{d}\ln L(\theta)}{\mathrm{d}\theta}=0$,解得 $\theta_{1,2}=\dfrac{7\pm\sqrt{13}}{12}$,因 $\dfrac{7+\sqrt{13}}{12}>\dfrac{1}{2}$ 不合题意,所以 θ 的极大似然估计值为 $\hat{\theta}=\dfrac{7-\sqrt{13}}{12}$.

【例3】　一个罐子里有黑球和白球,有放回地抽取一个容量为 n 的样本,其中有 k 个白球,求罐子里黑球和白球数之比 R 的极大似然估计值.

解:设罐子里有白球 x 个,则黑球 Rx 个,从而罐子里有 $(R+1)x$ 个球.从罐子中有放回地抽一个球为白球和黑球的概率分别为

$$\frac{x}{(R+1)x}=\frac{1}{R+1},\frac{Rx}{(R+1)x}=\frac{R}{R+1},$$

从罐子中有放回地抽取 n 个球,可视为从(0-1)分布

$$X\sim\begin{pmatrix}0 & 1\\ \dfrac{R}{R+1} & \dfrac{1}{R+1}\end{pmatrix}$$

中抽取的一个容量为 n 的样本,从而似然函数为

$$L(R)=\left(\frac{1}{R+1}\right)^k\left(\frac{R}{R+1}\right)^{n-k}=\frac{R^{n-k}}{(R+1)^n},$$

$$\ln L(R)=(n-k)\ln R-n\ln(R+1),$$

令　　　　$$\frac{\mathrm{d}\ln L(R)}{\mathrm{d}R}=\frac{n-k}{R}-\frac{n}{R+1}=0,$$

解出 $\hat{R} = \dfrac{n}{k} - 1$，这就是 R 的极大似然估计值.

【例4】　从正态总体 $N(3.4,6^2)$ 中抽取容量为 n 的样本，如果要求其样本的均值位于 $(1.4,5.4)$ 内的概率不小于 0.95.

问：样本容量 n 至少应取多大？

解：以 $\overline{X}$ 表示样本均值，则 $\dfrac{\overline{X}-3.4}{6}\sqrt{n} \sim N(0,1)$，从而有

$$P(1.4<\overline{X}<5.4) = P[-2<(\overline{X}-3.4)<2]$$

$$= P(|\overline{X}-3.4|<2) = P\left(\frac{|\overline{X}-3.4|}{6}\sqrt{n}<\frac{2\sqrt{n}}{6}\right)$$

$$= 2\Phi\left(\frac{\sqrt{n}}{3}\right)-1 \geqslant 0.95,$$

故 $\Phi\left(\dfrac{\sqrt{n}}{3}\right) \geqslant 0.975$，由此得 $\dfrac{\sqrt{n}}{3} \geqslant 1.96$，即 $n \geqslant (1.96\times3)^2 \approx 34.57$，所以 n 至少应取 35.

【例5】　设 $\hat{\theta}$ 是参数 θ 的无偏估计量，且 $D(\hat{\theta})>0$.

证明：$\hat{\theta}^2$ 不是 θ^2 的无偏估计量.

证明：由公式 $E(X^2) = D(X) + [E(X)]^2$ 有

$$E(\hat{\theta}^2) = D(\hat{\theta}) + [E(\hat{\theta})]^2 = D(\hat{\theta}) + \theta^2 > \theta^2,$$

因此，$\hat{\theta}^2$ 不是 θ^2 的无偏估计量.

【例6】　设 $X_1,\cdots,X_n$ 是取自正态总体 $X \sim N(\mu,\sigma^2)$ 的样本.

试证明 $S^2 = \dfrac{1}{n-1}\displaystyle\sum_{i=1}^{n}(X_i-\overline{X})^2$ 是 σ^2 的相合估计量.

证明：由于 $\dfrac{(n-1)S^2}{\sigma^2} \sim \chi^2(n-1)$，并且有

$$E(S^2) = \sigma^2,\ D(S^2) = \frac{\sigma^4}{(n-1)^2}\cdot2(n-1) = \frac{2\sigma^4}{n-1},$$

根据切比雪夫不等式，有

$$P(|S^2-\sigma^2|<\varepsilon) \geqslant 1-\frac{D(S^2)}{\varepsilon^2} = 1-\frac{2\sigma^4}{(n-1)\varepsilon^2},$$

即得

$$\lim_{n\to\infty}P(|S^2-\sigma^2|<\varepsilon) = 1,$$

所以 S^2 是 σ^2 的相合估计量.

【例7】　设总体 X 服从参数为 p 的几何分布，它的概率分布为

$$P(x=k) = (1-p)^{k-1}p,\ k=1,2,\cdots.$$

求：参数 p 的矩估计量和极大似然估计量.

分析：这是一个常见分布的参数点估计问题，只含一个参数. 矩估计比较简单，而离散型随机变量的极大似然估计相对难度大点，关键是要写好似然函数.

解:求矩估计.因 $X \sim G(p)$,所以 $E(X) = \dfrac{1}{p}$,令 $E(X) = \overline{X}$,得 $\dfrac{1}{p} =$ $\dfrac{1}{n}\sum\limits_{i=1}^{n}X_i$,所以 p 的矩估计量为 $\hat{p} = \dfrac{1}{\overline{X}} = \dfrac{n}{\sum\limits_{i=1}^{n}X_i}$.

求极大似然估计.设样本值为 $x_1, x_2, \cdots, x_n$,则似然函数为

$$L(p) = \prod_{i=1}^{n} P(X_i = x_i) = p^n (1-p)^{\sum\limits_{i=1}^{n} x_i - n}, x_i = 1, 2, \cdots,$$

$$\ln L(p) = n\ln p + \left(\sum_{i=1}^{n} x_i - n\right) \ln(1-p),$$

令 $\dfrac{\mathrm{d}\ln L(p)}{\mathrm{d}p} = \dfrac{n}{p} - \dfrac{\sum\limits_{i=1}^{n} x_i - n}{1-p} = 0$,解得极大似然估计值为 $\hat{p} = \dfrac{n}{\sum\limits_{i=1}^{n} x_i}$,于是

得极大似然估计量 $\hat{p} = \dfrac{n}{\sum\limits_{i=1}^{n} X_i}$.

【例8】 设某种元件的使用寿命 X 的密度函数为

$$f(x;\theta) = \begin{cases} 2\mathrm{e}^{-2(x-\theta)}, & x \geqslant \theta, \\ 0, & x < \theta, \end{cases}$$

其中,$\theta > 0$ 为未知参数,又设 $x_1, x_2, \cdots, x_n$ 是 X 的一组样本值.

求:参数 θ 的极大似然估计值.

解:样本值 $x_1, x_2, \cdots, x_n$ 的似然函数为

$$L(\theta) = L(x_1, x_2, \cdots, x_n; \theta) = \prod_{i=1}^{n} f(x_i;\theta) = \begin{cases} 2^n \mathrm{e}^{-2\sum\limits_{i=1}^{n}(x_i-\theta)}, & \theta \leqslant x_{(1)}, \\ 0, & \theta > x_{(1)}, \end{cases}$$

其中,$x_{(1)} = \min\{x_1, x_2, \cdots, x_n\}$,易知,$L(\theta)$ 在 $\theta = x_{(1)}$ 时取到最大值,故 θ 的极大似然估计值为 $\hat{\theta} = x_{(1)}$.

注意,极大似然估计值是似然函数的最大值点,当似然函数不可微(或似然方程无解)时,应直接按定义求极大似然估计值.

【例9】 设某总体 X 的概率密度为

$$f(x) = \begin{cases} \dfrac{1}{\theta_1} \mathrm{e}^{-\frac{x-\theta_2}{\theta_1}}, & x \geqslant \theta_2, \\ 0, & \text{其他}, \end{cases}$$

其中,$\theta_1 > 0$,θ_2 为未知参数,求 θ_1, θ_2 的极大似然函数估计值.

分析:这是一个含两个参数的点估计问题,首先要正确写出似然函数,然后求最大值点.

解:样本值 $x_1, x_2, \cdots, x_n$ 的似然函数为

$$L(\theta_1,\theta_2)=\prod_{k=1}^{n}f(x_k;\theta_1,\theta_2)=\begin{cases}\prod_{k=1}^{n}\dfrac{1}{\theta_1}\mathrm{e}^{-\frac{x_k-\theta_2}{\theta_1}}, & x\geqslant\theta_2(k=1,2,\cdots,n),\\[2mm] 0, & \text{其他},\end{cases}$$

$$=\begin{cases}\dfrac{1}{\theta_1^{n}}\mathrm{e}^{-\frac{1}{\theta_1}\left(\sum\limits_{k=1}^{n}x_k-n\theta_2\right)}, & \theta_2\leqslant x_{(1)},\\[2mm] 0, & \text{其他},\end{cases}$$

其中,$x_{(1)}=\min\{x_1,x_2,\cdots,x_n\}$.

当 $\theta_2\leqslant x_{(1)}$ 时,$\ln L(\theta_1,\theta_2)=-n\ln\theta_1-\dfrac{1}{\theta_1}\left(\sum\limits_{k=1}^{n}x_k-n\theta_2\right)$ 是 θ_2 的单调增函数,而要使 $\ln L(\theta_1,\theta_2)$ 取到最大值,必须使 θ_2 取到最大值 $x_{(1)}$,故 $\hat{\theta}_2=x_{(1)}$.

令一元函数

$$\frac{\mathrm{d}\ln L(\theta_1,x_{(1)})}{\mathrm{d}\theta_1}=-\frac{n}{\theta_1}+\frac{1}{\theta_1^{2}}\left(\sum_{k=1}^{n}x_k-nx_{(1)}\right)=0,$$

即
$$\hat{\theta}_1=\bar{x}-x_{(1)},$$

所以,θ_1,θ_2 的极大似然估计值为 $\begin{cases}\hat{\theta}_1=\bar{x}-x_{(1)},\\ \hat{\theta}_2=x_{(1)}.\end{cases}$

【例10】 设 $X_1,X_2,\cdots,X_n$ 服从参数为 λ 的泊松分布,其中 $\lambda>0$ 未知.

(1) 求 λ^2 的极大似然估计量 $\hat{\lambda}^2$;

(2) $\hat{\lambda}^2$ 是否为 λ^2 的无偏估计?为什么?

(3) 求 λ^2 的一个无偏估计.

解:(1)由第一节例5知,λ 的极大似然估计量是 $\bar{X}$.根据极大似然估计的不变性,有

$$\hat{\lambda}^2=(\hat{\lambda})^2=\bar{X}^2,$$

即 λ^2 的极大似然估计量是 $\bar{X}^2$.

(2) 由题意知,$E(X)=D(X)=\lambda$;则有,

$$E(\bar{X})=E(X)=\lambda,\quad D(\bar{X})=\frac{1}{n}D(X)=\frac{1}{n}\lambda,$$

$$E(\bar{X}^2)=D(\bar{X})+[E(\bar{X})]^2=\frac{\lambda}{n}+\lambda^2\neq\lambda^2,$$

所以 $\bar{X}^2$ 不是 λ^2 的无偏估计.

(3) 由 $E(\bar{X}^2)=\dfrac{\lambda}{n}+\lambda^2$,改写成 $E(\bar{X}^2)-\dfrac{\lambda}{n}=\lambda^2$,注意到

$$E(\bar{X})=E(X)=\lambda,$$

有
$$E\left(\bar{X}^2-\frac{1}{n}\bar{X}\right)=\lambda^2,$$

即 $\overline{X^2} - \dfrac{1}{n}\overline{X}$ 为 λ^2 的一个无偏估计量.

注:1. 极大似然估计的不变性是指:设 θ 的函数 $u(\theta)(\theta \in \Theta)$ 具有单值反函数,且 $\hat{\theta}$ 是总体 X 的分布中未知参数 θ 的极大似然估计,则 $u(\hat{\theta})$ 是 $u(\theta)$ 的极大似然估计.

2. 构造未知参数的无偏估计量时要注意,估计量首先应该是统计量,即是样本的函数,且不含任何未知参数.

【例 11】 设 $X_1, X_2, \cdots, X_n$ 是来自正态总体 $N(\mu, \sigma^2)$ 的一个样本,且已知

$$\hat{\theta}_1 = \frac{1}{n-1}\sum_{i=1}^{n}(X_i - \overline{X})^2$$

是 σ^2 的一个无偏估计量.证明:

(1) $\hat{\theta}_2 = \dfrac{n-1}{n+1}\hat{\theta}_1$ 不是 σ^2 的无偏估计量;

(2) $E[(\hat{\theta}_2 - \sigma^2)^2] < E[(\hat{\theta}_1 - \sigma^2)^2]$.

证明:(1) 我们注意到

$$E(\hat{\theta}_1) = E\left[\frac{1}{n-1}\sum_{i=1}^{n}(X_i - \overline{X})^2\right] = \sigma^2,$$

有 $$E(\hat{\theta}_2) = E\left(\frac{n-1}{n+1}\hat{\theta}_1\right) = \frac{n-1}{n+1}\sigma^2 \neq \sigma^2,$$

故 $\hat{\theta}_2$ 不是 σ^2 的无偏估计量.

(2) 因为 $\dfrac{(n-1)\hat{\theta}_1}{\sigma^2} \sim \chi^2(n-1)$,所以

$$E\left[\frac{(n-1)\hat{\theta}_1}{\sigma^2}\right] = n-1, D\left[\frac{(n-1)\hat{\theta}_1}{\sigma^2}\right] = 2(n-1), D(\hat{\theta}_1) = \frac{2\sigma^4}{n-1},$$

$$\begin{aligned}
E[(\hat{\theta}_1 - \sigma^2)^2] &= \frac{\sigma^4}{(n-1)^2}E\left[\frac{(n-1)\hat{\theta}_1}{\sigma^2} - (n-1)\right]^2 \\
&= \frac{\sigma^4}{(n-1)^2}D\left[\frac{(n-1)\hat{\theta}_1}{\sigma^2}\right] \\
&= \frac{\sigma^4}{(n-1)^2} \cdot 2(n-1) = \frac{2\sigma^4}{n-1}.
\end{aligned}$$

另一方面,有

$$\begin{aligned}
E[(\hat{\theta}_2 - \sigma^2)^2] &= E\left[\left(\frac{n-1}{n+1}\hat{\theta}_1 - \sigma^2\right)^2\right] \\
&= D\left(\frac{n-1}{n+1}\hat{\theta}_1 - \sigma^2\right) + \left[E\left(\frac{n-1}{n+1}\hat{\theta}_1\right) - \sigma^2\right]^2 \\
&= \left(\frac{n-1}{n+1}\right)^2 D(\hat{\theta}_1) + \left(\frac{2}{n+1}\right)^2 \sigma^4 \\
&= \left(\frac{n-1}{n+1}\right)^2 \frac{2\sigma^4}{n-1} + \left(\frac{2}{n+1}\right)^2 \sigma^4 = \frac{2}{n+1}\sigma^4.
\end{aligned}$$

注:本例说明,无偏估计不一定是最好的估计.本例中,$\hat{\theta}_2$ 虽然不是 σ^2 的无偏估计,但 $\hat{\theta}_2$ 围绕真值 σ^2 的波动振幅小于 $\hat{\theta}_1$ 围绕真值 σ^2 的波动振幅.

表 7.1　正态总体参数的双侧置信区间

	待估参数	随机变量(枢轴量)	双侧置信区间
一个正态总体	μ (σ^2 已知)	$Z=\dfrac{\overline{X}-\mu}{\sigma/\sqrt{n}}\sim N(0,1)$	$\left(\overline{X}\pm\dfrac{\sigma}{\sqrt{n}}z_{\alpha/2}\right)$
	μ (σ^2 未知)	$Z=\dfrac{\overline{X}-\mu}{S/\sqrt{n}}\sim t(n-1)$	$\left(\overline{X}\pm\dfrac{S}{\sqrt{n}}t_{\alpha/2}(n-1)\right)$
	σ^2 (μ 未知)	$\chi^2=\dfrac{(n-1)S^2}{\sigma^2}\sim\chi^2(n-1)$	$\left(\dfrac{(n-1)S^2}{\chi^2_{\alpha/2}(n-1)},\dfrac{(n-1)S^2}{\chi^2_{1-\alpha/2}(n-1)}\right)$
两个正态总体	$\mu_1-\mu_2$ (σ_1^2,σ_2^2 已知)	$Z=\dfrac{(\overline{X}-\overline{Y})-(\mu_1-\mu_2)}{\sqrt{\sigma_1^2/n_1+\sigma_2^2/n_2}}\sim N(0,1)$	$\left(\overline{X}-\overline{Y}\pm z_{\alpha/2}\sqrt{\dfrac{\sigma_1^2}{n_1}+\dfrac{\sigma_2^2}{n_2}}\right)$
	$\mu_1-\mu_2$ ($\sigma_1^2=\sigma_2^2$ 未知)	$T=\dfrac{(\overline{X}-\overline{Y})-(\mu_1-\mu_2)}{S_w\sqrt{\dfrac{1}{n_1}+\dfrac{1}{n_2}}}\sim t(n_1+n_2-2)$ $S_w^2=\dfrac{(n_1-1)S_1^2+(n_2-1)S_2^2}{n_1+n_2-2}$	$\left(\overline{X}-\overline{Y}\pm t_{\alpha/2}\cdot S_w\sqrt{\dfrac{1}{n_1}+\dfrac{1}{n_2}}\right)$
	$\mu_1-\mu_2$ ($\sigma_1^2\neq\sigma_2^2$ 未知, $n_1\neq n_2$)	$T=\dfrac{(\overline{X}-\overline{Y})-(\mu_1-\mu_2)}{\sqrt{S_1^2/n_1+S_2^2/n_2}}$ 大样本时 $T\sim N(0,1)$ 小样本时 $T\sim t(v)$	大样本 $\left(\overline{X}-\overline{Y}\pm z_{\alpha/2}\sqrt{\dfrac{S_1^2}{n_1}+\dfrac{S_2^2}{n_2}}\right)$ 小样本 $\left(\overline{X}-\overline{Y}\pm t_{\alpha/2}\sqrt{\dfrac{S_1^2}{n_1}+\dfrac{S_2^2}{n_2}}\right)$
	$\mu_1-\mu_2$ ($\sigma_1^2\neq\sigma_2^2$ 未知, $n_1=n_2=n$)	$T=\dfrac{(\overline{X}-\overline{Y})-(\mu_1-\mu_2)}{\sqrt{(S_1^2+S_2^2)/n}}$ $T\sim t(2n-2)$	$\left(\overline{X}-\overline{Y}\pm t_{\alpha/2}\sqrt{\dfrac{S_1^2+S_2^2}{n}}\right)$
	σ_1^2/σ_2^2 (μ_1,μ_2) 未知	$F=\dfrac{S_1^2/\sigma_1^2}{S_2^2/\sigma_2^2}\sim F(n_1-1,n_2-1)$	$\left(\dfrac{S_1^2}{S_2^2}\cdot\dfrac{1}{F_{\alpha/2}(n_1-1,n_2-1)},\dfrac{S_1^2}{S_2^2}\cdot\dfrac{1}{F_{1-\alpha/2}(n_1-1,n_2-1)}\right)$

表 7.2　正态总体参数的单侧置信区间

待估参数		单侧置信区间(下限)	单侧置信区间(上限)
一个正态总体	μ (σ^2 已知)	$\left(\overline{X}-\dfrac{\sigma}{\sqrt{n}}z_\alpha,+\infty\right)$	$\left(-\infty,\overline{X}+\dfrac{\sigma}{\sqrt{n}}z_\alpha\right)$
	μ (σ^2 未知)	$\left(\overline{X}-\dfrac{S}{\sqrt{n}}t_\alpha(n-1),+\infty\right)$	$\left(-\infty,\overline{X}+\dfrac{S}{\sqrt{n}}t_\alpha(n-1)\right)$
	σ^2 (μ 未知)	$\left(\dfrac{(n-1)S^2}{\chi^2_\alpha(n-1)},+\infty\right)$	$\left(-\infty,\dfrac{(n-1)S^2}{\chi^2_{1-\alpha}(n-1)}\right)$
两个正态总体	$\mu_1-\mu_2$ (σ_1^2,σ_2^2 已知)	$\left(\overline{X}-\overline{Y}-z_\alpha\sqrt{\dfrac{\sigma_1^2}{n_1}+\dfrac{\sigma_2^2}{n_2}},+\infty\right)$	$\left(-\infty,(\overline{X}-\overline{Y})+z_\alpha\sqrt{\dfrac{\sigma_1^2}{n_1}+\dfrac{\sigma_2^2}{n_2}}\right)$
	$\mu_1-\mu_2$ ($\sigma_1^2=\sigma_2^2$ 未知)	$\left(\overline{X}-\overline{Y}-t_\alpha S_w\sqrt{\dfrac{1}{n_1}+\dfrac{1}{n_2}},+\infty\right)$	$\left(-\infty,\overline{X}-\overline{Y}+t_\alpha S_w\sqrt{\dfrac{1}{n_1}+\dfrac{1}{n_2}}\right)$
	$\mu_1-\mu_2$ ($\sigma_1^2\neq\sigma_2^2$ 未知, $n_1\neq n_2$)	大样本 $\left(\overline{X}-\overline{Y}-z_\alpha\sqrt{\dfrac{S_1^2}{n_1}+\dfrac{S_2^2}{n_2}},+\infty\right)$	$\left(-\infty,\overline{X}-\overline{Y}+z_\alpha\sqrt{\dfrac{S_1^2}{n_1}+\dfrac{S_2^2}{n_2}}\right)$
		小样本 $\left(\overline{X}-\overline{Y}-t_\alpha\sqrt{\dfrac{S_1^2}{n_1}+\dfrac{S_2^2}{n_2}},+\infty\right)$	$\left(-\infty,\overline{X}-\overline{Y}+t_\alpha\sqrt{\dfrac{S_1^2}{n_1}+\dfrac{S_2^2}{n_2}}\right)$
	$\mu_1-\mu_2$ ($\sigma_1^2\neq\sigma_2^2$ 未知, $n_1=n_2=n$)	$\left(\overline{X}-\overline{Y}-t_\alpha\sqrt{\dfrac{S_1^2+S_2^2}{n}},+\infty\right)$	$\left(-\infty,\overline{X}-\overline{Y}+t_\alpha\sqrt{\dfrac{S_1^2+S_2^2}{n}}\right)$
	σ_1^2/σ_2^2 (μ_1,μ_2 未知)	$\left(\dfrac{S_1^2}{S_2^2}\cdot\dfrac{1}{F_\alpha(n_1-1,n_2-1)},+\infty\right)$	$\left(-\infty,\dfrac{S_1^2}{S_2^2}\cdot\dfrac{1}{F_{1-\alpha}(n_1-1,n_2-1)}\right)$

习题七

A

1. 有一批灯泡寿命(单位:h)的抽取样本为

$$1458 \quad 1395 \quad 1562 \quad 1614 \quad 1351$$
$$1490 \quad 1478 \quad 1382 \quad 1536 \quad 1496$$

试求这批灯泡的平均寿命 μ 及寿命方差 σ^2 的矩估计量.

2. 设总体 X 服从区间 $[1,a]$ 上的均匀分布,其中 a 是未知参

数.一组来自这个总体的样本观察值为

$$2 \quad 1.8 \quad 2.7 \quad 1.9 \quad 2.2$$

求 a 的矩估计量和矩估计值.

3. 设总体 X 的概率密度函数为

$$f(x) = \begin{cases} e^{-(x-\theta)}, & x \geqslant \theta, \\ 0, & x < \theta, \end{cases}$$

$X_1, X_2, \cdots, X_n$ 是来自总体 X 的样本,试求未知参数 θ 的矩估计量.

4. 设 $X_1, X_2, \cdots, X_n$ 是来自总体 X 的一个样本,总体服从二项分布 $B(n,p)$,其中参数 p 未知,求 p 的矩估计和极大似然估计.

5. 设总体 X 的概率密度函数为

$$f(x) = \begin{cases} \theta e^{-\theta x}, & x \geqslant 0, \theta > 0, \\ -0, & x < 0, \end{cases}$$

今从 X 中抽取 10 个个体,得到数据如下:

$$1050 \quad 1100 \quad 1080 \quad 1200 \quad 1300$$
$$1250 \quad 1340 \quad 1060 \quad 1150 \quad 1150$$

试求未知参数 θ 的极大似然估计量.

6. 设总体 $X \sim U(0,\theta)$,总体 X 的一组样本值是

$$0.5, 0.9, 1.3, 1.0, 0.8$$

其中 $\theta > 0$ 未知.求 θ 的极大似然估计.

7. 设 $X_1, X_2, \cdots, X_n$ 为来自总体 $X \sim N(1, \sigma^2)$ 的一个样本,求未知参数 σ^2 的极大似然估计量.

8. 在处理快艇的 6 次试验数据中,得到下列最大速度值(单位:m/s):

$$27, 38, 30, 37, 35, 31$$

求最大艇速的均值和方差的无偏估计值.

9. 设总体 X 服从正态分布 $N(\mu, 1)$,X_1, X_2 是从总体 X 中抽取的一个样本.验证下面三个估计量:

$$(1)\ \hat{\mu}_1 = \frac{2}{3}X_1 + \frac{1}{3}X_2; (2)\ \hat{\mu}_2 = \frac{1}{4}X_1 + \frac{3}{4}X_2;$$

$$(3)\ \hat{\mu}_3 = \frac{1}{2}X_1 + \frac{1}{2}X_2$$

都是 μ 的无偏估计,并求出每个估计量的方差,问哪一个最有效?

10. 设总体 X 服从区间 $[\theta, 2\theta]$ 上的均匀分布,其中 θ 为未知参数,$X_1, X_2, \cdots, X_n$ 是来自 X 的一个样本,$\bar{X} = \dfrac{1}{n}\sum_{i=1}^{n} X_i$.

(1) 统计量 $\bar{X}$ 是否为 θ 的无偏估计量?为什么?

(2) 记 $\hat{\theta} = a\bar{X}$,试确定常数 a,使 $\hat{\theta}$ 是 θ 的无偏估计量.

11. 已知一批零件的长度 X(单位:cm^2)服从正态分布 $N(\mu, 1)$,从中随机抽取 16 个零件,得到长度的平均值为 $40(cm^2)$,试求

μ 的置信度为 0.95 的置信区间.

12. 用某种仪器间接测量温度,重复测量 5 次,得到以下数据(单位:℃):

$$1250 \quad 1265 \quad 1245 \quad 1260 \quad 1275$$

假定重复测量所得温度服从正态分布 $N(\mu, \sigma^2)$,试求 μ 的置信度为 0.95 的置信区间.

13. 从一批钢索中抽取 10 根,测得其折断力(单位:N)为

578　572　570　568　572　570　570　596　584　572

若折断力 $X \sim N(\mu, \sigma^2)$,试求方差 σ^2 和均方差 σ 的置信度为 0.95 的置信区间.

B

14. 设总体 X 的概率密度函数为

$$f(x) = \begin{cases} \dfrac{x}{\theta^2} \mathrm{e}^{-\frac{x^2}{2\theta^2}}, & x > 0, \\ 0, & x \le 0, \end{cases} \quad \text{其中未知参数 } \theta > 0,$$

试求未知参数 θ 的矩估计量.

15. 设总体 X 服从指数分布,其密度为 $f(x) = \begin{cases} \lambda \mathrm{e}^{-\lambda x}, & x > 0, \\ 0, & x \le 0, \end{cases}$ 其中 $\lambda > 0$ 是未知参数,$X_1, \cdots, X_n$ 是总体 X 的一个样本,

(1) 求 λ 的极大似然估计量;

(2) 求 $\dfrac{1}{\lambda^2}$ 的极大似然估计量;

(3) 判断 $\dfrac{1}{\lambda^2}$ 的极大似然估计量的无偏性.

16. 设总体 X 服从参数为 λ 的泊松分布,$X_1, X_2, \cdots, X_n$ 是来自总体 X 的样本.

(1) 证明:统计量 $\overline{X}^2$ 和 $\dfrac{1}{n} \sum_{i=1}^{n} X_i^2$ 都不是 λ^2 的无偏估计量;

(2) 能否由它们构造 λ^2 的无偏估计量?

17. 设 $X_1, X_2, \cdots, X_n$ 和 $Y_1, Y_2, \cdots, Y_m$ 是两组简单随机样本,分别取自总体 $X \sim N(\mu, 1)$ 和 $Y \sim N(\mu, 4)$.

(1) 试求常数 a, b 满足什么条件时,$T = a \sum_{i=1}^{n} X_i + b \sum_{j=1}^{m} Y_j$ 是 μ 的无偏估计;

(2) 试确定常数 a, b 的值,使 T 最有效.

18. 设使用两种药物治疗,其治疗所需时间数据(单位:d)如下:

第一种药物:$n_1 = 14$ 人,$\bar{x}_1 = 17\mathrm{d}$,$s_1^2 = 1.5$;

第二种药物:$n_2 = 16$ 人,$\bar{x}_2 = 19\mathrm{d}$,$s_2^2 = 1.8$.

设两个总体分别服从正态分布 $N(\mu_1, \sigma_1^2)$ 及 $N(\mu_2, \sigma_2^2)$,且方差

相等.

试求使用两种药物平均治疗时间之差 $\mu_2-\mu_1$ 的置信度为 0.99 的置信区间.

19. 从甲、乙两厂生产的蓄电池产品中,分别抽取一些样品,测得蓄电池的电容量(单位:A·h)如下:

甲厂:144　141　138　142　141　143　138　137

乙厂:142　143　139　140　138　141　140　138　142　136

设两个工厂的蓄电池的电容量分别服从正态分布 $N(\mu_1,\sigma_1^2)$ 及 $N(\mu_2,\sigma_2^2)$.试求:

(1) 假设 $\sigma_1^2=\sigma_2^2$,电容量的均值差 $\mu_1-\mu_2$ 的置信度为 0.95 的置信区间;

(2) 电容量的方差比 σ_1^2/σ_2^2 的置信度为 0.95 的置信区间.

20. 设香烟的尼古丁含量近似于正态分布,今抽取某品牌香烟的随机样本 8 包,测得其平均尼古丁含量为 2.6mg,样本标准差 $s=0.9$mg,试求此品牌香烟尼古丁含量 μ 的置信度为 0.99 的单侧置信上限.

21. 试求第 18 题中 $\mu_2-\mu_1$ 的置信度为 0.99 的单侧置信下限.

22. 从一大批产品中随机抽取 100 个进行检查,其中有 4 个次品.试求次品率 p 的置信度为 0.95 的置信区间.

测 试 题 七

第七章小测

第八章

假设检验

数学家不应满足一知半解,而要尽力发掘那些隐藏在表面现象之下更深处的真理.

——H.烈伟

假设检验是一类重要的统计推断问题,本章介绍假设检验的基本概念.然后详细讨论正态总体的参数假设检验问题.对于非参数检验问题,只介绍一些分布拟合的简单检验问题.

知识结构图

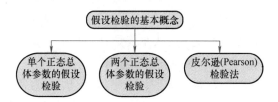

第一节 假设检验的基本概念

我们在第七章讨论了总体参数的点估计和区间估计问题,总体参数的估计理论针对的是人们对总体参数的真值一无所知的情况.本章将讨论统计推断的另一个重要内容——假设检验.假设检验就是先针对总体提出某种假设,再根据样本的信息对提出的假设进行检验.假设检验问题分为参数假设检验问题和非参数假设检验问题.参数假设检验问题是总体的分布形式已知,对其中的未知参数提出某种假设.非参数假设检验问题是总体的分布形式未知,对总体的分布提出某种假设.

▶ 假设检验(1)

我们先看一个例子,然后再对其进行一般化讨论.

【例】 某工厂生产 10Ω 的电阻.根据以往生产的电阻的实际情况,可以认为其电阻值服从正态分布,标准差 $\sigma = 0.1\Omega$.现随机地抽取 10 个电阻,测得它们的电阻值(单位:Ω)为

9. 9,10. 1,10. 2,9. 7,9. 9,9. 9,10. 0,10. 5,10. 1,10. 2

试问从这 10 个实测值中能否认为该厂生产的电阻的平均值为 10Ω?

该例子的假定实际是说,根据以往的生产记录,可以认为这 10 个样本是来自正态总体 $N(\mu, 0.1^2)$,只是它们的均值可能会发生一些变化(如不等于 10),现在要从已观测到的这 10 个数据判断假设 $H_0: \mu = 10$ 是否成立.

将这个问题一般化,就得到下面的参数假设检验问题.

设正态总体 $X \sim N(\mu, \sigma^2)$,其中 σ^2 为已知的参数.$X_1, X_2, \cdots, X_n$ 是 X 的一个样本,现对 X 提出一个假设 $H_0: \mu = \mu_0$,对立假设为 $H_1: \mu \neq \mu_0$,判断根据样本值 $x_1, x_2, \cdots, x_n$,是接受 H_0,还是接受 H_1?下面讨论一个合理的解决方案.

由第七章的内容可知,从样本均值 $\overline{X}$ 的观测值 $\overline{x}$ 可以给出总体均值 μ 的一个良好的估计值,因此,如果 H_0 是成立的,则观测值 $|\overline{x} - \mu_0|$ 的值不会很大,它应该是很小的,因此,一旦由样本值计算出的 $|\overline{x} - \mu_0|$ 太大了,就应该拒绝 H_0(即在所给样本值之下,认为真实的 μ 值与 μ_0 是有显著差异的).但是 $|\overline{x} - \mu_0|$ 的值大到什么程度才算是太大了呢? 这就需要知道 $\overline{x} - \mu_0$ 的分布,从它的分布可以确定一个合理的值 k,使得当 $|\overline{x} - \mu_0| > k$ 时,就拒绝 H_0,而当 $|\overline{x} - \mu_0| \leq k$时,就不否定 H_0,从而接受 H_0,认为 $\mu = \mu_0$. 于是问题就变为如何从 $\overline{x} - \mu_0$ 的分布来确定临界值 k.

上述问题中的 H_0 称为原假设或零假设,H_1 称为备择假设或对立假设.上述关于拒绝或接受 H_0 的讨论,实际上是说,希望找到一个临界值 k,当 H_0 成立时,随机事件 $|\overline{x} - \mu_0| > k$ 是不太可能发生的,即它应该是一个小概率事件,设其概率为 α,即 H_0 成立时,

$$P(|\overline{X} - \mu_0| > k) = \alpha. \tag{8.1}$$

上述 α 又称为显著性水平.α 是 H_0 为真却拒绝 H_0 的概率,因作出决策的依据是样本,犯这种错误是有可能的.由第六章的讨论知,当 H_0 成立时,$\overline{X} \sim N\left(\mu_0, \dfrac{\sigma^2}{n}\right)$,即统计量

$$U = \frac{\overline{X} - \mu_0}{\sigma / \sqrt{n}} \sim N(0, 1), \tag{8.2}$$

因此,对于给定的显著性水平 $0 < \alpha < 1$,查标准正态分布表得 $z_{\frac{\alpha}{2}}$,使

$$P(|U| > z_{\frac{\alpha}{2}}) = P\left(|\overline{X} - \mu_0| > z_{\frac{\alpha}{2}} \cdot \frac{\sigma}{\sqrt{n}}\right) = \alpha, \tag{8.3}$$

于是,$k = z_{\frac{\alpha}{2}} \cdot \dfrac{\sigma}{\sqrt{n}}$.这样,关于一开始提出的有关假设 $H_0: \mu = \mu_0$,我们就有了如下的一个解决方案.

根据样本值 $x_1, x_2, \cdots, x_n$,计算 $u = \overline{x} - \mu_0$,当

$$|\bar{x}-\mu_0| > z_{\frac{\alpha}{2}} \cdot \frac{\sigma}{\sqrt{n}} \qquad (8.4)$$

时就拒绝 H_0;而当 $|\bar{x}-\mu_0| \leqslant z_{\frac{\alpha}{2}} \cdot \frac{\sigma}{\sqrt{n}}$ 时,就接受 H_0.

此时,$\dfrac{\bar{X}-\mu_0}{\sigma/\sqrt{n}}$ 称为检验统计量,而 $\left|\dfrac{\bar{X}-\mu_0}{\sigma/\sqrt{n}}\right| > Z_{\frac{\alpha}{2}}$ 称为拒绝域.

现在利用式(8.3)、式(8.4)来计算前面介绍的例题的结果.我们分四步完成:

给定显著性水平 $\alpha = 0.1$,

(1)作假设,H_0 为 $\mu = 10$,H_1 为 $\mu \neq 10$;

(2)选择 U 统计量,当 H_0 成立时,$U = \dfrac{\bar{X}-10}{0.1/\sqrt{10}} \sim N(0,1)$;

(3)查标准正态分布表得 $z_{\frac{\alpha}{2}} = z_{0.05} = 1.645$,故拒绝域为

$$|\bar{x}-10| > \frac{0.1}{\sqrt{10}} \times 1.645 = 0.052;$$

(4)由样本值计算得 $\bar{x}-10 = 10.05-10 = 0.05$,因为

$$|\bar{x}-10| = 0.05 < 0.052,$$

所以接受 H_0,即认为该厂生产的电阻的平均值为 10Ω.(更确切的说法应该是,根据观测到的样本值,没有发现该电阻的平均值与 10Ω 有显著差异.)

仔细回顾上述过程及例题的计算,实际上,我们是在 $|\bar{x}-\mu_0| > k$ 时才拒绝 H_0 的,而当 H_0 成立时,这是一个小概率事件,按照实际推断原理,小概率事件在一次抽样中一般是不会发生的,因此,一旦抽样的结果使得事件 $|\bar{x}-\mu_0| > k$ 发生了,我们就有非常充分的理由认为,原来的假定"H_0 是成立的"在很大程度上是不对的,即此时应该重新认定"H_0 是不成立的",故作出拒绝 H_0 的推断.但是,实际推断原理只是说"一次抽样中,小概率事件可以认为是不会发生的",而不能肯定它"绝对不会发生".因此,一旦抽样结果表明 $|\bar{x}-\mu_0| > k$ 发生了,虽然我们有充足的理由拒绝 H_0,而真实情况还是 H_0 有可能是对的,这种情况的发生实际上是一种错误,即 H_0 是对的,而判断 H_0 不对的错误,在假设检验中,我们称这种错误为第一类错误,也就是"弃真"的错误.这类错误发生的概率记作 α,即

$$P(拒绝 H_0 | H_0 为真) = \alpha. \qquad (8.5)$$

另一种错误"H_0 是假的,却接受 H_0"为第二类错误,也就是"受伪"的错误.它发生的概率记作 β,即

$$P(接受 H_0 | H_0 为假) = \beta. \qquad (8.6)$$

由于抽样的随机性,我们不可能完全排除"弃真"和"受伪"这两类错误的发生,因此自然希望能将这两类错误控制在一定范围之内.

思考:在显著性假设检验问题中,原假设和备择假设的内容往往是对立的,但二者的地位是否是对等的? 是否对某一个假设存在一定的"偏袒"?

然而,实际情况却是,当样本容量 n 确定后,犯两类错误的概率不可能同时减少,其中一个减少,则另一个就有增大的趋势.要同时使二者都减少,则只能通过增加样本容量的途径,而这在许多实际问题中是很难做到的.因此,通常我们是用一个较小的概率数值 α 来控制第一类错误的发生,这样做的一个理由是一个问题的原假设 H_0 不是轻易提的,而是经过慎重地考虑、结合问题的特点提出的. 例如在例题中,所提原假设为 $H_0:\mu=10$,这里 10Ω 反映的是这种产品的一个重要的质量指标,从产品的定价以及购买者的使用来看,都是以 10Ω 为标准的.因此,我们自然希望如果 H_0 是真的,就不要轻易地拒绝它,即犯第一类错误的概率要控制得较小.通常取 $\alpha=0.1,\alpha=0.05,\alpha=0.01,\alpha=0.005$ 等.这种只控制犯第一类错误的概率,而不考虑控制犯第二类错误的概率的检验,称为显著性检验.在这种检验中,显著性水平 α 越小,则越难拒绝 H_0,而拒绝 H_0 得到的结论也越可靠,即备择假设的结论越显著.

在显著性检验问题中,通常按原假设 H_0 及备择假设 H_1 的提法,分为两种情况.

第一种　双边假设检验,如

$$H_0:\mu=\mu_0,H_1:\mu\neq\mu_0. \tag{8.7}$$

第二种　单边假设检验,如

$$H_0:\mu=\mu_0,H_1:\mu>\mu_0,$$
$$H_0:\mu\geq\mu_0,H_1:\mu<\mu_0. \tag{8.8}$$

根据以上的讨论,一个参数的显著性检验问题的求解步骤如下:

(1) 根据实际问题的需要,提出原假设 H_0 及备择假设 H_1.

(2) 给定显著性水平 α 及样本容量 n.

(3) 根据问题的特点,提出拒绝域的形式并确定检验统计量.

(4) 由 $P(拒绝 H_0 \mid H_0 为真)=\alpha$,求出拒绝域的具体表达式.

(5) 对总体进行抽样,根据样本值是否落在拒绝域中,从而作出拒绝 H_0 或接受 H_0 的判断.

下面我们将重点讨论正态总体的参数的假设检验问题,并讨论一些简单的分布拟合假设检验问题.

第二节　单个正态总体参数的假设检验

设总体 $X\sim N(\mu,\sigma^2)$,$X_1,X_2,\cdots,X_n$ 是来自 X 的样本,样本均值和样本方差分别是 $\overline{X}$ 和 S^2.

一、单个总体 $N(\mu,\sigma^2)$ 的均值 μ 的假设检验

此时分 σ^2 已知和未知两种情况.

假设检验
数值模拟

1. σ^2 已知(U 检验法)

当 σ^2 已知时,有关双边检验

$$H_0 : \mu = \mu_0, H_1 : \mu \neq \mu_0 \qquad (8.9)$$

的检验在上节已讨论过,我们称之为 U 检验法.

U 检验法所用的检验统计量为 $U = \dfrac{\overline{X} - \mu_0}{\sigma / \sqrt{n}} \sim N(0,1)$,

H_0 的拒绝域为

$$\left| \dfrac{\overline{X} - \mu_0}{\sigma / \sqrt{n}} \right| > z_{\frac{\alpha}{2}}. \qquad (8.10)$$

2. σ^2 未知(t 检验法)

当 σ^2 未知时,下面讨论检验问题式(8.9)中 H_0 的拒绝域,由第六章的讨论知,当 H_0 成立时,检验统计量

$$T = \dfrac{\overline{X} - \mu_0}{S / \sqrt{n}} \sim t(n-1). \qquad (8.11)$$

因为对显著性水平 $0 < \alpha < 1$,查 t 分布表得临界值 $t_{\frac{\alpha}{2}}(n-1)$,使

$$P\left(\left| \dfrac{\overline{X} - \mu_0}{S / \sqrt{n}} \right| > t_{\frac{\alpha}{2}}(n-1) \right) = \alpha, \qquad (8.12)$$

所以当样本观测值使得 $\left| \dfrac{\overline{x} - \mu_0}{s / \sqrt{n}} \right| > t_{\frac{\alpha}{2}}(n-1)$ 时,就拒绝 H_0,即 H_0 的拒绝域为

$$| T | = \left| \dfrac{\overline{X} - \mu_0}{S / \sqrt{n}} \right| > t_{\frac{\alpha}{2}}(n-1). \qquad (8.13)$$

【例1】 由于工业排水引起水质的污染,测得鱼的蛋白质中汞的浓度为

0.037	0.266	0.135	0.095	0.101
0.213	0.228	0.167	0.766	0.054

已知汞的浓度服从正态分布.

试问:从测得的 10 个数据是否可以认为浓度的均值为 0.1?(取显著性水平 $\alpha = 0.10$)

解:这是一个正态总体在方差未知情形下的关于均值的假设检验问题.设 $H_0 : \mu = \mu_0 = 0.1$ $H_1 : \mu \neq \mu_0 = 0.1$

$n = 10, \alpha = 0.10$,查 t 分布表得 $t_{\frac{\alpha}{2}}(n-1) = t_{0.05}(9) = 1.833$,计算得

$$\overline{x} = 0.2062, s = \sqrt{\dfrac{1}{n-1} \sum_{i=1}^{n} (x_i - \overline{x})^2} = 0.2106.$$

因为 $|t| = \left| \dfrac{\overline{X} - \mu_0}{s / \sqrt{n}} \right| = \left| \dfrac{0.2062 - 0.1}{0.2106 / \sqrt{10}} \right| = 1.5947 < 1.833.$

因此没有理由怀疑 $H_0: \mu = 0.1$ 不成立,故接受 H_0.

二、单个正态总体方差的假设检验

考虑关于方差的双边检验问题

$$H_0: \sigma^2 = \sigma_0^2, H_1: \sigma^2 \neq \sigma_0^2. \tag{8.14}$$

给定显著性水平 $0 < \alpha < 1$,由第七章的讨论知道,样本方差 S^2 是总体方差 σ^2 的无偏估计.因此,当 H_0 成立时,比值 S^2/σ_0^2 不能太小,也不能太大,从而 $\chi^2 = \dfrac{(n-1)S^2}{\sigma_0^2}$ 不能太大,也不能太小,这样就得到 H_0 拒绝域的形式应该是

$$\frac{(n-1)s^2}{\sigma_0^2} < k_1 \text{ 或 } \frac{(n-1)s^2}{\sigma_0^2} > k_2 \tag{8.15}$$

选择检验统计量是 $\chi^2 = \dfrac{(n-1)S^2}{\sigma_0^2}$,当 H_0 成立时,由第六章的讨论知

$$\chi^2 = \frac{(n-1)S^2}{\sigma_0^2} \sim \chi^2(n-1), \tag{8.16}$$

由 H_0 为真却拒绝 H_0 的概率是 α,即

$$P\left\{ \left(\frac{(n-1)s^2}{\sigma_0^2} < k_1 \right) \bigcup \left(\frac{(n-1)s^2}{\sigma_0^2} > k_2 \right) \right\} = \alpha, \tag{8.17}$$

我们习惯取 $P\left(\dfrac{(n-1)s^2}{\sigma_0^2} < k_1 \right) = \dfrac{\alpha}{2}$, $P\left(\dfrac{(n-1)s^2}{\sigma_0^2} > k_2 \right) = \dfrac{\alpha}{2}$,

从而得到 $k_1 = \chi_{1-\frac{\alpha}{2}}^2(n-1), k_2 = \chi_{\frac{\alpha}{2}}^2(n-1)$,

这样就得到检验问题式(8.14)的拒绝域为

$$\frac{(n-1)s^2}{\sigma_0^2} < \chi_{1-\frac{\alpha}{2}}^2(n-1) \quad \text{或} \quad \frac{(n-1)s^2}{\sigma_0^2} > \chi_{\frac{\alpha}{2}}^2(n-1). \tag{8.18}$$

这里,有关检验统计量是服从 χ^2 分布的,故这种检验法也称为 χ^2 检验法.

【例2】 生产某种型号的电池,其寿命(单位:h)长期以来服从方差 $\sigma^2 = 5000$ 的正态分布,现有一批这种电池,从它的生产情况来看,寿命的波动性可能有所改变.现随机地抽取 26 个电池,测出其寿命的样本方差 $s^2 = 9200$.

试问:根据这一数据能否推断这批电池寿命的波动性较以往有显著的变化?(取 $\alpha = 0.02$)

解:这是正态总体均值未知时的关于方差的双边假设检验

$$H_0: \sigma^2 = 5000, H_1: \sigma^2 \neq 5000.$$

利用 χ^2 检验法,选择检验统计量

$$\chi^2 = \frac{(n-1)S^2}{\sigma_0^2} = \frac{25S^2}{5000} \sim \chi^2(25) \quad (H_0 \text{ 成立时}),$$

对 $\alpha = 0.02$,查表得 $\chi_{1-\frac{\alpha}{2}}^2(n-1) = \chi_{0.99}^2(25) = 11.524$,

$$\chi^2_{\frac{\alpha}{2}}(n-1)=\chi^2_{0.01}(25)=44.314,$$

计算 $\chi^2=\dfrac{25\times9200}{5000}=46>44.314$，所以拒绝 H_0，即可以认为这批电池寿命的波动性较以往有显著的变化.

从以上的各种检验问题来看,很重要的一步是要根据问题的特点,给出原假设拒绝域的适当形式,进而找出相应的检验统计量.再比如说,均值已知的正态总体 $N(\mu_0,\sigma^2)$ 的方差的双边检验问题式(8.14)的检验统计量也可取为

$$\chi^2=\frac{1}{\sigma_0^2}\sum_{i=1}^n(X_i-\mu_0)^2\sim\chi^2(n)\quad(H_0\text{ 成立时}),\qquad(8.19)$$

这仍然是 χ^2 检验法,只是自由度为 n 而不是 $n-1$.

三、单边检验简介

在正态总体均值的单边检验问题中,我们只讨论一种情况,其余可类似讨论.

设总体 $N(\mu,\sigma^2)$,其中 σ^2 为已知参数.$X_1,X_2,\cdots,X_n$ 为 X 的样本,考虑关于 μ 的单边假设检验问题

$$H_0:\mu\geqslant\mu_0,H_1:\mu<\mu_0,\qquad(8.20)$$

类似于前面的讨论可知,当 $H_0:\mu\geqslant\mu_0$ 成立时,$\bar{x}-\mu_0$ 的值应偏大,因此,H_0 的拒绝域形式应该是

$$\bar{x}-\mu_0<k,\qquad(8.21)$$

现在来确定 k 的值.设显著性水平为 $0<\alpha<1$,易知当 $H_0:\mu\geqslant\mu_0$ 成立时,事件

$$(\bar{x}-\mu_0<k)\subset(\bar{x}-\mu<k).\qquad(8.22)$$

注意上式中 μ 是 X 的均值的真值.因此,取检验统计量为

$$U=\frac{\bar{X}-\mu_0}{\sigma/\sqrt{n}},$$

由式(8.22)对任何 k,在 H_0 成立之下,有

$$P\left(\frac{\bar{X}-\mu_0}{\sigma/\sqrt{n}}<k\right)<P\left(\frac{\bar{X}-\mu}{\sigma/\sqrt{n}}<k\right),\qquad(8.23)$$

由于

$$\frac{\bar{X}-\mu}{\sigma/\sqrt{n}}\sim N(0,1),\qquad(8.24)$$

所以

$$P\left(\frac{\bar{X}-\mu}{\sigma/\sqrt{n}}<-z_\alpha\right)=\alpha,\qquad(8.25)$$

或

$$P\left(\frac{\bar{X}-\mu_0}{\sigma/\sqrt{n}}<-z_\alpha\right)\leqslant\alpha.\qquad(8.26)$$

因此,在 H_0 成立之下, $\dfrac{\overline{X}-\mu_0}{\sigma/\sqrt{n}}<-z_\alpha$ 仍是一个小概率事件,故本单边检验问题式(8.20)的 H_0 的拒绝域为

$$\frac{\overline{X}-\mu_0}{\sigma/\sqrt{n}}<-z_\alpha. \tag{8.27}$$

针对单边检验问题

$$H_0:\mu=\mu_0,\quad H_1:\mu<\mu_0, \tag{8.28}$$

可以类似推导出拒绝域的形式仍为式(8.28).

其他情况下,单边检验的拒绝域同理可以得到.表8.1 给出了一个正态总体均值和方差的检验法.

表8.1　一个正态总体均值和方差的检验法(显著性水平为 α)

	原假设 H_0	备择假设 H_1	检验统计量	拒绝域
μ 的检验 σ^2 已知	$\mu=\mu_0$	$\mu\neq\mu_0$	$U=\dfrac{\overline{X}-\mu_0}{\sigma/\sqrt{n}}$ $\sim N(0,1)$	$\lvert U\rvert>z_{\frac{\alpha}{2}}$
	$\mu\leqslant\mu_0(\mu=\mu_0)$	$\mu>\mu_0$		$U>z_\alpha$
	$\mu\geqslant\mu_0(\mu=\mu_0)$	$\mu<\mu_0$		$U<-z_\alpha$
μ 的检验 σ^2 未知	$\mu=\mu_0$	$\mu\neq\mu_0$	$t=\dfrac{\overline{X}-\mu_0}{S/\sqrt{n}}$ $\sim t(n-1)$	$\lvert t\rvert>t_{\frac{\alpha}{2}}(n-1)$
	$\mu\leqslant\mu_0(\mu=\mu_0)$	$\mu>\mu_0$		$t>t_\alpha(n-1)$
	$\mu\geqslant\mu_0(\mu=\mu_0)$	$\mu<\mu_0$		$t<-t_\alpha(n-1)$
σ^2 的检验	$\sigma^2=\sigma_0^2$	$\sigma^2\neq\sigma_0^2$	$\chi^2=\dfrac{(n-1)S^2}{\sigma_0^2}$ $\sim\chi^2(n-1)$	$\chi^2>\chi^2_{\frac{\alpha}{2}}(n-1)$ 或 $\chi^2<\chi^2_{1-\frac{\alpha}{2}}(n-1)$
	$\sigma^2\leqslant\sigma_0^2(\sigma^2=\sigma_0^2)$	$\sigma^2>\sigma_0^2$		$\chi^2>\chi^2_\alpha(n-1)$
	$\sigma^2\geqslant\sigma_0^2(\sigma^2=\sigma_0^2)$	$\sigma^2<\sigma_0^2$		$\chi^2<\chi^2_{1-\alpha}(n-1)$

第三节　两个正态总体参数的假设检验

对两个正态总体,通常有两类检验问题:一是检验两总体的均值是否相等,二是检验两总体的方差是否相等.这里假设两个独立正态总体 $X\sim N(\mu_1,\sigma_1^2)$, $Y\sim N(\mu_2,\sigma_2^2)$, $X_1,X_2,\cdots,X_{n_1}$ 是来自 X 的样本, $Y_1,Y_2,\cdots,Y_{n_2}$ 是来自 Y 的样本, $\overline{X},\overline{Y}$ 和 S_1^2,S_2^2 分别是它们的样本均值和样本方差.下面仅讨论两种检验问题.

一、方差已知的两正态总体均值的假设检验

设方差 σ_1^2,σ_2^2 是已知参数.检验问题为

$$H_0:\mu_1=\mu_2,H_1:\mu_1\neq\mu_2. \tag{8.28'}$$

由第六章的讨论知,当 H_0 成立时,统计量

$$U = \frac{\overline{X} - \overline{Y}}{\sqrt{\dfrac{\sigma_1^2}{n_1} + \dfrac{\sigma_2^2}{n_2}}} \sim N(0,1), \qquad (8.29)$$

于是用 U 检验法,对显著性水平 $0 < \alpha < 1$,查正态分布表得临界值 $z_{\frac{\alpha}{2}}$,使

$$P(|U| > z_{\frac{\alpha}{2}}) = P\left(\left| \frac{\overline{X} - \overline{Y}}{\sqrt{\dfrac{\sigma_1^2}{n_1} + \dfrac{\sigma_2^2}{n_2}}} \right| > z_{\frac{\alpha}{2}} \right) = \alpha, \qquad (8.30)$$

从而得到 H_0 的拒绝域

$$|U| = \left| \frac{\overline{x} - \overline{y}}{\sqrt{\dfrac{\sigma_1^2}{n_1} + \dfrac{\sigma_2^2}{n_2}}} \right| > z_{\frac{\alpha}{2}}. \qquad (8.31)$$

【例】 设关于某门统考课程,两个学校的考生成绩分别服从正态分布

$$N(\mu_1, 12^2), N(\mu_2, 14^2),$$

现分别从两个学校随机地抽取 36 位考生的成绩,算得平均成绩分别为 72 分和 78 分.

试问:在显著性水平 $\alpha = 0.05$ 下,两校考生的平均成绩是否有显著性差异?

解:设 X, Y 分别表示两校学生的成绩,则 $X \sim N(\mu_1, 12^2)$, $Y \sim N(\mu_2, 14^2)$,检验问题为

$$H_0 : \mu_1 = \mu_2, H_1 : \mu_1 \neq \mu_2,$$
$$\alpha = 0.05, z_{\frac{\alpha}{2}} = z_{0.025} = 1.96,$$

由样本值算得

$$|Z| = \left| \frac{\overline{X} - \overline{Y}}{\sqrt{\dfrac{\sigma_1^2}{n_1} + \dfrac{\sigma_2^2}{n_2}}} \right| = \frac{6}{\sqrt{\dfrac{340}{36}}} = \frac{36}{\sqrt{340}} = 1.9524 < 1.96,$$

故接受 H_0,即在显著性水平 $\alpha = 0.05$ 下,根据抽样结果可以认为两校考生的平均成绩没有显著差异.

二、 均值未知时两正态总体方差的假设检验

讨论的检验问题为

$$H_0 : \sigma_1^2 = \sigma_2^2, H_1 : \sigma_1^2 \neq \sigma_2^2. \qquad (8.32)$$

由第六章的讨论知,随机变量

$$\frac{(n_1 - 1)S_1^2}{\sigma_1^2} \sim \chi^2(n_1 - 1), \qquad (8.33)$$

$$\frac{(n_2 - 1)S_2^2}{\sigma_2^2} \sim \chi^2(n_2 - 1), \qquad (8.34)$$

且两者相互独立,所以当 $H_0: \sigma_1^2 = \sigma_2^2$ 成立时,检验统计量

$$F = \frac{S_1^2}{S_2^2} \sim F(n_1-1, n_2-1),\qquad (8.35)$$

于是,对显著性水平 $0<\alpha<1$,有

$$P\left(\frac{S_1^2}{S_2^2} > F_{1-\frac{\alpha}{2}}(n_1-1, n_2-1) \text{ 或 } \frac{S_1^2}{S_2^2} < F_{\frac{\alpha}{2}}(n_1-1, n_2-1)\right) = \alpha, \quad (8.36)$$

H_0 的拒绝域为

$$\frac{S_1^2}{S_2^2} \in (0, F_{1-\frac{\alpha}{2}}(n_1-1, n_2-1)) \cup (F_{\frac{\alpha}{2}}(n_1-1, n_2-1), +\infty).$$

$$(8.37)$$

第四节　分布拟合检验简介

在前面的讨论中,总是假定总体是服从正态分布的,有关假设检验中的原假设是对总体中的某个参数提的,这类问题通常称作参数假设检验问题.但实际问题中,往往会碰到一些非参数检验问题,比如说有了样本,求解该样本是否来自某个正态总体.

本节介绍有关分布函数的皮尔逊(Pearson) χ^2 检验法.

设 $X_1, X_2, \cdots, X_n$ 是来自总体 X 的样本,样本值为 $x_1, x_2, \cdots, x_n$.现要根据样本值判断总体的分布函数是否为某个已知函数 $F(x)$,这里原假设为

$$H_0: \text{总体 } X \text{ 的分布函数是 } F(x), \qquad (8.38)$$

备择假设为

$$H_1: \text{总体 } X \text{ 的分布函数不是 } F(x). \qquad (8.39)$$

作为一个简单的讨论,我们假定 $F(x)$ 中不含未知参数.当 $F(x)$ 中含有未知参数时,通常的做法是用样本值先估计这些未知参数.

将总体 X 的可能取值分为 k 个适当的两两不交的子集 $A_1, A_2, \cdots, A_k$.采用唱票的方法数出样本值 $x_1, x_2, \cdots, x_n$ 中落入 A_i 的个数,计算其频数

$$\frac{n_i}{n} \quad (i=1,2,\cdots,k),$$

则当 H_0 成立时,可由 $F(x)$ 计算出 $p_i = P(X \in A_i)(i=1,2,\cdots,k)$,根据大数定律,当 n 充分大时,$\left|\frac{n_i}{n} - p_i\right|$ 应该比较小 $(i=1,2,\cdots,k)$,从而

$$\chi^2 = \sum_{i=1}^{k}\left(\frac{n_i}{n} - p_i\right)^2 \frac{n}{p_i} = \sum_{i=1}^{k}\frac{(n_i - np_i)^2}{np_i} \qquad (8.40)$$

也不应该很大.可以证明,式(8.40)的 χ^2 在 H_0 成立之下,有下面的

皮尔逊定理.

定理　当 n 充分大（$n \geq 50$）时，在 H_0 成立的条件下，统计量

$$\chi^2 = \sum_{i=1}^{k} \frac{(n_i - np_i)^2}{np_i} \text{ 近似服从 } \chi^2(k-1).$$

以上是在 $F(x)$ 中不含未知参数的情况下的结论.若 $F(x)$ 中含 r 个未知参数，则统计量式（8.40）服从 $\chi^2(k-r-1)$.

【例】　根据孟德尔的遗传学说，将两种豌豆杂交，四种类型的种子 A，B，C，D 应以 $9:3:3:1$ 的比率出现.在试验中得到 A 型种子 102 粒，B 型 30 粒，C 型 42 粒，D 型 15 粒.

试问：这个结果与孟德尔的遗传学说是否一致？

解：设 H_0：种子的四种类型服从孟德尔学说，则在 H_0 成立时，A，B，C，D 四种类型的种子出现的概率分别为

$$p_1 = \frac{9}{16}, p_2 = \frac{3}{16}, p_3 = \frac{3}{16}, p_4 = \frac{1}{16},$$

根据样本值得　$n = 102 + 30 + 42 + 15 = 189$，

$$n_1 = 102, n_2 = 30, n_3 = 42, n_4 = 15.$$

代入式（8.40）计算得　$\chi^2 = 3.085$，取 $\alpha = 0.05$，查表得 $\chi^2_{0.05}(4-1) = 7.815$，所以，$\chi^2 < \chi^2_{0.05}(4-1)$，故接受 H_0，认为试验结果与孟德尔遗传学说一致.

关于假设检验问题，有参数和非参数假设检验问题之分.参数的假设检验问题，按单个总体、多个总体、单边检验、多边检验分类，又有许多种，其问题的复杂程度也不一样.本章主要介绍了其中几种典型的、常用的正态总体的参数的假设检验问题以及简单的分布拟合检验问题，对构造拒绝域的基本形式，寻求检验统计量的方法，做了逐一介绍，限于篇幅，我们仅作这些介绍.读者可以在掌握了一些基本的概念、方法之后，在将来工作需要时，参阅一些更深入的专著，从中可以找到更多内容丰富的有关假设检验的资料.入门既不难，深造也是可以做到的.

第五节　综合例题选讲

【例1】　飞机起飞前，地勤机械师先对飞机的状况提出原假设，然后进行有关检验.有两种原假设，(1) H_0：飞机正常；(2) H_0：飞机不正常.

按假设检验，哪种原假设更合理？

分析：在假设检验问题中，理想的做法是将犯两类错误的概率都控制得很小，但在样本容量一定时，这很难做到.由于原假设是经过充分考虑提出的，因而要尽可能加以保护，即要控制第一类错误的出现，也就是不要轻易"弃真".一旦出现了"弃真"的错误，其造

成的损失相对较大的话,那么,这样的"弃真"错误也是要控制的.从而对原假设的提法就有一个原则,就是选择那个使得"弃真"造成的损失相对较大的原假设.

解:在本问题中,若选择原假设(1)H_0:飞机正常,"弃真"的错误意味着"飞机正常而不让其起飞";若选择原假设(2)H_0:飞机不正常,"弃真"的错误意味着"飞机不正常而让其起飞".显然,第二种情况造成的损失大,因此,选择原假设(2)H_0:飞机不正常.

【例2】 设某一种产品的检验要求为质量的方差不得超过30,现随机抽取 9 件测得质量的样本方差为 60,设产品质量服从正态分布.

试问产品是否符合标准? ($\alpha = 0.05$)

解:$H_0 : \sigma^2 \leqslant 30, H_1 : \sigma^2 > 30$.

利用检验统计量 $\chi^2 = \dfrac{(n-1)S^2}{\sigma^2}$,

当 $\sigma^2 = 30$ 成立时,$\chi^2 = \dfrac{(n-1)S^2}{30} \sim \chi^2(8)$.

查表得,$\chi^2_\alpha(8) = \chi^2_{0.95}(8) = 15.507$,计算得 $\chi^2 = \dfrac{(9-1)S^2}{30} = 16 >$

15.507,故拒绝 H_0,认为产品的质量方差超过 30,不符合标准.

评注:对于一个实际问题,如何选择原假设和备择假设,要根据问题的特点以及检验目的而定.本问题做上述假设是合适的.另一个要注意的问题是,在没有充分证据时不要轻易拒绝原假设,而一旦做出了拒绝原假设的判断,就该是有充分把握的.

【例3】 有一种新安眠药剂,据说在一定剂量下能比某种旧安眠药剂平均增加睡眠时间 3h.根据资料,用旧安眠药剂时,平均睡眠时间为 20.8h,标准差为 1.8h,为了检验关于新安眠药剂的这种说法是否正确,研究人员收集到一组使用新安眠药剂的睡眠时间(单位:h)为

26.7   22.0   24.1   21.0   27.2   25.0   23.4

试问这组数据能否说明新安眠药剂已达到新的疗效?假设新、旧安眠药剂的睡眠时间都服从正态分布,取 $\alpha = 0.1$.

解:由题意可知,旧安眠药剂的睡眠时间 $X \sim N(20.8, 1.8^2)$,新安眠药剂的睡眠时间 $Y \sim N(\mu, \sigma^2)$.提出假设

$$H_0 : \mu = \mu_0 = 20.8, H_1 : \mu > 20.8$$

使用 t 检验法,检验统计量:$t = \dfrac{\bar{y} - \mu_0}{S/\sqrt{n}}$,$H_0$ 为真时,$t \sim t(6)$,进而

H_0 的拒绝域:$t > t_\alpha(6) = t_{0.1}(6) = 1.4398$,从总体 Y 中取得的样本值计算得

$$\bar{y} = 24.2, s^2 = 5.27,$$

所以
$$t = \frac{24.2 - 20.8}{\sqrt{5.27}/\sqrt{7}} = 3.9185 > 1.4398,$$

于是否定 H_0,即可以认为新安眠剂已达到新的疗效.

【例4】　将智力水平、爱好等基本条件相同的学生匹配成10对,然后从每一对中各抽一人组成甲组,余下组成乙组.甲组由专业地理老师讲授地理课,乙组则由物理老师讲授地理课.经过一阶段学习后,采用统一试卷进行测试,学生的成绩如下:

配对号	1	2	3	4	5	6	7	8	9	10
甲组 X	93	72	91	65	81	77	89	84	73	70
乙组 Y	76	74	80	52	63	62	82	85	60	72

试问两组成绩是否存在差异?假设两组都服从正态分布,取 $\alpha = 0.05$.

解:由于所给样本是成对出现的,因此可令 $Z = X - Y$,由假设知 $Z \sim N(\mu, \sigma^2)$,检验 $E(X) = E(Y)$ 可转换为检验假设:
$$H_0: \mu = \mu_0 = 0, H_1: \mu \neq 0.$$

使用 t 检验法,检验统计量: $t = \dfrac{\bar{z} - \mu_0}{S/\sqrt{n}}$, H_0 为真时, $t \sim t(9)$,进而 H_0 的拒绝域: $|t| > t_{\frac{\alpha}{2}}(9) = t_{0.025}(9) = 2.262$,由所给数据算得
$$\bar{z} = 8.5, s^2 = 60.5,$$

从而
$$t = \frac{8.5}{\sqrt{60.5}/\sqrt{10}} = 3.456 > 2.262,$$

因此否定 H_0,即两组成绩存在差异.

【例5】　现要比较甲、乙两种橡胶制成的轮胎的耐磨性,从甲、乙两种轮胎中各随机取八个,又从两组中各取一个组成一对,共八对.再随机选八架飞机,将八对轮胎随机地搭配给这八架飞机做耐磨性试验,当飞机飞行了一定时间后测得轮胎的磨损量的数据(单位:mg)如下:

甲	4900	5220	5500	6020	6340	7660	8650	4870
乙	4930	4900	5140	5700	6110	6880	7930	5010

试问:这两种轮胎的耐磨性有无显著的差异?($\alpha = 0.05$)

解:设 X, Y 分别为甲、乙两种轮胎的耐磨量,并设 X, Y 分别服从正态分布,即有: $X \sim N(\mu_1, \sigma^2)$, $Y \sim N(\mu_2, \sigma^2)$.下面用两种方法来验证这两种轮胎的耐磨性有无显著的差异,借此例题也给读者介绍关于"数据配对分析"的方法.

(1)数据不配对分析

此时将题中所提供的两行数据分别作为 X, Y 的样本,按题意即要检验如下的假设: $H_0: \mu_1 = \mu_2, H_1: \mu_1 \neq \mu_2$.

因为此题中 $\sigma_1^2=\sigma_2^2=\sigma^2$，所以在给定的显著性水平 $\alpha=0.05$ 下得到：H_0 的拒绝域为 $C_1=\{t\mid|t|\geqslant t_{1-\frac{\alpha}{2}}(n_1+n_2-2)\}$.

此题中经计算得到：
$$\bar{x}=6145,\bar{y}=5825,s_1^2=1867300,s_2^2=1204400,$$
$$S_W=\frac{(n_1-1)s_1^2+(n_2-1)s_2^2}{n_1+n_2-2}=1535900,$$
$$t=\frac{\bar{x}-\bar{y}}{S_W\cdot\sqrt{\dfrac{1}{n_1}+\dfrac{1}{n_2}}}=4.167\times10^{-4},$$
$$t_{1-\frac{\alpha}{2}}(n_1+n_2-2)=t_{0.975}(14)=2.1448,$$

因为，$|t|=4.167\times10^{-4}<2.1448$，所以接受 H_0，即认为这两种轮胎的耐磨性无显著的差异.

（2）数据配对分析

我们注意到，在（1）数据不配对分析中，我们是将题中所提供的两行数据分别作为 X,Y 的样本，没有去确认它们是否是来自于同一架飞机，而实际上不同的飞机试验的条件是不完全一致的，有的甚至会有很大的差异. 由于飞机之间的不同的试验的条件会对试验数据产生干扰，从而飞机之间的试验的条件的差异和轮胎之间耐磨性的差异容易交织在一起，我们分辨不出轮胎之间耐磨性的差异. 因此，两种轮胎的耐磨性有无显著的差异，从同一架飞机上两种轮胎的磨损量的差异就可以反映出来，即从数据 $x_i-y_i(i=1,2,\cdots,8)$ 就可以得出，从而就引出数据配对分析的方法. 令：

$Z_i=X_i-Y_i(i=1,2,\cdots,8)$，并令 $Z_1,Z_2,\cdots,Z_8$ 是总体 $Z\sim N(d,\sigma^2)$ 的样本，这样，即把原问题转化为单个正态总体 σ^2 未知时，关于 μ 的假设检验，即要检验如下的假设：$H_0:d=0,H_1:d\neq0$.

按单个正态总体 σ^2 未知时，关于 μ 的假设检验的计算公式得到 H_0 的拒绝域为 $C_1=\left\{t\;\middle|\;|t|\geqslant t_{1-\frac{\alpha}{2}}(n-1)\right\}$，此题中经计算得到：
$$\bar{z}=320,s^2=102200,t=\frac{\bar{z}}{s/\sqrt{n}}=\frac{320}{\sqrt{102200/8}}=2.8312,t_{0.975}(7)=2.365,$$

因为，$|t|=2.8312>t_{0.975}(7)=2.365$，所以拒绝 H_0，即认为这两种轮胎的耐磨性有显著的差异.

注：用两种不同的方法对同一题得到了两种不同的结论，那么究竟哪一种是正确的呢？从我们刚才在引进数据配对分析方法的陈述中知道，应该是用数据配对分析方法所得出的结论是正确的. 因为它是针对同一架飞机的，去掉了因飞机之间的试验的条件的不同而对试验数据产生的干扰，应该说直接反映了这两种轮胎的耐磨性的显著差异的情况，所以说它是比较正确的. 一般来说，在做成对数据的均值检验时，若在不能保证试验条件一致的情况下，将试

条件相同的数据采用数据配对分析方法才是合适的.但在什么情况下用数据配对分析方法还应该根据具体问题具体分析.

【例6】 设对总体 $N(\mu,4)$ 的一次样本容量为 n 的抽样得到的样本均值为 $\bar{x}$,在显著性水平 α 下检验

$$H_0:\mu=0,H_1:\mu\neq0$$

的拒绝域是 $\sqrt{n}\dfrac{|\bar{x}|}{2}>z_{\alpha/2}$.当实际情况为 $\mu=1$ 时,试求犯第二类错误的概率 β.

解:当 $\mu=1$ 时,样本均值 $\bar{X}\sim N\left(1,\dfrac{4}{n}\right)$,所以

$$\beta=P\left(\sqrt{n}\frac{|\bar{X}|}{2}\leqslant z_{\alpha/2}\right)=P\left(|\bar{X}|\leqslant\frac{2z_{\alpha/2}}{\sqrt{n}}\right)$$

$$=P\left(-z_{\alpha/2}-\frac{\sqrt{n}}{2}\leqslant\frac{\bar{X}-1}{2/\sqrt{n}}\leqslant z_{\alpha/2}-\frac{\sqrt{n}}{2}\right)$$

$$=\Phi\left(z_{\alpha/2}-\frac{\sqrt{n}}{2}\right)-\Phi\left(-z_{\alpha/2}-\frac{\sqrt{n}}{2}\right)=\Phi\left(\frac{\sqrt{n}}{2}+z_{\alpha/2}\right)-\Phi\left(\frac{\sqrt{n}}{2}-z_{\alpha/2}\right)$$

从本例可以看出,当第一类错误的概率 α 给定时,$\lim\limits_{n\to\infty}\beta=0$,故可以通过扩大样本容量来控制犯第二类错误的概率.

习题八

A

1. 已知某种零件的长度服从正态分布 $N(32.05,1.1^2)$,现从中抽取 6 件,测得它们的长度为(单位:cm):

    32.56 29.66 31.64 30.00 31.87 31.03

试问在 $\alpha=0.05$ 下能否接受假设:这批零件的平均长度为 32.05cm?

2. 从正态总体 $N(\mu,1)$ 中抽取 100 个样品,计算得 $\bar{\xi}=5.32$,试问在 $\alpha=0.01$ 下能否接受假设:$\mu=5$?

3. 今有 5 个人彼此独立测量同一块土地,分别测得其面积(单位:km^2)为

    1.27 1.24 1.21 1.28 1.23

设测量值 X 服从正态分布 $N(\mu,\sigma^2)$,试问根据这些数据,在 $\alpha=0.05$ 下能否接受假设:这块土地的实际面积为 1.23km^2?

4. 监测站对某条河流每日的溶解氧浓度记录了 30 个数据,并由此算得 $\bar{x}=2.52,s=2.05$. 已知这条河流的每日溶解氧浓度服从 $N(\mu,\sigma^2)$,试问在 $\alpha=0.05$ 下能否接受假设:$\mu=2.7$?

5. 某车间用一台机器包装茶叶,由经验可知,该机器称得茶叶

的质量服从正态分布 $N(0.5,0.015^2)$，现从某天所包装的茶叶袋中随机抽取 9 袋，其平均质量为 0.509. 试问在 $\alpha=0.05$ 下该机器是否工作正常？

6. 从一批熔丝中抽取 10 根测试其熔化时间，结果为

$$43,65,75,78,71,59,57,69,55,57$$

若熔化时间服从正态分布，试问在 $\alpha=0.05$ 下，能否接受熔化时间的标准差为 9？

B

7. 已知某种元件的寿命服从正态分布，要求该元件的寿命不低于 1000h，现从这批元件中随机抽取 25 件，测得样本的平均寿命 $\bar{x}=980$，样本的标准差 $s=65\text{h}$，试问在 $\alpha=0.05$ 下，确定这批元件是否合格？

8. 某工厂采用新方法处理废水，对处理后的水测量所含某种有毒物质的浓度，得到 10 个数据（单位：mg/L）：

$$22\quad 14\quad 17\quad 13\quad 21\quad 16\quad 15\quad 16\quad 19\quad 18$$

而以往用老方法处理废水后，该种有毒物质的平均浓度为 19mg/L. 有毒物质浓度 $X\sim N(\mu,\sigma^2)$. 试问在 $\alpha=0.05$ 下新方法是否比老方法效果好？

9. 某香烟厂生产甲、乙两种香烟，某实验室独立地随机抽取容量大小相同的烟叶标本，测量尼古丁含量（单位：mg），分别做了六次测定，数据记录如下：

$$\text{甲：}25\quad 28\quad 23\quad 26\quad 29\quad 22$$
$$\text{乙：}28\quad 23\quad 30\quad 25\quad 21\quad 27$$

假定甲、乙的尼古丁含量服从正态分布且具有相同的方差，试问在 $\alpha=0.05$ 下这两种香烟的尼古丁含量有无显著差异？

10. 某项试验欲比较两种不同塑胶材料的耐磨程度，并对各块的磨损深度进行观察. 取材料 1，样本大小 $n_1=12$，平均磨损深度 $\bar{x_1}=85$ 个单位，标准差 $s_1=4$；取材料 2，样本大小 $n_2=10$，平均磨损深度 $\bar{x_2}=81$ 个单位，标准差 $s_2=5$. 在 $\alpha=0.05$ 下，能否推出材料 1 比材料 2 的磨损值超过 2 个单位？假设两个总体是方差相同的正态总体.

11. 已知金属锰的熔化点 $\xi\sim N(\mu,\sigma^2)$，现对金属锰的熔化点（单位：℃）作了四次试验，结果分别为 1269,1271,1263,1265.

试问在 $\alpha=0.05$ 下，能否接受测定值的均方差小于等于 2℃？

12. 某种导线要求其电阻的标准差不得超过 0.005Ω，今在生产的一批导线中随机抽取 9 根，测得样本标准差 $s=0.007\Omega$. 设总体服从正态分布，在 $\alpha=0.05$ 下能否认为这批导线的标准差显著偏大？

13. 对两批同类电子元件的电阻进行测试，各抽取 6 件，测得结果如下：（单位：Ω）

第一批:0.140　0.138　0.143　0.141　0.144　0.137

第二批:0.135　0.140　0.142　0.136　0.138　0.141

已知元件的电阻服从正态分布.试问在 $\alpha = 0.05$ 下能否接受假设两批电子元件的电阻的方差相等?

测 试 题 八

第八章小测

第 九 章

回归分析及方差分析简介

有什么科学比数学这门科学更雄伟,更卓越,对人们更有用,更令人崇尚及更富有论证性呢?

——B.富兰克利姆

回归分析是研究两个或两个以上变量之间相互关系的一种重要的统计方法,而这种关系不是一种确定性的关系,无法用确定的函数表达式来表示.回归分析通过建立统计模型来研究这种关系,并由此对相应的变量进行预测和控制.

在回归分析中,当变量只有两个时,我们称为一元回归分析;当变量多于两个时,称为多元回归分析.变量间如果呈线性关系,我们称为线性回归;变量间不具有线性关系,称为非线性回归.

回归分析的方法包括一元线性回归、多元线性回归、非线性回归等.

本章主要简单介绍一元线性回归与多元线性回归,学习回归分析的基本概念、基本思想和基本方法.

知识结构图

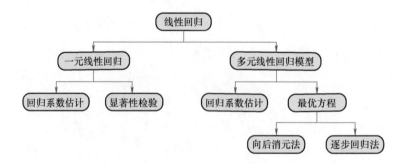

第一节 一元线性回归

一、 一元线性回归的数学模型

假设变量 Y 对于变量 X 的回归有 $\beta_0 + \beta_1 X$ 的形式,则有一元线

性回归数学模型

$$Y=\beta_0+\beta_1X+\varepsilon,\tag{9.1}$$

通常假设

$$\varepsilon\sim N(0,\sigma^2),\tag{9.2}$$

模型中β_0,β_1是未知参数.通常,由X,Y的观测值$(x_1,y_1),(x_2,y_2),\cdots,$ (x_n,y_n)对β_0,β_1作一个估计$\hat{\beta}_0,\hat{\beta}_1$,称方程

$$\hat{Y}=\hat{\beta}_0+\hat{\beta}_1X\tag{9.3}$$

为Y关于X的线性回归方程,或回归方程,或回归直线.$\hat{Y}$表示 $\hat{\beta}_0,\hat{\beta}_1$确定之后对于给定的$X$相应的$Y$预报值(也称为$Y$的拟合 值或回归值).代入一个$X$的值,就得到对应于这$X$的均值的预 报$\hat{Y}$.

二、回归系数 β_0,β_1 的最小二乘估计

为了估计模型的参数,现在使用最小二乘法.设(X,Y)有n组 观测值$(x_1,y_1),(x_2,y_2),\cdots,(x_n,y_n)$.由式(9.1),有

$$y_i=\beta_0+\beta_1x_i+\varepsilon_i,\varepsilon_i\sim N(0,\sigma^2),\tag{9.4}$$

从而得到偏离真实直线$Y=\beta_0+\beta_1X$的偏差平方和

$$S(\beta_0,\beta_1)=\sum_{i=1}^{n}\varepsilon_i^2=\sum_{i=1}^{n}(y_i-\beta_0-\beta_1x_i)^2.\tag{9.5}$$

现选择估计值$\hat{\beta}_0,\hat{\beta}_1$使$S(\hat{\beta}_0,\hat{\beta}_1)$达到最小值,为此,将$S(\beta_0,\beta_1)$分 别对$\beta_0,\beta_1$求偏导数,并令它们为零,则

$$\begin{cases}\dfrac{\partial S}{\partial\beta_0}=-2\sum_{i=1}^{n}(y_i-\beta_0-\beta_1x_i)=0,\\[2mm]\dfrac{\partial S}{\partial\beta_1}=-2\sum_{i=1}^{n}x_i(y_i-\beta_0-\beta_1x_i)=0,\end{cases}\tag{9.6}$$

称式(9.6)为正规方程组,它的解为

$$\hat{\beta}_1=\frac{n\sum_{i=1}^{n}x_iy_i-\left(\sum_{i=1}^{n}x_i\right)\left(\sum_{i=1}^{n}y_i\right)}{n\sum_{i=1}^{n}x_i^2-\left(\sum_{i=1}^{n}x_i\right)^2},\tag{9.7}$$

$$\hat{\beta}_0=\bar{y}-\hat{\beta}_1\bar{x},\tag{9.8}$$

其中　$\bar{x}=\dfrac{1}{n}\sum_{i=1}^{n}x_i,\bar{y}=\dfrac{1}{n}\sum_{i=1}^{n}y_i$分别称为$X$的均值,$Y$的均值.

用这种方法求出的参数β_0,β_1的估计$\hat{\beta}_0,\hat{\beta}_1$称为最小二乘估 计,简称为LS估计.

【例1】　现有关于每月使用的蒸汽量Y/kg和平均气温$X/℃$ 的25组观察数据如下:

观测序号	变　量		观测序号	变　量	
	Y/kg	$X/℃$		Y/kg	$X/℃$
1	10.98	35.5	14	9.57	39.1
2	11.13	29.7	15	10.54	46.8
3	12.51	30.8	16	9.58	48.5
4	8.40	58.8	17	10.09	50.3
5	9.27	61.4	18	8.11	70.0
6	8.73	71.3	19	6.83	70.0
7	6.36	74.4	20	8.88	74.5
8	8.50	76.7	21	7.68	72.1
9	7.82	70.7	22	8.47	58.1
10	9.14	57.5	23	8.86	44.6
11	8.24	46.4	24	10.36	33.4
12	12.19	28.9	25	11.08	28.6
13	11.88	28.1			

求: Y 对 X 的一元线性回归方程.

解: 这里 $n=25$,

$$\sum_{i=1}^{25} y_i = 10.98+11.13+\cdots+11.08=235.2, \bar{y}=\frac{235.60}{25}=9.408,$$

$$\sum_{i=1}^{25} x_i = 35.5+29.7+\cdots+28.6=1306.2, \bar{x}=\frac{1315}{25}=52.248,$$

$$\sum_{i=1}^{25} x_i^2 = (35.5)^2+(29.7)^2+\cdots+(28.6)^2=75351.18,$$

$$\sum_{i=1}^{25} x_i y_i = (10.98)(35.5)+(11.13)(29.7)+\cdots+(11.08)(28.6)$$

$$=11714.098,$$

代入式(9.7),得

$$\hat{\beta}_1=\frac{11821.4320-(1315)(235.60)/25}{76323.42-(1315)^2/25}=-0.08088,$$

$$\hat{\beta}_0=9.408-(-0.08088)\times52.248=13.6338,$$

所以拟合曲线方程为 $\hat{y}=13.6338-0.08088x$.

称拟合值 $\hat{y}_i=\hat{\beta}_0+\hat{\beta}_1 x_i$ 与观测值 y_i 的差 $y_i-\hat{y}_i$ 为残差. 如上例中, 第 1 个序号($i=1$)的残差为 $10.98-10.81=0.22$. 最后一个序号 ($i=25$)的残差为 $11.08-11.34=-0.24$.

容易验证

$$\sum_{i=1}^{n}(y_i-\hat{y}_i)=0, \qquad (9.9)$$

这说明残差之和为零. 但在实际计算中, 残差之和可能不为零. 这是由于各步计算中的舍入误差引起的.

三、 回归估计的精度

现在讨论回归直线的估计精度问题,考察等式

$$y_i - \hat{y}_i = y_i - \bar{y} - (\hat{y}_i - \bar{y}), \qquad (9.10)$$

这就是说,残差 $e_i = y_i - \hat{y}_i$ 由两部分之差构成:

(1) 观测值 y_i 与均值 $\bar{y}$ 的偏差;

(2) 拟合值 $\hat{y}_i$ 与均值 $\bar{y}$ 的偏差.

注意到

$$\frac{1}{n}\sum_{i=1}^{n}\hat{y}_i = \frac{1}{n}\sum_{i=1}^{n}(\hat{\beta}_0 + \hat{\beta}_1 x_i) = \frac{n\hat{\beta}_0 + \hat{\beta}_1 n\bar{x}}{n} = \hat{\beta}_0 + \hat{\beta}_1\bar{x} = \bar{y}, \quad (9.11)$$

这就是说, $\hat{y}_i(i=1,2,\cdots,n)$ 的均值与 $y_i(i=1,2,\cdots,n)$ 的均值相等.

将式(9.10)改写成 $y_i - \bar{y} = (\hat{y}_i - \bar{y}) + (y_i - \hat{y}_i)$,对此式两边平方,再从 $i=1$ 到 $i=n$ 求和,得到

$$\sum_{i=1}^{n}(y_i - \bar{y})^2 = \sum_{i=1}^{n}(\hat{y}_i - \bar{y})^2 + \sum_{i=1}^{n}(y_i - \hat{y}_i)^2. \qquad (9.12)$$

式(9.12)的左边是 Y 的校正平方和,简写为校正 SS,即 $y_1, y_2, \cdots, y_n$ 总变差. $\hat{y}_i - \bar{y}$ 是第 i 次观测的预报值与均值的偏差,其平方和称为回归平方和,简写为回归 SS, $y_i - \hat{y}_i$ 是第 i 次观测值与它的预报值的偏差(残差),其平方和称为残差平方和.这样,式(9.12)实际就是

$$校正平方和 = 回归平方和 + 残差平方和,$$

这就将 Y 关于其均值的方差(即校正平方和)分解为两部分,前一部分是由回归线引起的,后一部分则是由于实际观测值没有落在回归线上引起的(否则残差平方和为0).由此找到了一种判别回归线拟合程度好坏的方法,即看校正 SS 中,包含了多少回归 SS 和残差 SS.如果回归 SS 远比残差 SS 大,或者

$$R^2 = \frac{回归\ SS}{校正\ SS} \qquad (9.13)$$

接近于 1,则可认为回归效果是较令人满意的.

每一个平方和都与一个称为自由度(记为 df)的数相联系.这里自由度表示在平方和中独立的项数.例如,在校正 SS 中,因为 $y_i - \bar{y}, i=1,2,\cdots,n$ 之和为 0,所以只有 $(n-1)$ 个是独立的,自由度为 $n-1$.由于可以用 $y_1, y_2, \cdots, y_n$ 的一个函数 $\hat{\beta}_1$ 来计算回归 SS,故它的自由度为 1.利用变量变换,可以求出残差 SS 的自由度为 $n-2$.这表明残差是从需要估计的两个参数的直线模型的拟合中出现的.一般地,残差 SS 有"观测次数-需要估计的参数个数"个自由度.

上述对回归方程精度的分析,可列出方差分析表(见表 9.1).

表　9.1

来　源	自　由　度	平方和(SS)	均方(MS)
校正	$n-1$	$\sum_{i=1}^{n}(y_i-\bar{y})^2$	
回归	1	$\sum_{i=1}^{n}(\hat{y}_i-\bar{y})^2$	
残差	$n-2$	$\sum_{i=1}^{n}(y_i-\hat{y}_i)^2$	$S^2=\dfrac{残差\,SS}{n-2}$

在前面的例 1 中,计算得

$$回归\,SS=46.4756,$$

$$校正\,SS=46.4756+16.2810=62.7566,$$

$$残差均方\,S^2=0.7079.$$

方差分析表为

来　源	df	SS	MS
回归	1	46.4756	46.4756
残差	23	16.2810	$S^2=0.7079$
总和	24	62.7566	

本例中,$R^2=($回归 SS$)/($校正 SS$)=46.4756/62.7566=$ 74.06%.回归效果应该是较满意的.

四、σ^2 的估计

以下,残差 SS 记作 Q_e,则在 $\varepsilon\sim N(0,\sigma^2)$ 的假定之下,可以证明

$$\frac{Q_e}{\sigma^2}\sim\chi^2(n-2). \tag{9.14}$$

因此,$E\left(\dfrac{Q_e}{\sigma^2}\right)=n-2$,即知

$$\hat{\sigma}^2=\frac{Q_e}{n-2}=\frac{1}{n-2}\sum_{i=1}^{n}(y_i-\hat{y}_i)^2 \tag{9.15}$$

是 σ^2 的无偏估计.

Q_e 的一个方便计算的分解式是

$$Q_e=S_{xx}-\hat{\beta}_1 S_{xy}, \tag{9.16}$$

其中,

$$S_{xx}=\sum_{i=1}^{n}(x_i-\bar{x})^2=\sum_{i=1}^{n}x_i^2-\frac{1}{n}\left(\sum_{i=1}^{n}x_i\right)^2, \tag{9.17}$$

$$S_{xy}=\sum_{i=1}^{n}(x_i-\bar{x})(y_i-\bar{y})=\sum_{i=1}^{n}x_iy_i-\frac{1}{n}\left(\sum_{i=1}^{n}x_i\right)\left(\sum_{i=1}^{n}y_i\right). \tag{9.18}$$

前面的例 1 中 σ^2 的估计为 $S^2 = 0.7079$.

五、线性假设的显著性检验

在前面的一元线性模型式 (9.1) $Y = \beta_0 + \beta_1 X + \varepsilon$ 中,要用专业知识根据问题本身的特点提出线性模型.但提出的模型是否接近问题的本质,或得到的线性回归方程(及预报方程)是否有实用价值,通常要根据实际观测到的数据,运用假设检验的方法来判断.若线性假设式 (9.1) 成立,则 β_1 不应为 0.因为若 $\beta_1 = 0$,则 Y 就不依赖于 X 了.因此,要检验的假设是

$$H_0 : \beta_1 = 0, H_1 : \beta_1 \neq 0. \tag{9.19}$$

可以证明

$$\hat{\beta}_1 \sim N(\beta_1, \sigma^2 / S_{xx}), \tag{9.20}$$

$$\frac{(n-2)\hat{\sigma}^2}{\sigma^2} = \frac{Q_e}{\sigma^2} \sim \chi^2(n-2), \tag{9.21}$$

且 $\hat{\beta}_1$ 与 Q_e 相互独立,故有

$$\frac{\hat{\beta}_1 - \beta_1}{\sqrt{\sigma^2 / S_{xx}}} \Big/ \sqrt{\frac{(n-2)\hat{\sigma}^2}{\sigma^2} \Big/ (n-2)} \sim t(n-2),$$

即

$$\frac{\hat{\beta}_1 - \beta_1}{\hat{\sigma}} \sqrt{S_{xx}} \sim t(n-2), \tag{9.22}$$

其中,$\hat{\sigma} = \sqrt{\hat{\sigma}^2}$.

当 H_0 成立时,$\beta_1 = 0$,此时,

$$t = \frac{\hat{\beta}_1}{\hat{\sigma}} \sqrt{S_{xx}} \sim t(n-2), \tag{9.23}$$

给定显著性水平 α,则得 H_0 的拒绝域为

$$|t| = \frac{\hat{\beta}_1}{\hat{\sigma}} \sqrt{S_{xx}} \geq t_{\frac{\alpha}{2}}(n-2),$$

当 $H_0 : \beta_1 = 0$ 被拒绝时,认为回归效果是显著的.反之,就认为回归效果不显著.

在前面的例 1 中,$\hat{\beta}_1 = -0.0809, \hat{\sigma} = 0.8414, S_{xx} = 7104.8$.取显著性水平 $\alpha = 0.05$.查 t 分布表 $t_{\frac{\alpha}{2}}(n-2) = t_{0.025}(23) = 2.0687$,因为

$$|t| = \frac{0.0809}{0.8414} \times \sqrt{7104.8} = 8.1028 > 2.0687,$$

故拒绝 $H_0 : \beta_1 = 0$,认为回归效果是显著的.

六、回归系数 $\boldsymbol{\beta}_1$ 的区间估计

当回归效果显著时,我们常需要对系数 β_1 进行区间估计.由式 (9.22) 得,对给定置信度 $1 - \alpha$,

$$P\left\{\left|\frac{\hat{\beta}_1-\beta_1}{\hat{\sigma}}\sqrt{S_{xx}}\right|\leqslant t_{\frac{\alpha}{2}}(n-2)\right\}=1-\alpha,\tag{9.24}$$

所以,β_1 的置信度为 $1-\alpha$ 的置信区间为

$$\left[\hat{\beta}_1-t_{\frac{\alpha}{2}}(n-2)\times\frac{\hat{\sigma}}{\sqrt{S_{xx}}},\hat{\beta}_1+t_{\frac{\alpha}{2}}(n-2)\times\frac{\hat{\sigma}}{\sqrt{S_{xx}}}\right],\tag{9.25}$$

或简记作 $\left[\hat{\beta}_1\pm t_{\frac{\alpha}{2}}(n-2)\times\frac{\hat{\sigma}}{\sqrt{S_{xx}}}\right]$.

在前面的例 1 中,$\hat{\beta}_1=-0.0809,\hat{\sigma}=0.8414,S_{xx}=7104.8$,对 $\alpha=0.05,t_{\frac{\alpha}{2}}(n-2)=t_{0.025}(23)=2.0687$.所以 β_1 的 95% 的置信区间为 $[-0.1015,-0.0602]$.

七、预测

回归方程的一个重要应用是,对于给定的点 $x=x_0$,可以以一定的置信度预测对应的 y 的观察值的取值范围,即所谓的预测区间.

取 $x=x_0$ 处的回归值 $\hat{y}_0=\hat{\beta}_0+\hat{\beta}_1x_0$,区间

$$\left[\hat{y}_0\pm t_{\frac{\alpha}{2}}(n-2)\sqrt{1+\frac{1}{n}+\frac{(x_0-\bar{x})^2}{S_{xx}}}\right]\tag{9.26}$$

为 y_0 的置信度为 $1-\alpha$ 的预测区间.其中,$\bar{x},S_{xx}$ 与前段一样,是由数据 $x_1,x_2,\cdots,x_n$ 计算得到的.

第二节   多元线性回归模型

在实际问题中,随机变量 y 往往与多个普通变量 $x_1,x_2,\cdots,$ $x_p(p>1)$ 有关,对于自变量 $x_1,x_2,\cdots,x_p$ 的一组确定的值,y 有它的分布.若 y 的数学期望存在,则它是 $x_1,x_2,\cdots,x_p$ 的函数,记为 $\mu_y(x_1,x_2,\cdots,x_p)$ 或 $\mu(x_1,x_2,\cdots,x_p)$,它就是 y 关于 x 的回归.若 $\mu(x_1,x_2,\cdots,x_p)$ 是线性函数,则它就是所谓的线性回归模型

$$y=\beta_0+\beta_1x_1+\beta_2x_2+\cdots+\beta_px_p+\varepsilon,\varepsilon\sim N(0,\sigma^2).\tag{9.27}$$

和一元线性回归一样,可以用最小二乘法给出 β_i 的估计,$i=1,2,\cdots,p$,但这个解的一般形式过于复杂.我们采用一种几何意义非常清楚的投影方法,给出 $\beta_i,i=1,2,\cdots,p$ 的最小二乘估计的一种简单的矩阵表达式.

一、投影

设 n 维向量组 $\boldsymbol{\alpha}_1=(a_{11},a_{21},\cdots,a_{n1})^{\mathrm{T}},\boldsymbol{\alpha}_2=(a_{12},a_{22},\cdots,a_{n2})^{\mathrm{T}},\cdots,$ $\boldsymbol{\alpha}_k=(a_{1k},a_{2k},\cdots,a_{nk})^{\mathrm{T}}\in\mathbf{R}^n$ 线性无关 $(k<n)$.记 $\boldsymbol{A}$ 为以 $\boldsymbol{\alpha}_1,\boldsymbol{\alpha}_2,\cdots,\boldsymbol{\alpha}_k$ 为列的矩阵,即

$$A = (\boldsymbol{\alpha}_1, \boldsymbol{\alpha}_2, \cdots, \boldsymbol{\alpha}_k).$$

由 $\boldsymbol{\alpha}_1, \boldsymbol{\alpha}_2, \cdots, \boldsymbol{\alpha}_k$ 张成的 $\mathbf{R}^n$ 的子空间记作

$$L(A) = L(\boldsymbol{\alpha}_1, \boldsymbol{\alpha}_2, \cdots, \boldsymbol{\alpha}_k) = \{l_1\boldsymbol{\alpha}_1 + \cdots + l_k\boldsymbol{\alpha}_k \mid l_i \in \mathbf{R}, i = 1, 2, \cdots, k\},$$

也称为 A 的列空间.

设 $\boldsymbol{y} \in \mathbf{R}^n$, 称 n 维向量 $\hat{\boldsymbol{y}}$ 为 $\boldsymbol{y}$ 在子空间 $L(A)$ 中的投影. 若

(1) $\hat{\boldsymbol{y}} \in L(A)$, 即 $\hat{\boldsymbol{y}} = \hat{l}_1\boldsymbol{\alpha}_1 + \hat{l}_2\boldsymbol{\alpha}_2 + \cdots + \hat{l}_k\boldsymbol{\alpha}_k, \hat{l}_i \in \mathbf{R}, i = 1, 2, \cdots, k$;

(2) $\hat{\boldsymbol{y}}$ 是 $L(A)$ 中与 $\boldsymbol{y}$ 间的距离最短的向量, 即

$$\|\boldsymbol{y} - \bar{\boldsymbol{y}}\| = \min_{\substack{l_i \in \mathbf{R} \\ i=1,2,\cdots,k}} \|\boldsymbol{y} - (l_1\boldsymbol{\alpha}_1 + \cdots + l_k\boldsymbol{\alpha}_k)\|,$$

可以证明 $\hat{\boldsymbol{y}}$ 有表达式

$$\hat{\boldsymbol{y}} = A(A^{\mathrm{T}}A)^{-1}A^{\mathrm{T}}\boldsymbol{y}. \tag{9.28}$$

由上式即知: $\hat{\boldsymbol{y}}$ 由 $\boldsymbol{\alpha}_1, \boldsymbol{\alpha}_2, \cdots, \boldsymbol{\alpha}_k$ 表示的组合系数

$$\hat{\boldsymbol{y}} = \hat{l}_1\boldsymbol{\alpha}_1 + \hat{l}_2\boldsymbol{\alpha}_2 \cdots + \hat{l}_k\boldsymbol{\alpha}_k,$$

满足

$$\boldsymbol{l} = \begin{pmatrix} \hat{l}_1 \\ \vdots \\ \hat{l}_k \end{pmatrix} = (A^{\mathrm{T}}A)^{-1}A^{\mathrm{T}}\boldsymbol{y}. \tag{9.29}$$

二、 多元线性回归模型的回归系数的估计

设多元线性回归模型如下:

$$y = \beta_0 + \beta_1 x_1 + \beta_2 x_2 + \cdots + \beta_p x_p + \varepsilon, \varepsilon \sim N(0, \sigma^2). \tag{9.30}$$

假设对模型中的变量 $y, x_1, x_2, \cdots, x_p$ 有 n 组独立的观测值 (样本), 即

$$(y_i; x_{i1}, x_{i2}, \cdots, x_{ip}), i = 1, 2, \cdots, n,$$

则有

$$y_i = \beta_0 + \beta_1 x_{i1} + \cdots + \beta_p x_{ip} + \varepsilon_i, i = 1, 2, \cdots, n, \tag{9.31}$$

其中 $\varepsilon_1, \varepsilon_2, \cdots, \varepsilon_n$ 独立同分布, 通常假定 $\varepsilon_i \sim N(0, \sigma^2)$.

所谓参数 $\beta_0, \beta_1, \cdots, \beta_p$ 的最小二乘估计, 就是要求一组数, $\hat{y}_i = \hat{\beta}_0 + \hat{\beta}_1 x_{i1} + \cdots + \hat{\beta}_p x_{ip}, i = 1, 2, \cdots, n$ 使 $\hat{\boldsymbol{y}} = (\hat{y}_1, \hat{y}_2, \cdots, \hat{y}_n)^{\mathrm{T}}$ 满足

$$\|\boldsymbol{y} - \hat{\boldsymbol{y}}\|^2 = \sum_{i=1}^{n} (y_i - \hat{\beta}_0 - \hat{\beta}_1 x_{i1} - \cdots - \hat{\beta}_p x_{ip})^2$$

$$= \min_{(\beta_0, \beta_1, \cdots, \beta_p)} \sum_{i=1}^{n} (y_i - \beta_0 - \beta_1 x_{i1} - \cdots - \beta_p x_{ip})^2.$$

记 $\mathbf{1} = (1, 1, \cdots, 1)^{\mathrm{T}} \in \mathbf{R}^n$,

$$\boldsymbol{x}_i = (x_{i1}, x_{i2}, \cdots, x_{in})^{\mathrm{T}}, \qquad i = 1, \cdots, p,$$

$$\boldsymbol{y} = \begin{pmatrix} y_1 \\ y_2 \\ \vdots \\ y_n \end{pmatrix}, \quad \boldsymbol{X} = \begin{pmatrix} 1 & x_{11} & \cdots & x_{1p} \\ 1 & x_{21} & \cdots & x_{2p} \\ \vdots & \vdots & & \vdots \\ 1 & x_{n1} & \cdots & x_{np} \end{pmatrix}, \tag{9.32}$$

则由前面的定义容易看出来,$\hat{y}$ 就是向量 y 在 $L(X)$ 中的投影.

所以,由式(9.28)有

$$\hat{y} = X(X^{\mathrm{T}}X)^{-1}X^{\mathrm{T}}y \qquad (9.33)$$

由式(9.27),有 $\beta_0, \beta_1, \cdots, \beta_p$ 的最小二乘估计为

$$\hat{\boldsymbol{\beta}} = \begin{pmatrix} \hat{\beta}_0 \\ \hat{\beta}_1 \\ \vdots \\ \hat{\beta}_p \end{pmatrix} = (X^{\mathrm{T}}X)^{-1}X^{\mathrm{T}}y. \qquad (9.34)$$

称方程

$$\hat{y} = \beta_0 \mathbf{1} + \beta_1 x_1 + \cdots + \beta_p x_p \qquad (9.35)$$

为 p 元线性回归方程,简称为回归方程或拟合方程.

三、 残差向量和的估计

y 和 X 由式(9.32)确定,则向量 y 的拟合值 $\hat{y} = X\hat{\boldsymbol{\beta}}$,称向量

$$e = y - \hat{y} = y - X\hat{\boldsymbol{\beta}} = [I_n - X(X^{\mathrm{T}}X)^{-1}X^{\mathrm{T}}]y \qquad (9.36)$$

为残差向量.其中,I_n 为 n 阶单位阵.

残差平方和为

$$e^{\mathrm{T}}e = (y - X\hat{\boldsymbol{\beta}})^{\mathrm{T}}(y - X\hat{\boldsymbol{\beta}}) = y^{\mathrm{T}}y - \hat{\boldsymbol{\beta}}X^{\mathrm{T}}y, \qquad (9.37)$$

$$E\left[\frac{1}{n-p-1}(e^{\mathrm{T}}e)\right] = \sigma^2,$$

所以,残差均方 $S^2 = \dfrac{1}{n-p-1}e^{\mathrm{T}}e$ 是 σ^2 的无偏估计.

四、 回归系数的线性假设的检验

(1)检验假设 $H_0: \beta_1 = \beta_2, = \cdots = \beta_p = 0, H_1:$ 并非所有的 $\beta_i = 0$.
检验统计量

$$F = \frac{(\hat{\boldsymbol{\beta}}X^{\mathrm{T}}y - n\bar{y}^{\mathrm{T}})/p}{(y^{\mathrm{T}}y - \hat{\boldsymbol{\beta}}^{\mathrm{T}}X^{\mathrm{T}}y)/n-p-1} \sim F(p, n-p-1), \qquad (9.38)$$

给定显著性水平 α,计算 F 的值.若 F 值大于 $F_\alpha(p, n-p-1)$,则意味着回归在统计意义上是显著的.通常,这未必表示方程可用于预报,为使方程作出一个满意的预报,观测值算得的值至少应是 $F_\alpha(p, n-p-1)$ 的 4 倍.

(2)要检验回归方程中变量 $x_1, \cdots, x_p$ 中的某些变量是否对 y 有显著的影响,如要考虑变量 $x_q, x_{q+1}, \cdots, x_p$ 是否对 y 有影响,即要检验假设

$$H_0: \beta_q = \cdots = \beta_p = 0, H_1: \text{至少有一个} \beta_i \neq 0, i = q, \cdots, p. \qquad (9.39)$$

现考虑两个模型:

① $y = \beta_0 \mathbf{1} + \beta_1 x_1 + \cdots + \beta_{p-1} x_p + \boldsymbol{\varepsilon}$,

② $y = \beta_0 \mathbf{1} + \beta_1 x_1 + \cdots + \beta_{q-1} x_{q-1} + \boldsymbol{\varepsilon}.$ （$q < p$）

模型①、②中相同下标的 x 是一样的.模型②实际上就是从大模型中去掉变量 $x_q, x_{q+1}, \cdots, x_p$，用模型②就意味着变量 $x_q, x_{q+1}, \cdots, x_p$ 对 y 无显著影响，这些变量可以从原模型①中剔除掉，这就是拒绝了 H_0 的情况.

设模型①的参数最小二乘估计为 $\hat{\beta}_0(1), \hat{\beta}_1(1), \cdots, \hat{\beta}_{p-1}(1)$，记

$$\boldsymbol{X}_1 = \begin{pmatrix} 1 & x_{11} & \cdots & x_{1,q-1} \\ 1 & x_{21} & \cdots & x_{2,q-1} \\ \vdots & \vdots & & \vdots \\ 1 & x_{n1} & \cdots & x_{n,q-1} \end{pmatrix}, \boldsymbol{X}_2 = \begin{pmatrix} x_{1q} & x_{1,q+1} & \cdots & x_{1p} \\ x_{2q} & x_{2,q+1} & \cdots & x_{2p} \\ \vdots & \vdots & & \vdots \\ x_{nq} & x_{n,q+1} & \cdots & x_{np} \end{pmatrix}.$$

$$\boldsymbol{X} = (\boldsymbol{X}_1, \boldsymbol{X}_2).$$

$$\hat{\boldsymbol{\beta}}(1) = \begin{pmatrix} \hat{\beta}_0(1) \\ \vdots \\ \hat{\beta}_p(1) \end{pmatrix} = (\boldsymbol{X}^{\mathrm{T}}\boldsymbol{X})^{-1}\boldsymbol{X}^{\mathrm{T}}\boldsymbol{y}, \tag{9.40}$$

则模型①的回归平方和

$$S_1 = [\hat{\boldsymbol{y}}(1) - \bar{\boldsymbol{y}}]^{\mathrm{T}}\boldsymbol{X}^{\mathrm{T}}\boldsymbol{y}. \tag{9.41}$$

其中，

$$\hat{\boldsymbol{y}}(1) = \boldsymbol{X}(\boldsymbol{X}^{\mathrm{T}}\boldsymbol{X})^{-1}\boldsymbol{X}^{\mathrm{T}}\boldsymbol{y}, \tag{9.42}$$

$$\bar{\boldsymbol{y}} = \frac{1}{n} \begin{pmatrix} \sum_{i=1}^{n} y_i \\ \vdots \\ \sum_{i=1}^{n} y_i \end{pmatrix} \tag{9.43}$$

为模型①的预报方程.

残差平方和

$$S^2 = \frac{1}{n-p-1}[\boldsymbol{y} - \hat{\boldsymbol{y}}(1)]^{\mathrm{T}}[\boldsymbol{y} - \hat{\boldsymbol{y}}(1)]. \tag{9.44}$$

对模型②，参数 $\beta_0, \beta_1, \cdots, \beta_{q-1}$ 的最小二乘估计

$$\hat{\boldsymbol{\beta}}(2) = \begin{pmatrix} \hat{\beta}_0(2) \\ \vdots \\ \hat{\beta}_p(2) \end{pmatrix} = (\boldsymbol{X}_1^{\mathrm{T}}\boldsymbol{X}_1)^{-1}\boldsymbol{x}_1^{\mathrm{T}}\boldsymbol{y}, \tag{9.45}$$

回归平方和

$$S^2 = [\hat{\boldsymbol{y}}(2) - \bar{\boldsymbol{y}}]^{\mathrm{T}}[\hat{\boldsymbol{y}}(2) - \bar{\boldsymbol{y}}], \tag{9.46}$$

则在假设 $H_0: \beta_q = \cdots = \beta_{q-1} = 0$ 成立时，

$$F = \frac{(S_1 - S_2)/(p-q)}{S^2} \sim F(p+1-q, n-p-1). \tag{9.47}$$

故可用上述统计量对 H_0 进行检验.给定显著性水平 α，查表得 $F_\alpha(p+1-q, n-p-1)$，由样本值计算 F 值，若 $F > F_\alpha(p+1-q, n-p-1)$，则拒绝 H_0.

五、逐步回归技术

本节介绍一些统计方法在选择回归变量中的作用. 假设要用基本的"独立"变量即预报量 $x_1, x_2, \cdots, x_k$ 来建立对响应变量 y 的线性回归方程, 又设 $z_1, z_2, \cdots, z_r$(它们都是 $x_1, x_2, \cdots, x_k$ 的函数) 是所考虑的可能与 y 有关的变量全体, 它们是依赖于建立模型的预报变量, 也就是说, 它们是考虑问题的出发点. 现在的问题是要从 $z_1, z_2, \cdots, z_r$ 中选择若干个(也许是全部)变量(称为变量子集)来拟合回归方程. 选择终结式通常有两个相互独立的准则:

准则 1 为了建立一个用于预报目的的方程, 希望模型中包含尽量多的 z 变量, 以确定可靠的拟合值.

准则 2 考虑到从大量 z 变量中取得信息及随后检测它们所需的费用和计算量, 希望方程中包含尽可能少的 z 变量.

在这两个极端情况下的折中方案通常称为最优回归方程的选择. 这里介绍两个常用的选择"最优回归方程"的方法.

1. 向后消元法

向后消元法就是逐个考察方程中对 y "贡献"最小的那个预报变量是否应该从方程中被剔除出去, 直至剩下的方程中无预报变量需要剔除为止. 此时, 所得的方程就是一种最优方程, 所用的方法的理论依据就是偏 F 检验.

(1) 偏 F 检验

判断一个预报变量, 比如 x_p 能否从方程中剔除, 考虑两个模型:

① $y = \beta_0 \mathbf{1} + \beta_1 x_1 + \cdots + \beta_p x_p + \varepsilon$

② $y = \beta_0 \mathbf{1} + \beta_1 x_1 + \cdots + \beta_{p-1} x_{p-1} + \varepsilon$

选择模型①就意味着 x_p 要保留在模型中, 选择②就意味着 x_{p-1} 将从模型中剔除, 实际上就是检验假设 $H_0: \beta_p = 0$.

设

$$X_1 = \begin{pmatrix} 1 & x_{11} & \cdots & x_{1,p-1} \\ 1 & x_{21} & \cdots & x_{2,p-1} \\ \vdots & \vdots & & \vdots \\ 1 & x_{n1} & \cdots & x_{n,p-1} \end{pmatrix},$$

$$X_2 = \begin{pmatrix} x_{1p} \\ x_{2p} \\ \vdots \\ x_{np} \end{pmatrix}, \quad X = (X_1, X_2),$$

$$\hat{y}(1) = X(X^T X)^{-1} X^T y,$$

$$S_1 = [\hat{y}(1) - \bar{y}]^T [\hat{y}(1) - \bar{y}],$$

$$\hat{y}(2) = X_1(X_1^T X_1)^{-1} X_1 y,$$

$$S_2 = [\hat{\boldsymbol{y}}(2) - \bar{\boldsymbol{y}}]^{\mathrm{T}} [\hat{\boldsymbol{y}}(2) - \bar{\boldsymbol{y}}],$$

$$S^2 = \frac{1}{n-p-1} [\boldsymbol{y} - \hat{\boldsymbol{y}}(1)]^{\mathrm{T}} [\boldsymbol{y} - \hat{\boldsymbol{y}}(1)],$$

则当 $H_0 : \beta_p = 0$ 成立时,统计量

$$F = (S_1 - S_2)/S^2 \sim F(1, n-p-1).$$

对显著性水平 α, H_0 的拒绝域为

$$S_1 - S_2 > S^2 F_\alpha(1, n-p-1). \tag{9.48}$$

上述检验法称为偏 F 检验,F 的值称为偏 F 值.用偏 F 检验法可检验每个在方程中的变量是否应保留在方程中.

（2）向后消元法

这里说的向后消元法,就是用上述偏 F 检验逐个检验"包含所有变量的回归方程"中各个变量是否能从方程中剔除,直至得到最优方程——其中无变量可剔除.具体步骤如下:

第一步,求含所有变量的回归方程.

第二步,将每一个变量视为进入回归方程的最后一个变量,计算其偏 F 值.

第三步,将最小的偏 F 值（比如说 F_L,对应于变量 X_L）与 F 分布的上分位点 αF_α 比较.

① 若 $F_L \leqslant F_\alpha$,则剔除 X_L,对剩下的变量重新计算回归方程并回到第二步.

② 若 $F_L > F_\alpha$,则采用所得到的方程为最优方程.

【例1】（Hald 水泥问题）原始数据见本节最后的表 9.2.

解:本问题中变量为 y, x_1, x_2, x_3, x_4.

（1）对全部预报变量 x_1, x_2, x_3, x_4 作完全回归,结果如下:

例1表1

来源	df	SS	MS
校正	12	2715.7635000	
回归	4	2667.900000	666.9750000
残差	8	47.3634980	5.9828372

（2）分别计算 x_1, x_2, x_3, x_4 的偏 F 值.

① x_1 的偏 F 值的计算.

将 x_1 视为最后进入方程的变量,为此计算 y 对 x_2, x_3, x_4 的回归,结果如下:

例1表2

来源	df	SS	MS
校正	12	2715.7635000	
回归	3	2641.9485000	880.6495000
残差	9	73.8150840	8.2016760

由例 1 表 1,可知 $S_1 = 2667.9$,$S^2 = 5.9828372$,由例 1 表 2,可知 $S_2 = 2641.9485$.

x_1 的偏 F 值为 $F_2 = (S_1 - S_2)/S^2 = 4.337657725$.

② x_2 的偏 F 值的计算.

将 x_2 视为最后进入方程的变量,为此计算 y 对 x_1, x_3, x_4 的回归,结果如下:

例 1 表 3

来源	df	SS	MS
校正	12	2715.7635000	
回归	3	2664.9276000	888.3092000
残差	9	50.8360910	5.6484545

由例 1 表 1,可知 $S_1 = 2667.9$,$S^2 = 5.9828372$,由例 1 表 3,可知 $S_2 = 2664.9276$.

x_2 的偏 F 值为 $F_2 = (S_1 - S_2)/S^2 = 0.4968211$.

③ x_3 的偏 F 值的计算.

将 x_3 视为最后进入方程的变量,为此计算 y 对 x_1, x_2, x_4 的回归,结果如下:

例 1 表 4

来源	df	SS	MS
校正	12	2715.7635000	
回归	3	2667.7911000	889.2637000
残差	9	47.9725980	5.3302886

由例 1 表 1,$S_2 = 2667.9$,$S^2 = 5.9828372$,由例 1 表 4,$S_2 = 2667.7911000$.

x_3 的偏 F 值为 $F_3 = (S_1 - S_2)/S^2 = 0.018202066$.

④ x_4 的偏 F 值的计算.

将 x_4 视为最后进入方程的变量,为此计算 y 对 x_1, x_2, x_3 的回归,结果如下:

例 1 表 5

来源	df	SS	MS
校正	12	2715.7635000	
回归	3	2667.6532000	889.2177300
残差	9	48.1104560	5.3456062

由例 1 表 1,$S_1 = 2667.9$,$S^2 = 5.9829372$,由例 1 表 5,$S_2 = 2667.6532$.

x_4 的偏 F 值为 $F_4 = (S_1 - S_2)/S^2 = 0.041250642$.

(3)上述计算表明,最小偏 F 值为 $F_3 = 0.018$,对显著性水平

$\alpha = 0.1, F_{0.1}(1, 8) = 3.46, F_3 < 3.46$, 因此剔除 F_3 对应的变量 x_3. 接下来, 对剩下的变量 x_1, x_2, x_4 作回归, 得回归方程 $\hat{y} = f(x_1, x_2, x_4)$, 其总的 F 值为 166.83, 超过 $F_{0.001}(3, 9) = 13.90$, 故回归是显著的. 计算得三个变量的偏 F 值依次是 154.01, 5.03, 1.86. x_4 对应于最小的偏 F 值, 且小于 $F_{0.01}(1, 0) = 3.36$, 故剔除 x_4.

现在得到最小二乘方程 $\hat{y} = f(x_1, x_2)$, 其总体 F 值 229.50, 因而回归是显著的. 两个偏 F 值分别是 146.52, 208.58 都大于 $F_{0.1}(1, 10)$. 因而, 方程中需保留 x_1, x_2. 这样, 向后消元过程结束, 得最优方程
$$\hat{y} = 52.584 + 1.47x_1 + 0.66x_2.$$

2. 逐步回归法

向后消元法是由含有所有变量的最大回归方程开始, 逐步减少方程中变量的个数直至得到合适的方程为止. 在实际问题中, 也可以从最简单的只含常数项的方程开始, 依次选进变量直到获得满意的结果为止. 这两个过程结合起来用, 就是逐步回归法, 它有两个步骤:

第一步, 用偏相关系数决定一个变量是否进入方程.

第二步, 对已在方程中的变量, 逐个作偏 F 检验, 看是否要将其从方程中剔除.

反复执行这两个步骤, 直到最后的方程中既无要剔除的变量, 也无再能进入方程的变量为止, 此时所得到的最后的方程就是一种 "最优方程".

为此, 先介绍偏相关系数的概念.

(1) 偏相关系数

两个向量 $\mathbf{x} = (x_1, x_2, \cdots, x_n)^{\mathrm{T}}, \mathbf{y} = (y_1, y_2, \cdots, y_n)^{\mathrm{T}}$ 的相关系数为

$$\rho_{xy} = \sum_{i=1}^{n} (x_i - \bar{x})(y_i - \bar{y}) \Big/ \left\{ \left[\sum_{i=1}^{n} (x_i - \bar{x})^2 \right] \left[\sum_{i=1}^{n} (y_i - \bar{y})^2 \right] \right\}^{\frac{1}{2}}. \quad (9.49)$$

设变量 $\mathbf{y}, x_1, x_2, \cdots, x_{p-1}$ 有一组观测值. 若 $x_{i1}, x_{i2}, \cdots, x_{ik}$ 已在方程中, 现考虑 x_{ik+1} 是否能被引入方程. 一般地, 在线性回归中, x_{ik+1} 对 $\mathbf{y}$ 的影响是否大, 可以依 x_{ik+1} 与 $\mathbf{y}$ 的样本相关系数的大小来定, 但可能出现这种情况, 即 x_{ik+1} 与 $\mathbf{y}$ 的样本相关系数尽管很大, 但其对 $\mathbf{y}$ 的线性影响的作用在很大程度上却已经被先进入方程的变量 $x_{i1}, x_{i2}, \cdots, x_{ik}$ 代替, 这时也无需再引入 x_{ik+1}, 若不是这样, 则需引入 x_{ik+1}.

记 $\mathbf{y}^*$ 为 $\mathbf{y}$ 对 $x_{i1}, x_{i2}, \cdots, x_{ik}$ 作回归的残差向量, x_{ik+1}^* 为 x_{ik+1} 对 $x_{i1}, x_{i2}, \cdots, x_{ik}$, 作回归的残差向量, 则 $\mathbf{y}^*, x_{ik+1}^*$ 分别表示在 $\mathbf{y}, x_{ik+1}$ 中除去 $x_{i1}, x_{i2}, \cdots, x_{ik}$ 的线性影响后剩余的部分, 称 $\mathbf{y}^*$ 与 x_{ik+1}^* 的样本相关系数为用 $x_{i1}, x_{i2}, \cdots, x_{ik}$ 调整后 x_{ik+1} 与 $\mathbf{y}$ 的偏相关系数, 记作 $\rho_{i_{k+1}y \cdot i_1 i_2 \cdots i_k}$. 显然, 当偏相关系数大时, 变量 x_{ik+1} 应引入方程.

（2）逐步回归

逐步回归的步骤如下：

第一步，计算每个 y 与 x_i 的样本相关系数 ρ_{iy}，$i=1,2,\cdots,p-1$，取最大的 $|\rho_{iy}|$，如 $i=1$，将 x_1 引入方程. 作 y 对 x_1 的回归，$\hat{y}=f(x_1)=\hat{\beta}_0+\hat{\beta}_1 x_1$，检验 $H_0:\beta_1=0$，若变量 x_1 不显著，则以 $\hat{y}=\bar{y}$ 作为最后的方程逐步回归停止. 否则，引入 x_1，进行下一步.

第二步，寻找第二个进入方程的变量. 设 x_1 已进入方程，x_j^* 为 x_j 对 x_1 回归的残差，即令 $x_j=b_0+b_1 x_1+\varepsilon$，求 b_0,b_1 的最小二乘估计 $\hat{b}_0,\hat{b}_1$，得回归方程 $x_j^*=\hat{b}_0+\hat{b}_1 x_1$，则 $x_j^*=x_j-\hat{x}_j$.

同样，求与 y 对 x_1 回归的残差 y^*. 则 x_j^* 与 y^* 的样本相关系数就是用 x_1 调整后的 x_j 与 y 的偏相关系数 $\rho_{iy\cdot 1}$.

求出最大的偏相关系数 $\max\limits_{j=2,\cdots,n}|\rho_{jy\cdot 1}|$，例如为 $\rho_{2y\cdot 1}$，然后，对 x_2 进行偏 F 检验，若 x_2 不能进入方程，则最优方程为 $\hat{y}=f(x_1)$，否则进行下一步.

第三步，对已得到的回归方程 $\hat{y}=\beta_0+\beta_1 x_1+\hat{\beta}_2 x_2+\varepsilon$，分别对 x_1 及 x_2 作 F 检验，看是否有从方程中剔除的，直至没有能够剔除的，转入第二步，考虑余下的变量是否还有再进入方程的，如此循环往复，直至最后的方程中既无要剔除的变量，也无要入选的变量，则逐步回归结束.

下面仍以 Hald 水泥问题的数据为例，说明逐步回归各步的计算.

【例2】 用逐步回归法求 Hald 水泥问题的最优回归方程，原始数据见本节最后的表 9.2.

解：计算 x_1,x_2,x_3,x_4 与 y 的样本相关系数，

$\rho_{1y}=0.731,\rho_{2y}=0.816,\rho_{3y}=-0.535,\rho_{4y}=-0.821$.

ρ_{4y} 的绝对值最大，首先进入方程.

（1）y 对 x_4 的回归方程.

预报方程为 $\hat{y}=117.58-0.74 x_4$，

例 2 表 1

来源	df	SS	MS	F 值
回归	1	1831.90	1831.90	22.80
残差	11	883.87	80.35	

对 $\alpha=0.10$，F 值为 $22.80>F_{0.1}(1,11)=3.23$，所以回归显著，保留 x_4.

（2）计算 x_1,x_2,x_3，与 y 的偏相关系数，得

$\rho_{1y\cdot 4}^2=0.915,\rho_{2y\cdot 4}^2=0.017,\rho_{3y\cdot 4}^2=0.801,x_1$ 的最大.

（3）求于 y 对 x_1,x_4 的回归方程.

$\hat{y}=103.10+1.44 x_1-0.61 x_4$.

例 2 表 2

来源	df	SS	MS	F 值
回归	2	2641.00	1320.50	176.63
残差	10	74.76	7.48	

F 值为 $176.63 > F_{0.1}(2,10) = 2.92$，回归显著.

再看方程中 x_1, x_4 有无需剔除的：

x_1 的偏 F 值，y 对 x_4 的回归见例 2 表 1.

所以 x_1 的偏 F 值

$$F_1 = (例 2 表 2 中的回归平方和 - 例 2 表 1 中的回归平方和)/$$
$$例 2 表 2 中的残差 MS$$
$$= (2641.00 - 1831.90)/7.48 = 108.17 > F_{0.1}(1,10) = 3.29,$$

故保留 x_1.

求 y 对 x_1 的回归结果：

预报方程为 $\hat{y} = 81.48 + 1.87x_4$.

例 2 表 3

来源	df	SS	MS	F 值
回归	1	1450.08	1450.80	12.60
残差	11	1265.89	115.06	

所以 x_4 的偏 F 值

$$F_4 = (例 2 表 2 中的回归平方和 - 例 2 表 3 中的回归平方和)/$$
$$例 2 表 2 中的残差 MS$$
$$= (2641.00 - 1450.08)/7.48 = 159.21 > x_1 的偏 F 值,$$

故保留 x_4.

(4) 再看 x_2, x_3 能否进入方程.

x_2, x_3 与 y 的偏相关系数分别为

$\rho_{2y \cdot 14}^2 = 0.358, \rho_{3y \cdot 14}^2 = 0.320, x_2$ 为入选变量.

(5) 求于 y 对 x_1, x_2, x_4 的回归.

预报方程为 $\hat{y} = 71.65 + 1.45x_1 + 0.42x_2 - 0.24x_4,$

例 2 表 4

来源	df	SS	MS	F 值
回归	3	2667.79	889.26	166.83
残差	9	47.97	5.33	

所以回归显著. x_2 的偏 F 值

$$F_2 = (例 2 表 4 中的回归平方和 - 例 2 表 2 中的回归平方和)/$$
$$例 2 表 4 中的残差 MS$$
$$= (2667.79 - 2641.00)/5.33 = 5.03 > F_{0.10}(1,9) = 3.36,$$

故 x_2 能否进入方程.

现在方程中有了 x_1, x_2, x_4，再看有无剔除的：

求 x_1 的偏 F 值 F_1. y 对 x_2, x_4 作回归，结果为

$$\hat{y} = 94.16 + 0.31x_2 - 0.46x_4.$$

例 2 表 5

来源	df	SS	MS	F 值
回归	2	1846.88	932.44	10.63
残差	10	868.88	86.88	

$F_1 = $（例 2 表 4 中的回归 SS−例 2 表 5 中的回归 SS）／

　　例 2 表 4 中的残差 MS

　　$= (2667.79 - 1846.88)/5.33 = 154.02.$

x_4 偏 F 值，y 对 x_1, x_2 作回归结果

$$\hat{y} = 52.58 + 1.47x_1 + 0.66x_2.$$

例 2 表 6

来源	df	SS	MS	F 值
回归	2	2657.86	1328.93	229.50
残差	10	57.60	5.79	

$F_4 = $（例 2 表 4 中的回归 SS−例 2 表 6 中的回归 SS）／

　　例 2 表 4 中的残差 MS

　　$= (2667.79 - 2657.86)/5.33 = 1.86 < F_{0.10}(1,9) = 3.36,$

所以将 x_4 剔除.

（6）y 对 x_1, x_2 作回归结果见例 2 表 6.

由于 $F = 229.50 > F_{0.10}(2,10) = 2.92$，所以回归显著.

（7）最后考虑 x_3，y 对 x_1, x_2, x_3 作回归方程

$$\hat{y} = 48.19 + 1.07x_1 + 0.66x_2 + 0.25x_3,$$

例 2 表 7

来源	df	SS	MS	F 值
回归	3	2667.65	889.22	166.35
残差	9	48.11	5.35	

由例 2 表 7 可知回归显著.

x_3 偏 F 值

$F_3 = $（例 2 表 7 中的回归 SS−例 2 表 6 中的回归 SS）／

　　例 2 表 7 中的残差 MS

　　$= (2667.65 - 2657.86)/5.35 = 1.83 < F_{0.10}(1,9) = 3.36,$

所以 x_3 不能进入方程.

逐步回归的最后结果，最优方程为

$$\hat{y} = 52.58 + 1.47x_1 + 0.66x_2,$$

由例 2 表 6,回归能解释的变差已达

$$R = \frac{2657.86}{2657.86 + 57.60} = 97.88\%$$

表　9.2

	x_1	x_2	x_3	x_4	y
1	7.00000000	26.00000000	6.00000000	60.00000000	78.50000000
2	1.00000000	29.00000000	15.00000000	52.00000000	74.30000000
3	11.00000009	56.00000000	8.00000000	20.00000000	104.30000000
4	11.00000000	31.00000000	8.00000000	47.00000000	87.60000000
5	7.00000000	52.00000000	6.00000000	33.00000000	95.90000000
6	11.00000000	55.00000000	9.00000000	22.00000000	109.20000000
7	3.00000000	71.00000000	17.00000000	6.00000000	102.70000000
8	1.00000000	31.00000000	22.00000000	44.00000000	72.50000000
9	2.00000000	54.00000000	18.00000000	22.00000000	93.10000000
10	21.00000000	47.00000000	4.00000000	26.00000000	115.90000000
11	1.00000000	40.00000000	23.00000000	34.00000000	83.80000000
12	11.00000000	66.00000000	9.00000000	12.00000000	113.30000000
13	10.00000000	68.00000000	8.00000000	12.00000000	109.40000000

第三节　单因素方差分析

　　方差分析是数理统计的基本方法之一,也是分析试验数据的一种重要方法.我们知道,一个复杂的事物往往要受到许多因素的影响和制约,在生产和科学实验中,我们常常要分析一些因素对产品某些特性指标的影响.如果因素本身是一个可以测定其数值的量,如温度、压力等,则可以用回归分析的方法来解决.但有时因素是不能用一个数来表示的,例如一种化工原料可以来自三个不同的产地:上海、天津、锦州,这时用 1 表示上海,2 表示天津,3 表示锦州,这些数字没有计算意义,只是一个代码.有时量的等级可以测定,但更细致的就不好测,如颜色深、较深、中等、浅、较浅等,这时用 1,2,3,4,5 来表示,也只能大致反映它的变化,但无论如何也不能像定量的因素那样便于处理.这一类问题都可用方差分析的方法解决.我们把影响考察指标的因素称为因子,用 A,B,C 等表示,因素所处的条件称为因子的水平.所谓某因素对试验结果的影响,就是考察该因素因子水平的改变是否会引起试验结果的显著变化,所用统计方法就是这里要介绍的方差分析方法.本节讨论单因素方差分析.

　　【例 1】　某化肥生产商要检验两种新产品的效果,在同一地区选取 12 块大小相同、土质相近的农田播种同样的种子,用等量的甲、乙化肥分别施于 6 块农田,每块农田的粮食产量试验结果如下所示.

甲化肥:50,46,49,52,48,48

乙化肥:49,50,47,47,46,49

问在显著水平 $\alpha = 0.05$ 的情况下,甲、乙两组的产量是否有显著差异?

在这个问题中,化肥是影响产量的一个**因素**(因子),甲、乙是化肥这个因素的两个不同的**水平**.如果新产品变成两种以上,就会涉及因素的两个以上的水平.解决这类问题就是所谓**单因素方差分析**.

【**例 2**】 养鸡场要检验四种饲料配方对小鸡增重的影响是否相同,用每一种饲料分别喂养了 6 只同一品种、同时孵出的小鸡,共饲养了 8 周,每只鸡增重数据如下.(单位:g)

配方 1:370,420,450,490,500,450

配方 2:490,380,400,390,500,410

配方 3:330,340,400,380,470,360

配方 4:410,480,400,420,380,410

问:四种不同配方的饲料对小鸡增重的影响是否相同?

该问题中鸡的增重是研究的数量指标,其中饲料配方是影响这一数量指标的一个因素,配方 1~4 是该因素的四种不同的水平.小鸡的品种相同且同时孵出,可以认为鸡的质量不同主要是由饲料这一因素的不同而引起的.试验的目的是检验各种配方的饲料所喂养的鸡的平均增重是否有显著差异,即考察饲料配方这一因素对鸡的增重是否有显著影响?

例 2 中的数据可以看成来自 4 个相互独立的正态总体 X_1, X_2, X_3, X_4(每种水平对应一个总体)的样本值.如果设 4 个总体的均值分别为 $\mu_1, \mu_2, \mu_3, \mu_4$,需要检验的问题为

$H_0 : \mu_1 = \mu_2 = \mu_3 = \mu_4, H_1 : \mu_1, \mu_2, \mu_3, \mu_4$ 不全相等.

如果拒绝 H_0,则认为四种不同的配方对鸡的质量有显著的影响;接受 H_0,则认为四种配方对鸡的增重没有显著影响,被抽样的鸡的增重不同是由随机误差引起的.

一、 单因素方差分析的数学模型

以上分析中涉及多个总体均值是否相同的假设检验,单因素方差分析就是解决这类问题行之有效的统计方法.下面给出单因素方差分析的一般模型.

设因素 A 有 s 个不同的水平:$A_1, A_2, \cdots, A_i, \cdots, A_s$,对第 i 个水平 A_i 下进行 n_i 次试验,它的第 j 个试验结果用 x_{ij} 表示($i = 1, 2, \cdots, s; j = 1, 2, \cdots, n_i$).试验的全部结果如表 9.3 所示.

表　9.3

因素水平	试　验　序　号						观察数据的均值
	1	2	$\cdots$	j	$\cdots$	n_i	
A_1	x_{11}	x_{12}	$\cdots$	x_{1j}	$\cdots$	x_{1n_1}	$\overline{x_1}.$
A_2	x_{21}	x_{22}	$\cdots$	x_{2j}	$\cdots$	x_{2n_2}	$\overline{x_2}.$
$\vdots$	$\vdots$	$\vdots$		$\vdots$		$\vdots$	$\vdots$
A_i	x_{i1}	x_{i2}	$\cdots$	x_{ij}	$\cdots$	x_{in_i}	$\overline{x_i}.$
$\vdots$	$\vdots$	$\vdots$		$\vdots$		$\vdots$	$\vdots$
A_s	x_{s1}	x_{s2}	$\cdots$	x_{sj}	$\cdots$	x_{sn_s}	$\overline{x_{is}}$

表 9.3 中的 $n_1,n_2,\cdots,n_s$ 都是自然数,可以相等,也可以不相等.$x_{i1},x_{i2},\cdots,x_{ij},\cdots,x_{in_i}$ 可以看成正态总体 X_i 的一个容量为 n_i 的样本 $X_{i1},X_{i2},\cdots,X_{ij},\cdots,X_{in_i}$ 的一个观察值.$\overline{x_i}.=\dfrac{\sum\limits_{j=1}^{n_i}x_{ij}}{n_i}$ 是在因素水平 A_i 下观察数据的平均值,即上面表 9.3 中每行数据的平均值,s 个正态总体 $X_1,X_2,\cdots,X_s$ 相互独立,且方差相同,即

(1) $X_i \sim N(\mu_i,\sigma^2)$;

(2) $X_1,X_2,\cdots,X_s$ 相互独立;

(3) 且每个 $X_{ij} \sim N(\mu_i,\sigma^2)$,$i=1,2,\cdots,s;j=1,2,\cdots,n_i$.

设 $\varepsilon_{ij}=X_{ij}-\mu_i$,则

$$E(\varepsilon_{ij})=E(X_{ij})-\mu_i=0,D(\varepsilon_{ij})=D(X_{ij})=\sigma^2,$$

$\varepsilon_{ij} \sim N(0,\sigma^2)$,$i=1,2,\cdots,s;j=1,2,\cdots,n_i$,且相互独立,称 ε_{ij} 为**随机误差**或**残差**.它表示在水平 A_i 下的样本 X_{ij} 与样本平均值 μ_i 的随机误差.

综上得到单因素方差分析的**数学模型**:

$$\begin{cases} X_{ij}=\mu_i+\varepsilon_{ij}, & i=1,2,\cdots,s;j=1,2,\cdots,n_i, \\ \varepsilon_{ij} \sim N(0,\sigma^2), & \text{各个 } \varepsilon_{ij}\text{相互独立,且}\mu_i,\sigma^2 \text{ 是未知常数.} \end{cases} \quad (9.50)$$

单因素方差分析的主要任务就是要检验假设 $H_0:\mu_1=\mu_2=\cdots=\mu_s$ 是否成立.

下面引入因素水平效应的概念:

令 $n=\sum\limits_{i=1}^{s}n_i,\mu=\dfrac{1}{n}\sum\limits_{i=1}^{s}n_i\mu_i$,则 μ 为各组平均值的均值,简称**一般均值**.

令 $\alpha_i=\mu_i-\mu$,α_i 为第 i 个总体的平均值与一般平均值的差,称 α_i 为因素 A 的水平 A_i 产生的效应($i=1,2,\cdots,s$).

显然,$\sum\limits_{i=1}^{s}\alpha_i=0$,$X_{ij}=\mu_i+\varepsilon_{ij}=\mu+\alpha_i+\varepsilon_{ij}$.

当假设 $H_0:\mu_1=\mu_2=\cdots=\mu_s$ 成立时,有 $\mu_i=\mu$,这时 $\alpha_i=0$. 单因

素方差分析的数学模型变为

$$\begin{cases} X_{ij} = \mu + \alpha_i + \varepsilon_{ij}, \\ \varepsilon_{ij} \sim N(0, \sigma^2), \end{cases}$$

其中 $\varepsilon_{ij}(i = 1, 2, \cdots, s; j = 1, 2, \cdots, n_i)$ 相互独立.

要检验的假设也变为 H_0：$\alpha_1 = \alpha_2 = \cdots = \alpha_s = 0.$ H_1：$\alpha_1, \alpha_2, \cdots, \alpha_s$ 中至少有一个不为 0.

二、 偏差平方和及其分解

在假设 H_0：$\alpha_1 = \alpha_2 = \cdots = \alpha_s = 0$ 成立的条件下，$X_{ij} \sim N(\mu, \sigma^2)$，每个总体 X_i 有相同的均值，X_{ij} 的波动完全是由随机误差引起的；但是当 H_0：$\alpha_1 = \alpha_2 = \cdots = \alpha_s = 0$ 不成立时，各个总体的均值不同，引起 X_{ij} 波动的原因除了随机误差以外，还有因素水平不同所引起的差异. 下面引入一个量来刻画随机变量 X_{ij} 之间的波动程度，从而把引起波动的两种原因区分开来. 这就是偏差平方和的概念.

（1）总（偏差）平方和：

$$S_T = \sum_{i=1}^{s} \sum_{j=1}^{n_i} (X_{ij} - \overline{X})^2.$$

式中，$\overline{X} = \dfrac{1}{n} \sum_{i=1}^{s} \sum_{j=1}^{n_i} X_{ij}$ 是所有观察样品的平均值. $\overline{\varepsilon} = \dfrac{1}{n} \sum_{i=1}^{s} \sum_{j=1}^{n_i} \varepsilon_{ij}$ 是所有残差的平均值.

S_T 表示的是各个个体之间的差异程度，反映的是全部数据之间的差异，所以称之为总（偏差）平方和.

令 $\overline{X_{i\cdot}} = \dfrac{1}{n_i} \sum_{j=1}^{n_i} X_{ij}$. 它是在因素水平 A_i 下的样本均值，再令 $\overline{\varepsilon_{i\cdot}} = \dfrac{1}{n_i} \sum_{j=1}^{n_i} \varepsilon_{ij}$，它是在因素水平 A_i 下残差的平均值.

显然，$\sum_{i=1}^{s} n_i \overline{X_{i\cdot}} = \sum_{i=1}^{s} \sum_{j=1}^{n_i} X_{ij} = n\overline{X}$，即 $\overline{X} = \dfrac{1}{n} \sum_{i=1}^{s} n_i \overline{X_{i\cdot}}$.

（2）组间（偏差）平方和：

$$S_A = \sum_{i=1}^{s} n_i (\overline{X_{i\cdot}} - \overline{X})^2.$$

（3）组内（偏差）平方和：

$$S_E = \sum_{i=1}^{s} \sum_{j=1}^{n_i} (X_{ij} - \overline{X_{i\cdot}})^2.$$

偏差平方和之间满足以下关系式：

$$S_T = S_A + S_E. \tag{9.51}$$

称式（9.51）为偏差平方和的分解式. 事实上，

$$S_T = \sum_{i=1}^{s} \sum_{j=1}^{n_i} (X_{ij} - \overline{X})^2 = \sum_{i=1}^{s} \sum_{j=1}^{n_i} (X_{ij} - \overline{X_{i\cdot}} + \overline{X_{i\cdot}} - \overline{X})^2$$

$$= \sum_{i=1}^{s} \sum_{j=1}^{n_i} (X_{ij} - \overline{X_{i\cdot}})^2 + 2 \sum_{i=1}^{s} \sum_{j=1}^{n_i} (X_{ij} - \overline{X_{i\cdot}})(\overline{X_{i\cdot}} - \overline{X}) + \sum_{i=1}^{s} \sum_{j=1}^{n_i} (\overline{X_{i\cdot}} - \overline{X})^2,$$

而由 $\overline{X_{i.}}$ 和 $\overline{X}$ 的定义可知,

$$\sum_{i=1}^{s} \sum_{j=1}^{n_i} (X_{ij} - \overline{X_{i.}})(\overline{X_{i.}} - \overline{X}) = \sum_{i=1}^{s} \overline{X_{i.}} \sum_{j=1}^{n_i} (X_{ij}) - \overline{X} \sum_{i=1}^{s} \sum_{j=1}^{n_i} (X_{ij}) -$$

$$\sum_{i=1}^{s} n_i (\overline{X_{i.}})^2 + \overline{X} \sum_{i=1}^{s} (n_i \overline{X_{i.}})$$

$$= \sum_{i=1}^{s} n_i (\overline{X_{i.}})^2 - n (\overline{X})^2 - \sum_{i=1}^{s} n_i (\overline{X_{i.}})^2 +$$

$$n (\overline{X})^2 = 0,$$

从而 $S_T = S_A + S_E$.

　　下面分析偏差平方和分解式的实际含义:

$$\overline{X} = \frac{1}{n} \sum_{i=1}^{s} \sum_{j=1}^{n_i} X_{ij} = \frac{1}{n} \sum_{i=1}^{s} \sum_{j=1}^{n_i} (\mu + \alpha_i + \varepsilon_{ij}) = \mu + \overline{\varepsilon},$$

$$\overline{X_{i.}} = \frac{1}{n_i} \sum_{j=1}^{n_i} X_{ij} = \frac{1}{n_i} \sum_{j=1}^{n_i} (\mu + \alpha_i + \varepsilon_{ij}) = \mu + \alpha_i + \overline{\varepsilon_{i.}},$$

$$S_A = \sum_{i=1}^{s} n_i (\overline{X_{i.}} - \overline{X})^2 = \sum_{i=1}^{s} n_i (\mu + \alpha_i + \overline{\varepsilon_{i.}} - \mu - \overline{\varepsilon})^2$$

$$= \sum_{i=1}^{s} n_i (\alpha_i + \overline{\varepsilon_{i.}} - \overline{\varepsilon})^2.$$

　　显然, S_A 表示因素水平 A_i 的样本均值与样本总均值的偏差,它除了与随机误差有关以外,还与 A_i 的效应 α_i 有关.

$$S_E = \sum_{i=1}^{s} \sum_{j=1}^{n_i} (X_{ij} - \overline{X_{i.}})^2 = \sum_{i=1}^{s} \sum_{j=1}^{n_i} (\mu + \alpha_i + \varepsilon_{ij} - \mu - \alpha_i - \overline{\varepsilon_{i.}})^2$$

$$= \sum_{i=1}^{s} \sum_{j=1}^{n_i} (\varepsilon_{ij} - \overline{\varepsilon_{i.}})^2$$

表示在因素水平 A_i 下的样本值与 A_i 组内样本均值的偏差,它只与随机误差有关.因此也称之为误差(残差)平方和.

　　因此偏差分解式 $S_T = S_A + S_E$ 表明,**总的波动是由两个原因引起的:一个是纯粹的随机波动(S_E),另一个则主要是水平效应(S_A).**

三、　单因素方差分析的统计分析和假设检验

　　定理　在单因素方差分析中,

(1) $\dfrac{S_T}{\sigma^2} \sim \chi^2(n-1)$;

(2) $\dfrac{S_A}{\sigma^2} \sim \chi^2(s-1)$,且 $E(S_A) = (s-1)\sigma^2$;

(3) $\dfrac{S_E}{\sigma^2} \sim \chi^2(n-s)$,$E(S_E) = (n-s)\sigma^2$;

(4) S_A 与 S_E 相互独立.

证明:(略).

做比值 $F = \dfrac{S_A/(s-1)}{S_E/(n-s)}$,如果组间差异($S_A$)比误差平方和($S_E$)大得多,即因素的水平之间有显著差异,从而认为 s 个正态总体不能来自同一个正态总体,H_0 不成立,即 F 值较大时拒绝 H_0.

当 H_0 为真时,$F = \dfrac{S_A/(s-1)}{S_E/(n-s)} \sim F(s-1, n-s)$.

从而检验假设为　　$H_0 : \alpha_1 = \alpha_2 = \cdots = \alpha_s = 0$,

$H_1 : \alpha_1, \alpha_2, \cdots, \alpha_s$ 中至少有一个不为 0.

检验以上假设的准则为:对于给定的显著水平 α,查附表 5 得上 α 分位数 $F_\alpha(s-1, n-s)$.

由样本观察值计算 F 的观察值 f.

(1) 若 $f \geq F_\alpha(s-1, n-s)$,则拒绝 H_0,认为各因素水平之间有显著差异;

(2) 若 $f < F_\alpha(s-1, n-s)$,则接受 H_0,认为各因素水平之间有没有显著差异.

注:在一些当前使用非常广泛的统计分析软件(如 SPSS,SAS)中,习惯用检验的 p 值来判断接受还是拒绝原假设.

通常在一个假设检验的问题中,对给定的显著性水平 α,下面以 F 分布为例引入检验的 p 值的概念.设 $(x_1, x_2, \cdots, x_n)$ 是样本的一组观察值,计算得到检验统计量 F 的观测值 f,查表得:$P(F \geq f) = p$,称该值为检验的 p 值.事实上,在给定一个观察样本后,检验的 p 值指的是拒绝原假设的最低显著性水平.(有关 p 值的定义,读者还可以参考其他数理统计方面的参考书.)

如图 9.1 所示,显然有以下结论:

(1) 如果 $p \leq \alpha$,等价于 $f \geq F_\alpha(s-1, n-s)$,则拒绝 H_0;

(2) 如果 $p > \alpha$,等价于 $f < F_\alpha(s-1, n-s)$,则接受 H_0.

引入检验的 p 值的概念有明显的优点.在数据分析中,不同情况下给的显著水平 α 往往不同,在获得数据后,计算样本的 p 值,就可以根据所给的不同的 α,判定拒绝还是接受原假设.鉴于 p 值检验法优点显著,也为了和当前一些流行的统计分析软件保持一致性,因此本章一般采用比较 p 值和所给显著性水平 α 的大小来判断拒绝或接受原假设,而没有采用前面几章中比较统计量的样本观察值和上 α 分位数的方法.

根据以上的分析结果,得到下面方差分析表(见表 9.4):

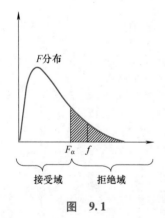

F 分布

F_α　f

接受域　　拒绝域

图　9.1

表　9.4

来源	平方和	df	均方	F	显著性
组间	S_A	$s-1$	$\dfrac{S_A}{s-1}$	$F = \dfrac{S_A/(s-1)}{S_E/(n-s)}$	

（续）

来源	平方和	df	均方	F	显著性
组内	S_E	$n-s$	$\dfrac{S_E}{n-s}$		p
总和	S_T	$n-1$			

实际计算时,经常用到以下几个公式:

记 $T_{i.} = \sum\limits_{j=1}^{n_i} X_{ij}, T = \sum\limits_{i=1}^{s} \sum\limits_{j=1}^{n_i} X_{ij}$,则有

$$S_T = \sum_{i=1}^{s} \sum_{j=1}^{n_i} X_{ij}^2 - \frac{T^2}{n}, S_A = \sum_{i=1}^{s} \frac{1}{n_i} T_{i.}^2 - \frac{T^2}{n}, S_E = S_T - S_A.$$

【例3】　某钢厂检查一月上旬的五天中生产的钢锭质量,结果如下(单位:kg):

日　　期	质　　量			
1月1日	5500	5800	5740	5710
1月2日	5440	5680	5240	5600
1月4日	5400	5410	5430	5400
1月9日	5640	5700	5660	5700
1月10日	5610	5700	5610	5400

试检验不同日期生产的钢锭质量有无显著差异($\alpha = 0.05$)?

分析:我们把不同日期生产的钢锭质量分别看作一个变量.检验它们的平均质量是否有明显差异相当于比较这 5 个变量的均值是否一致.假定:(1)5 个变量均服从正态分布;(2)每一变量的方差相同;(3)从 5 个变量中抽取的样本相互独立.采用方差分析法来检验不同日期生产的钢锭质量是否有显著差异.

解:设第 i 个变量的均值为 μ_i,假设不同日期生产的钢锭平均质量无显著差异,则要检验如下假设.

$$H_0: \mu_1 = \mu_2 = \mu_3 = \mu_4 = \mu_5,$$

$$H_1: \mu_1, \mu_2, \mu_3, \mu_4, \mu_5 \text{ 中至少有两个有显著差异.}$$

具体见以下解题过程.

$$S_T = \sum_{i=1}^{s} \sum_{j=1}^{n_i} X_{ij}^2 - \frac{T^2}{n} = 3379.958, S_A = \sum_{i=1}^{s} \frac{1}{n_i} T_{i.}^2 - \frac{T^2}{n} = 1039.546, S_E =$$

$$S_T - S_A = 2340.412, f = \frac{S_A/(s-1)}{S_E/(n-s)} = 4.664, \text{并且} P[F(2.21) > f] = 0.021.$$

方差分析表为

来源	平方和	df	均方	F	显著性
组间	1039.546	2	519.773	4.664	0.021
组内	2340.412	21	111.448		
总和	3379.958	23			

由于 $p = 0.021 < 0.05$，从而应该拒绝原假设，即认为不同日期生产的钢锭质量有明显差异.

【例 4】 以 A,B,C,D 这 4 种药剂处理水稻种子，其中 A 为对照，每种药剂处理后各得 4 个苗高观察值（单位:cm），其结果如下表，试分析经这 4 种药剂处理后得到的苗高是否有显著差异（$\alpha = 0.05$）.

药剂	苗高观察值/cm			
A	18	21	20	13
B	20	24	26	22
C	10	15	17	14
D	28	27	29	32

分析:我们把经不同药剂处理后的苗高分别看作一个变量.检验它们的平均高度是否有明显差异相当于要比较这 4 个变量的均值是否一致.假定:(1)4 个变量均服从正态分布;(2)每一变量的方差相同;(3)从 4 个变量中抽取的样本相互独立.采用方差分析法来检验经不同药剂处理后的种子长出的苗高是否有显著差异.

解:设第 i 个变量的均值为 μ_i，假设经不同药剂处理后的种子长出的苗高无显著差异，则要检验如下假设.

$$H_0 : \mu_1 = \mu_2 = \mu_3 = \mu_4,$$

$$H_1 : \mu_1, \mu_2, \mu_3, \mu_4 \text{ 中至少有两个有显著差异}.$$

具体解题过程如下.

$$S_T = \sum_{i=1}^{s} \sum_{j=1}^{n_i} X_{ij}^2 - \frac{T^2}{n} = 602, \quad S_A = \sum_{i=1}^{s} \frac{1}{n_i} T_{i\cdot}^2 - \frac{T^2}{n} = 504, \quad S_E = S_T - S_A = 98,$$

$$f = \frac{S_A/(s-1)}{S_E/(n-s)} = 20.571, \text{ 并且 } P[F(3,12) > f] = 0.$$

方差分析表为

来源	平方和	df	均方	F	显著性
组间	504.000	3	168.000	20.571	0
组内	98.000	12	8.167		
总和	602.000	15			

由于 $p = 0 < 0.05$，从而应该拒绝原假设，即认为经这 4 种药剂处理后得到的苗高有显著差异.

习题九

1. 某建材实验室在陶拉混凝土强度试验中,考察每立方米混

凝土的水泥用量 $x(\mathrm{kg})$ 对 28 天后的混凝土抗压强度 $y(\mathrm{kg/cm^2})$ 的影响,测得如下数据:

x	150	160	170	180	190	200	210	220	230	240	250	260
y	56.9	58.3	61.6	64.6	68.1	71.3	74.1	77.4	80.2	82.6	86.4	89.7

（1）求 y 对 x 的线性回归方程,并问:每立方米混凝土中每增加 1kg 水泥时,可提高的抗压强度是多少?

（2）检验回归效果的显著性($\alpha=0.05$);

（3）求相关系数 r,并求回归系数 b 的 95% 的置信区间;

（4）求 $x_0=225\mathrm{kg}$ 时,y_0 的预测值及 95% 的预测区间.

2. 考察温度 $x(℃)$ 对产量 $y(\mathrm{kg})$ 的影响,测得 10 组数据如下:

x	20	25	30	35	40	45	50	55	60	65
y	13.2	15.1	16.4	17.1	17.9	18.7	19.6	21.2	22.5	24.3

（1）求 y 对 x 的线性回归方程及相关系数 r;

（2）检验回归效果的显著性($\alpha=0.05$);

（3）当 $x=42℃$ 时,求 y_0 的预测值及 95% 的预测区间.

3. 假设 x 是一可控变量,y 是一随机变量且服从正态分布,现在不同的 x 值下,分别对 y 进行观测,得数据如下:

x	0.25	0.37	0.44	0.55	0.60	0.62	0.68	0.70
y	2.57	2.31	2.12	1.92	1.75	1.71	1.60	1.51
x	0.73	0.75	0.82	0.84	0.87	0.88	0.90	0.95	1.00
y	1.53	1.41	1.33	1.31	1.25	1.20	1.19	1.15	1.00

（1）求 y 对 x 的线性回归方程,并求 $\sigma^2=D(y)$ 的无偏估计;

（2）求回归系数 a,b 的 95% 的置信区间;

（3）检验线性回归效果的显著性($\alpha=0.05$);

（4）求 y 的 95% 的预测区间;

（5）为了把观测值 y 限制在区间 $(1.08,1.68)$ 内,需要把 x 的值限制在什么范围之内?（取 $\alpha=0.05$）

4. 某化工产品的得率 y 与反应温度 x_1、反应时间 x_2 及某反应物浓度 x_3 有关,设对给定的 x_1,x_2,x_3,得率 y 服从正态分布且方差与 x_1,x_2,x_3 无关,现得到试验结果如下表所示,其中 x_1,x_2,x_3 均为二水平且均以编码形式表达.

x_1	-1	-1	-1	-1	1	1	1	1
x_2	-1	-1	1	1	-1	-1	1	1
x_3	-1	1	-1	1	-1	1	-1	1
得率 y	7.6	10.3	9.2	10.2	8.4	11.1	9.8	12.6

（1）设 $E(y) = \mu(x_1, x_2, x_3) = b_0 + b_1 x + b_2 x_2 + b_3 x_3$，求 y 的多元线性回归方程；

（2）在显著性水平 $\alpha = 0.05$ 下，检验回归效果的显著性.

5. 4 台机器生产同一种产品，为研究各机器生产的产品性能有无差异，每台机器的产品取 3 个，测得结果 $S_A = 26.17$，$S_E = 6.33$，$S_T = 32.50$，填写方差分析表，并对方差分析给出结论.（$\alpha = 0.01$）

6. 抽取某地区三所学校五年级男生的身高，测得数据如下表所示，问这三所学校五年级学生的平均身高是否有显著差异？（$\alpha = 0.05$）

（单位：cm）

学校	身高					
1	128.1	134.1	133.1	138.9	140.8	127.4
2	150.3	147.9	136.8	126.0	150.7	155.8
3	140.6	143.1	144.5	143.7	148.5	146.4

7. 考察四种催化剂对某化工产品中成分的浓度的影响是否具有显著性.取显著性水平 $\alpha = 0.05$.实验数据如下：

催化剂	浓度（%）				
1	58.2	57.2	58.4	55.8	54.9
2	56.3	54.5	57.0	55.3	
3	69	54.2	55.4		
4	52.9	49.8	50.0	51.7	

8. 某家计算机产品公司在位于亚特兰大、达拉斯和西雅图的三个工厂都生产打印机和传真机.为了检测这些工厂有多少工人对综合质量管理有所了解，现从每个工厂中随机抽取 6 个工人作为样本，对每个被抽取的工人进行质量意识测试.这 18 个工人的测试得分如下表所示.

工人	亚特兰大工厂	达拉斯工厂	西雅图工厂
1	85	71	59
2	75	75	64
3	82	73	62
4	76	74	69
5	71	69	75
6	85	82	67

试问三个工厂工人的质量意识测试得分是否存在显著差异？（$\alpha = 0.05$）

10

第十章
MATLAB 在概率统计中的应用

宇宙之大,粒子之微,火箭之速,化工之巧,地球之变,生物之谜,日用之繁,无处不用数学.

——华罗庚

第一节　MATLAB 简介与基本操作

MATLAB 是一个功能强大的常用数学软件,它是美国 MathWorks 公司于 1967 年推出的软件包,为用户提供了各种数学工具,从而避免了烦琐的数学推导和计算.经过几十年的发展,MATLAB 现已成为国际上最优秀的科技应用软件之一,特别适用于科学和工程计算.本章将简单介绍它在概率统计方面的功能.

1. 变量的命名规则

变量名的第一个字符可以包括英文字母、数字以及下划线,变量名中不能包含空格和标点符号.变量名和函数名对字母的大小写是有区分的,MATLAB 中规定了 5 个固定变量(即常量),分别是 Pi:圆周率 π;i(或 j):虚数单位 $\sqrt{-1}$;eps:浮点数精度;inf:正无穷大量;NaN:不定值.

2. 算术运算符

加:+;减:-;乘:*;左除:\;右除:/;幂:^.

3. 关系运算符

小于:<;大于:>;等于:==;小于等于:<=;大于等于:>=;不等于:~=.

关系运算比较两个数值:关系成立时结果为真,返回值为 1;否则返回值为 0.

4. 逻辑运算符

逻辑与:&;逻辑或:|;逻辑非:~.逻辑真用 1 表示,逻辑假用 0 表示.

5. 控制语句

(1) 顺序结构;

(2) 循环结构——for 语句,while 语句;

（3）分支结构——if 语句.

6. 常用函数

MATLAB 中的常用函数见表 10.1.

表　10.1

函 数 名 称	功 能 简 介	函 数 名 称	功 能 简 介
clc	清除命令窗口中的字符	abs(x)	求绝对值
plot	绘制平面图形	sqrt(x)	求算术平方根
plot3	绘制三维空间内的图形	round(x)	四舍五入至最近整数
title	添加标题	fix(x)	舍去小数至最近整数
xlabel/ylabel	为 x 轴/y 轴做文本标记	rand(m,n)	生成 m 行 n 列的随机矩阵
gtext	用鼠标标注图示	randn(m,n)	生成 m 行 n 列的正态随机矩阵
subplot	在指定位置建立坐标系	prod(x)	求元素的积
axis	控制坐标系的刻度和形式	sort(x)	将元素按升序排序

第二节　MATLAB 在概率统计中的若干命令和使用格式

一、随机数的生成

1. 常见分布的随机数生成函数（见表 10.2）

表 10.2　随机数生成函数表

函数名	调用形式	函 数 说 明
unifrnd	unifrnd(A,B,m,n)	$[A,B]$ 上均匀分布（连续）随机数
unidrnd	unidrnd(N,m,n)	均匀分布（离散）随机数
exprnd	exprnd(lamda,m,n)	参数为 lamda 的指数分布随机数
normrnd	normrnd(mu,sigma,m,n)	参数为 mu,sigma 的正态分布随机数
chi2rnd	chi2rnd(N,m,n)	自由度为 N 的卡方分布随机数
trnd	trnd(N,m,n)	自由度为 N 的 t 分布随机数
frnd	frnd(N_1,N_2,m,n)	第一自由度为 N_1,第二自由度为 N_2 的 F 分布随机数
gamrnd	gamrnd(A,B,m,n)	参数为 A,B 的伽马分布随机数
betarnd	betarnd(A,B,m,n)	参数为 A,B 的贝塔分布随机数
lognrnd	lognrnd(mu,sigma,m,n)	参数为 mu,sigma 的对数正态分布随机数
nbinrnd	nbinrnd(R,P,m,n)	参数为 R,P 的负二项式分布随机数
ncfrnd	ncfrnd(N_1,N_2,delta,m,n)	参数为 N_1,N_2,delta 的非中心 F 分布随机数

（续）

函数名	调用形式	函数说明
nctrnd	nctrnd(N,delta,m,n)	参数为 N,delta 的非中心 t 分布随机数
ncx2rnd	ncx2rnd(N,delta,m,n)	参数为 N,delta 的非中心卡方分布随机数
raylrnd	raylrnd(B,m,n)	参数为 B 的瑞利分布随机数
weibrnd	weibrnd(A,B,m,n)	参数为 A,B 的韦布尔分布随机数
binornd	binornd(N,P,m,n)	参数为 N,P 的二项分布随机数
geornd	geornd(P,m,n)	参数为 P 的几何分布随机数
hygernd	hygernd(M,K,N,m,n)	参数为 M,K,N 的超几何分布随机数
poissrnd	poissrnd(lambda,m,n)	参数为 lambda 的泊松分布随机数

【例 1】　正态分布 $N(\mu,\sigma^2)$ 随机数的生成.

调用格式

R = **normrnd**(mu,sigma)

%返回均值为 mu,标准差为 sigma 的正态分布的随机数

R = **normrnd**(mu,sigma,m,n)　%m,n 表示随机数 R 的行数和列数

【MATLAB 命令及运行结果】

\>> R1 = normrnd(0,1)　%生成 mu 为 0,sigma 为 1 的 1 个正态随机数

R1 =

　　0.7254

\>> R1 = normrnd(0,1)　%生成 mu 为 0,sigma 为 1 的 1 个正态随机数

R1 =

　　0.5377

\>> R2 = normrnd(0,1,2,3)　%生成 mu 为 0,sigma 为 1 的 2 行 3 列的正态随机数矩阵

R2 =

　　-0.0631　　-0.2050　　1.4897

　　　0.7147　　-0.1241　　1.4090

\>> R2 = normrnd(0,1,2,3)　%生成 mu 为 0,sigma 为 1 的 2 行 3 列的正态随机数矩阵

R2 =

　　1.4172　　-1.2075　　1.6302

　　0.6715　　　0.7172　　0.4889

```
>> R3 = normrnd([1 2 3;4 5 6],1,2,3)    %mu 为均值矩阵
R3 =
   -0.1471    1.1905    4.4384
    2.9311    2.0557    6.3252
>> R3 = normrnd([1 2 3;4 5 6],1,2,3)    %mu 为均值矩阵
R3 =
    0.2451    0.2885    2.7586
    5.3703    4.8978    6.3192
```

2. 通用函数生成各分布的随机数

调用格式

R = **random**('name',A1,A2,A3,m,n)

%name 的取值见表 10.3;A1,A2,A3 为分布的参数;m,n 为指定随机数的行和列

表 10.3　常见分布函数表

name 的取值			函 数 说 明
'beta'	或	'Beta'	贝塔分布
'bino'	或	'Binomial'	二项分布
'chi2'	或	'Chisquare'	卡方分布
'exp'	或	'Exponential'	指数分布
'f'	或	'F'	F 分布
'gam'	或	'Gamma'	伽马分布
'geo'	或	'Geometric'	几何分布
'hyge'	或	'Hypergeometric'	超几何分布
'logn'	或	'Lognormal'	对数正态分布
'nbin'	或	'Negative Binomial'	负二项式分布
'ncf'	或	'Noncentral F'	非中心 F 分布
'nct'	或	'Noncentral t'	非中心 t 分布
'ncx2'	或	'Noncentral Chi-square'	非中心卡方分布
'norm'	或	'Normal'	正态分布
'poiss'	或	'Poisson'	泊松分布
'rayl'	或	'Rayleigh'	瑞利分布
't'	或	'T'	t 分布
'unif'	或	'Uniform'	均匀分布
'unid'	或	'Discrete Uniform'	离散均匀分布
'weib'	或	'Weibull'	韦布尔分布

【例2】　正态分布 $N(\mu,\sigma^2)$ 随机数的生成　生成两组12个(3行4列)均值为0,标准差为1的正态分布随机数.

【MATLAB 命令及运行结果】

```
>> R = random('norm',0,1,3,4)
```

R =

0.3129	−0.1649	1.1093	−1.2141
−0.8649	0.6277	−0.8637	−1.1135
−0.0301	1.0933	0.0774	−0.0068

$\gg$ R = random('norm', 0, 1, 3, 4)

R =

1.5326	−0.2256	0.0326	1.5442
−0.7697	1.1174	0.5525	0.0859
0.3714	−1.0891	1.1006	−1.4916

二、随机变量的概率计算

1. 专用函数计算概率密度函数值(见表 10.4)

表 10.4　专用函数计算概率密度函数表

函数名	调用形式	函　数　说　明
unifpdf	unifpdf(x, a, b)	[a, b] 上均匀分布(连续)的概率密度在 X = x 处的函数值
unidpdf	unidpdf(x, n)	均匀分布(离散)的概率密度函数值
exppdf	exppdf(x, lambda)	参数为 lambda 的指数分布概率密度函数值
normpdf	normpdf(x, mu, sigma)	参数为 mu, sigma 的正态分布概率密度函数值
chi2pdf	chi2pdf(x, n)	自由度为 n 的卡方分布概率密度函数值
tpdf	tpdf(x, n)	自由度为 n 的 t 分布概率密度函数值
fpdf	fpdf(x, n_1, n_2)	第一自由度为 n_1, 第二自由度为 n_2 的 F 分布概率密度函数值
gampdf	gampdf(x, a, b)	参数为 a, b 的伽马分布概率密度函数值
betapdf	betapdf(x, a, b)	参数为 a, b 的贝塔分布概率密度函数值
lognpdf	lognpdf(x, mu, sigma)	参数为 mu, sigma 的对数正态分布概率密度函数值
nbinpdf	nbinpdf(x, R, P)	参数为 R, P 的负二项式分布概率密度函数值
ncfpdf	ncfpdf(x, n_1, n_2, delta)	参数为 n_1, n_2, delta 的非中心 F 分布概率密度函数值
nctpdf	nctpdf(x, n, delta)	参数为 n, delta 的非中心 t 分布概率密度函数值
ncx2pdf	ncx2pdf(x, n, delta)	参数为 n, delta 的非中心卡方分布概率密度函数值
raylpdf	raylpdf(x, b)	参数为 b 的瑞利分布概率密度函数值
weibpdf	weibpdf(x, a, b)	参数为 a, b 的韦布尔分布概率密度函数值
binopdf	binopdf(x, n, p)	参数为 n, p 的二项分布的概率密度函数值
geopdf	geopdf(x, p)	参数为 p 的几何分布的概率密度函数值
hygepdf	hygepdf(x, M, K, N)	参数为 M, K, N 的超几何分布的概率密度函数值
poisspdf	poisspdf(x, lambda)	参数为 lambda 的泊松分布的概率密度函数值

【例 3】　(1) 绘制标准正态分布密度函数的图形;

(2) 绘制卡方分布密度函数在自由度分别为 10, 20 时的图形.

【MATLAB 命令及运行结果】

(1) 编写 L01.m 文件:

```
clc
  x = -5:0.01:5;
  y1 = normpdf(x,0,1);plot(x,y1,'r.')
hold on
  y2 = normpdf(x,0,2);plot(x,y2,'b-')
  axis([-5,5,0,0.5])    %指定显示的图形区域
```
运行结果如图 10.1 所示.

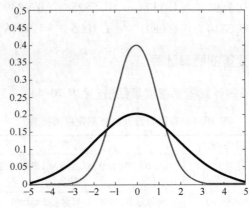

图 10.1 正态分布密度函数图

（2）编写 L02. m 文件：

```
clc
  x = 0:0.2:30;
  y1 = chi2pdf(x,10);plot(x,y1,'r.')
hold on
  y2 = chi2pdf(x,20);plot(x,y2,'b+')
  axis([0,30,0,0.2])    %指定显示的图形区域
```
运行结果如图 10.2 所示.

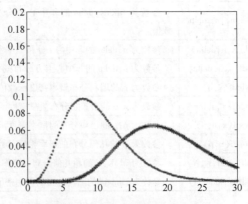

图 10.2 卡方分布密度函数图

2. 通用函数计算概率密度函数值

调用格式

Y = pdf('name',K,A)

Y = pdf('name',K,A,B)

Y = pdf('name',K,A,B,C)

% 返回在 K 点处的概率密度值,A,B,C 表示参数,name 为分布函数名(见表 10.3)

【例 4】　(1) 计算正态分布 $N(0,1)$ 的随机变量 X 在点 0.5 处的密度函数值;

(2) 计算自由度为 10 的卡方分布,在点 2 处的密度函数值.

【MATLAB 命令及运行结果】

(1)

```
>> pdf('norm',0.5,0,1)
ans =
    0.3521
```

(2)

```
>> pdf('chi2',2,10)
ans =
    0.0077
```

3. 累积分布函数和逆累积分布函数

类似地,对于不同分布也可以绘制和计算它们的累计分布函数和逆累积分布函数,将相应的命令改为 cdf 和 icdf 即可.

例如,设 $X \sim N(1,2^2)$,求:$P\{0 < X < 3\}$,$P\{-2 < X < 6\}$.相应的 MATLAB 命令及结果如下:

```
>> p1 = normcdf(3,1,2)-normcdf(0,1,2)    %p1 = P{0 < X < 3}
p1 =
    0.5328
>> p2 = normcdf(6,1,2)-normcdf(-2,1,2)   %p2 = P{-2 < X < 6}
p2 =
    0.9270
```

【例 5】　(1) 在标准正态分布表中,若已知 $\Phi(x) = 0.95$,求 x;

(2) 在 χ^2 分布表中,若自由度为 10,$\alpha = 0.95$,求分位点 x.

【MATLAB 命令及运行结果】

(1)

```
>> x = icdf('norm',0.95,0,1)
x =
    1.6449
```

(2)

```
>> x = icdf('chi2',0.05,10)
x =
    3.9403
```

三、随机变量的数字特征

1. 常见分布的期望和方差(见表 10.5)

表 10.5　常见分布的期望和方差

函数名	调 用 形 式	函 数 说 明
unifstat	$[M,V]=unifstat(a,b)$	均匀分布(连续)的期望和方差(M 为期望,V 为方差,下同)
unidstat	$[M,V]=unidstat(n)$	均匀分布(离散)的期望和方差
expstat	$[M,V]=expstat(p,Lambda)$	指数分布的期望和方差
normstat	$[M,V]=normstat(mu,sigma)$	正态分布的期望和方差
chi2stat	$[M,V]=chi2stat(x,n)$	卡方分布的期望和方差
tstat	$[M,V]=tstat(n)$	t 分布的期望和方差
fstat	$[M,V]=fstat(n1,n2)$	F 分布的期望和方差
gamstat	$[M,V]=gamstat(a,b)$	伽马分布的期望和方差
betastat	$[M,V]=betastat(a,b)$	贝塔分布的期望和方差
lognstat	$[M,V]=lognstat(mu,sigma)$	对数正态分布的期望和方差
nbinstat	$[M,V]=nbinstat(R,P)$	负二项式分布的期望和方差
ncfstat	$[M,V]=ncfstat(n1,n2,delta)$	非中心 F 分布的期望和方差
nctstat	$[M,V]=nctstat(n,delta)$	非中心 t 分布的期望和方差
ncx2stat	$[M,V]=ncx2stat(n,delta)$	非中心卡方分布的期望和方差
raylstat	$[M,V]=raylstat(b)$	瑞利分布的期望和方差
weibstat	$[M,V]=weibstat(a,b)$	韦布尔分布的期望和方差
binostat	$[M,V]=binostat(n,p)$	二项分布的期望和方差
geostat	$[M,V]=geostat(p)$	几何分布的期望和方差
hygestat	$[M,V]=hygestat(M,K,N)$	超几何分布的期望和方差
poisstat	$[M,V]=poisstat(lambda)$	泊松分布的期望和方差

注:如果参数是向量或矩阵,则 M,V 返回的也是向量或矩阵.

【例 6】　二项分布的期望和方差.

【MATLAB 命令及运行结果】

>> $[M,V]=binostat(50,1/2)$

M =

　　25

V =

　12.5000

【例 7】　均匀分布的期望和方差.

【MATLAB 命令及运行结果】

>> $[M,V]=unifstat(0,3)$

M =

　1.5000

V =

　　0.7500

```
>> a=1:5;b=3. * a;
>> [M,V]=unifstat(a,b)
M =
     2     4     6     8    10
V =
     0. 3333     1. 3333     3. 0000     5. 3333     8. 3333
```

2. 样本均值和样本方差

调用格式 mean　%计算样本均值

var　%计算样本方差

【例8】　随机抽取 8 袋面粉测得重量如下(单位:kg).

15. 21　14. 90　14. 91　15. 32　15. 32　14. 88　14. 94　15. 10

试求样本均值和样本方差.

【MATLAB 命令及运行结果】

```
>> X=[15. 21    14. 90    14. 91    15. 32    15. 32    14. 88
14. 94    15. 1];
>>a=mean(X)
a =
    15. 0725
>>b=var(X)
b =
    0. 0361
```

四、 参数估计

MATLAB 中常见的参数估计函数见表 10.6.

表 10. 6　参数估计函数表

函数名	调 用 形 式	函 数 说 明
binofit	phat=binofit(x,n) [phat,pci]=binofit(x,n) [phat,pci]=binofit(x,n,alpha)	二项分布的概率的最大似然估计 置信度为95%的参数估计和置信区间 返回显著性水平 alpha 下的参数估计和置信区间
poissfit	lambdahat=poissfit(x) [lambdahat,lambdaci]=poissfit(x) [lambdahat, lambdaci] = poissfit(x, al-pha)	泊松分布的参数的最大似然估计 置信度为95%的参数估计和置信区间 返回显著性水平 alpha 下的 λ 参数和置信区间

（续）

函数名	调用形式	函数说明
normfit	$[\text{muhat},\text{sigmahat},\text{muci},\text{sigmaci}]=\text{normfit}(x)$ $[\text{muhat},\text{sigmahat},\text{muci},\text{sigmaci}]=\text{normfit}(x,\text{alpha})$	正态分布的最大似然估计,置信度为95% 返回显著性水平 alpha 下的期望、标准差和相应的置信区间
betafit	$\text{phat}=\text{betafit}(x)$ $[\text{phat},\text{pci}]=\text{betafit}(x,\text{alpha})$	返回贝塔分布的参数 a 和 b 的最大似然估计 返回最大似然估计值和显著性水平 alpha 下的置信区间
unifit	$[\text{ahat},\text{bhat}]=\text{unifit}(x)$ $[\text{ahat},\text{bhat},\text{aci},\text{bci}]=\text{unifit}(x)$ $[\text{ahat},\text{bhat},\text{aci},\text{bci}]=\text{unifit}(x,\text{alpha})$	均匀分布参数的最大似然估计 置信度为95%的参数估计和置信区间 返回显著性水平 alpha 下的参数估计和置信区间
expfit	$\text{muhat}=\text{expfit}(x)$ $[\text{muhat},\text{muci}]=\text{expfit}(x)$ $[\text{muhat},\text{muci}]=\text{expfit}(x,\text{alpha})$	指数分布参数的最大似然估计 置信度为95%的参数估计和置信区间 返回显著性水平 alpha 下的参数估计和置信区间
gamfit	$\text{phat}=\text{gamfit}(x)$ $[\text{phat},\text{pci}]=\text{gamfit}(x)$ $[\text{phat},\text{pci}]=\text{gamfit}(x,\text{alpha})$	伽马分布参数的最大似然估计 置信度为95%的参数估计和置信区间 返回最大似然估计值和显著性水平 alpha 下的置信区间
weibfit	$\text{phat}=\text{weibfit}(x)$ $[\text{phat},\text{pci}]=\text{weibfit}(x)$ $[\text{phat},\text{pci}]=\text{weibfit}(x,\text{alpha})$	韦布尔分布参数的最大似然估计 置信度为95%的参数估计和置信区间 返回显著性水平 alpha 下的参数估计及其区间估计
mle	$\text{phat}=\text{mle}('\text{dist}',\text{data})$ $[\text{phat},\text{pci}]=\text{mle}('\text{dist}',\text{data})$ $[\text{phat},\text{pci}]=\text{mle}('\text{dist}',\text{data},\text{alpha})$ $[\text{phat},\text{pci}]=\text{mle}('\text{dist}',\text{data},\text{alpha},\text{p1})$	分布函数类型为'dist'的最大似然估计 置信度为95%的参数估计和置信区间 返回显著性水平 alpha 下的最大似然估计值和置信区间 仅用于二项分布,p1 为试验总次数

注:说明各函数返回已给数据向量 X 的参数最大似然估计值和置信度为$(1-\text{alpha})\times$ 100%的置信区间.alpha 的默认值为 0.05,即置信度为95%.

【例9】　从一批钢索中抽取 10 根,测得其折断力如下:

578　572　570　568　572　570　570　596　584　572

若折断力服从 $N(\mu, \sigma^2)$,试求均值 μ 和标准差 σ 的置信度为 0.95 的置信区间.

【MATLAB 命令及运行结果】

编写 L03. m 文件:

X = [578　572　570　568　572　570　570　596　584　572];

[muhat, sigma, muci, sigmaci] = normfit(X, 0.05)　　%0.05 可以省略不写

运行后结果显示如下:

muhat =

　　　　575. 2000

sigma =

　　　　8. 7025

muci =

　　　　568. 9746

　　　　581. 4254

sigmaci =

　　　　5. 9859

　　　　15. 8874

由上可知,钢索折断力的均值 μ 的最大似然估计值为 575. 2000,置信区间为 [568. 9746, 581. 4254];标准差 σ 的最大似然估计值为 8. 7025,置信区间为 [5. 9859, 15. 8874].

五、　假设检验

1. σ^2 已知,单个正态总体的均值 μ 的假设检验(U 检验法)

函数名称　ztest

调用格式　h = ztest(x, m, sigma)　　% x 为正态总体的样本,m 为均值(μ_0),sigma 为标准差,显著性水平为 0.05(默认值)

h = ztest(x, m, sigma, alpha)　　%alpha 为显著性水平

[h, sig, ci, zval] = ztest(x, m, sigma, alpha, tail)　　%sig 为观察值的概率,当 sig 为小概率时则对原假设提出质疑;ci 为真正均值 μ 的 1-alpha 置信区间,zval 为统计量的值

说明:若 h = 0,表示在显著性水平 alpha 下,不能拒绝原假设;

　　　　若 h = 1,表示在显著性水平 alpha 下,可以拒绝原假设.

原假设为 $H_0 : \mu = \mu_0 = $ m.

若 tail = 0,表示备择假设为 $H_1 : \mu \neq \mu_0 = $ m(默认,双边检验);

若 tail = 1,表示备择假设为 $H_1 : \mu > \mu_0 = $ m(单边检验);

若 tail = -1,表示备择假设为 $H_1 : \mu < \mu_0 = $ m(单边检验).

【例 10】　某车间用一台包装机包装糖果,袋装糖的质量是一个随机变量,它服从正态分布.当机器正常时,其均值为 0.5,标准差为 0.015. 某日开工后检验包装机工作是否正常,随机地抽取 9 袋,

称得净重为(单位:kg):

0.497　0.506　0.518　0.524　0.498　0.511　0.520　0.515　0.512

问包装机工作是否正常?(显著性水平 $\alpha = 0.05$)

分析:总体 μ 和 σ 已知,该问题是当 σ^2 为已知时,在显著性水平 $\alpha = 0.05$ 下,根据样本值判断,是 $\mu = 0.5$ 还是 $\mu \neq 0.5$. 为此提出假设如下:

原假设为 $H_0 : \mu = \mu_0 = 0.5$,

备择假设为 $H_1 : \mu \neq 0.5$.

【MATLAB 命令及运行结果】

>> X = [0.497, 0.506, 0.518, 0.524, 0.498, 0.511, 0.520, 0.515, 0.512];

>> hh = ztest(X, 0.5, 0.015)

>> [h, sig, ci, zval] = ztest(X, 0.5, 0.015, 0.05, 0)

结果显示为

hh =

　　1　　　　　　　　　%拒绝原假设

h =

　　1　　　　　　　　　%拒绝原假设

sig =

　　0.0248　　　　　　　%样本观察值的概率,小于显著性水平 0.05

ci =

　　0.5014　0.5210　%置信区间

zval =

　　2.2444　　　　　　%检验统计量的观察值

结果表明:h = 1,说明在显著性水平 $\alpha = 0.05$ 下,拒绝原假设,即认为包装机工作不正常.

2. σ^2 未知,单个正态总体的均值 μ 的假设检验(t 检验法)

函数名称　ttest

调用格式　h = ttest(x, m)　% x 为正态总体的样本,m 为均值 μ_0,显著性水平为 0.05

h = ttest(x, m, alpha)　%alpha 为给定显著性水平

[h, sig, ci] = ttest(x, m, alpha, tail)　%sig 为观察值的概率,当 sig 为小概率时则对原假设提出质疑,ci 为真正均值 μ 的 1-alpha 置信区间.

说明:若 h = 0,表示在显著性水平 alpha 下,不能拒绝原假设;

　　　　若 h = 1,表示在显著性水平 alpha 下,可以拒绝原假设.

原假设为 $H_0 : \mu = \mu_0 = m$.

若 tail = 0,表示备择假设为 $H_1 : \mu \neq \mu_0 = m$(默认,双边检验);

若 tail = 1,表示备择假设为 $H_1 : \mu > \mu_0 = m$(单边检验);

若 tail = -1,表示备择假设为 $H_1 : \mu < \mu_0 = m$(单边检验).

【例 11】　有一种新安眠药剂,据说在一定剂量下能比某种旧安眠药剂平均增加睡眠时间 2h.根据资料,用旧安眠药剂时平均睡眠时间为 20.8h,为了检验新安眠药剂的这种说法是否正确,科研人员收集了一组使用新安眠药剂的睡眠时间(单位:h)为

26.7　22.0　24.1　21.0　27.2　25.0　23.4

试问这组数据能否说明新安眠药剂已达到新的疗效? 假设新、旧安眠药剂的睡眠时间都服从正态分布,显著性水平 $\alpha = 0.1$.

分析:未知 σ^2,在显著性水平 $\alpha = 0.1$ 下,检验假设为

$$H_0 : \mu = \mu_0 = 22.8, H_1 : \mu > 22.8.$$

【MATLAB 命令及运行结果】

使用 t 检验法做单边检验,输入命令

```
>> X = [26.7   22.0   24.1   21.0   27.2   25.0   23.4];
>> [h,sig,ci] = ttest(X,22.8,0.1,1)
```

结果显示为

h =

　　　1

sig =

　　　0.0789

ci =

22.9508　　　Inf

结果表明:h=1 表示在显著性水平 $\alpha = 0.1$ 下,应该拒绝原假设 H_0,即认为新安眠药剂已达到新的疗效.

第三节　应用实例

一、MATLAB 在数据分析中的应用

MATLAB 中常用的数据分析函数见表 10.7.

表　10.7

函 数 名 称	功 能 简 介	函 数 名 称	功 能 简 介
max(x)	求最大值	std(x)	求样本标准差
min(x)	求最小值	var(x)	求样本方差
median(x)	求中值	hist(x)	画出直方图
mean(x)	求算术平均值	corrcoef(x)	求相关系数

【例 1】　某学校随机抽取 100 名学生,测得身高(cm)、体重(kg),见表 10.8.

(1)求这 100 名学生的身高(cm)、体重(kg)的频数表和直方图;

（2）求各统计量的值.

表 10.8

身高/cm	体重/kg	身高/cm	体重/kg	身高/cm	体重/kg	身高/cm	体重/kg	身高/cm	体重/kg
172	75	169	55	169	64	171	65	167	47
171	62	168	67	165	52	169	62	168	65
166	62	168	65	164	59	170	58	165	64
160	55	175	67	173	74	172	64	168	57
155	57	176	64	172	69	169	58	176	57
173	58	168	50	169	52	167	72	170	57
166	55	161	49	173	57	175	76	158	51
170	63	169	63	173	61	164	59	165	62
167	53	171	61	166	70	166	63	172	53
173	60	178	64	163	57	169	54	169	66
178	60	177	66	170	56	167	54	169	58
173	73	170	58	160	65	179	62	172	50
163	47	173	67	165	58	176	63	162	52
165	66	172	59	177	66	182	69	175	75
170	60	170	62	169	63	186	77	174	66
163	50	172	59	176	60	166	76	167	63
172	57	177	58	177	67	169	72	166	50
182	63	176	68	172	56	173	59	174	64
171	59	175	68	165	56	169	65	168	62
177	64	184	70	166	49	171	71	170	59

【MATLAB 命令及运行结果】

Load s1. txt　　　　　　　%读入数据文件 s1. txt

Disp('显示身高的频数表:'),[N,X]=hist(s1(:,1),10)

　　　　　　　　　　%列出身高的频数表

显示身高的频数表:

N =

　　2　　3　　6　　18　　26　　22　　11　　8　　2　　2

X =

　　Columns 1 through 7

　　156. 5500　　159. 6500　　162. 7500　　165. 8500　　168. 9500

　　172. 5000　　175. 1500

　　Columns 8 through 10

　　48. 5000　　181. 3500　　184. 4500

Disp('显示体重的频数表:'),[N,X]=hist(s1(:,2),10)

　　　　　　　　　　　　%列出体重的频数表

显示体重的频数表:

N =

　　8　　6　　8　　21　　13　　19　　11　　5　　4　　5

X =

　　Columns 1 through 7

　　48. 5000　　51. 5000　　54. 5000　　57. 5000　　60. 5000

63. 5000　　66. 50000

Columns 8 through 10

69. 5000　　72. 5000　　75. 5000

%下面把图形窗口分为两个子图,分别画身高与体重的直方图,如图 10.3 所示.

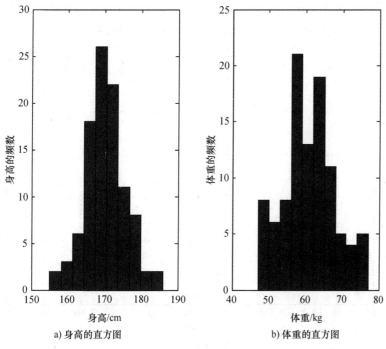

a) 身高的直方图　　　　　　　　b) 体重的直方图

图　10.3

Subplot(1,2,1) ,hist(s1(:,1) ,10) ,title('身高的直方图')

Subplot(1,2,2) ,hist(s1(:,2) ,10) ,title('体重的直方图')

二、MATLAB 在古典概型中的应用

古典概率:事件 A 发生的概率 $P(A) = \dfrac{m}{n} = \dfrac{A \text{ 中包含的基本事件数}}{\text{基本事件总数}}$

【例 2】　在 100 个人的团体中,如果不考虑年龄的差异,研究是否有两个以上的人生日相同.假设每人的生日在一年 365 天中的任意一天是等可能的,那么随机找 n 个人($n \leqslant 365$).求这 n 个人生日各不相同的概率是多少? 从而求这 n 个人中至少有两个人生日相同的概率是多少?

【MATLAB 命令及运行结果】

编写 L04. m 文件:

```
for n=1:100
    p0(n)=prod(365:-1:365-n+1)/365^n;
    p1(n)=1-p0(n);
end
n=1:100;
```

```
plot(n,p0,n,p1,'--')      % 绘制图形
xlabel('人数'),ylabel('概率')      % 为坐标轴做文本标记
Legend('生日各不相同的概率','至少两人相同的概率')
                          % 为图形做标注
axis([0 100 -0.1 1.1]),grid on      % 控制坐标系的刻度和形式
```

运行 M 命令文件,绘出概率统计图,如图 10.4 所示.

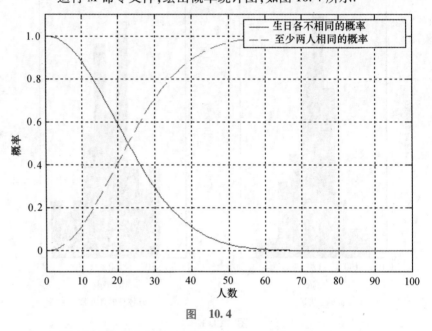

图　10.4

输入 MATLAB 命令:p1(30)

　　ans =

　　　0.7063

输入 MATLAB 命令:p1(60)

　　ans =

　　　0.9941

三、MATLAB 在概率分布中的应用

MATLAB 中的几种常用分布的命令为:正态分布 norm,χ^2 分布 chi2,t 分布 t,F 分布 f.每一种分布有五类函数:密度函数 pdf,分布函数 cdf,逆概率分布 inv,均值与方差 stst,随机数生成 rnd.

【例 3】 画出几种常用分布的分布函数曲线和概率密度函数曲线.

【MATLAB 命令及运行结果】

为画出正态分布的分布函数曲线和概率密度函数曲线,编写 L05.m 文件:

```
x=-6:0.01:6;
y1=normpdf(x);
z1=normcdf(x);
y2=normpdf(x,0,2);
```

z2 = normcdf(x,0,2);
subplot(1,2,1),plot(x,y1,x,y2);
subplot(1,2,2),plot(x,z1,x,z2);
gtext('N(0,1)');gtext('N(0,2^2)');
gtext('N(0,1)');gtext('N(0,2^2)');

运行该文件,绘制出概率图形,如图 10.5 所示.

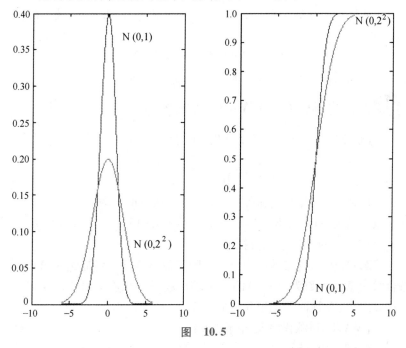

图　10.5

【**例 4**】　公共汽车车门的高度是按男子与车门门顶碰头的机会在 0.01 以下来设计的.通过大量的抽样调查获得统计规律:男子的平均身高 X(单位:cm)服从正态分布 $N(170,6^2)$,问如何设计公共汽车车门的高度 h 才能满足要求.

　　分析:由男子的平均身高 X(单位:cm)服从正态分布 $N(170,6^2)$,可知 X(随机变量)的概率密度函数为

$$f(x)=\frac{1}{6\sqrt{2\pi}}e^{-\frac{(x-170)^2}{2\times 6^2}}.$$

依据车门的设计要求,问题转化为求最小的 h,使得定积分 $\int_0^h f(x)\mathrm{d}x$ 不小于 0.99,解得符合上述要求的最小 h 即为公共汽车车门的设计高度.又已知被积函数 $f(x)$ 是一个不可积函数,因此我们需要求近似值.

【**MATLAB 命令及运行结果**】

在求解之前,先给出下面的结果:

$$f(x)=\frac{1}{6\sqrt{2\pi}}e^{-\frac{(x-170)^2}{2\times 6^2}}=0.0664904e^{-0.0138889(x-170)^2},$$

用符号积分法计算,输入下面的命令:

```
h = 180 : 0.5 : 190;
for i = 1 : 20
    h(i)
    p = int('0.0664904 * exp(-0.0138889 * (x-170)^2)',0,h(i))
end
```

从执行结果容易得出,h(i) = 184 为满足 p>0.99 的最小的高度,此时有

$$p = 0.99018459661795559744587280353760$$

因此,符合设计要求的车门高度应为 184cm.

四、 综合例题的 MATLAB 数值模拟

【例 5】 设二维随机变量联合密度函数为

$$f(x,y) = \begin{cases} 8xy, & 0<y<x<1, \\ 0, & \text{其他.} \end{cases}$$

用数值模拟的方法画出 X 和 Y 的边缘密度函数 $f_X(x)$ 和 $f_Y(y)$,求数字特征 $E(X)$, $E(Y)$, $D(X)$, $D(Y)$, $E(XY)$, $\mathrm{Cov}(X,Y)$, $\rho_{X,Y}$,并比较各项的理论值和模拟值.

解:首先生成三维均匀分布的随机数 (x,y,z),用筛选法求出符合联合密度函数为 $f(x,y)$ 的 n 个随机数 (x,y),在三维空间中画出这 n 个点,在顶面上画出相应的 n 个 (x,y) 点.

【MATLAB 源程序及运行结果】

```
ve = [-40,15];
n = 100000;
k = 0;
Pxyz = zeros(3,n);
while(k<n)
    Pt = [rand; rand; rand * 8];
    if((Pt(2)<=Pt(1))&(Pt(3)<=8 * Pt(1) * Pt(2)))
        k = k+1;
        Pxyz( : ,k) = Pt;
    end
end

nxy = 101;
x = linspace(0,1,nxy);
fx = 4 * x.^3;
y = linspace(0,1,nxy);
fy = 4 * y. * (1-y.^2);
d = 0.1;
```

```
ax = 0 : d : 1;
bx = ( hist( Pxyz( 1, : ) ,ax)/n)/d;
bx( end) = 4;
ay = 0:d:1;
by = ( hist( Pxyz( 2, : ) ,ay)/n)/d;
by( end) = 0;
hold off
plot3( 0,0,0,'k.','markersize',10)
hold on
plot3( Pxyz( 1, : ) ,Pxyz( 2, : ) ,Pxyz( 3, : ) ,'r.','markersize',1)
plot3( Pxyz ( 1, : ) , Pxyz ( 2, : ) , 8 * ones ( 1, n ) ,' c.',
'markersize',1)

patch( [ 0,1,1,0] , [ 0,0,1,1] , [ 0,0,0,0] ,'c','facealpha',0. 01)
patch( [ 0,1,1,0] , [ 0,0,1,1] , [ 8,8,8,8] ,'c','facealpha',0. 01)
patch( [ 0,0,0,0] , [ 0,1,1,0] , [ 0,0,8,8] ,'c','facealpha',0. 01)
patch( [ 1,1,1,1] , [ 0,1,1,0] , [ 0,0,8,8] ,'c','facealpha',0. 01)
patch( [ 0,1,1,0] , [ 0,0,0,0] , [ 0,0,8,8] ,'c','facealpha',0. 01)
patch( [ 0,1,1,0] , [ 1,1,1,1] , [ 0,0,8,8] ,'c','facealpha',0. 01)
patch( [ 0,1,1] , [ 0,0,1] , [ 0,0,0] ,'y','facealpha',0. 1)
patch( [ 0,1,1] , [ 0,0,1] , [ 8,8,8] ,'y','facealpha',0. 1)
patch( [ 0,1,1,0] , [ 0,0,0,0] , [ 0,0,8,8] ,'y','facealpha',0. 1)
patch( [ 1,1,1,1] , [ 0,1,1,0] , [ 0,0,8,8] ,'y','facealpha',0. 1)
patch( [ 0,1,1,0] , [ 0,1,1,0] , [ 0,0,8,8] ,'y','facealpha',0. 1)

plot3( x,0 * x,fx,'m-','linewidth',2)
plot3( ax,ax * 0,bx,'b.','markersize',20)
plot3( 0 * y,y,fy,'m-','linewidth',2)
plot3( 0 * ay,ay,by,'b.','markersize',20)

view( ve)
return
mean( Pxyz( 1, : ) )
mean( Pxyz( 2, : ) )
var( Pxyz( 1, : ) )
var( Pxyz( 2, : ) )
mean( Pxyz( 1, : ) . * Pxyz( 2, : ) )
Cov( Pxyz( 1, : ) ,Pxyz( 2, : ) )
corrcoef( Pxyz( 1, : ) ,Pxyz( 2, : ) )
```
【MATLAB 源程序及运行结果】

ans = 0. 7989	ans = 0. 7993
ans = 0. 5339	ans = 0. 5315
ans = 0. 0267	ans = 0. 0268
ans = 0. 0495	ans = 0. 0491
ans = 0. 4447	ans = 0. 4428

ans =

  0. 0267 0. 0182

  0. 0182 0. 0495

ans =

  1. 0000 0. 4996

  0. 4996 1. 0000

ans =

  0. 0268 0. 0180

  0. 0180 0. 0491

ans =

  1. 0000 0. 4946

  0. 4946 1. 0000

$n = 10000$ 和 $n = 100000$ 的运行结果如图 10.6 所示.

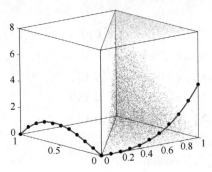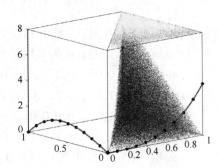

图 10.6

【例 6】 设 X 是离散型随机变量,其分布律为

X	1	2	3	4
P	$\dfrac{2}{6}$	$\dfrac{0}{6}$	$\dfrac{1}{6}$	$\dfrac{3}{6}$

对 X 进行 $n = 20$ 次叠加,即 $Y_n = X_1 + X_2 + \cdots + X_n$,画图求出 Y 的分布律.

（1）画出 X 的分布律竖线；

（2）画出 $Y_2 = X_1 + X_2$ 的分布律竖线；

（3）动画画出 $n = 1, 2, \cdots, 20$ 的分布律竖线；

（4）当 $n = 20$ 时,在分布律竖线上画出 20 次叠加之后与 $Y_n = X_1 + X_2 + \cdots + X_n$ 的期望和方差相同的正态分布的密度函数曲线(见图 10.7).

【MATLAB 源程序及运行结果】

```
hold off
n = 20;
m = 4;
P0 = [2/6,0/6,1/6,3/6]';
Pn = zeros(m * n,n);
for j = 1 : m
    Pn(j,1) = P0(j);
```

```
        end
    for i=2：n
        for j=i：m*i
            Pn(j,i)=0;
            for k=1：m
                if((j-k>=1)&&(j-k<=m*(i-1)))
                    Pn(j,i)=Pn(j,i)+Pn(j-k,i-1)*P0(k);
                end
            end
        end
    end
    xmax=m*n;
    ymax=max(max(Pn));
    x=[1：m*n]';
    Ex=x'*Pn;
    Dx=(x.*x)'*Pn-Ex.*Ex;
    subplot('position',[0.075,0.075,0.85,0.85])%1

    for i=1：n
        hold off
        fill([0 xmax xmax 0],[0,0,ymax,ymax],'w')
        hold on
        fill([0.7*xmax xmax xmax 0.7*xmax],[0.8*ymax,0.8*
ymax,ymax,ymax],'c')
        text(0.75*xmax,0.9*ymax,[num2str(i),'个和'],'FontSize',
30,'color','r');
        title(['随机变量和的分布 ',num2str(i),'个随机变量
的和']);
        y=Pn(：,i);

        for j=i：m*i
            if Pn(j,i)>0.001
    plot([x(j),x(j)],[0,Pn(j,i)],'b-','LineWidth',3)
            end
        end

        axis([0 xmax 0 ymax]);
        if i<=3
            pause(2)
        else
```

```
                                  pause(0.5)
                              end
                              if i= =n
                                  x0=Ex(i)-3*sqrt(Dx(i)):0.1:Ex(i)+3*sqrt(Dx(i));
                                  y0=normpdf(x0,Ex(i),sqrt(Dx(i)));
                                  plot(x0,y0,'r-','LineWidth',3)
                              end
                          end
                          return
```

随机变量和的
分布数值模拟

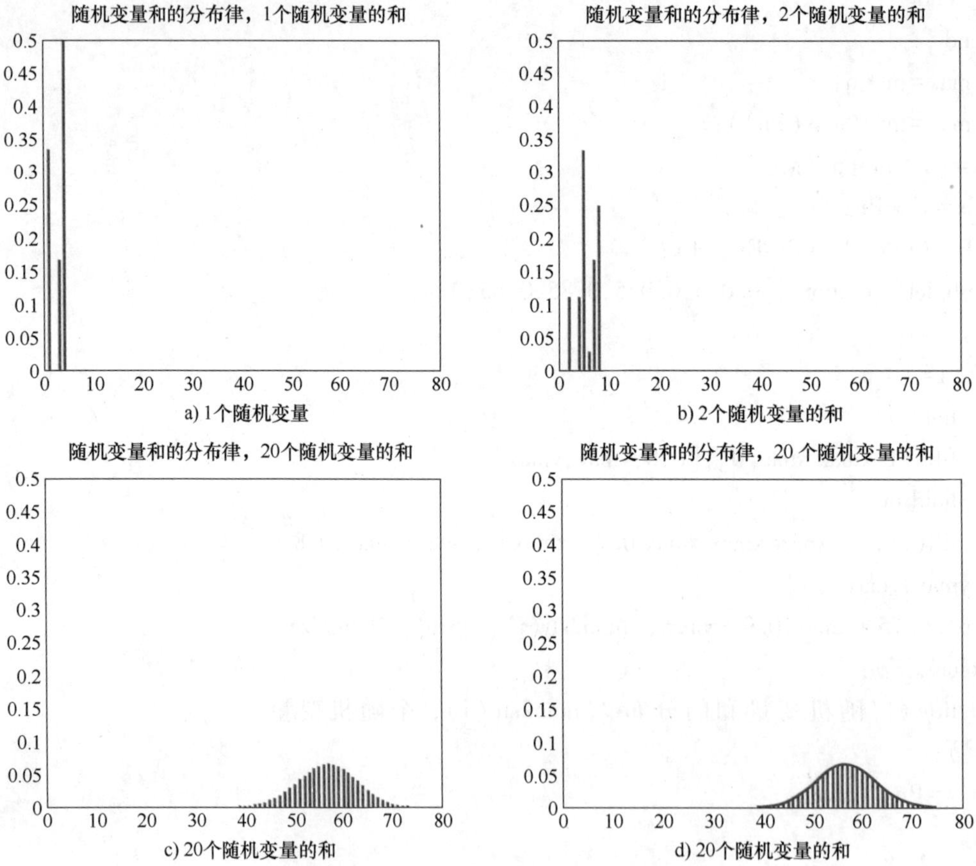

a) 1个随机变量

b) 2个随机变量的和

c) 20个随机变量的和

d) 20个随机变量的和

图　10.7

习题参考答案

习 题 一

A

1. (1) $S=\{(\text{正面},\text{正面}),(\text{正面},\text{反面}),(\text{反面},\text{正面}),(\text{反面},\text{反面})\}$

(2) $S=\{(1),(0,1),(0,0,1),(0,0,0,1),\cdots\}$,共含有可列个样本点

(3) $S=\{0,1,2,\cdots\}$,共含有可列个样本点

(4) $S=\{(x,y)\mid x^2+y^2<1\}$

(5) $S=\{t\mid t\geqslant 0\}$,共含有无穷不可列个样本点

2. (1) $\overline{A}\,\overline{B}\,\overline{C}+\overline{A}\,\overline{B}\,C+A\overline{B}\,\overline{C}+\overline{A}\,BC$ 或 $AB+BC+\overline{AC}$

(2) $\overline{ABC}$

(3) $AB\overline{C}+A\overline{B}C+\overline{A}BC+ABC$ 或 $AB+BC+AC$

(4) $AB\overline{C}+A\overline{B}C+\overline{A}BC$

(5) $(A+B)\overline{C}$

3. (2) 成立,(1)(3)(4)不成立   4. 略   5. $P\approx 0.9231$

6. (1) $P(A_1)=7/15$ (2) $P(A_2)=14/15$ (3) $P(A_3)=7/30$

7. (1) 1/12   (2) 1/20   8. 0.3024

9. 若记 X 为最大个数,则 $P(X=1)=6/16,P(X=2)=9/16,P(X=3)=1/16$

10. (1) 28/45   (2) 7/9   (3) 4/5   (4) 16/45   (5) 44/45

11. (1) 3/10   (2) 3/5   (3) 1/10   12. (1) $\dfrac{1}{n+1}$ (2) $\dfrac{1}{n(n+1)}$

13. 0.45   14. 20/21   15. (1) 0.8   (2) 0.5

16. (1) 0.4   (2) 0.4856   17. 196/197   18. 23/70

19. (1) 0.552   (2) 0.012   (3) 0.328   20. 2/3

B

21. $4/11!,4/\mathrm{P}_{11}^{7}=4/1663200$ 22. $\mathrm{P}_m^{n+1}/\mathrm{P}_m^{n+m}$

23. 1/1960   24. $\dfrac{\alpha^2}{1-2\alpha\beta}$

25. (1) 0.0507   (2) 0.0341   26. (1) 1/32   (2) 13/20   (3) 24/125

27. 五局三胜制对甲更有利   28. $1-13/6^4$

29. $\dfrac{2\alpha p_1}{(3\alpha-1)p_1+1-\alpha}$ 30. 3/4

习 题 二
A

1. (1)

X	3	4	5
p_k	0.1	0.3	0.6

(2) 略

2.

X	1	2	3	4
p_k	p	$(1-p)p$	$(1-p)^2p$	$(1-p)^3p$

3. (1)

X	1	2	3	4
p_k	7/10	7/30	7/120	1/120

(2)

X	1	2	3	4
p_k	7/10	6/25	27/500	3/500

4. (1) $P(X=i)=C_{10}^i C_{90}^{5-i}/C_{100}^5, i=0,1,2,3,4,5$　(2) 0.4162

5. (1) 0.0729　(2) 0.00856　(3) 0.99954

6. 0.0001279

7. $F(x)=\begin{cases} 0, & x<-1, \\ x^2/2+x+1/2, & -1\leqslant x<0, \\ -x^2/2+x+1/2, & 0\leqslant x<1, \\ 1, & x\geqslant 1. \end{cases}$

8. (1) $a=0, b=1, c=-1, d=1$　　(2) $f(x)=\begin{cases} \ln x, & 1<x\leqslant e, \\ 0, & 其他. \end{cases}$

9. $F(x)=\begin{cases} 0, & x<0, \\ x^2, & 0\leqslant x<1/2, \\ x-1/4, & 1/2\leqslant x<1, \\ -x^2+3x-5/4, & 1\leqslant x<3/2, \\ 1, & x\geqslant 3/2. \end{cases}$

10. (1) $c=21$　　(2) $F(x)=\begin{cases} 0, & x<0, \\ 7x^3+x^2/2, & 0\leqslant x<0.5, \\ 1, & x\geqslant 0.5. \end{cases}$

　　(3) 17/54　　(4) 103/108

11. $e^{-1}-e^{-3}$

12. (1) 0.5328, 0.9996, 0.6977, 0.5　(2) $c=3$　　(3) $d\leqslant 0.436$

13.

Y	1	3	5
P	0.2	0.4	0.4

14. (1) $f_Y(y)=\begin{cases}0.5\mathrm{e}^{-0.5y}, & y>0,\\ 0, & \text{其他}.\end{cases}$ 　(2) $f_Y(y)=\begin{cases}1/3, & 1<y<4,\\ 0, & \text{其他}.\end{cases}$

(3) $f_Y(y)=\begin{cases}1/y, & 1<y<\mathrm{e},\\ 0, & \text{其他}.\end{cases}$ 　(4) $f_Y(y)=\begin{cases}\mathrm{e}^{-y}, & y>0,\\ 0, & \text{其他}.\end{cases}$

15. (1) $f_Y(y)=\begin{cases}y^2/18, & -3<y<3,\\ 0, & \text{其他},\end{cases}$ 　(2) $f_Y(y)=\begin{cases}\dfrac{3}{2}(3-y)^2, & 2<y<4,\\ 0, & \text{其他}.\end{cases}$

(3) $f_Y(y)=\begin{cases}\dfrac{3}{2}\sqrt{y}, & 0<y<1,\\ 0, & \text{其他}.\end{cases}$

16. $F_Y(y)=\begin{cases}0, & y<1,\\ 1-\mathrm{e}^{-\frac{1}{5}\ln y}, & 0\leqslant y<\mathrm{e}^2,\\ 1, & y\geqslant \mathrm{e}^2.\end{cases}$ Y 不是连续型随机变量,

B

17. (1) $P(X=k)=\dfrac{1}{3^{k-1}}\sum_{i=1}^{k-2}\mathrm{C}_{k-1}^{i},k=3,4,5,\cdots$ 　(2) 5/9

18. (1) 0.321 　(2) 0.243

19. (1) $F(x)=\begin{cases}0, & x<2,\\ 3/10, & 2\leqslant x<3,\\ 7/10, & 3\leqslant x<4,\\ 1, & x\geqslant 4\end{cases}$ 　(2) $P(X<2)=0,P(X>4)=0$

20. $1\leqslant k\leqslant 3$ 　　　　　　　21. 20/27

22. (1) $\mathrm{e}^{-\frac{3}{2}}$ 　(2) $1-\mathrm{e}^{-\frac{5}{2}}$ 　　23. 19/27

24. (1) $\mu=70,\sigma=14.81$ 　(2) 0.94

25. $P(Y=k)=\mathrm{C}_5^k\mathrm{e}^{-2k}(1-\mathrm{e}^{-2})^{5-k}$, 　$k=0,1,\cdots,5$, 　$P(Y\geqslant 1)=0.5167$

26. 略

习　题　三
A

1.

X	Y	
	1	3
0	0	1/8
1	3/8	0
2	3/8	0
3	0	1/8

2. （1）1/8　　（2）3/8　　（3）27/32　　（4）2/3

3.（1）$A=\dfrac{1}{\pi^2},B=C=\dfrac{\pi}{2}$

（2）(X,Y)的联合密度函数为$f(x,y)=\dfrac{6}{\pi^2(4+x^2)(9+y^2)}$

4. 65/72

5.（1）(X,Y)的联合分布律为

X	Y			
	0	1	2	3
0	1/27	1/9	1/9	1/27
1	1/9	2/9	1/9	0
2	1/9	1/9	0	0
3	1/27	0	0	0

（2）关于X的边缘分布律为

X	0	1	2	3
$P_{i\cdot}$	8/27	4/9	2/9	1/27

关于Y的边缘分布律为

Y	0	1	2	3
$P_{\cdot j}$	8/27	4/9	2/9	1/27

6.（1）$c=21/4$

（2）$f_X(x)=\begin{cases}\dfrac{21}{8}x^2(1-x^4), & -1<x<1,\\ 0, & 其他.\end{cases}$　$f_Y(y)=\begin{cases}\dfrac{7}{2}y^{\frac{5}{2}}, & 0<y<1,\\ 0, & 其他.\end{cases}$

7.

$Y\mid X=1$	1	3
P	1	0

$X\mid Y=3$	0	1	2	3
P	1/2	0	0	1/2

8.（1）$f_X(x)=\begin{cases}x, & 0<x<1,\\ 2-x, & 1\leqslant x\leqslant2,\\ 0, & 其他.\end{cases}$　（2）$f_{X\mid Y}(x\mid y)=\begin{cases}\dfrac{1}{2-2y}, & (x,y)\in D,\\ 0, & 其他.\end{cases}$

9. 0.5

10. $a=1/18,b=2/9,c=1/6$

11.（1）$f(x,y)=\begin{cases}e^{-y}, & 0<x<1,y>0,\\ 0, & 其他.\end{cases}$　（2）e^{-1}　（3）e^{-1}

12. $f_Z(z)=\begin{cases}z, & 0\leqslant z<1,\\ 2-z, & 1\leqslant z<2,\\ 0, & 其他.\end{cases}$

13. $f_Z(z)=\begin{cases}\dfrac{3}{2}(1-z^2), & 0<z<1,\\ 0, & 其他.\end{cases}$

14. $f_Z(z)=\begin{cases}\dfrac{1}{2}, & 0<z<1,\\ \dfrac{1}{2z^2}, & z\geqslant1,\\ 0, & 其他.\end{cases}$

15. Z的分布律为

Z	0	1
P	$\dfrac{1}{4}$	$\dfrac{3}{4}$

16. U 的分布律为

U	1	2	3
P	0.12	0.37	0.51

V 的分布律为

V	0	1	2
P	0.40	0.44	0.16

17. （1）$b = \dfrac{1}{1-e^{-1}}$

（2）$f_X(x) = \begin{cases} \dfrac{e^{-x}}{1-e^{-1}}, & 0<x<1, \\ 0, & 其他. \end{cases}$ $\qquad f_Y(y) = \begin{cases} e^{-y}, & y>0, \\ 0, & 其他. \end{cases}$

（3）$F_U(u) = \begin{cases} 0, & u \leqslant 0, \\ \dfrac{(1-e^{-u})^2}{1-e^{-1}}, & 0<u<1, \\ 1-e^{-u}, & u \geqslant 1, \end{cases}$

18. T 的密度函数为 $f_T(t) = \begin{cases} 3\lambda e^{-3\lambda t}, & t>0, \\ 0, & t \leqslant 0. \end{cases}$

B

19. $P(X=i,Y=j) = \dfrac{5!}{i!j!(5-i-j)!}(0.5)^i(0.3)^j(0.2)^{5-i-j}$,

$i = 0,1,\cdots,5, j = 0,1,\cdots,5, i+j \leqslant 5$.

X	Y						行和
	0	1	2	3	4	5	
0	0.00032	0.00240	0.0072	0.0108	0.00810	0.00243	0.03125
1	0.00400	0.02400	0.0540	0.0540	0.02025	0.00000	0.15625
2	0.02000	0.09000	0.1350	0.0675	0.00000	0.00000	0.31250
3	0.05000	0.15000	0.1125	0.00000	0.00000	0.00000	0.31250
4	0.06250	0.09375	0.00000	0.00000	0.00000	0.00000	0.15625
5	0.03125	0.00000	0.00000	0.00000	0.00000	0.00000	0.03125
列和	0.16807	0.36015	0.3087	0.1323	0.02835	0.00243	1.00000

20. $F(x,y) = \begin{cases} 0, & x<0 \text{ 或 } y<0, \\ x^2y^2, & 0 \leqslant x<1, 0 \leqslant y<1, \\ x^2, & 0 \leqslant x<1, y \geqslant 1, \\ y^2, & x \geqslant 1, 0 \leqslant y<1, \\ 1, & x \geqslant 1, y \geqslant 1. \end{cases}$

21. (X,Y) 的联合分布律为：

$$P(X=m,Y=n) = p^2 q^{n-2}, q=1-p, n=2,3,\cdots, m=1,2,\cdots,n-1;$$

当 $n=2,3,\cdots$ 时，X 关于 $Y=n$ 的条件分布律为

$$P(X=m \mid Y=n) = \frac{1}{n-1}, m=1,2,\cdots,n-1;$$

当 $m=1,2,\cdots,n-1$ 时, Y 关于 $X=m$ 的条件分布律为

$$P(Y=n \mid X=m)=pq^{n-m-1},n=m+1,m+2,\cdots.$$

22.

(1) $P(X=n)=\dfrac{14^n \mathrm{e}^{-14}}{n!},n=0,1,2,\cdots,P(Y=m)=\dfrac{\mathrm{e}^{-7.14}(7.14)^m}{m!},$

$$m=0,1,2,\cdots,n.$$

(2) 当 $m=0,1,2,\cdots,n$ 时, $P(X=n \mid Y=m)=\dfrac{\mathrm{e}^{-6.86}(6.86)^{n-m}}{(n-m)!},$

$$n=m,m+1,\cdots;$$

当 $n=0,1,2,\cdots$ 时, $P(Y=m \mid X=n)=\dbinom{n}{m} \cdot (0.51)^m \cdot (0.49)^{n-m},$

$$m=0,1,2,\cdots,n.$$

(3) $P(Y=m \mid X=20)=\dbinom{20}{m} \cdot (0.51)^m \cdot (0.49)^{20-m},m=0,1,2,\cdots,20.$

23.

k	1
$P(Y=k \mid X=1)$	1

k	1	2
$P(Y=k \mid X=2)$	1/2	1/2

k	1	2	3
$P(Y=k \mid X=3)$	1/3	1/3	1/3

k	1	2	3	4
$P(Y=k \mid X=4)$	1/4	1/4	1/4	1/4

24. (X,Y) 的联合概率分布为

X	Y	
	-1	1
-1	1/4	0
1	1/2	1/4

但 X 与 Y 不相互独立.

25. $p=19/36,q=1/18$

26. (1) $f_{U_2}(y)=\begin{cases}\dfrac{1}{6}y^3 \mathrm{e}^{-y}, & y>0, \\ 0, & y \leqslant 0,\end{cases}$ $f_{U_3}(z)=\begin{cases}\dfrac{1}{120}z^5 \mathrm{e}^{-z}, & z>0, \\ 0, & z \leqslant 0.\end{cases}$

(2) $f_Z(z)=\begin{cases}3z\mathrm{e}^{-z}(1-\mathrm{e}^{-z}-z\mathrm{e}^{-z})^2, & z>0, \\ 0, & z \leqslant 0.\end{cases}$

27. 略

习 题 四

A

1. $E(X)=\dfrac{2}{9},D(X)=\dfrac{88}{405}$ 2. $E(X)=1500$

3. $E(X)=1, D(X)=\dfrac{1}{6}$　　　　　4. $A=\dfrac{\lambda}{2}, E(X)=0, D(X)=\dfrac{2}{\lambda^2}$

5. $E(X)=\dfrac{1}{2}, D(X)=\dfrac{13}{4}$　　　6. $a=\dfrac{1}{2}, b=\dfrac{1}{\pi}; E(X)=0, D(X)=\dfrac{1}{2}$

7. $E(X^2)=2525$　　　　　　8. $E(Y)=\dfrac{\pi}{24}(b+a)(b^2+a^2)$

9. $E(Y)=-\dfrac{1}{2}(1+\ln 2), D(Y)=\dfrac{1}{4}\ln^2 2+\dfrac{1}{2}\ln 2+\dfrac{3}{4}$

10. $E(Y)=\dfrac{2|b|}{\pi}, D(Y)=\left(\dfrac{1}{2}-\dfrac{4}{\pi^2}\right)b^2$

11. $E(Y)=900$　　　　　　　12. 最多装 39 袋

13. $E(|X-Y|)=\sqrt{\dfrac{2}{\pi}}$　　　14. $E(Y)=-\dfrac{5}{3}, D(Y)=\dfrac{2}{9}$

15. $E(XY)=4$　　　　　　　16. 平均距离为 $\sqrt{\dfrac{\pi}{2}}$

17. $\rho_{XY}=\dfrac{1}{\sqrt{3}}$

18. $\mathrm{Cov}(X,Y)=0, \rho_{XY}=0. X$ 与 Y 不相互独立

19. 可以

20. $\mathrm{Cov}(X,Y)=\dfrac{8}{225}$　　　21. $\mathrm{Cov}(X,Y)=0$

22. $\mathrm{Cov}(X,Y)=48, \rho_{XY}=1$　　23. $\mathrm{Cov}(U,V)=3\lambda$

B

24. $E(X)=2.7$　　　　　　　25. 略

26. $E(Y^2)=5$　　　　　　　27. $E(Y)=\dfrac{\sqrt{2\pi}}{2a}$

28. $\mu=11-\dfrac{1}{2}\ln\dfrac{25}{21}$　　　29. 略

30. $\varphi(t)$ 在 $t=E(X)$ 处取到最小值 $D(X)$

31. $a_i=\dfrac{1}{\sigma_i^2 \sum\limits_{k=1}^{n}\dfrac{1}{\sigma_k^2}}$ 时,$\sum\limits_{i=1}^{n}a_iX_i$ 的方差最小

32. $E(Y)=\dfrac{3}{4}, E\left(\dfrac{1}{XY}\right)=\dfrac{3}{5}$　　33. $E[\max(X,Y)]=\dfrac{2}{3}$

34. 略　　　　　　　　　　35. $\rho_{YZ}=\dfrac{n\rho}{1+(n-1)\rho}$

36. $\mathrm{Cov}(X+1,Y-1)=\dfrac{1}{3}$　　37. 略

38. 略

习 题 五

A

1. 0.0516　　2. 103　　3. 25　　4. 0.4714　　5. 0.9874　　6. 0.9974

B

7. 643　　　　8. 190　　9. 0.045,(205,295)　　10. 略

习 题 六

A

1. $n \geqslant 3.84$,即至少取 4　　　2. 0.6744

3. $a = 1/20, b = 1/100$,其自由度为 2

4. (1) $\left(\dfrac{1}{\sqrt{2\pi}\,\sigma}\right)^{10} \mathrm{e}^{-\sum\limits_{i=1}^{10}(x_i-\mu)^2/(2\sigma^2)}$　　　(2) $\dfrac{\sqrt{5}}{\sqrt{\pi}\,\sigma}\mathrm{e}^{\frac{-5(x-\mu)^2}{\sigma^2}}$

5. (1) $p^{\sum\limits_{i=1}^{n} x_i}(1-p)^{n-\sum\limits_{i=1}^{n} x_i}$　　(2) $\dbinom{n}{k}p^k(1-p)^{n-k}, k=0,1,2,\cdots,n$

　　(3) $E(\overline{X})=p, D(\overline{X})=\dfrac{1}{n}p(1-p), E(S^2)=p(1-p)$

B

6. (1) 0.2628　　(2) 0.2923　　(3) 0.5785　　(4) $n \geqslant 15.3664$

7. $E(Y)=\sqrt{\dfrac{2}{\pi}}\,\sigma, D(Y)=\left(1-\dfrac{2}{\pi}\right)\dfrac{\sigma^2}{n}$　　　8. $\sigma=\dfrac{6}{\sqrt{\ln 3}}$　　　9. 略

习 题 七

A

1. 矩估计量 $\hat{\mu}=\overline{X}, \hat{\sigma}^2=\dfrac{1}{n}\sum\limits_{i=1}^{n}(X_i-\overline{X})^2, \hat{\mu}=1476.2, \hat{\sigma}^2=6198.6$

2. 矩估计量为 $\hat{a}=2\overline{X}-1$,矩估计值为 $\hat{a}=3.24$

3. 矩估计量 $\hat{\theta}=\dfrac{1}{n}\sum\limits_{i=1}^{n}X_i-1$

4. 两种估计量均为 $\hat{p}=\dfrac{\overline{X}}{n}$　　　5. $\hat{\theta}=\dfrac{1}{\overline{x}}=\dfrac{1}{1168}\approx0.00086$

6. 极大似然估计量:$\hat{\theta}=\max\{X_1,X_2,\cdots,X_n\}$;极大似然估计值:$\hat{\theta}=1.3$

7. $\hat{\sigma}^2=\dfrac{1}{n}\sum\limits_{i=1}^{n}(X_i-1)^2$　　　　8. $\hat{\mu}=\overline{x}=33, \hat{\sigma}^2=S^2=18.8$

9. $\hat{\mu}_3$ 最有效

10. （1）$\overline{X}$ 不是 θ 的无偏估计　（2）$a=\dfrac{2}{3}$ 时，$\hat{\theta}$ 是 θ 的无偏估计量

11. $(39.51,40.49)$　　12. $(1244,1273)$　　13. $(5.99,15.89)$

B

14. $\hat{\theta}=\sqrt{\dfrac{2}{\pi}}\cdot\overline{X}$

15. （1）$\hat{\lambda}=\dfrac{1}{\overline{X}}$　（2）$\dfrac{1}{\hat{\lambda}^2}=\overline{X^2}$　（3）$\dfrac{1}{\lambda^2}$ 的极大似然估计量不是无偏估计

16. （1）略

（2）λ^2 的无偏估计量 $\hat{\lambda}^2=\overline{X^2}-\dfrac{1}{n}\overline{X}.\hat{\lambda}^2=\dfrac{1}{n}\sum\limits_{i=1}^{n}X_i^2-\overline{X}$

17. （1）略　（2）当 $a=\dfrac{4}{4n+m},b=\dfrac{1}{4n+m}$ 时，T 最有效

18. $(0.70,3.30)$　　19. （1）$(-1.768,2.968)$　（2）$(0.328,6.642)$

20. 3.554　　　　21. 0.8364　　　22. $(0.002,0.078)$

习　题　八

A

1. 拒绝　　　　2. 拒绝　　　　3. 接受
4. 接受　　　　5. 工作正常　　6. 接受

B

7. 合格　　　8. 新法效果好　　9. 无显著差异　　10. 能
11. 拒绝　　　12. 不能　　　　13. 接受

习　题　九

1. （1）经计算，得 y 对 x 的回归方程为 $\hat{y}=10.28+0.3040x$.

这里 $\hat{b}=0.3040$，表示每立方米混凝土中每增加 1kg 水泥时，可提高的抗压强度是 0.3040kg/cm^2.

（2）采用 F 检验法：

$$F=\dfrac{S_R}{S_e}(n-2)=\dfrac{1321.55}{2.27}\times10=5821.81>4.96=F_{0.95}(1,10),$$

故拒绝 H_0，即认为线性回归效果显著.

（3）由 $r^2=\dfrac{S_R}{l_{yy}}=\dfrac{1321.55}{1323.82}=0.9983$，所以 $|r|=0.9991$.

b 的 95% 的置信区间为

$$\left(\hat{b}\pm t_{1-\frac{\alpha}{2}}(n-2)\cdot\frac{S}{\sqrt{l_{xx}}}\right)=\left(0.3040\pm2.2281\times\frac{0.4764}{\sqrt{14300}}\right)=(0.2951,0.3129).$$

（4）当 $x_0=225$ 时，y_0 的预测值为 $\hat{y}_0=\hat{a}+\hat{b}x_0=10.28+0.304\times225=78.68$，

y_0 的 95% 的预测区间为

$$\left(\hat{y}_0\pm t_{1-\frac{\alpha}{2}}(n-2)\cdot S\sqrt{1+\frac{1}{n}+\frac{(x_0-\bar{x})^2}{l_{xx}}}\right)=\left(78.68\pm2.2281\times0.4764\times\sqrt{1+\frac{1}{12}+\frac{(225-205)^2}{14300}}\right)$$
$$=(77.56,79.80).$$

2.（1）经计算，得 y 对 x 的回归方程为 $\hat{y}=9.1225+0.2230x$

$$r^2=\frac{S_R}{l_{yy}}=\frac{102.566}{104.46}=0.982.$$

（2）采用 F 检验法：

因为 $F=433.225>5.32=F_{0.95}(1,8)$，故拒绝 H_0，即认为线性回归效果显著.

（3）当 $x=42$℃时，y_0 的预测值为

$$\hat{y}_0=\hat{a}+\hat{b}x_0=9.1225+0.2230\times42=18.4885.$$

y_0 的 95% 的预测区间为

$$\left(\hat{y}_0\pm t_{1-\frac{\alpha}{2}}(n-2)\cdot S\sqrt{1+\frac{1}{n}+\frac{(x_0-\bar{x})^2}{l_{xx}}}\right)=\left(18.4885\pm2.3060\times0.4867\times\sqrt{1+\frac{1}{10}+\frac{(42-42.5)^2}{2062.5}}\right)$$
$$=(17.3113,19.6657).$$

3.（1）经计算，得 y 对 x 的回归方程为 $\hat{y}=3.034-2.0685x$，

$$\frac{S_e}{n-2}=\frac{0.0295}{17-2}=\frac{0.0295}{15}=0.00197$$ 为 σ^2 的无偏估计.

（2）a 的 95% 的置信区间为

$$\left(\hat{a}\pm t_{1-\frac{\alpha}{2}}(n-2)\cdot S\sqrt{\frac{1}{n}+\frac{\bar{x}^2}{l_{xx}}}\right)=\left(3.034\pm2.1315\times0.04438\times\sqrt{\frac{1}{17}+\frac{(0.7029)^2}{0.7094}}\right)$$
$$=(2.9518,3.1162).$$

b 的 95% 的置信区间为

$$\left(\hat{b}\pm t_{1-\frac{\alpha}{2}}(n-2)\cdot\frac{S}{\sqrt{l_{xx}}}\right)=\left(-2.0685\pm2.1315\times\frac{0.04438}{\sqrt{0.7094}}\right)=(-2.1808,-1.9562).$$

（3）采用 F 检验法：

因为 $F=1704.92>4.54=F_{0.95}(1,15)$，故拒绝 H_0，即认为线性回归效果显著.

（4）y 的 95% 的预测区间为

$$\left(\hat{y}\pm t_{1-\frac{\alpha}{2}}(n-2)\cdot S\sqrt{1+\frac{1}{n}+\frac{(x-\bar{x})^2}{l_{xx}}}\right)=\left(\hat{y}\pm2.1315\times0.04438\times\sqrt{1+\frac{1}{17}+\frac{(x-0.7029)^2}{0.7094}}\right)$$
$$=\left(\hat{y}\pm0.0946\times\sqrt{1.0588+\frac{(x-0.7029)^2}{0.7094}}\right).$$

（5）需要把 x 的值限制在区间 $(0.697,0.924)$ 内.

4.（1）回归方程为 $\hat{y}=9.9+0.575x_1+0.55x_2+1.15x_3$.

（2）$H_0: b_1 = b_2 = b_3 = 0$.

因为 $F = 15.17 > 6.59 = F_{0.95}(3,4)$，故拒绝 H_0，即认为回归效果显著.

5. 方差分析表为

方差来源	平方和	自由度	均方	F 值
组间	$S_A = 26.17$	3	$\overline{S}_A = \dfrac{S_A}{3} = 8.723$	$F = \dfrac{\overline{S}_A}{\overline{S}_E} = 11.03$
组内	$S_E = 6.33$	8	$\overline{S}_E = \dfrac{S_E}{8} = 0.791$	
总和	$S_T = 32.50$	11		

由于 $F = 11.03 > 7.59 = F_{0.01}(3,8) = F_{0.01}(s-1, n-s)$，所以拒绝 $H_0: \mu_1 = \mu_2 = \mu_3 = \mu_4$，即认为不同的 4 台机器对产品性能差异的影响是显著的.

6. 方差分析表为

方差来源	平方和	自由度	均方	F 值
组间	$S_A = 465.8811$	2	$\overline{S}_A = 232.9406$	4.3717
组内	$S_E = 799.2550$	15	$\overline{S}_E = 53.2837$	
总和	$S_T = 1265.1361$	17		

由于 $F = 4.3717 > 3.68 = F_{0.05}(2,15)$，故拒绝 H_0，即认为三所学校五年级的男生的身高有显著差异.

7. 方差分析表为

方差来源	平方和	自由度	均方	F 值
组间	85.7747	3	28.5916	10.2149
组内	33.5875	12	2.7990	
总和	119.3622	15		

由于 $F_{0.05}(3,12) = 3.49, F = 10.2149 > 3.49$，所以认为不同种类的催化剂对该种成分的浓度有显著不同的影响.

8. 方差分析表为

方差来源	平方和	自由度	均方	F 值
组间	516	2	258.00	9.00
组内	430	15	28.67	
总和	946	17		

由于 $F_{0.95}(2,15) = 3.68, F = 9.00 > 3.68$，所以拒绝 H_0，即认为三个工厂工人的质量意识测试得分存在显著差异.

附录 A　排列组合与二项式定理

一、关于基本计数原理

1. 加法原理

设完成一件事有 m 种方式,第一种方式有 n_1 种方法,第二种方式有 n_2 种方法,$\cdots$,第 m 种方式有 n_m 种方法,无论通过哪种方法都可以完成这件事,则完成这件事总共有 $n_1+n_2+\cdots+n_m$ 种不同的方法.

2. 乘法原理

设完成一件事有 m 个步骤,第一个步骤有 n_1 种方法,第二个步骤有 n_2 种方法,$\cdots$,第 m 个步骤有 n_m 种方法,必须通过完成每一个步骤,才算完成这件事,则完成这件事总共有 $n_1\times n_2\times\cdots\times n_m$ 种不同的方法.

加法原理和乘法原理是两个很重要的计数原理,它们不但可以直接解决不少具体问题,也是推导下面常用排列组合公式的基础,同时它们也是计算古典概率的基础.

二、关于排列

1. 选排列

从 n 个不同元素中,每次取 k 个($1\leqslant k\leqslant n$)不同的元素,按一定的顺序排成一列,称为选排列,其排列总数为

$$P_n^k=n(n-1)(n-2)\cdots(n-k+1)=\frac{n!}{(n-k)!}.$$

2. 全排列

当 $k=n$ 时称为全排列,其排列总数为

$$P_n^n=p_n=n(n-1)(n-2)\cdots2\cdot1=n!.$$

3. 可重复排列

从 n 个不同元素中,每次取 k 个元素($k\leqslant n$),允许重复,这种排列称为可重复排列,其排列总数为

$$n \cdot n \cdot \cdots \cdot n = n^{k}.$$

三、关于组合与二项式定理

1. 组合

从 n 个不同元素中,每次取 k 个 $(1 \leqslant k \leqslant n)$ 不同的元素,不考虑其顺序合并成一组,称为组合,其组合总数为

$$C_n^k = \frac{P_n^k}{k!} = \frac{n!}{(n-k)!k!},$$

其中,C_n^k 也可记为 $\binom{n}{k}$,称为组合系数.

2. 分组组合

n 个不同元素分为 k 组,各组元素数目分别为 $r_1, r_2, \cdots, r_k$ 的分法总数为

$$\frac{n!}{r_1! r_2! \cdots r_k!}, \quad r_1 + r_2 + \cdots + r_k = n.$$

3. 二项式定理

当 n 不大时,二项式 $(a+b)^n$ 可利用二项展开式的系数表(杨辉法则)写出它的展开式,一般有二项式定理.

三次二项式展开式的系数规律为

$$(a+b)^3 = (a+b)(a+b)(a+b) = a^3 + 3a^2b + 3ab^2 + b^3$$
$$= C_3^0 a^3 + C_3^1 a^2 b + C_3^2 ab^2 + C_3^3 b^3.$$

用数学归纳法可以得出二项式定理

$$(a+b)^n = C_n^0 a^n b^0 + C_n^1 a^{n-1} b + C_n^2 a^{n-2} b^2 + \cdots + C_n^{n-1} ab^{n-1} + C_n^n a^0 b^n$$

$$= \sum_{k=0}^{n} C_n^k a^{n-k} b^k,$$

其中,n 是正整数.

4. 组合与排列的关系

$$P_n^k = C_n^k \cdot k!.$$

5. 组合系数与二项式定理的关系

组合系数 C_n^k 又常称为二项式系数,因为它出现在二项式定理

$$(a+b)^n = \sum_{k=0}^{n} C_n^k a^{n-k} b^k$$

的公式中,利用此公式,可得到许多有用的组合公式:

令 $a=b=1$,得

$$C_n^0 + C_n^1 + C_n^2 + \cdots + C_n^n = 2^n,$$

令 $a=1, b=-1$ 得

$$C_n^0 - C_n^1 + C_n^2 + \cdots + (-1)^n C_n^n = 0.$$

由 $(1+x)^{m+n} = (1+x)^m (1+x)^n$,运用二项式展开有

$$\sum_{j=0}^{m+n} C_{m+n}^{j} x^{j} = \sum_{j_1=0}^{m} C_{m}^{j_1} x^{j_1} \sum_{j_2=0}^{n} C_{n}^{j_2} x^{j_2},$$

比较两边 x^k 的系数,可得

$$C_{m+n}^{k} = \sum_{i=0}^{k} C_{m}^{i} \cdot C_{n}^{k-i}.$$

附录 B 附 表

附表 1 几种常用的概率分布

分 布	参 数	分布律或概率密度	数 学 期 望	方 差
(0-1)分布	$0<p<1$	$P(X=k)=p^k(1-p)^{1-k}$ $k=0,1$	p	$p(1-p)$
二项分布	$n \geqslant 1$ $0<p<1$	$P(X=k)=C_n^k p^k (1-p)^{n-k}$ $k=0,1,\cdots,n$	np	$np(1-p)$
负二项分布	$r \geqslant 1$ $0<p<1$	$P(X=k)=C_{k-1}^{r-1} p^r (1-p)^{k-r}$ $k=r,r+1,\cdots$	$\dfrac{r}{p}$	$\dfrac{r(1-p)}{p^2}$
几何分布	$0<p<1$	$P(X=k)=p(1-p)^{k-1}$ $k=1,2,\cdots$	$\dfrac{1}{p}$	$\dfrac{1-p}{p^2}$
超几何分布	N,M,n $(n \leqslant M)$	$P(X=k)=\dfrac{C_M^k C_{N-M}^{n-k}}{C_N^n}$ $k=0,1,\cdots,n$	$\dfrac{nM}{N}$	$\dfrac{nM}{N}\left(1-\dfrac{M}{N}\right)\left(\dfrac{N-n}{N-1}\right)$
泊松分布	$\lambda>0$	$P(X=k)=\dfrac{\lambda^k e^{-\lambda}}{k!}$ $k=0,1,\cdots$	λ	λ
均匀分布	$a<b$	$f(x)=\begin{cases}\dfrac{1}{b-a}, & a<x<b,\\ 0, & \text{其他}\end{cases}$	$\dfrac{a+b}{2}$	$\dfrac{(b-a)^2}{12}$
正态分布	μ $\sigma>0$	$f(x)=\dfrac{1}{\sqrt{2\pi}\,\sigma}e^{-\frac{(x-\mu)^2}{2\sigma^2}}$	μ	σ^2
Γ 分布	$\alpha>0$ $\beta>0$	$f(x)=\begin{cases}\dfrac{1}{\beta^\alpha \Gamma(\alpha)}x^{\alpha-1}e^{-\frac{x}{\beta}}, & x>0,\\ 0, & \text{其他}\end{cases}$	$\alpha\beta$	$\alpha\beta^2$
指数分布	$\theta>0$	$f(x)=\begin{cases}\dfrac{1}{\theta}e^{-\frac{x}{\theta}}, & x>0,\\ 0, & \text{其他}\end{cases}$	θ	θ^2

（续）

分　布	参　数	分布律或概率密度	数学期望	方　差
χ^2 分布	$n \geqslant 1$	$f(x) = \begin{cases} \dfrac{1}{2^{\frac{n}{2}}\Gamma(n/2)} x^{\frac{n}{2}-1} e^{-\frac{x}{2}}, & x>0, \\ 0, & \text{其他} \end{cases}$	n	$2n$
韦布尔 分布	$\eta>0$ $\beta>0$	$f(x) = \begin{cases} \dfrac{\beta}{\eta}\left(\dfrac{x}{\eta}\right)^{\beta-1} e^{-\left(\frac{x}{\eta}\right)^{\beta}}, & x>0, \\ 0, & \text{其他} \end{cases}$	$\eta\Gamma\left(\dfrac{1}{\beta}+1\right)$	$\eta^2\left\{\Gamma\left(\dfrac{2}{\beta}+1\right) - \left[\Gamma\left(\dfrac{1}{\beta}+1\right)\right]^2\right\}$
瑞利 分布	$\sigma>0$	$f(x) = \begin{cases} \dfrac{x}{\sigma^2} e^{-\frac{x^2}{2\sigma^2}}, & x>0, \\ 0, & \text{其他} \end{cases}$	$\sqrt{\dfrac{\pi}{2}}\sigma$	$\dfrac{4-\pi}{2}\sigma^2$
β 分布	$\alpha>0$ $\beta>0$	$f(x) = \begin{cases} \dfrac{\Gamma(\alpha+\beta)}{\Gamma(\alpha)\Gamma(\beta)} x^{\alpha-1}(1-x)^{\beta-1}, & 0<x<1, \\ 0, & \text{其他} \end{cases}$	$\dfrac{\alpha}{\alpha+\beta}$	$\dfrac{\alpha\beta}{(\alpha+\beta)^2(\alpha+\beta+1)}$
对数正 态分布	μ $\sigma>0$	$f(x) = \begin{cases} \dfrac{1}{\sqrt{2\pi}\sigma x} e^{-\frac{(\ln x-\mu)^2}{2\sigma^2}}, & x>0, \\ 0, & \text{其他} \end{cases}$	$e^{\mu+\frac{\sigma^2}{2}}$	$e^{2\mu+\sigma^2}(e^{\sigma^2}-1)$
柯西 分布	a $\lambda>0$	$f(x) = \dfrac{1}{\pi}\dfrac{1}{\lambda^2+(x-a)^2}$	不存在	不存在
t 分布	$n \geqslant 1$	$f(x) = \dfrac{\Gamma\left(\dfrac{n+1}{2}\right)}{\sqrt{n\pi}\,\Gamma\left(\dfrac{n}{2}\right)}\left(1+\dfrac{x^2}{n}\right)^{-\frac{n+1}{2}}$	0	$\dfrac{n}{n-2}, n>2$
F 分布	n_1, n_2	$f(x) = \begin{cases} \dfrac{\Gamma\left[\dfrac{n_1+n_2}{2}\right]}{\Gamma\left(\dfrac{n_1}{2}\right)\Gamma\left(\dfrac{n_2}{2}\right)}\left(\dfrac{n_1}{n_2}\right)\left(\dfrac{n_1}{n_2}x\right)^{\frac{n_1}{2}-1} \cdot \\ \quad \left(1+\dfrac{n_1}{n_2}x\right)^{-\frac{n_1+n_2}{2}}, & x>0, \\ 0, & \text{其他} \end{cases}$	$\dfrac{n_2}{n_2-2}$ $(n_2>2)$	$\dfrac{2n_2^2(n_1+n_2-2)}{n_1(n_2-2)^2(n_2-4)}$ $n_2>4$

附表 2　标准正态分布表

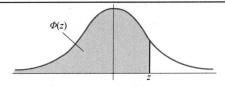

$$\Phi(z) = \int_{-\infty}^{z} \frac{1}{\sqrt{2\pi}} e^{-\frac{u^2}{2}} \mathrm{d}u = P(Z \leqslant z)$$

z	0	1	2	3	4	5	6	7	8	9
0.0	0.5000	0.5040	0.5080	0.5120	0.5160	0.5199	0.5239	0.5279	0.5319	0.5359
0.1	0.5398	0.5438	0.5478	0.5517	0.5557	0.5596	0.5636	0.5675	0.5714	0.5753

（续）

z	0	1	2	3	4	5	6	7	8	9
0.2	0.5793	0.5832	0.5871	0.5910	0.5948	0.5987	0.6026	0.6064	0.6103	0.6141
0.3	0.6179	0.6217	0.6255	0.6293	0.6331	0.6368	0.6406	0.6443	0.6480	0.6517
0.4	0.6554	0.6591	0.6628	0.6664	0.6700	0.6736	0.6772	0.6808	0.6844	0.6879
0.5	0.6915	0.6950	0.6985	0.7019	0.7054	0.7088	0.7123	0.7157	0.7190	0.7224
0.6	0.7257	0.7291	0.7324	0.7357	0.7389	0.7422	0.7454	0.7486	0.7517	0.7549
0.7	0.7580	0.7611	0.7642	0.7673	0.7703	0.7734	0.7764	0.7794	0.7823	0.7852
0.8	0.7881	0.7910	0.7939	0.7967	0.7995	0.8023	0.8051	0.8078	0.8106	0.8133
0.9	0.8159	0.8186	0.8212	0.8238	0.8264	0.8289	0.8315	0.8340	0.8365	0.8389
1.0	0.8413	0.8438	0.8461	0.8485	0.8508	0.8531	0.8554	0.8577	0.8599	0.8621
1.1	0.8643	0.8665	0.8686	0.8708	0.8729	0.8749	0.8770	0.8790	0.8810	0.8830
1.2	0.8849	0.8869	0.8888	0.8907	0.8925	0.8944	0.8962	0.8980	0.8997	0.9015
1.3	0.9032	0.9049	0.9066	0.9082	0.9099	0.9115	0.9131	0.9147	0.9162	0.9177
1.4	0.9192	0.9207	0.9222	0.9236	0.9251	0.9265	0.9278	0.9292	0.9306	0.9319
1.5	0.9332	0.9345	0.9357	0.9370	0.9382	0.9394	0.9406	0.9418	0.9430	0.9441
1.6	0.9452	0.9463	0.9474	0.9484	0.9495	0.9505	0.9515	0.9525	0.9535	0.9545
1.7	0.9554	0.9564	0.9573	0.9582	0.9591	0.9599	0.9608	0.9616	0.9625	0.9633
1.8	0.9641	0.9648	0.9656	0.9664	0.9671	0.9678	0.9686	0.9693	0.9700	0.9706
1.9	0.9713	0.9719	0.9726	0.9732	0.9738	0.9744	0.9750	0.9756	0.9762	0.9767
2.0	0.9772	0.9778	0.9783	0.9788	0.9793	0.9798	0.9803	0.9808	0.9812	0.9817
2.1	0.9821	0.9826	0.9830	0.9834	0.9838	0.9842	0.9846	0.9850	0.9854	0.9857
2.2	0.9861	0.9864	0.9868	0.9871	0.9874	0.9878	0.9881	0.9884	0.9887	0.9890
2.3	0.9893	0.9896	0.9898	0.9901	0.9904	0.9906	0.9909	0.9911	0.9913	0.9916
2.4	0.9918	0.9920	0.9922	0.9925	0.9927	0.9929	0.9931	0.9932	0.9934	0.9936
2.5	0.9938	0.9940	0.9941	0.9943	0.9945	0.9946	0.9948	0.9949	0.9951	0.9952
2.6	0.9953	0.9955	0.9956	0.9957	0.9959	0.9960	0.9961	0.9962	0.9963	0.9964
2.7	0.9965	0.9966	0.9967	0.9968	0.9969	0.9970	0.9971	0.9972	0.9973	0.9974
2.8	0.9974	0.9975	0.9976	0.9977	0.9977	0.9978	0.9979	0.9979	0.9980	0.9981
2.9	0.9981	0.9982	0.9982	0.9983	0.9984	0.9984	0.9985	0.9985	0.9986	0.9986
3.0	0.9987	0.9990	0.9993	0.9995	0.9997	0.9998	0.9998	0.9999	0.9999	1.0000

注：表中末行系函数值 $\Phi(3.0),\Phi(3.1),\cdots,\Phi(3.9)$.

附表3   t 分布表

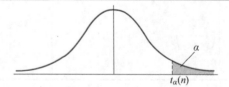

$$P[t(n)>t_\alpha(n)]=\alpha$$

n	$\alpha=0.25$	$\alpha=0.10$	$\alpha=0.05$	$\alpha=0.025$	$\alpha=0.01$	$\alpha=0.005$
1	1.0000	3.0777	6.3138	12.7062	31.8207	63.6574
2	0.8165	1.8856	2.9200	4.3027	6.9646	9.9248
3	0.7649	1.6377	2.3534	3.1824	4.5407	5.8409
4	0.7407	1.5332	2.1318	2.7764	3.7469	4.6041
5	0.7267	1.4759	2.0150	2.5706	3.3649	4.0322
6	0.7176	1.4398	1.9432	2.4469	3.1427	3.7074
7	0.7111	1.4149	1.8946	2.3646	2.9980	3.4995
8	0.7064	1.3968	1.8595	2.3060	2.8965	3.3554
9	0.7027	1.3830	1.8331	2.2622	2.8214	3.2498
10	0.6998	1.3722	1.8125	2.2281	2.7638	3.1693
11	0.6974	1.3634	1.7959	2.2010	2.7181	3.1058

（续）

n	$\alpha=0.25$	$\alpha=0.10$	$\alpha=0.05$	$\alpha=0.025$	$\alpha=0.01$	$\alpha=0.005$
12	0.6955	1.3562	1.7823	2.1788	2.6810	3.0545
13	0.6938	1.3502	1.7709	2.1604	2.6503	3.0123
14	0.6924	1.3450	1.7613	2.1448	2.6245	2.9768
15	0.6912	1.3406	1.7531	2.1315	2.6025	2.9467
16	0.6901	1.3368	1.7459	2.1199	2.5835	2.9208
17	0.6892	1.3334	1.7396	2.1098	2.5669	2.8982
18	0.6884	1.3304	1.7341	2.1009	2.5524	2.8784
19	0.6876	1.3277	1.7291	2.0930	2.5395	2.8609
20	0.6870	1.3253	1.7247	2.0860	2.5280	2.8453
21	0.6864	1.3232	1.7207	2.0796	2.5177	2.8314
22	0.6858	1.3212	1.7171	2.0739	2.5083	2.8188
23	0.6853	1.3195	1.7139	2.0687	2.4999	2.8073
24	0.6848	1.3178	1.7109	2.0639	2.4922	2.7969
25	0.6844	1.3163	1.7081	2.0595	2.4851	2.7874
26	0.6840	1.3150	1.7058	2.0555	2.4786	2.7787
27	0.6837	1.3137	1.7033	2.0518	2.4727	2.7707
28	0.6834	1.3125	1.7011	2.0484	2.4671	2.7633
29	0.6830	1.3114	1.6991	2.0452	2.4620	2.7564
30	0.6828	1.3104	1.6973	2.0423	2.4573	2.7500
31	0.6825	1.3095	1.6955	2.0395	2.4528	2.7440
32	0.6822	1.3086	1.6939	2.0369	2.4487	2.7385
33	0.6820	1.3077	1.6924	2.0345	2.4448	2.7333
34	0.6818	1.3070	1.6909	2.0322	2.4411	2.7284
35	0.6816	1.3062	1.6896	2.0301	2.4377	2.7238
36	0.6814	1.3055	1.6883	2.0281	2.4345	2.7195
37	0.6812	1.3049	1.6871	2.0262	2.4314	2.7154
38	0.6810	1.3042	1.6860	2.0244	2.4286	2.7116
39	0.6808	1.3036	1.6849	2.0227	2.4258	2.7079
40	0.6807	1.3031	1.6839	2.0211	2.4233	2.7045
41	0.6805	1.3025	1.6829	2.0195	2.4208	2.7012
42	0.6804	1.3020	1.6820	2.0181	2.4185	2.6981
43	0.6802	1.3016	1.6811	2.0167	2.4163	2.6951
44	0.6801	1.3011	1.6802	2.0154	2.4141	2.6923
45	0.6800	1.3006	1.6794	2.0141	2.4121	2.6806

附表4　χ^2 分布表

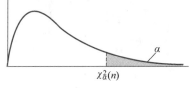

$$P[\chi^2(n)>\chi_\alpha^2(n)]=\alpha$$

n	$\alpha=0.995$	$\alpha=0.99$	$\alpha=0.975$	$\alpha=0.95$	$\alpha=0.90$	$\alpha=0.75$
1	—	—	0.001	0.004	0.016	0.102
2	0.010	0.020	0.051	0.103	0.211	0.575
3	0.072	0.115	0.216	0.352	0.584	1.213
4	0.207	0.297	0.484	0.711	1.064	1.923
5	0.412	0.554	0.831	1.145	1.610	2.675
6	0.676	0.872	1.237	1.635	2.204	3.455

（续）

n	$\alpha = 0.995$	$\alpha = 0.99$	$\alpha = 0.975$	$\alpha = 0.95$	$\alpha = 0.90$	$\alpha = 0.75$
7	0.989	1.239	1.690	2.167	2.833	4.255
8	1.344	1.646	2.180	2.733	3.490	5.071
9	1.735	2.088	2.700	3.325	4.168	5.899
10	2.156	2.558	3.247	3.940	4.865	6.737
11	2.603	3.053	3.816	4.575	5.578	7.584
12	3.074	3.571	4.404	5.226	6.304	8.438
13	3.565	4.107	5.009	5.892	7.042	9.299
14	4.075	4.660	5.629	6.571	7.790	10.165
15	4.601	5.229	6.262	7.261	8.547	11.037
16	5.142	5.812	6.908	7.962	9.312	11.912
17	5.697	6.408	7.564	8.672	10.085	12.792
18	6.265	7.015	8.231	9.390	10.865	13.675
19	6.844	7.633	8.907	10.117	11.651	14.562
20	7.434	8.260	9.591	10.851	12.443	15.452
21	8.034	8.897	10.283	11.591	13.240	16.344
22	8.643	9.542	10.982	12.338	14.042	17.240
23	9.260	10.196	11.689	13.091	14.848	18.137
24	9.886	10.856	12.401	13.848	15.659	19.037
25	10.520	11.524	13.120	14.611	16.473	19.939
26	11.160	12.198	13.844	15.379	17.292	20.843
27	11.808	12.879	14.573	16.151	18.114	21.749
28	12.461	13.565	15.308	16.928	18.939	22.657
29	13.121	14.257	16.047	17.708	19.768	23.567
30	13.787	14.954	16.791	18.493	20.599	24.478
31	14.458	15.655	17.539	19.281	21.434	25.390
32	15.134	16.362	18.291	20.072	22.271	26.304
33	15.815	17.074	19.047	20.807	23.110	27.219
34	16.501	17.789	19.806	21.664	23.952	28.136
35	17.192	18.509	20.569	22.465	24.797	29.054
36	17.887	19.233	21.336	23.269	25.613	29.973
37	18.586	19.960	22.106	24.075	26.492	30.893
38	19.289	20.691	22.878	24.884	27.343	31.815
39	19.996	21.426	23.654	25.695	28.196	32.737
40	20.707	22.164	24.433	26.509	29.051	33.660
41	21.421	22.906	25.215	27.326	29.907	34.585
42	22.138	23.650	25.999	28.144	30.765	35.510
43	22.859	24.398	26.785	28.965	31.625	36.430
44	23.584	25.143	27.575	29.787	32.487	37.363
45	24.311	25.901	28.366	30.612	33.350	38.291
n	$\alpha = 0.25$	$\alpha = 0.10$	$\alpha = 0.05$	$\alpha = 0.025$	$\alpha = 0.01$	$\alpha = 0.005$
1	1.323	2.706	3.841	5.024	6.635	7.879
2	2.773	4.605	5.991	7.378	9.210	10.597
3	4.108	6.251	7.815	9.348	11.345	12.838
4	5.385	7.779	9.488	11.143	13.277	14.860
5	6.626	9.236	11.071	12.833	15.086	16.750
6	7.841	10.645	12.592	14.449	16.812	18.548
7	9.037	12.017	14.067	16.013	18.475	20.278
8	10.219	13.362	15.507	17.535	20.090	21.955
9	11.389	14.684	16.919	19.023	21.666	23.589
10	12.549	15.987	18.307	20.483	23.209	25.188
11	13.701	17.275	19.675	21.920	24.725	26.757
12	14.845	18.549	21.026	23.337	26.217	28.299

（续）

n	$\alpha=0.25$	$\alpha=0.10$	$\alpha=0.05$	$\alpha=0.025$	$\alpha=0.01$	$\alpha=0.005$
13	15.984	19.812	22.362	24.736	27.688	29.819
14	17.117	21.064	23.685	26.119	29.141	31.319
15	18.245	22.307	24.996	27.488	30.578	32.801
16	19.369	23.542	26.296	28.845	32.000	34.267
17	20.489	24.769	27.587	30.191	33.409	35.718
18	21.605	25.989	28.869	31.526	34.805	37.156
19	22.718	27.204	30.144	32.852	36.191	38.582
20	23.828	28.412	31.410	34.170	37.566	39.997
21	24.935	29.615	32.671	35.479	38.932	41.401
22	26.039	30.813	33.924	36.781	40.289	42.796
23	27.141	32.007	35.172	38.076	41.638	44.181
24	28.241	33.196	36.415	39.364	42.980	45.559
25	29.339	34.382	37.652	40.646	44.314	46.928
26	30.435	35.563	38.885	41.923	45.642	48.290
27	31.528	36.741	40.113	43.194	46.963	49.645
28	32.620	37.916	41.337	44.461	48.278	50.993
29	33.711	39.087	42.557	45.722	49.588	52.336
30	34.800	40.256	43.773	46.979	50.892	53.672
31	35.887	41.422	44.985	48.232	52.191	55.003
32	36.973	42.585	46.194	49.480	53.486	56.328
33	38.053	43.745	47.400	50.725	54.776	57.648
34	39.141	44.903	48.602	51.966	56.061	58.964
35	40.223	46.059	49.802	53.203	57.342	60.275
36	41.304	47.212	50.998	54.437	58.619	61.581
37	42.383	48.363	52.192	55.668	59.892	62.883
38	43.462	49.513	53.384	56.896	61.162	64.181
39	44.539	50.660	54.572	58.120	62.428	65.476
40	45.616	51.805	55.758	59.342	63.691	66.766
41	46.692	52.949	56.942	60.561	64.950	68.053
42	47.766	54.090	58.124	61.777	66.206	69.336
43	48.840	55.230	59.304	62.990	67.459	70.606
44	49.913	56.369	60.481	64.201	68.710	71.893
45	50.985	57.505	61.656	65.410	69.957	73.166

附表 5　**F 分布表**

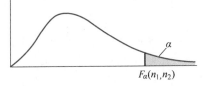

$$P[F(n_1,n_2)>F_\alpha(n_1,n_2)]=\alpha$$

n_2	n_1																		
	1	2	3	4	5	6	7	8	9	10	12	15	20	24	30	40	60	120	∞
$\alpha=0.10$																			
1	39.86	49.50	53.59	55.83	57.24	58.20	58.91	59.44	59.86	60.19	60.71	61.22	61.74	62.00	62.26	62.53	62.79	63.06	63.33
2	8.53	9.00	9.16	9.24	9.29	9.33	9.35	9.37	9.38	9.39	9.41	9.42	9.44	9.45	9.46	9.47	9.47	9.48	9.49
3	5.54	5.46	5.39	5.34	5.31	5.28	5.27	5.25	5.24	5.23	5.22	5.20	5.18	5.18	5.17	5.16	5.15	5.14	5.13
4	4.54	4.32	4.19	4.11	4.05	4.01	3.98	3.95	3.94	3.92	3.90	3.87	3.84	3.83	3.82	3.80	3.79	3.78	4.76
5	4.06	3.78	3.62	3.52	3.45	3.40	3.37	3.34	3.32	3.30	3.27	3.24	3.21	3.19	3.17	3.16	3.14	3.12	3.10
6	3.78	3.46	3.29	3.18	3.11	3.05	3.01	2.98	2.96	2.94	2.90	2.87	2.84	2.82	2.80	2.78	2.76	2.74	2.72

（续）

n_2	n_1																		
	1	2	3	4	5	6	7	8	9	10	12	15	20	24	30	40	60	120	∞
$\alpha=0.10$																			
7	3.59	3.26	3.07	2.96	2.88	2.83	2.78	2.75	2.72	2.70	2.67	2.63	2.59	2.58	2.56	2.54	2.51	2.49	2.47
8	3.46	3.11	2.92	2.81	2.73	2.67	2.62	2.59	2.56	2.54	2.50	2.46	2.42	2.40	2.38	2.36	2.34	2.32	2.29
9	3.36	3.01	2.81	2.69	2.61	2.55	2.51	2.47	2.44	2.42	2.38	2.34	2.30	2.28	2.25	2.23	2.21	2.18	2.16
10	3.29	2.92	2.73	2.61	2.52	2.46	2.41	2.38	2.35	2.32	2.28	2.24	2.20	2.18	2.16	2.13	2.11	2.08	2.06
11	3.23	2.86	2.66	2.54	2.45	2.39	2.34	2.30	2.27	2.25	2.21	2.17	2.12	2.10	2.08	2.05	2.03	2.00	1.97
12	3.18	2.81	2.61	2.48	2.39	2.33	2.28	2.24	2.21	2.19	2.15	2.10	2.06	2.04	2.01	1.99	1.96	1.93	1.90
13	3.14	2.76	2.56	2.43	2.35	2.28	2.23	2.20	2.16	2.14	2.10	2.05	2.01	1.98	1.96	1.93	1.90	1.88	1.85
14	3.10	2.73	2.52	2.39	2.31	2.24	2.19	2.15	2.12	2.10	2.05	2.01	1.96	1.94	1.91	1.89	1.86	1.83	1.80
15	3.07	2.70	2.49	2.36	2.27	2.21	2.16	2.12	2.09	2.06	2.02	1.97	1.92	1.90	1.87	1.85	1.82	1.79	1.76
16	3.05	2.67	2.46	2.33	2.24	2.18	2.13	2.09	2.06	2.03	1.99	1.94	1.89	1.87	1.84	1.81	1.78	1.75	1.72
17	3.03	2.64	2.44	2.31	2.22	2.15	2.10	2.06	2.03	2.00	1.96	1.91	1.86	1.84	1.81	1.78	1.75	1.72	1.69
18	3.01	2.62	2.42	2.29	2.20	2.13	2.08	2.04	2.00	1.98	1.93	1.89	1.84	1.81	1.78	1.75	1.72	1.69	1.66
19	2.99	2.61	2.40	2.27	2.18	2.11	2.06	2.02	1.98	1.96	1.91	1.86	1.81	1.79	1.76	1.73	1.70	1.67	1.63
20	2.97	2.59	2.38	2.25	2.16	2.09	2.04	2.00	1.96	1.94	1.89	1.84	1.79	1.77	1.74	1.71	1.68	1.64	1.61
21	2.96	2.57	2.36	2.23	2.14	2.08	2.02	1.98	1.95	1.92	1.87	1.83	1.78	1.75	1.72	1.69	1.66	1.62	1.59
22	2.95	2.56	2.35	2.22	2.13	2.06	2.01	1.97	1.93	1.90	1.86	1.81	1.76	1.73	1.70	1.67	1.64	1.60	1.57
23	2.94	2.55	2.34	2.21	2.11	2.05	1.99	1.95	1.92	1.89	1.84	1.80	1.74	1.72	1.69	1.66	1.62	1.59	1.55
24	2.93	2.54	2.33	2.19	2.10	2.04	1.98	1.94	1.91	1.88	1.83	1.78	1.73	1.70	1.67	1.64	1.61	1.57	1.53
25	2.92	2.53	2.32	2.18	2.09	2.02	1.97	1.93	1.89	1.87	1.82	1.77	1.72	1.69	1.66	1.63	1.59	1.56	1.52
26	2.91	2.52	2.31	2.17	2.08	2.01	1.96	1.92	1.88	1.86	1.81	1.76	1.71	1.68	1.65	1.61	1.58	1.54	1.50
27	2.90	2.51	2.30	2.17	2.07	2.00	1.95	1.91	1.87	1.85	1.80	1.75	1.70	1.67	1.64	1.60	1.57	1.53	1.49
28	2.89	2.50	2.29	2.16	2.06	2.00	1.94	1.90	1.87	1.84	1.79	1.74	1.69	1.66	1.63	1.59	1.56	1.52	1.48
29	2.89	2.50	2.28	2.15	2.06	1.99	1.93	1.89	1.86	1.83	1.78	1.73	1.68	1.65	1.62	1.58	1.55	1.51	1.47
30	2.88	2.49	2.28	2.14	2.05	1.98	1.93	1.88	1.85	1.82	1.77	1.72	1.67	1.64	1.61	1.57	1.54	1.50	1.46
40	2.84	2.44	2.23	2.09	2.00	1.93	1.87	1.83	1.79	1.76	1.71	1.66	1.61	1.57	1.54	1.51	1.47	1.42	1.38
60	2.79	2.39	2.18	2.04	1.95	1.87	1.82	1.77	1.74	1.71	1.66	1.60	1.54	1.51	1.48	1.44	1.40	1.35	1.29
120	2.75	2.35	2.13	1.99	1.90	1.82	1.77	1.72	1.68	1.65	1.60	1.55	1.48	1.45	1.41	1.37	1.32	1.26	1.19
∞	2.71	2.30	2.08	1.94	1.85	1.77	1.72	1.67	1.63	1.60	1.55	1.49	1.42	1.38	1.34	1.30	1.24	1.17	1.00
$\alpha=0.05$																			
1	161.4	199.5	215.7	224.6	230.2	234.0	236.8	238.9	240.5	241.9	243.9	245.9	248.0	249.1	250.1	251.1	252.2	253.3	254.3
2	18.51	19.00	19.16	19.25	19.30	19.33	19.35	19.37	19.38	19.40	19.41	19.43	19.45	19.45	19.46	19.47	19.48	19.49	19.50
3	10.13	9.55	9.28	9.12	9.01	8.94	8.89	8.85	8.81	8.79	8.74	8.70	8.66	8.64	8.62	8.59	8.57	8.55	8.53
4	7.71	6.94	6.59	6.39	6.26	6.16	6.09	6.04	6.00	5.96	5.91	5.86	5.80	5.77	5.75	5.72	5.69	5.66	5.63
5	6.61	5.79	5.41	5.19	5.05	4.95	4.88	4.82	4.77	4.74	4.68	4.62	4.56	4.53	4.50	4.46	4.43	4.40	4.36
6	5.99	5.14	4.76	4.53	4.39	4.28	4.21	4.15	4.10	4.06	4.00	3.94	3.87	3.84	3.81	3.77	3.74	3.70	3.67
7	5.59	4.74	4.35	4.12	3.97	3.87	3.79	3.73	3.68	3.64	3.57	3.51	3.44	3.41	3.38	3.34	3.30	3.27	3.23
8	5.32	4.46	4.07	3.84	3.69	3.58	3.50	3.44	3.39	3.35	3.28	3.22	3.15	3.12	3.08	3.04	3.01	2.97	2.93
9	5.12	4.26	3.86	3.63	3.48	3.37	3.29	3.23	3.18	3.14	3.07	3.01	2.94	2.90	2.86	2.83	2.79	2.75	2.71
10	4.96	4.10	3.71	3.48	3.33	3.22	3.14	3.07	3.02	2.98	2.91	2.85	2.77	2.74	2.70	2.66	2.62	2.58	2.54
11	4.84	3.98	3.59	3.36	3.20	3.09	3.01	2.95	2.90	2.85	2.79	2.72	2.65	2.61	2.57	2.53	2.49	2.45	2.40
12	4.75	3.89	3.49	3.26	3.11	3.00	2.91	2.85	2.80	2.75	2.69	2.62	2.54	2.51	2.47	2.43	2.38	2.34	2.30

n_2	n_1																		
	1	2	3	4	5	6	7	8	9	10	12	15	20	24	30	40	60	120	∞
$\alpha=0.05$																			
13	4.67	3.81	3.41	3.18	3.03	2.92	2.83	2.77	2.71	2.67	2.60	2.53	2.46	2.42	2.38	2.34	2.30	2.25	2.21
14	4.60	3.74	3.34	3.11	2.96	2.85	2.76	2.70	2.65	2.60	2.53	2.46	2.39	2.35	2.31	2.27	2.22	2.18	2.13
15	4.54	3.68	3.29	3.06	2.90	2.79	2.71	2.64	2.59	2.54	2.48	2.40	2.33	2.29	2.25	2.20	2.16	2.11	2.07
16	4.49	3.63	3.24	3.01	2.85	2.74	2.66	2.59	2.54	2.49	2.42	2.35	2.28	2.24	2.19	2.15	2.11	2.06	2.01
17	4.45	3.59	3.20	2.96	2.81	2.70	2.61	2.55	2.49	2.45	2.38	2.31	2.23	2.19	2.15	2.10	2.06	2.01	1.96
18	4.41	3.55	3.16	2.93	2.77	2.66	2.58	2.51	2.46	2.41	2.34	2.27	2.19	2.15	2.11	2.06	2.02	1.97	1.92
19	4.38	3.52	3.13	2.90	2.74	2.63	2.54	2.48	2.42	2.38	2.31	2.23	2.16	2.11	2.07	2.03	1.98	1.93	1.88
20	4.35	3.49	3.10	2.87	2.71	2.60	2.51	2.45	2.39	2.35	2.28	2.20	2.12	2.08	2.04	1.99	1.95	1.90	1.84
21	4.32	3.47	3.07	2.84	2.68	2.57	2.49	2.42	2.37	2.32	2.25	2.18	2.10	2.05	2.01	1.96	1.92	1.87	1.81
22	4.30	3.44	3.05	2.82	2.66	2.55	2.46	2.40	2.34	2.30	2.23	2.15	2.07	2.03	1.98	1.94	1.89	1.84	1.78
23	4.28	3.42	3.03	2.80	2.64	2.53	2.44	2.37	2.32	2.27	2.20	2.13	2.05	2.01	1.96	1.91	1.86	1.81	1.76
24	4.26	3.40	3.01	2.78	2.62	2.51	2.42	2.36	2.30	2.25	2.18	2.11	2.03	1.98	1.94	1.89	1.84	1.79	1.73
25	4.24	3.39	2.99	2.76	2.60	2.49	2.40	2.34	2.28	2.24	2.16	2.09	2.01	1.96	1.92	1.87	1.82	1.77	1.71
26	4.23	3.37	2.98	2.74	2.59	2.47	2.39	2.32	2.27	2.22	2.15	2.07	1.99	1.95	1.90	1.85	1.80	1.75	1.69
27	4.21	3.35	2.96	2.73	2.57	2.46	2.37	2.31	2.25	2.20	2.13	2.06	1.97	1.93	1.88	1.84	1.79	1.73	1.67
28	4.20	3.34	2.95	2.71	2.56	2.45	2.36	2.29	2.24	2.19	2.12	2.04	1.96	1.91	1.87	1.82	1.77	1.71	1.65
29	4.18	3.33	2.93	2.70	2.55	2.43	2.35	2.28	2.22	2.18	2.10	2.03	1.94	1.90	1.85	1.81	1.75	1.70	1.64
30	4.17	3.32	2.92	2.69	2.53	2.42	2.33	2.27	2.21	2.16	2.09	2.01	1.93	1.89	1.84	1.79	1.74	1.68	1.62
40	4.08	3.23	2.84	2.61	2.45	2.34	2.25	2.18	2.12	2.08	2.00	1.92	1.84	1.79	1.74	1.69	1.64	1.58	1.51
60	4.00	3.15	2.76	2.53	2.37	2.25	2.17	2.10	2.04	1.99	1.92	1.84	1.75	1.70	1.65	1.59	1.53	1.47	1.39
120	3.92	3.07	2.68	2.45	2.29	2.17	2.09	2.02	1.96	1.91	1.83	1.75	1.66	1.61	1.55	1.50	1.43	1.35	1.25
∞	3.84	3.00	2.60	2.37	2.21	2.10	2.01	1.94	1.88	1.83	1.75	1.67	1.57	1.52	1.46	1.39	1.32	1.22	1.00
$\alpha=0.025$																			
1	647.8	799.5	864.2	899.6	921.8	937.1	948.2	956.7	963.3	968.6	976.7	984.9	993.1	997.2	1001	1006	1010	1014	1018
2	38.51	39.00	39.17	39.25	39.30	39.33	39.36	39.37	39.39	39.40	39.41	39.43	39.45	39.46	39.46	39.47	39.48	39.49	39.50
3	17.44	16.04	15.44	15.10	14.88	14.73	14.62	14.54	14.47	14.42	14.34	14.25	14.17	14.12	14.08	14.04	13.99	13.95	13.90
4	12.22	10.65	9.98	9.60	9.36	9.20	9.07	8.98	8.90	8.84	8.75	8.66	8.56	8.51	8.46	8.41	8.36	8.31	8.26
5	10.01	8.43	7.76	7.39	7.15	6.98	6.85	6.76	6.68	6.62	6.52	6.43	6.33	6.28	6.23	6.18	6.12	6.07	6.02
6	8.81	7.26	6.60	6.23	5.99	5.82	5.70	5.60	5.52	5.46	5.37	5.27	5.17	5.12	5.07	5.01	4.96	4.90	4.85
7	8.07	6.54	5.89	5.52	5.29	5.12	4.99	4.90	4.82	4.76	4.67	4.57	4.47	4.42	4.36	4.31	4.25	4.20	4.14
8	7.57	6.06	5.42	5.05	4.82	4.65	4.53	4.43	4.36	4.30	4.20	4.10	4.00	3.95	3.89	3.84	3.78	3.73	3.67
9	7.21	5.71	5.08	4.72	4.48	4.23	4.20	4.10	4.03	3.96	3.87	3.77	3.67	3.61	3.56	3.51	3.45	3.39	3.33
10	6.94	5.46	4.83	4.47	4.24	4.07	3.95	3.85	3.78	3.72	3.62	3.52	3.42	3.37	3.31	3.26	3.20	3.14	3.08
11	6.72	5.26	4.63	4.28	4.04	3.88	3.76	3.66	3.59	3.53	3.43	3.33	3.23	3.17	3.12	3.06	3.00	2.94	2.88
12	6.55	5.10	4.47	4.12	3.89	3.73	3.61	3.51	3.44	3.37	3.28	3.18	3.07	3.02	2.96	2.91	2.85	2.79	2.72
13	6.41	4.97	4.35	4.00	3.77	3.60	3.48	3.39	3.31	3.25	3.15	3.05	2.95	2.89	2.84	2.78	2.72	2.66	2.60
14	6.30	4.86	4.24	3.89	3.66	3.50	3.38	3.29	3.21	3.15	3.05	2.95	2.84	2.79	2.73	2.67	2.61	2.55	2.49
15	6.20	4.77	4.15	3.80	3.58	3.41	3.29	3.20	3.12	3.06	2.96	2.86	2.76	2.70	2.64	2.59	2.52	2.46	2.40
16	6.12	4.69	4.08	3.73	3.50	3.34	3.22	3.12	3.05	2.99	2.89	2.79	2.68	2.63	2.57	2.51	2.45	2.38	2.32
17	6.04	4.62	4.01	3.66	3.44	3.28	3.16	3.06	2.98	2.92	2.82	2.72	2.62	2.56	2.50	2.44	2.38	2.32	2.25
18	5.98	4.56	3.95	3.61	3.38	3.22	3.10	3.01	2.93	2.87	2.77	2.67	2.56	2.50	2.44	2.38	2.32	2.26	2.19
19	5.92	4.51	3.90	3.56	3.33	3.17	3.05	2.96	2.88	2.82	2.72	2.62	2.51	2.45	2.39	2.33	2.27	2.20	2.13

（续）

n_2	n_1																		
	1	2	3	4	5	6	7	8	9	10	12	15	20	24	30	40	60	120	∞
$\alpha=0.025$																			
20	5.87	4.46	3.86	3.51	3.29	3.13	3.01	2.91	2.84	2.77	2.68	2.57	2.46	2.41	2.35	2.29	2.22	2.16	2.09
21	5.83	4.42	3.82	3.48	3.25	3.09	2.97	2.87	2.80	2.73	2.64	2.53	2.42	2.37	2.31	2.25	2.18	2.11	2.04
22	5.79	4.38	3.78	3.44	3.22	3.05	2.93	2.84	2.76	2.70	2.60	2.50	2.39	2.33	2.27	2.21	2.14	2.08	2.00
23	5.75	4.35	3.75	3.41	3.18	3.02	2.90	2.81	2.73	2.67	2.57	2.47	2.36	2.30	2.24	2.18	2.11	2.04	1.97
24	5.72	4.32	3.72	3.38	3.15	2.99	2.87	2.78	2.70	2.64	2.54	2.44	2.33	2.27	2.21	2.15	2.08	2.01	1.94
25	5.69	4.29	3.69	3.35	3.13	2.97	2.85	2.75	2.68	2.61	2.51	2.41	2.30	2.24	2.18	2.12	2.05	1.98	1.91
26	5.66	4.27	3.67	3.33	3.10	2.94	2.82	2.73	2.65	2.59	2.49	2.39	2.28	2.22	2.16	2.09	2.03	1.95	1.88
27	5.63	4.24	3.65	3.31	3.08	2.92	2.80	2.71	2.63	2.57	2.47	2.36	2.25	2.19	2.13	2.07	2.00	1.93	1.85
28	5.61	4.22	3.63	3.29	3.06	2.90	2.78	2.69	2.61	2.55	2.45	2.34	2.23	2.17	2.11	2.05	1.98	1.91	1.83
29	5.59	4.20	3.61	3.27	3.04	2.88	2.76	2.67	2.59	2.53	2.43	2.32	2.21	2.15	2.09	2.03	1.96	1.89	1.81
30	5.57	4.18	3.59	3.25	3.03	2.87	2.75	2.65	2.57	2.51	2.41	2.31	2.20	2.14	2.07	2.01	1.94	1.87	1.79
40	5.42	4.05	3.46	3.13	2.90	2.74	2.62	2.53	2.45	2.39	2.29	2.18	2.07	2.01	1.94	1.88	1.80	1.72	1.64
60	5.29	3.93	3.34	3.01	2.79	2.63	2.51	2.41	2.33	2.27	2.17	2.06	1.94	1.88	1.82	1.74	1.67	1.58	1.48
120	5.15	3.80	3.23	2.89	2.67	2.52	2.39	2.30	2.22	2.16	2.05	1.94	1.82	1.76	1.69	1.61	1.53	1.43	1.31
∞	5.02	3.69	3.12	2.79	2.57	2.41	2.29	2.19	2.11	2.05	1.94	1.83	1.71	1.64	1.57	1.48	1.39	1.27	1.00
$\alpha=0.01$																			
1	4052	4999.5	5403	5625	5764	5859	5928	5982	6022	6056	6106	6157	6209	6235	6261	6287	6313	6339	6366
2	98.50	99.00	99.17	99.25	99.30	99.33	99.36	99.37	99.39	99.40	99.42	99.43	99.45	99.46	99.47	99.47	99.48	99.49	99.50
3	34.12	30.82	29.46	28.71	28.24	27.91	27.67	27.49	27.35	27.23	27.05	26.87	26.69	26.60	26.50	26.41	26.32	26.22	26.13
4	21.20	18.00	16.69	15.98	15.52	15.21	14.98	14.80	14.66	14.55	14.37	14.20	14.02	13.93	13.84	13.75	13.65	13.56	13.46
5	16.26	13.27	12.06	11.39	10.97	10.67	10.46	10.29	10.16	10.05	9.89	9.72	9.55	9.47	9.38	9.29	9.20	9.11	9.02
6	13.75	10.92	9.78	9.15	8.75	8.47	8.26	8.10	7.98	7.87	7.72	7.56	7.40	7.31	7.23	7.14	7.06	6.97	6.88
7	12.25	9.55	8.45	7.85	7.46	7.19	6.99	6.84	6.72	6.62	6.47	6.31	6.16	6.07	5.99	5.91	5.82	5.74	5.65
8	11.26	8.65	7.59	7.01	6.63	6.37	6.18	6.03	5.91	5.81	5.67	5.52	5.36	5.28	5.20	5.12	5.03	4.95	4.86
9	10.56	8.02	6.99	6.42	6.06	5.80	5.61	5.47	5.35	5.26	5.11	4.96	4.81	4.73	4.65	4.57	4.48	4.40	4.31
10	10.04	7.56	6.55	5.99	5.64	5.39	5.20	5.06	4.94	4.85	4.71	4.56	4.41	4.33	4.25	4.17	4.08	4.00	3.91
11	9.65	7.21	6.22	5.67	5.32	5.07	4.89	4.74	4.63	4.54	4.40	4.25	4.10	4.02	3.94	3.86	3.78	3.69	3.60
12	9.33	6.93	5.95	5.41	5.06	4.82	4.64	4.50	4.39	4.30	4.16	4.01	3.86	3.78	3.70	3.62	3.54	3.45	3.36
13	9.07	6.70	5.74	5.21	4.86	4.62	4.44	4.30	4.19	4.10	3.96	3.82	3.66	3.59	3.51	3.43	3.34	3.25	3.17
14	8.86	6.51	5.56	5.04	4.69	4.46	4.28	4.14	4.03	3.94	3.80	3.66	3.51	3.43	3.35	3.27	3.18	3.09	3.00
15	8.68	6.36	5.42	4.89	4.56	4.32	4.14	4.00	3.89	3.80	3.67	3.52	3.37	3.29	3.21	3.13	3.05	2.96	2.87
16	8.53	6.23	5.29	4.77	4.44	4.20	4.03	3.89	3.78	3.69	3.55	3.41	3.26	3.18	3.10	3.02	2.93	2.84	2.75
17	8.40	6.11	5.18	4.67	4.34	4.10	3.93	3.79	3.68	3.59	3.46	3.31	3.16	3.08	3.00	2.92	2.83	2.75	2.65
18	8.29	6.01	5.09	4.58	4.25	4.01	3.84	3.71	3.60	3.51	3.37	3.23	3.08	3.00	2.92	2.84	2.75	2.66	2.57
19	8.18	5.93	5.01	4.50	4.17	3.94	3.77	3.63	3.52	3.43	3.30	3.15	3.00	2.92	2.84	2.76	2.67	2.58	2.49
20	8.10	5.85	4.94	4.43	4.10	3.87	3.70	3.56	3.46	3.37	3.23	3.09	2.94	2.86	2.78	2.69	2.61	2.52	2.42
21	8.02	5.78	4.87	4.37	4.04	3.81	3.64	3.51	3.40	3.31	3.17	3.03	2.88	2.80	2.72	2.64	2.55	2.46	2.36
22	7.95	5.72	4.82	4.31	3.99	3.76	3.59	3.45	3.35	3.26	3.12	2.98	2.83	2.75	2.67	2.58	2.50	2.40	2.31
23	7.88	5.66	4.76	4.26	3.94	3.71	3.54	3.41	3.30	3.21	3.07	2.93	2.78	2.70	2.62	2.54	2.45	2.35	2.26
24	7.82	5.61	4.72	4.22	3.90	3.67	3.50	3.36	3.26	3.17	3.03	2.89	2.74	2.66	2.58	2.49	2.40	2.31	2.21
25	7.77	5.57	4.68	4.18	3.85	3.63	3.46	3.32	3.22	3.13	2.99	2.85	2.70	2.62	2.54	2.45	2.36	2.27	2.17
26	7.72	5.53	4.64	4.14	3.82	3.59	3.42	3.29	3.18	3.09	2.96	2.81	2.66	2.58	2.50	2.42	2.33	2.23	2.13
27	7.68	5.49	4.60	4.11	3.78	3.56	3.39	3.26	3.15	3.06	2.93	2.78	2.63	2.55	2.47	2.38	2.29	2.20	2.10

（续）

n_2	n_1																		
	1	2	3	4	5	6	7	8	9	10	12	15	20	24	30	40	60	120	∞
$\alpha = 0.01$																			
28	7.64	5.45	4.57	4.07	3.75	3.53	3.36	3.23	3.12	3.03	2.90	2.75	2.60	2.52	2.44	2.35	2.26	2.17	2.06
29	7.60	5.42	4.54	4.04	3.73	3.50	3.33	3.20	3.09	3.00	2.87	2.73	2.57	2.49	2.41	2.33	2.23	2.14	2.03
30	7.56	5.39	4.51	4.02	3.70	3.47	3.30	3.17	3.07	2.98	2.84	2.70	2.55	2.47	2.39	2.30	2.21	2.11	2.01
40	7.31	5.18	4.31	3.83	3.51	3.29	3.12	2.99	2.89	2.80	2.66	2.52	2.37	2.29	2.20	2.11	2.02	1.92	1.80
60	7.08	4.98	4.13	3.65	3.34	3.12	2.95	2.82	2.72	2.63	2.50	2.35	2.20	2.12	2.03	1.94	1.84	1.73	1.60
120	6.85	4.79	3.95	3.48	3.17	2.96	2.79	2.66	2.56	2.47	2.34	2.19	2.03	1.95	1.86	1.76	1.66	1.53	1.38
∞	6.63	4.61	3.78	3.32	3.02	2.80	2.64	2.51	2.41	2.32	2.18	2.04	1.88	1.79	1.70	1.59	1.47	1.32	1.00
$\alpha = 0.005$																			
1	16211	20000	21615	22500	23056	23437	23715	23925	24091	24224	24426	24630	24836	24940	25044	25148	25253	25359	25465
2	198.5	199.0	199.2	199.2	199.3	199.3	199.4	199.4	199.4	199.4	199.4	199.4	199.4	199.5	199.5	199.5	199.5	199.5	199.5
3	55.55	49.80	47.47	46.19	45.39	44.84	44.43	44.13	43.88	43.69	43.39	43.08	42.78	42.62	42.47	42.31	42.15	41.99	41.83
4	31.33	26.28	24.26	23.15	22.46	21.97	21.62	21.35	21.14	20.97	20.70	20.44	20.17	20.03	19.89	19.75	19.61	19.47	19.32
5	22.78	18.31	16.53	15.56	14.94	14.51	14.20	13.96	13.77	13.62	13.38	13.15	12.90	12.78	12.66	12.53	12.40	12.27	12.14
6	18.63	14.54	12.92	12.03	11.46	11.07	10.79	10.57	10.39	10.25	10.03	9.81	9.59	9.47	9.36	9.24	9.12	9.00	8.88
7	16.24	12.40	10.88	10.05	9.52	9.16	8.89	8.68	8.51	8.38	8.18	7.97	7.75	7.65	7.53	7.42	7.31	7.19	7.08
8	14.69	11.04	9.60	8.81	8.30	7.95	7.69	7.50	7.34	7.21	7.01	6.81	6.61	6.50	6.40	6.29	6.18	6.06	5.95
9	13.61	10.11	8.72	7.96	7.47	7.13	6.88	6.69	6.54	6.42	6.23	6.03	5.83	5.73	5.62	5.52	5.41	5.30	5.19
10	12.83	9.43	8.08	7.34	6.87	6.54	6.30	6.12	5.97	5.85	5.66	5.47	5.27	5.17	5.07	4.97	4.86	4.75	4.64
11	12.23	8.91	7.60	6.88	6.42	6.10	5.86	5.68	5.54	5.42	5.24	5.05	4.86	4.76	4.65	4.55	4.44	4.34	4.23
12	11.75	8.51	7.23	6.52	6.07	5.76	5.52	5.35	5.20	5.09	4.91	4.72	4.53	4.43	4.33	4.23	4.12	4.01	3.90
13	11.37	8.19	6.93	6.23	5.79	5.48	5.25	5.08	4.94	4.82	4.64	4.46	4.27	4.17	4.07	3.97	3.87	3.76	3.65
14	11.06	7.92	6.68	6.00	5.56	5.26	5.03	4.86	4.72	4.60	4.43	4.25	4.06	3.96	3.86	3.76	3.66	3.55	3.44
15	10.80	7.70	6.48	5.80	5.37	5.07	4.85	4.67	4.54	4.42	4.25	4.07	3.88	3.79	3.69	3.58	3.48	3.37	3.26
16	10.58	7.51	6.30	5.64	5.21	4.91	4.69	4.52	4.38	4.27	4.10	3.92	3.73	3.64	3.54	3.44	3.33	3.22	3.11
17	10.38	7.35	6.16	5.50	5.07	4.78	4.56	4.39	4.25	4.14	3.97	3.79	3.61	3.51	3.41	3.31	3.21	3.10	2.98
18	10.22	7.21	6.03	5.37	4.96	4.66	4.44	4.28	4.14	4.03	3.86	3.68	3.50	3.40	3.30	3.20	3.10	2.99	2.87
19	10.07	7.09	5.92	5.27	4.85	4.56	4.34	4.18	4.04	3.93	3.76	3.59	3.40	3.31	3.21	3.11	3.00	2.89	2.78
20	9.94	6.99	5.82	5.17	4.76	4.47	4.26	4.09	3.96	3.85	3.68	3.50	3.32	3.22	3.12	3.02	2.92	2.81	2.69
21	9.83	6.89	5.73	5.09	4.68	4.39	4.18	4.01	3.88	3.77	3.60	3.43	3.24	3.15	3.05	2.95	2.84	2.73	2.61
22	9.73	6.81	5.65	5.02	4.61	4.32	4.11	3.94	3.81	3.70	3.54	3.36	3.18	3.08	2.98	2.88	2.77	2.66	2.55
23	9.63	6.73	5.58	4.95	4.54	4.26	4.05	3.88	3.75	3.64	3.47	3.30	3.12	3.02	2.92	2.82	2.71	2.60	2.48
24	9.55	6.66	5.52	4.89	4.49	4.20	3.99	3.83	3.69	3.59	3.42	3.25	3.06	2.97	2.87	2.77	2.66	2.55	2.43
25	9.48	6.60	5.46	4.84	4.43	4.15	3.94	3.78	3.64	3.54	3.37	3.20	3.01	2.92	2.82	2.72	2.61	2.50	2.38
26	9.41	6.54	5.41	4.79	4.38	4.10	3.89	3.73	3.60	3.49	3.33	3.15	2.97	2.87	2.77	2.67	2.56	2.45	2.33
27	9.34	6.49	5.36	4.74	4.34	4.06	3.85	3.69	3.56	3.45	3.28	3.11	2.93	2.83	2.73	2.63	2.52	2.41	2.29
28	9.28	6.44	5.32	4.70	4.30	4.02	3.81	3.65	3.52	3.41	3.25	3.07	2.89	2.79	2.69	2.59	2.48	2.37	2.25
29	9.23	6.40	5.28	4.66	4.26	3.98	3.77	3.61	3.48	3.38	3.21	3.04	2.86	2.76	2.66	2.56	2.45	2.33	2.21
30	9.18	6.35	5.24	4.62	4.23	3.95	3.74	3.58	3.45	3.34	3.18	3.01	2.82	2.73	2.63	2.52	2.42	2.30	2.18
40	8.83	6.07	4.98	4.37	3.99	3.71	3.51	3.35	3.22	3.12	2.95	2.78	2.60	2.50	2.40	2.30	2.18	2.06	1.93
60	8.49	5.79	4.73	4.14	3.76	3.49	3.29	3.13	3.01	2.90	2.74	2.57	2.39	2.29	2.19	2.08	1.96	1.83	1.69
120	8.18	5.54	4.50	3.92	3.55	3.28	3.09	2.93	2.81	2.71	2.54	2.37	2.19	2.09	1.98	1.87	1.75	1.61	1.43
∞	7.88	5.30	4.28	3.72	3.35	3.09	2.90	2.74	2.62	2.52	2.36	2.19	2.00	1.90	1.79	1.67	1.53	1.36	1.00

附表6　均值的 t 检验的样本容量

单边检验 双边检验 β	显著性水平 $\alpha=0.005$ $\alpha=0.01$					$\alpha=0.01$ $\alpha=0.02$					$\alpha=0.025$ $\alpha=0.05$					$\alpha=0.05$ $\alpha=0.1$					β
	0.01	0.05	0.1	0.2	0.5	0.01	0.05	0.1	0.2	0.5	0.01	0.05	0.1	0.2	0.5	0.01	0.05	0.1	0.2	0.5	
0.05																					0.05
0.10																					0.10
0.15																				122	0.15
0.20										139					99					70	0.20
0.25					110					90				128	64			139	101	45	0.25
0.30				134	78				115	63			119	90	45		122	97	71	32	0.30
0.35			125	99	58			109	85	47		109	88	67	34		90	72	52	24	0.35
0.40		115	97	77	45		101	85	66	37	117	84	68	51	26	101	70	55	40	19	0.40
0.45		92	77	62	37	110	81	68	53	30	93	67	54	41	21	80	55	44	33	15	0.45
0.50	100	75	63	51	30	90	66	55	43	25	76	54	44	34	18	65	45	36	27	13	0.50
0.55	83	63	53	42	26	75	55	46	36	21	63	45	37	28	15	54	38	30	22	11	0.55
0.60	71	53	45	36	22	63	47	39	31	18	53	38	32	24	13	46	32	26	19	9	0.60
0.65	61	46	39	31	20	55	41	34	27	16	46	33	27	21	12	39	28	22	17	8	0.65
0.70	53	40	34	28	17	47	35	30	24	14	40	29	24	19	10	34	24	19	15	8	0.70
0.75	47	36	30	25	16	42	31	27	21	13	35	26	21	16	9	30	21	17	13	7	0.75
0.80	41	32	27	22	14	37	28	24	19	12	31	22	19	15	9	27	19	15	12	6	0.80
0.85	37	29	24	20	13	33	25	21	17	11	28	21	17	13	8	24	17	14	11	6	0.85
0.90	34	26	22	18	12	29	23	19	16	10	25	19	16	12	7	21	15	13	10	5	0.90
0.95	31	24	20	17	11	27	21	18	14	9	23	17	14	11	7	19	14	11	9	5	0.95
1.00	28	22	19	16	10	25	19	16	13	9	21	16	13	10	6	18	13	11	8	5	1.00
1.1	24	19	16	14	9	21	16	14	12	8	18	13	11	9	6	15	11	9	7		1.1
1.2	21	16	14	12	8	18	14	12	10	7	15	12	10	8	5	13	10	8	6		1.2
1.3	18	15	13	11	8	16	13	11	9	6	14	10	9	7		11	8	7	6		1.3
1.4	16	13	12	10	7	14	11	10	9	6	12	9	8	7		10	8	7	5		1.4
1.5	15	12	11	9	7	13	10	9	8	6	11	8	7	6		9	7	6			1.5
1.6	13	11	10	8	6	12	10	9	7	5	10	8	7	6		8	6	6			1.6
1.7	12	10	9	8	6	11	9	8	7		9	7	6	5		8	6	5			1.7
1.8	12	10	9	8	6	10	8	7	7		8	7	6			7	6				1.8
1.9	11	9	8	7	6	10	8	7	6		8	6	6			7	5				1.9
2.0	10	8	8	7	5	9	7	7	6		7	6	5			6					2.0
2.1	10	8	7	7		8	7	6	6		7	6				6					2.1
2.2	9	8	7	6		8	7	6	5		7	6				6					2.2
2.3	9	7	7	6		8	6	6			7	5				5					2.3
2.4	8	7	7	6		7	6	6			6										2.4
2.5	8	7	6	6		7	6	6			6										2.5
3.0	7	6	6	5		6	5	5			5										3.0
3.5	6	5	5			5															3.5
4.0	6																				4.0

$$\Delta = \frac{|\mu_1-\mu_0|}{\sigma}$$

附表 7　均值差的 t 检验的样本容量

单边检验 双边检验 β	显著性水平 α=0.005 (α=0.01)					α=0.01 (α=0.02)					α=0.025 (α=0.05)					α=0.05 (α=0.1)					β
	0.01	0.05	0.1	0.2	0.5	0.01	0.05	0.1	0.2	0.5	0.01	0.05	0.1	0.2	0.5	0.01	0.05	0.1	0.2	0.5	
0.05																					0.05
0.10																					0.10
0.15																					0.15
0.20																				137	0.20
0.25															124					88	0.25
0.30										123					87					61	0.30
0.35					110					90					64				102	45	0.35
0.40					85					70				100	50			108	78	35	0.40
0.45				118	68				101	55			105	79	39		108	86	62	28	0.45
0.50				96	55			106	82	45		106	86	64	32		88	70	51	23	0.50
0.55			101	79	46		106	88	68	38		87	71	53	27	112	73	58	42	19	0.55
0.60		101	85	67	39		90	74	58	32	104	74	60	45	23	89	61	49	36	16	0.60
0.65		87	73	57	34	104	77	64	49	27	88	63	51	39	20	76	52	42	30	14	0.65
0.70	100	75	63	50	29	90	66	55	43	24	76	55	44	34	17	66	45	36	26	12	0.70
0.75	88	66	55	44	26	79	58	48	38	21	67	48	39	29	15	57	40	32	23	11	0.75
0.80	77	58	49	39	23	70	51	43	33	19	59	42	34	26	14	50	35	28	21	10	0.80
0.85	69	51	43	35	21	62	46	38	30	17	52	37	31	23	12	45	31	25	18	9	0.85
0.90	62	46	39	31	19	55	41	34	27	15	47	34	27	21	11	40	28	22	16	8	0.90
0.95	55	42	35	28	17	50	37	31	24	14	42	30	25	19	10	36	25	20	15	7	0.95
1.00	50	38	32	26	15	45	33	28	22	13	38	27	23	17	9	33	23	18	14	7	1.00
1.1	42	32	27	22	13	38	28	23	19	11	32	23	19	14	8	27	19	15	12	6	1.1
1.2	36	27	23	18	11	32	24	20	16	9	27	20	16	12	7	23	16	13	10	5	1.2
1.3	31	23	20	16	10	28	21	17	14	8	23	17	14	11	6	20	14	11	9	5	1.3
1.4	27	20	17	14	9	24	18	15	12	8	20	15	12	10	6	17	12	10	8	4	1.4
1.5	24	18	15	13	8	21	16	14	11	7	18	13	11	9	5	15	11	9	7	4	1.5
1.6	21	16	14	11	7	19	14	12	10	6	16	12	10	8	5	14	10	8	6	4	1.6
1.7	19	15	13	10	7	17	13	11	9	6	14	11	9	7	4	12	9	7	6	3	1.7
1.8	17	13	11	10	6	15	12	10	8	5	13	10	8	6	4	11	8	7	5		1.8
1.9	16	12	11	9	6	14	11	9	8	5	12	9	7	6	4	10	7	6	5		1.9
2.0	14	11	10	8	6	13	10	9	7	5	11	8	7	6	4	9	7	6	4		2.0
2.1	13	10	9	8	5	12	9	8	7	5	10	8	6	5	3	8	6	5	4		2.1
2.2	12	10	8	7	5	11	9	7	6	5	9	7	6	5		8	6	5	4		2.2
2.3	11	9	8	7	5	10	8	7	6	4	9	7	6	5		7	5	5	4		2.3
2.4	11	9	8	6	5	10	8	7	6	4	8	6	5	4		7	5	4	4		2.4
2.5	10	8	7	6	4	9	7	6	5	4	8	6	5	4		6	5	4	3		2.5
3.0	8	6	6	5	4	7	6	5	4	3	6	5	4	4		5	4	3			3.0
3.5	6	5	5	4	3	6	5	4	4		5	4	4	3		4	3				3.5
4.0	6	5	4	4		5	4	4	3		4	4	3			4					4.0

$$\Delta = \frac{(\mu_1 - \mu_2)}{\sigma}$$

附表 8　秩和临界值表

括号内数字表示样本容量 (n_1, n_2)

	(2,4)			(4,4)			(6,7)	
3	11	0.067	11	25	0.029	28	56	0.026
	(2,5)		12	24	0.057	30	54	0.051
3	13	0.047		(4,5)			(6,8)	
	(2,6)		12	28	0.032	29	61	0.021
3	15	0.036	13	27	0.056	32	58	0.054
4	14	0.071		(4,6)			(6,9)	
	(2,7)		12	32	0.019	31	65	0.025
3	17	0.028	14	30	0.057	33	63	0.044
4	16	0.056		(4,7)			(6,10)	
	(2,8)		13	35	0.021	33	69	0.028
3	19	0.022	15	33	0.055	35	67	0.047
4	18	0.044		(4,8)			(7,7)	
	(2,9)		14	38	0.024	37	68	0.027
3	21	0.018	16	36	0.055	39	66	0.049
4	20	0.036		(4,9)			(7,8)	
	(2,10)		15	41	0.025	39	73	0.027
4	22	0.030	17	39	0.053	41	71	0.047
5	21	0.061		(4,10)			(7,9)	
	(3,3)		16	44	0.026	41	78	0.027
6	15	0.050	18	42	0.053	43	76	0.045
	(3,4)			(5,5)			(7,10)	
6	18	0.028	18	37	0.028	43	83	0.028
7	17	0.057	19	36	0.048	46	80	0.054
	(3,5)			(5,6)			(8,8)	
6	21	0.018	19	41	0.026	49	87	0.025
7	20	0.036	20	40	0.041	52	84	0.052
	(3,6)			(5,7)			(8,9)	
7	23	0.024	20	45	0.024	51	93	0.023
8	22	0.048	22	43	0.053	54	90	0.046
	(3,7)			(5,8)			(8,10)	
8	25	0.033	21	49	0.023	54	98	0.027
9	24	0.058	23	47	0.047	57	95	0.051
	(3,8)			(5,9)			(9,9)	
8	28	0.024	22	53	0.021	63	108	0.025
9	27	0.042	25	50	0.056	66	105	0.047
	(3,9)			(5,10)			(9,10)	
9	30	0.032	24	56	0.028	66	114	0.027
10	29	0.050	26	54	0.050	69	111	0.047
	(3,10)			(6,6)			(10,10)	
9	33	0.024	26	52	0.021	79	131	0.026
11	31	0.056	28	50	0.047	83	127	0.053

附表 9　泊松分布概率值表

$$P(X=m)=\frac{\lambda^{m}}{m!}e^{-\lambda}$$

m	λ = 0.1	λ = 0.2	λ = 0.3	λ = 0.4	λ = 0.5	λ = 0.6	λ = 0.7	λ = 0.8	λ = 0.9
0	0.9048	0.8187	0.7408	0.6703	0.6065	0.5488	0.4966	0.4493	0.4066
1	0.0905	0.1637	0.2223	0.2681	0.3033	0.3293	0.3476	0.3595	0.3659
2	0.0045	0.0164	0.0333	0.0536	0.0758	0.0988	0.1216	0.1438	0.1647
3	0.0002	0.0011	0.0033	0.0072	0.0126	0.0198	0.0284	0.0383	0.0494
4		0.0001	0.0003	0.0007	0.0016	0.0030	0.0050	0.0077	0.0111
5				0.0001	0.0002	0.0004	0.0007	0.0012	0.0020
6							0.0001	0.0002	0.0003

m	λ = 1.0	λ = 1.5	λ = 2.0	λ = 2.5	λ = 3.0	λ = 3.5	λ = 4.0	λ = 4.5	λ = 5.0
0	0.3679	0.2231	0.1353	0.0821	0.0498	0.0302	0.0183	0.0111	0.0067
1	0.3679	0.3347	0.2707	0.2052	0.1494	0.1057	0.0733	0.0500	0.0337
2	0.1839	0.2510	0.2707	0.2565	0.2240	0.1850	0.1465	0.1125	0.0842
3	0.0613	0.1255	0.1805	0.2138	0.2240	0.2158	0.1954	0.1687	0.1404
4	0.0153	0.0471	0.0902	0.1336	0.1681	0.1888	0.1954	0.1898	0.1755
5	0.0031	0.0141	0.0361	0.0668	0.1008	0.1322	0.1563	0.1708	0.1755
6	0.0005	0.0035	0.0120	0.0278	0.0504	0.0771	0.1042	0.1281	0.1462
7	0.0001	0.0008	0.0034	0.0099	0.0216	0.0385	0.0595	0.0824	0.1044
8		0.0002	0.0009	0.0031	0.0081	0.0169	0.0298	0.0463	0.0653
9			0.0002	0.0009	0.0027	0.0065	0.0132	0.0232	0.0363
10				0.0002	0.0008	0.0023	0.0053	0.0104	0.0181
11				0.0001	0.0002	0.0007	0.0019	0.0043	0.0082
12					0.0001	0.0002	0.0006	0.0015	0.0034
13						0.0001	0.0002	0.0006	0.0013
14							0.0001	0.0002	0.0005
15								0.0001	0.0002
16									0.0001

m	λ = 6	λ = 7	λ = 8	λ = 9	λ = 10	λ = 11	λ = 12	λ = 13	λ = 14
0	0.0025	0.0009	0.0003	0.0001					
1	0.0149	0.0064	0.0027	0.0011	0.0004	0.0002	0.0001		
2	0.0446	0.0223	0.0107	0.0050	0.0023	0.0010	0.0004	0.0002	0.0001
3	0.0892	0.0521	0.0286	0.0150	0.0076	0.0037	0.0018	0.0008	0.0004
4	0.1339	0.0912	0.0573	0.0337	0.0189	0.0102	0.0053	0.0027	0.0013
5	0.1606	0.1277	0.0916	0.0607	0.0378	0.0224	0.0127	0.0071	0.0037
6	0.1606	0.1490	0.1221	0.0911	0.0631	0.0411	0.0255	0.0151	0.0087

（续）

m	λ=6	λ=7	λ=8	λ=9	λ=10	λ=11	λ=12	λ=13	λ=14
7	0.1377	0.1490	0.1396	0.1171	0.0901	0.0646	0.0437	0.0281	0.0174
8	0.1033	0.1304	0.1396	0.1318	0.1126	0.0888	0.0655	0.0457	0.0304
9	0.0688	0.1014	0.1241	0.1318	0.1251	0.1085	0.0874	0.0660	0.0473
10	0.0413	0.0710	0.0993	0.1186	0.1251	0.1194	0.1048	0.0859	0.0663
11	0.0225	0.0452	0.0722	0.0970	0.1137	0.1194	0.1144	0.1015	0.0843
12	0.0113	0.0264	0.0481	0.0728	0.0948	0.1094	0.1144	0.1099	0.0984
13	0.0052	0.0142	0.0296	0.0504	0.0729	0.0926	0.1056	0.1099	0.1061
14	0.0023	0.0071	0.0169	0.0324	0.0521	0.0728	0.0905	0.1021	0.1061
15	0.0009	0.0033	0.0090	0.0194	0.0347	0.0533	0.0724	0.0885	0.0989
16	0.0003	0.0015	0.0045	0.0109	0.0217	0.0367	0.0543	0.0719	0.0865
17	0.0001	0.0006	0.0021	0.0058	0.0128	0.0237	0.0383	0.0551	0.0713
18		0.0002	0.0010	0.0029	0.0071	0.0145	0.0255	0.0397	0.0554
19		0.0001	0.0004	0.0014	0.0037	0.0084	0.0161	0.0272	0.0408
20			0.0002	0.0006	0.0019	0.0046	0.0097	0.0177	0.0286
21			0.0001	0.0003	0.0009	0.0024	0.0055	0.0109	0.0191
22				0.0001	0.0004	0.0013	0.0030	0.0065	0.0122
23					0.0002	0.0004	0.0016	0.0036	0.0074
24					0.0001	0.0003	0.0008	0.0020	0.0043
25						0.0001	0.0004	0.0011	0.0024
26							0.0002	0.0005	0.0013
27							0.0001	0.0002	0.0007
28								0.0001	0.0003
29									0.0002
30									0.0001

λ=20						λ=30					
m	p	m	p	m	p	m	p	m	p	m	p
5	0.0001	20	0.0888	35	0.0007	10		25	0.0511	40	0.0139
6	0.0002	21	0.0846	36	0.0004	11		26	0.0590	41	0.0102
7	0.0006	22	0.0769	37	0.0002	12	0.0001	27	0.0655	42	0.0073
8	0.0013	23	0.0669	38	0.0001	13	0.0002	28	0.0702	43	0.0051
9	0.0029	24	0.0557	39	0.0001	14	0.0005	29	0.0726	44	0.0035
10	0.0058	25	0.0446			15	0.0010	30	0.0726	45	0.0023
11	0.0106	26	0.0343			16	0.0019	31	0.0703	46	0.0015
12	0.0176	27	0.0254			17	0.0034	32	0.0659	47	0.0010
13	0.0271	28	0.0182			18	0.0057	33	0.0599	48	0.0006
14	0.0382	29	0.0125			19	0.0089	34	0.0529	49	0.0004
15	0.0517	30	0.0083			20	0.0134	35	0.0453	50	0.0002
16	0.0646	31	0.0054			21	0.0192	36	0.0378	51	0.0001
17	0.0760	32	0.0034			22	0.0261	37	0.0306	52	0.0001
18	0.0844	33	0.0020			23	0.0341	38	0.0242		
19	0.0889	34	0.0012			24	0.0426	39	0.0186		

（续）

	$\lambda = 40$						$\lambda = 50$				
m	p	m	p	m	p	m	p	m	p	m	p
16		34	0.0425	52	0.0107	26	0.0001	44	0.0412	62	0.0133
17		35	0.0485	53	0.0081	27	0.0001	45	0.0458	63	0.0106
18	0.0001	36	0.0539	54	0.0060	28	0.0002	46	0.0498	64	0.0082
19	0.0001	37	0.0583	55	0.0043	29	0.0004	47	0.0530	65	0.0063
20	0.0002	38	0.0614	56	0.0031	30	0.0007	48	0.0552	66	0.0048
21	0.0004	39	0.0629	57	0.0022	31	0.0011	49	0.0564	67	0.0036
22	0.0007	40	0.0629	58	0.0015	32	0.0017	50	0.0564	68	0.0026
23	0.0012	41	0.0614	59	0.0010	33	0.0026	51	0.0552	69	0.0019
24	0.0019	42	0.0585	60	0.0007	34	0.0038	52	0.0531	70	0.0014
25	0.0031	43	0.0544	61	0.0005	35	0.0054	53	0.0501	71	0.0010
26	0.0047	44	0.0495	62	0.0003	36	0.0075	54	0.0646	72	0.0007
27	0.0070	45	0.0440	63	0.0002	37	0.0102	55	0.0422	73	0.0005
28	0.0100	46	0.0382	64	0.0001	38	0.0134	56	0.0330	74	0.0003
29	0.0139	47	0.0325	65	0.0001	39	0.0172	57	0.0330	75	0.0002
30	0.0185	48	0.0271			40	0.0215	58	0.0285	76	0.0001
31	0.0238	49	0.0221			41	0.0262	59	0.0241	77	0.0001
32	0.0298	50	0.0177			42	0.0312	60	0.0201	78	0.0001
33	0.0361	51	0.0139			43	0.0363	61	0.0165		

参 考 文 献

[1] 魏宗舒.概率论与数理统计教程[M].北京:高等教育出版社,1998.

[2] 茆诗松,程依明,濮晓龙.概率论与数理统计[M].北京:高等教育出版社,2004.

[3] 李贤平,沈崇圣,陈子毅.概率论与数理统计[M].上海:复旦大学出版社,2003.

[4] 盛骤,谢式千,潘承毅.概率论与数理统计[M].北京:高等教育出版社,2001.

[5] 梁飞豹,徐荣聪,刘文丽.概率论与数理统计[M].北京:北京大学出版社,2005.

[6] 藤素珍.概率论与数理统计大讲堂[M].大连:大连理工大学出版社,2005.

[7] 吴赣昌.概率论与数理统计(理工类)[M].北京:中国人民大学出版社,2006.

[8] 赵选民,师义民.概率论与数理统计典型题分析题集[M].西安:西北工业大学出版社,2005.

[9] 张志刚,刘丽梅,朱婧,等.MATLAB 与数学实验[M].2 版.北京:中国铁道出版社,2004.

[10] 张文彤.世界优秀统计工具 SPSS 11 统计分析教程[M].北京:北京希望电子出版社,2002.

[11] DRAPER N R,SMITH H. Applied Regression Analysis[M].New York:John Wiley & Sons,1981.

[12] 孙清华,孙昊.概率论与数理统计 内容,方法与技巧[M].武汉:华中科技大学出版社,2002.

[13] STINSON D R.密码学原理与实践[M].2 版.冯登国,等译.北京:电子工业出版社,2003.

[14] 赵鲁涛 概率论与数理统计教学设计[M].北京:机械工业出版社,2015.

[15] 陈希儒.概率统计学简史[M].长沙:湖南教育出版社,1998.

[16] 吴翊,汪文浩,杨文强,等.概率论与数理统计[M].北京:高等教育出版社,2016.

[17] 冯卫国,武爱文,概率论与数理统计[M].上海:上海交通大学出版社,2018.

[18] 卫淑芝,熊德文,皮玲.大学数学概率论与数理统计——基于案例分析[M].北京:高等教育出版社,2020.

[19] 同济大学数学科学学院,工程数学概率统计简明教程[M].北京:高等教育出版社,2021.

[20] 韩旭里,谢永钦.概率论与数理统计[M].北京:北京大学出版社,2018.

[21] 葛余博.概率论与数理统计[M].北京:清华大学出版社,2015.

[22] 何书元.概率论与数理统计[M].北京:高等教育出版社,2013.